만만한 통계 : R 활용

한빛아카데미
Hanbit Academy, Inc.

지은이 닐 J. 샐카인드(Neil J. Salkind)

메릴랜드 대학교에서 인간발달학 박사 학위를 받았으며, 캔자스 대학교에서 35년 동안 학생들을 가르쳤습니다. 이후 교육 심리학 및 연구 부서의 명예교수로 재직하면서 동료 및 학생들과 함께 아동과 가족에 관련된 연구를 진행하고 있습니다. 샐카인드 박사는 150편이 넘는 논문을 발표했고, 100종이 넘는 교과서를 출판했습니다.

지은이 레슬리 A. 쇼(Leslie A. Shaw)

노스캐롤라이나 센트럴 대학교에서 상담학으로 석사 학위를 받은 후 아동과 가족 건강센터에서 활동했습니다. 이후 수학과 심리학에 대한 관심이 커지면서 캔자스 대학교에서 정량심리학 박사 학위를 받았습니다. 또한 통계 컴퓨팅과 기초 통계를 가르쳤고, 코넬 대학교에서 연구원으로 일했습니다. 쇼 박사는 20편이 넘는 논문을 공동 저술했으며, 〈지적 발달 장애〉라는 학술지의 통계 컨설턴트로 일하고 있습니다.

옮긴이 김재경

아주대학교 경영학과를 졸업한 다음, 오하이오주 마이애미 대학교에서 경영학 석사를, 네브라스카 주립대학교에서 경영학 박사 학위를 받았습니다. 뉴욕 주립대학교의 오네온타 분교에서 4년 동안 조교수로 근무했으며, 현재는 한남대학교 글로벌IT경영학과에서 교수로 재직 중입니다.

만만한 통계 : R 활용

초판발행 2021년 4월 1일

지은이 닐 J. 샐카인드, 레슬리 A. 쇼 / **옮긴이** 김재경 / **펴낸이** 전태호
펴낸곳 한빛아카데미(주) / **주소** 서울시 서대문구 연희로2길 62 한빛아카데미(주) 2층
전화 02-336-7112 / **팩스** 02-336-7199
등록 2013년 1월 14일 제2017-000063호 / **ISBN** 979-11-5664-533-7 93310

책임편집 고지연 / **기획** 고지연 / **편집** 박현경, 박정수
디자인 최연희 / **전산편집** 이소연 / **제작** 박성우, 김정우
영업 이윤형, 길진철, 김태진, 김성삼, 이정훈, 임현기, 이성훈, 김주성 / **영업기획** 김호철, 주희

이 책에 대한 의견이나 오탈자 및 잘못된 내용에 대한 수정 정보는 아래 홈페이지나 이메일로 알려주십시오.
잘못된 책은 구입하신 서점에서 교환해 드립니다. 책값은 뒤표지에 표시되어 있습니다.

홈페이지 www.hanbit.co.kr / 이메일 question@hanbit.co.kr

지금 하지 않으면 할 수 없는 일이 있습니다.
책으로 펴내고 싶은 아이디어나 원고를 메일(writer@hanbit.co.kr)로 보내주세요.
한빛아카데미(주)는 여러분의 소중한 경험과 지식을 기다리고 있습니다.

지은이 머리말

모든 책은 언제나 진행형으로 작업 중이며『Statistics for People Who (Think They) Hate Statistics』 시리즈에 새로 추가된 이 책도 마찬가지입니다. 지난 17년 동안 많은 독자들이 이 시리즈가 얼마나 도움이 되는지, 이 책이 어떻게 개정되길 바라는지, 또 왜 그렇게 되어야 하는지를 알려주었습니다.

R 버전 책을 쓰면서 비공식 표현, 따라 하기 쉬운 예, 통계 학습에 유용한 그림과 표 등의 특징을 유지하고자 했습니다. 더불어 이 특징을 더욱 효과적으로 사용하는 데 유용한 무료 도구로 R을 소개했습니다. 따라서 이 시리즈의 다른 책에서 느낀 장점을 이 책에서도 충분히 느낄 수 있을 것입니다. 학생들이 R을 어려워한다는 사실을 잘 알고 있습니다. 그래서 비교적 쉬운 통계 개념을 다루는 책 앞부분에서 R을 소개하고 간단하게 설명합니다. 가설 검정을 소개하는 장부터 R은 더 많은 역할을 합니다.

이 책은 학부생을 대상으로 기초 통계 과정을 설명하기 위한 목적으로 쓰였지만, 대학원의 기초 통계 수업에서도 사용할 수 있습니다. 수많은 시행착오와 함께 성공과 실패를 여러 번 겪으면서 시도를 한 끝에, 그리고 모든 교육 수준의 학생과 교사에게 받은 수많은 피드백을 통해, 통계를 만만하게 생각하고 다가갈 수 있도록 가르치려고 노력했습니다. 그리고 이 모든 경험을 책에 담기 위해 최선을 다했습니다.

여러분은 이 책에서 기본적인 통계 분야와 연구를 이해하는 데 필요한 정보를 배울 것입니다. 우선 데이터의 구성과 분석에 대한 기본 개념과 가장 일반적으로 사용하는 기술을 배웁니다. 특정 수학 계산의 논리에 대한 수학 증명이나 그에 대한 토론은 다루지만, 이론은 거의 다루지 않습니다. 왜 이 책에서는 이론을 많이 다루지 않을까요? 간단히 말하자면, 중요하지 않아서가 아니라 여러분의 학습 단계에서는 필요없기 때문입니다. 그보다는 여러분이 학습하는 현재 시점에서, 합리적인 노력으로 이해하고 배울 수 있으며 나중에 통계 수업을 수강하는 데 지장을 주지 않을 정도의 자료를 제공하고자 합니다. 우리는 (그리고 여러분을 가르치는 교수님들은) 여러분이 성공하기를 바랍니다.

F-비율 분산분석의 파생을 자세히 분석하는 방법을 알고 싶은 분이라면, 다른 좋은 통계 책을 찾아보는 것을 권장합니다(즐거운 마음으로 추천해드리겠습니다). 그러나 통계가 왜, 어떻게 작동하는지 배우고 싶다면 딱 맞는 책을 골랐습니다. 이 책은 여러분이 연구 논문에서 읽은 자료를 이해할 수 있게 돕고, 많은 통계 분석 결과의 의미를 설명하며, 기본적인 통계 작업을 어떻게 수행해야 하는지 알려줄 것입니다.

배울 내용은 항상 새로워지고, 오래된 주제와 아이디어는 다양한 방법으로 제시할 수 있습니다. 다음은 『만만한 통계 : Excel 활용』 도서와 비교해 이 책에서 새롭게 등장하는 내용입니다.

- **2장과 3장**에서는 먼저 R과 RStudio를 설치한 후, 통계 도구인 R을 익히는 데 유용한 몇 가지 기본 사항을 소개합니다.
- **13장과 14장**에서는 검정 결과에 맞게 수정된 효과 크기(effect size)를 계산하는 공식을 소개합니다.
- **18장**에서는 언제 회귀를 선택하는 것이 적절한지를 보여주는 의사 결정 나무 차트를 소개합니다.
- **20장**에서는 이 책이 다루는 범위를 넘지만, 보다 일반적으로 사용하는 다른 통계 방법들을 R 예제와 함께 소개합니다.
- [부록 A]와 [부록 D]에는 추가 팁, 유용한 웹 사이트, R에 대한 유용한 정보를 추가했습니다.
- 다양한 분야의 최신 예를 이 책의 일부 예로 새롭게 추가했습니다.

SAGE edge 홈페이지(edge.sagepub.com/salkindshaw)에는 R을 습득하는 데 도움이 되는 동영상 외에도 각 장의 모든 예에 사용된 R 구문 및 데이터 세트가 업로드되어 있습니다. 각 장의 끝에 등장하는 실제 사례와 함께 제공되는 연구 논문들도 온라인에 게시되어 있습니다.

이 책에 나오는 오탈자와 오류는 전적으로 우리의 잘못이며, 이로 인해 불편을 겪은 강의자와 학습자가 있다면 사과드립니다. 이 책에서는 『만만한 통계 : Excel 활용』의 오류를 수정하기 위해 모든 노력을 기울였습니다. 좋은 결과가 나왔기를 기대합니다. 이 책에 대한 제안, 비판, 감사글을 비롯해 여러분의 다양한 피드백을 듣고 싶습니다. 행운을 빕니다.

레슬리 A. 쇼

코넬 대학교

salkindshaw@gmail.com

옮긴이 머리말

통계를 싫어(한다고 생각)했던 사람이 보내는 편지

나를 포함하여 많은 사람들에게 통계는 수학과 같이 애증의 학문일 것이다. 직업이 무엇이냐에 따라 다소 차이가 있겠지만, 평생 떠나지 않고 주변에서 맴돌며 형언할 수 없는 은근한 압박감을 선사하는 학문이랄까? 통계가 일상생활에서도 필요하고, 중요하다는 사실은 많은 사람들이 이미 알고 있다. 그러나 정작 그 실체에 다가간 사람을 주변에서 만나기란 쉽지 않다. 선거철에 매스컴을 통해 통계 용어가 포함된 뉴스를 전하는 리포터나 통계 전문가에게 경외감마저 갖게 되는 것은 비단 나만의 경험일까? 인공지능이나 빅데이터를 이용한 분석이 나올 때마다 통계가 더욱 자주 회자되는 것은 미지의 존재인 통계를 더욱 두렵게 만드는 듯하다.

학창시절 나에게 형성된 통계에 대한 인상은 미국인들에게도 마찬가지였나 보다. 경영대학원 석사 과정 중에 『Statistics for People Who (Think They) Hate Statistics (통계를 싫어(한다고 생각)하는 사람들을 위한 통계)』라는 제목의 책을 처음 접했다. 책 제목부터 통계에 대한 나의 생각을 잘 설명하고 있었다. 학교 수업이나 통계 교재에서 배웠지만 알 듯 모를 듯하다가 결국 잊혀진, 하지만 어느새 다시금 찾아와 나를 두렵게 만든 통계 용어들로 인해 통계 공포증을 앓았던 나의 마음을 이해하는 듯했다. 책을 읽을수록 샐카인드 박사의 배려 깊고 친절한 설명은 수업 중 두려움에 감히 질문할 수 없던, 그러나 누구도 속 시원하게 알려주지 않았던 통계에 대한 두려움과 갈증을 해소해 주었다. 여러분이 (적어도 통계에 대해) 나와 비슷한 경험을 했다면, 샐카인드 박사의 이 친절한 통계책을 통해 통계 울렁증에서 해방되기를 희망한다.

나 자신에게 기초 통계를 넘어 고급 통계로 갈 수 있는 추진력을 얻게 해준 이 책을 한국에서 번역하게 되어 개인적으로 큰 영광인 동시에 부담감을 느낀다. 샐카인드 박사는 미국 문화의 관용 표현들을 저자 특유의 재치와 해학으로 통계 문맥에 맞춰 담아내어 통계를 두려워하는 많은 이들을 통계의 신세계로 이끌었다. 그러나, 이를 한국의 상황에 맞게 번역하는 것은 어려운 작업이었으며, 이로 인해 원문의 의미가 퇴색되는 것은 아닌가 하는 두려움마저 느꼈다. 이 책이 원문이 내포한 재미까지 전달하는 데에는 모자람이 있더라도, 통계에 대한 친절하면서도 명확하고 풍성한 설명을 그대로 전달하고자 노력하였다. 이 책을 통해 빅데이터와 인공지능으로 가득 찬 시대를 헤쳐 나가야 하는 (통계 울렁증을 경험한) 많은 이들이 통계의 기초 체력을 기르기를 바란다.

김재경

강의자를 위한 디지털 자료

- **SAGE edge 홈페이지 접속 :** edge.sagepub.com/salkindshaw
- **한빛출판네트워크 홈페이지 접속 :** http://www.hanbit.co.kr → [교수전용] 클릭 → 로그인 후 [강의자료] 클릭

위의 경로를 통해 다음과 같은 양질의 콘텐츠와 학생들을 위한 풍부한 학습 환경을 제공하여 수업이 원활하게 이루어지도록 지원합니다.

- 연습문제에서 사용하는 **R 구문 및 데이터 파일**
- R 데이터 설정 및 문제를 설명하는 **학습 동영상**
- [이 장에서 배울 내용]과 연계된 내용을 다양한 형태로 제공하는 **문제 은행(객관식, T/F, 단답형)**
- 장별 **강의교안**

도입부

해당 PART에 속한 각 장들의 학습 내용을 개략적으로 소개합니다.

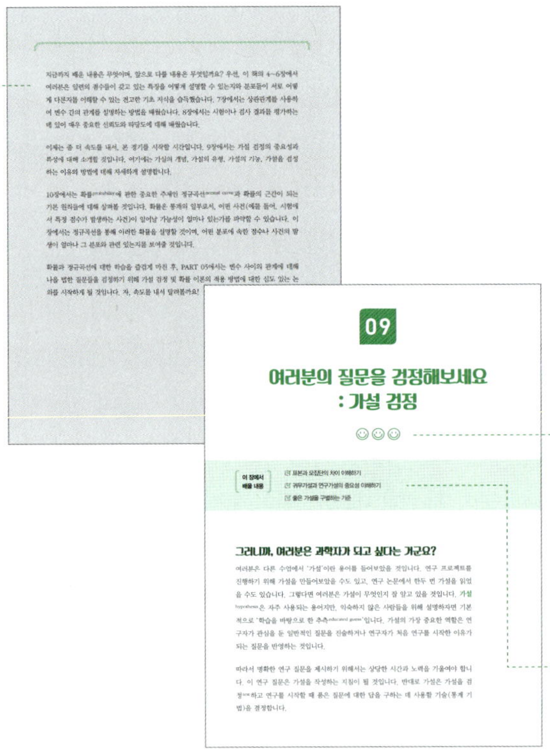

난이도 아이콘

해당 장의 시작 부분에 난이도를 스마일 이모티콘으로 표시했습니다. 다른 장에 비해 난이도가 어떠한지를 알려주는 유용한 팁이기도 합니다(30쪽 참고).

이 장에서 배울 내용

해당 장의 배울 내용을 제시하면서 학습 목표를 설정합니다.

학습자를 위한 디지털 자료

- **SAGE edge 홈페이지 접속 :** edge.sagepub.com/salkindshaw
- **한빛출판네트워크 홈페이지 접속 :** http://www.hanbit.co.kr → [SUPPORT] 클릭 → [자료실] 클릭

위의 경로를 통해 다음과 같은 다양한 자료와 풍부한 학습 환경을 제공하여 학습 역량이 향상되도록 지원합니다.

- 연습문제에서 사용하는 **R 구문 및 데이터 파일**
- R 데이터 설정 및 문제를 설명하는 **학습 동영상**
- 주요 용어 및 개념에 대한 이해를 강화하는 **단어장**
- 학습한 내용을 복습하고 반드시 알아야 할 내용을 얼마나 이해했는지 평가할 수 있는 **온라인 퀴즈**

계단 아이콘

특정한 프로세스를 순서대로 따라가면서 일련의 내용을 배울 수 있습니다.

R 아이콘

R 또는 RStudio에 대한 부가 내용을 설명합니다.

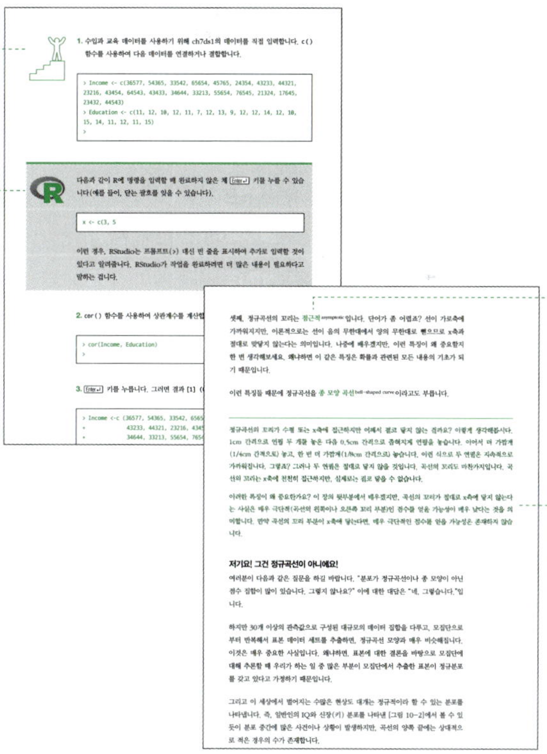

핵심 용어

본문에서 중요한 용어는 초록색으로 강조했으며, [부록 F]에서 자세히 설명하였습니다.

부가 설명

본문과 함께 알면 좋을 내용을 추가로 소개합니다.

목차

PART 01 야호! 통계에 입문했습니다!

PART 02 R과 RStudio의 세계에 오신 것을 환영합니다

PART 04 재미와 이윤, 두 마리 토끼 잡기

PART 05 유의미한 차이, 추론통계 사용하기

PART 01

야호! 통계에 입문했습니다!

음, 이 친구가 우리 스터디 그룹에서 중요한 부분집합이 아니라면…!

- 가짜 뉴스는 2016년 미국 대통령 선거 이후 화제가 되고 있습니다. 가짜 뉴스의 근원지 중 한 곳은 트위터였습니다. 노스이스턴 대학교, 하버드 대학교, 버팔로 대학교의 일부 연구원들이 2016년 8월부터 12월까지 가짜 뉴스에 노출되고 얼마나 공유됐는지를 조사했습니다. 트위터 사용자의 1%만이 가짜 뉴스의 80%에 노출되었고 0.1%, 즉 1%의 1/10에 해당하는 사람들이 가짜 뉴스를 공유했습니다. 아주 적은 사람이 공유했다는 뜻이지요. 그렇다면, 미디어가 별 것도 아닌 일을 과장한 걸까요?
- 수 켐퍼Sue Kemper는 캔자스 대학교의 심리학 석좌교수로, 매우 흥미로운 프로젝트를 진행하고 있습니다. 켐퍼와 동료 연구원들은 심리학자, 언어학자, 신경학자 등으로 다양하게 구성됐습니다. 이 연구 집단은 수녀들을 대상으로 이들의 유년기 경험 및 활동, 성격 및 기타 정보들이 그들의 노년기 건강과 어떤 연관 관계를 갖는지를 조사했습니다. 특히 이 정보들을 바탕으로 알츠하이머의 발병 가능성을 얼마나 잘 예측할 수 있는지 알고자 했습니다. 켐퍼와 동료들은 수녀들이 20대 초반에 썼던 글에 나타난 복잡성이 50년, 60년, 70년 후 이들의 알츠하이머 발병률과 관련이 있다는 것을 발견했습니다.
- 텍사스 대학교 오스틴 캠퍼스의 저명한 교수인 앨리사 휴스턴Aletha Huston은 TV 시청이 어린이의 심리 발달에 어떤 영향을 미치는지에 관심이 많았습니다. 특히 남편 존 라이트John C. Wright와 함께 학교에 입학하기 전에 시청한 교육용 TV 프로그램의 양이 향후 학교 성적에 미치는 영향을 조사했습니다. 그들은 로저스Rogers와 세서미 스트리트Sesame Street와 같은 프로그램을 시청한 어린이가 그렇지 않은 어린이보다 학교에서 더 좋은 성적을 받는다는 강력한 증거를 발견했습니다.

여기서 등장한 연구자들은 모두 자신이 흥미를 느끼는 부분에 대해 구체적인 질문을 제기했습니다. 그리고 직감과 호기심, 탁월한 연구 과정을 통해 질문에 대한 답을 찾았습니다. 조사 과정에서 연구자들은 수집된 모든 정보를 이해하기 위해 '통계'라는 도구를 사용했습니다. 이러한 도구가 없었다면 모든 정보는 관련 없는 결과를 모아놓은 것에 불과했을 것입니다.

통계statistics는 정보를 쉽게 이해할 수 있도록 이를 체계화하고 분석하는 과학 분야로서, 앞서 살펴본 연구들을 가능하게 했습니다. 이러한 연구 결과가 유용한 이유는 우리가 통계를 사용하여 그 내용을 이해할 수 있기 때문입니다. 그리고 이것이 바로 이 책의 목표입니다. PART 01에서는 통계학이란 무엇인지, 통계학의 주요 용어 및 개념을 공부해야 하는 이유가 무엇인지에 대해 살펴보겠습니다.

01

통계 공부는 괴롭다? 판단은 여러분에게 달렸습니다!

☺☺☺☺☺

이 장에서 배울 내용

- ☑ 통계란 무엇인가?
- ☑ 통계를 배워야 하는 이유
- ☑ 효과적인 통계 학습 방법

왜 통계인가요?

여러분은 이런 말들을 들어봤을 것입니다. "통계는 어려워.", "통계에 나오는 수학은 도저히 모르겠어.", "나는 컴퓨터를 잘 못해서….", "통계를 대체 왜 배워야 해?", "이제 어떻게 해야 하지?", 마지막으로 수많은 통계 입문자들이 외치는 "통계는 정말 모르겠어!"라는 절규까지!

통계학 입문 수업을 듣는 학생이라면 누구나 한 번쯤은 이런 생각을 해봤을 것입니다. 어쩌면 다른 학생이나 동료, 친구들에게 이런 참담한 심정을 털어놓았을지도 모릅니다. 농담이 아니라, 몇몇 통계 수업은 정말로 고통스럽다고 표현할 만합니다. 대부분의 통계 책들이 지루하고, 저자들의 상상력도 부족하기 때문입니다.

하지만 이 이야기들은 여러분에게 해당되지 않습니다. 여러분이나 여러분의 교수님이 이 책을 선택했다는 것은 여러분이 (부담 없고, 유익하고, 실용적이며, 심지어 약간의 재미도 있는) 올바른 학습 방법을 택했고, 교수님 역시 여러분이 통계를 유용한 도구로 활용할 수 있도록 필요한 지식을 잘 가르쳐주려고 노력하고 있다는 뜻이기 때문입니다.

만약 여러분이 이 책을 수업 교재로 사용하고 있다면 교수님이 여러분의 든든한 조력자 역할을 제대로 수행하고 있다는 의미이기도 합니다. 교수님은 통계가 두려움의 대상이 될 수 있음을 알고 있고, 사실 통계가 그렇게 부담스러운 분야가 아님을 깨닫게 해주려고 노력하고 계십니다. 여러분이 (지금은 믿어지지 않겠지만) 앞으로 단 몇 주 안에 이 수업을 좋아하게 될 가능성이 매우 높다고 믿습니다.

그렇다면 왜 R인가요?

이 책 전체에서 통계 분석 도구인 R을 사용하여 데이터를 분석하는 방법을 설명합니다. 걱정 마세요! 동일한 분석을 수동으로도 수행하여 두 가지 방법을 통해 여러분의 이해를 돕습니다.

왜 R을 사용해 통계를 배울까요? 그 이유는 간단합니다. R은 무료로 쓸 수 있으면서도 매우 강력합니다. 더 이상 학기마다 소프트웨어를 대여하거나 학교 사이트에서 공유 소프트웨어를 연결하지 않아도 됩니다. 컴퓨터를 켜고 (다음 장에서 자세히 설명할) RStudio를 설치한 다음 작업을 시작하세요. 이 책 전체에서 간단한 계산과 모든 통계 예제에 R을 사용합니다. 여러분은 데이터를 시각화하는 그래픽이 얼마나 강력한지 경험하게 될 것입니다. 그리고 동일한 통계 분석을 수행하는 몇 가지 다른 방법으로 이 책의 초반부를 마무리할 것입니다. 후반부에서는 여러분이 R의 기본 내용을 배웠다고 가정하고, R 내장 함수를 사용해 조금 더 복잡한 통계를 다룰 것입니다. 이 책과 수업을 마칠 즈음에는 여러분이 R에 익숙해지고 R을 사용하여 통계의 힘을 이해하길 바랍니다.

5분 만에 배우는 통계의 역사

여러분이 이 책을 더 읽기 전에, 통계라는 주제를 역사적 관점에서 살펴볼 필요가 있습니다. 결론부터 말하면, 사회과학, 행동과학, 생물학을 배우는 대학생이나 교육학, 간호학, 심리학, 사회복지학, 인류학 등을 전공한 졸업생 대부분이 통계 입문 수업을 들어야 합니다(무슨 뜻인지 아시죠?). 통계에서 배우는 내용들이 어떻게 시작되었는지 알면 좀 더 도움이 되지 않을까요?

아주 먼 옛날, 인류가 숫자를 세는 것이 좋다는 생각(예를 들어, '저 물건 하나를 얻으려면 이것들을 몇 개나 주어야 하지?')을 처음 했을 때부터, 정보 수집은 유용한 기술로 쓰였습니다. 그때 숫자 세는 것을 중요시했다면 사람들은 한 계절 동안 태양이 몇 번이나 떠오르고, 겨울을 나기 위해 얼마만큼의 식량이 필요하며, 누가 재산을 얼마나 갖고 있는지 알 수 있었을 것입니다.

이는 단지 시작에 불과합니다. 숫자가 언어의 일부가 되면서, 사람들은 결론을 이끌어내기 위해 자연스럽게 숫자를 주장의 근거로 사용하기 시작했을 것입니다. 이런 행위는 인구 데이터가 최초로 수집된 17세기에 본격적으로 시작되었습니다. 그 후, 과학자들[1]은 구체적인 질문에 답하기 위해 정교한 도구를 개발해야 했습니다. 예를 들면, 프랜시스 골턴Francis Galton[2]은 인간의 지능에 대해 깊은 관심을 갖고 있었습니다. 또한 탈모가 무언가에 대해 골똘히 생각할 때 사용되는 강렬한 에너지 때문에 발생한다고 추측했습니다. 그는 매우 진지하게 그렇게 믿었습니다. 어쨌든 통계 이야기로 다시 돌아가 봅시다.

골턴은 가족 구성원 간 지능의 유사성과 관련해 자신이 제기했던 주요 질문들에 대한 답을 찾기 위해 상관계수correlation coefficient[3]라는 특정한 통계 기법을 사용하였고, 그 후 행동과학과 사회과학 분야에서 이 용어를 대중화시켰습니다.

사실, 여러분이 배울 기본적인 통계 기법의 대부분은 농업, 천문학, 심지어 정치학 분야에서 처음 개발되어 사용되었으며, 인간 행동에 대한 연구에는 훨씬 나중에 적용되었습니다. 지난 100년 동안 오래된 아이디어를 새롭게 활용하는 방법과 관련해 커다란 진전이 있었습니다. 두 집단의 평균 차이를 조사하기 위한 가장 간단한 테스트는 20세기 초반에 처음으로 등장했습니다. 그리고 수십 년 후에야 이 아이디어를 바탕으로 한 기술들이 개발되었으며 이 기술들은 더욱 정교해지고 있습니다. 또한 개인용 컴퓨터와 Excel 같은 프로그램이 활용되기 시작하면서 이 매혹적인 주제를 탐구하고 싶은 사람들은 누구나 세련된 기법들을 활용할 수 있게 되었습니다.

이처럼 강력한 개인용 컴퓨터가 도입되면서 장점과 단점이 동시에 생겨났습니다. 좋은 점은 대부분의 통계 분석을 할 때 더 이상 거대하고 값비싼 메인프레임 컴퓨터에 접속할 필요가 없어졌다는 점입니다. 대신 개인용 컴퓨터나 클라우드 계정만 있으면

1 처음에는 과학자가 대부분 수학자였지만, 후에는 물리학자와 생물학자까지를 일컫습니다.

2 프랜시스 골턴은 찰스 다윈의 사촌입니다(1822–1911).

3 상관계수는 수학자가 최초로 개발한 통계 기법이며, 7장에서 배울 것입니다.

95%의 사람들이 자신이 처리해야 하는 일의 95%를 처리할 수 있게 되었습니다. 반면, 통계를 제대로 공부하지 않은 사람들은 오래되고 검증되지 않은 데이터를 활용해도 분석을 정교하게 실행하면 신뢰할 수 있고 의미 있는 결과를 얻을 것이라고 착각합니다. 하지만 사실은 그렇지 않죠. 여러분을 가르치는 교수님은 "쓸모없는 값을 입력하면 쓸모없는 결과를 얻는다Garbage in, garbage out"라고 이야기할 것입니다. 신뢰할 수 있는 데이터를 갖고 시작하지 않으면 분석한 후에도 신뢰할 수 없는 결과만 얻게 될 것입니다.

오늘날에는 형사법을 비롯해 지구물리학, 심리학에 이르는 다양한 분야에서 통계학자들은 서로 다른 질문에 답하기 위해 기본적으로 같은 기술을 사용합니다. 물론 데이터를 수집하는 방법에는 중요한 차이가 있지만, 데이터를 수집한 후에 진행하는 분석은 명칭은 다를지라도 대개 비슷한 경향이 있습니다. 이 책 또는 이 책을 활용한 수업에서 얻을 수 있는 지식은 무엇일까요? 여러분은 수많은 분야에서 통계가 어떻게 사용되는지를 알려주는 도구를 배울 것입니다.[4]

자, 5분이 다 됐습니다. 여러분은 통계의 역사에 대해 알만큼 알았습니다. 이제 통계란 무엇인지 (그리고 무엇이 통계가 아닌지) 알아봅시다.

통계의 범위는 어디까지일까요?

이 책에서는 정보의 분석과 이해를 포함하여 기초 통계학과 이를 다양한 상황에서 적용하는 방법을 소개합니다.

가장 일반적인 의미에서 **통계**statistics란 정보 또는 데이터를 규정하고 구성하며 해석하는 데 사용되는 여러 도구와 기법을 의미합니다. 여기서 말하는 데이터는 수학 수업을 수강하는 학생들의 시험 점수일 수도 있고, 그들이 문제를 푸는 데 걸린 시간일 수도 있습니다. 또는 특정 약을 투여한 환자에게 나타나는 부작용 횟수나 월드 시리즈 야구 경기에서 한 이닝 동안에 발생한 선수들의 실책 횟수일 수도 있고, 고급 레스토랑의 저녁 식사 가격의 평균값일 수도 있습니다.

4 통계의 역사와 연대기에 대해 더 알고 싶다면 성 안셀름 대학의 웹 사이트(http://www.anselm.edu)와 캘리포니아 대학교 로스앤젤레스 캠퍼스의 웹 사이트(http://statistics.ucla.edu/)에 접속해보기 바랍니다.

이런 모든 예시와 그 외에 우리가 상상할 수 있는 수백만 가지의 사례 속에서 데이터는 수집, 정리, 요약, 해석됩니다. 이 책에서 여러분은 **기술통계**의 일부로서 데이터를 수집, 구성, 요약하는 방법에 대해 학습할 것입니다. 그 후에, **추론통계**가 어떻게 유용한지 배우고, 데이터를 해석하는 방법을 학습할 것입니다.

기술통계란?

기술통계descriptive statistics는 수집된 데이터의 특성을 정리하고 설명하는 데 사용합니다. 수집된 데이터는 **데이터 세트**data set 또는 **데이터**data라고 부릅니다.

예를 들어, 다음 표는 학생 22명의 이름과 전공, 나이에 대한 데이터를 담고 있습니다. 만약 가장 인기 있는 전공을 기술describe해야 한다면, 여러분은 학생들이 가장 많이 선택하는 전공이 무엇인지를 간단하게 알려주는 기술통계 값(최빈값mode)을 사용하면 됩니다. 이 예에서 학생들이 가장 많이 선택한 전공은 심리학입니다. 만약 학생들의 평균 나이를 알고 싶다면, 이 변수variable를 확인할 수 있는 다른 기술통계 값(평균mean)을 구하면 됩니다. 이처럼 간단한 기술통계들이 데이터를 기술하는 데 사용됩니다. 이러한 기술통계는 대규모로 수집된 데이터들(예에서는 22개)의 특성을 나타내는 데 유용하게 쓰입니다.

이름	전공	나이	이름	전공	나이
Richard	교육학	19	Elizabeth	영어영문학	21
Sara	심리학	18	Bill	심리학	22
Andrea	교육학	19	Hadley	심리학	23
Steven	심리학	21	Buffy	교육학	21
Jordan	교육학	20	Chip	교육학	19
Pam	교육학	24	Homer	심리학	18
Michael	심리학	21	Margaret	영어영문학	22
Liz	심리학	19	Courtney	심리학	24
Nicole	화학	19	Leonard	심리학	21
Mike	간호학	20	Jeffrey	화학	18
Kent	역사학	18	Emily	스페인어	19

얼마나 간단한 작업인지 살펴봅시다. 학생들이 가장 많이 선택한 전공을 찾으려면, 표에 가장 자주 등장하는 전공을 찾으면 됩니다. 또한 평균 나이를 구하려면 나이를 모두 더한 후 22로 나누기만 하면 됩니다. 가장 자주 나타나는 전공은 심리학이고(9

번), 평균 나이는 20.3세(정확하게는 20.27)입니다. 보세요, 정말 간단하죠! 여러분은 이미 통계학자입니다.

추론통계란?

추론통계inferential statistics는 항상 그런 건 아니지만 대부분 데이터를 수집하고 요약한 다음 단계에 해당합니다. 추론통계는 앞서 살펴본 22명의 대학생 집단과 같은 소규모의 데이터를 기반으로 인문과학대학의 모든 대학생과 같은 더 큰 규모의 데이터 집단에 대하여 추론하는 데 사용됩니다.

소규모 데이터 집단을 흔히 표본sample이라고 하는데, 이는 모집단population의 일부 또는 하위 집합입니다. 예를 들어, 서울에 사는 모든 5학년 학생을 모집단[5]이라 가정하고 이 중 150명을 선택하면 이 150명은 표본집단입니다.

다른 예를 들어볼까요? 여러분이 어느 식품 회사에 신규 채용된 연구원이라고 합시다. 여러분 회사의 마케팅 대행사가 여러분에게 새로운 감자칩 브랜드 이름 후보 중 가장 매력적인 이름을 결정해달라고 부탁합니다. 대박 감자칩? 칩스칩스? 바삭칩? 여러분은 통계 전문가로서(우리가 좀 앞서가는 것 같지만 일단 믿어보세요) 감자칩을 즐겨 먹는 모든 사람을 대표할 수 있는 소규모 집단을 찾은 후, 이들에게 새로운 감자칩의 이름으로 세 가지 중 어떤 것이 가장 좋은지 물어봐야 할 것입니다. 만약 이 작업이 제대로 이루어진다면 감자칩을 구입하는 다른 많은 사람들도 이 집단에서 선택한 감자칩 이름을 좋아할 것이라고 추정할 수 있습니다.

이번에는 여러분이 특정한 질병을 치료할 수 있는 최적의 치료법을 연구하는 중이라고 가정합시다. 아마 여러분은 환자에게 새로운 약물 또는 위약placebo[6]을 투여하거나 아무 약도 투여하지 않는 세 가지 실험 방법을 설계하고, 그 결과를 비교해 약의 효과를 판단할 것입니다. 그 결과 여러분은 아무 약도 주지 않고 자연적인 상태[7]로 둔 경우에 더 많은 환자들이 호전되었다는 사실을 알게 되었습니다. 여러분은 이러한 실험 결과에 따른 정보를 바탕으로 같은 질병에 걸린 많은 다른 환자들도 자연적인 상태로 둘 때 가장 호전율이 높을 것이라고 결론 내릴 수 있을 것입니다.

5 특정한 특성을 지닌 모든 사건을 가리키며, 이 경우에는 서울에 있는 학교에 재학 중인 5학년 학생을 의미합니다.

6 밀가루 등으로 만들어 약성분이 없는 가짜 약입니다.

7 이 상태가 결과의 차이를 발생시키는 유일한 요인 또는 요인 그룹이라고 가정합니다.

요약하면

통계는 우리가 세상을 이해하는 데 도움을 주는 도구입니다. 즉, 통계는 우리가 수집한 정보를 구성하고 그 데이터들의 특성을 새로운 환경에서 어떻게 적용할지에 대한 결론을 도출할 수 있게 도움으로써 세상에 대한 정보를 제공합니다. 기술통계와 추론통계는 상호보완적이며, 둘 중 어떤 통계를 언제 사용할지는 여러분이 답을 구하고자 하는 질문에 따라 결정됩니다.

오늘날 통계 지식은 우리가 갖고 있는 선입견이나 주관적 믿음이 아닌 (관측된) 실증적인empirical 증거를 바탕으로 결정을 내릴 수 있는 도구를 제공한다는 점에서 그 어느 때보다 중요해졌습니다.

통계 수업을 통해 무엇을 얻을 수 있을까요?

여러분이 이 책을 읽는 데에는 여러 가지 이유가 있으리라 생각합니다. 통계 입문 수업을 수강 중일 수도 있고, 대학원 시험을 준비하고 있을 수도 있습니다. 또는 여름 방학 동안 다음 학기에 수강할 고급 통계 수업을 준비하기 위해 이 책을 읽을 수도 있습니다.

기말고사를 준비 중이든, 스스로 공부하기로 마음을 먹었든, 어떤 경우라도 여러분은 통계학을 배우는 학생입니다. 이 책을 활용해 통계를 공부하는 데는 충분한 이유가 있습니다. 일부는 재미 때문이고, 일부는 진지한 의도를 갖고 있을 것이며, 어쩌면 이 두 가지가 다 해당될지도 모릅니다.

다음은 입문 통계 과정을 시작할 때 학생들에게 들었던 다양한 이야기입니다.

1. 통계 기초, 통계 입문 등 과목명이 무엇이든 통계 과목은 여러분이 전공을 이수하기 위한 필수 과정일 수 있습니다. 필수 과정이 아니더라도, 통계 지식을 갖추면 직업을 구하거나 대학원에 진학할 때 큰 도움이 됩니다. 고급 통계 과정을 이수했다는 내용이 포함된 이력서는 훨씬 더 인상적일 것입니다.

2. 여러분이 통계를 선택 과목으로 듣는다고 기본 통계를 수강하지 않는 사람과 차별화됩니다. 여러분이 일반적인 과목보다 더 어렵고 더 많은 노력이 필요한 수업을 기꺼이 수강할 의지가 있음을 보여주기 때문입니다. 또한 통계 수치로 정치 및 경제 (그리고 스포츠) 세계에 대한 '설명이 보다 용이'해지면서 분석 기술의 중요성이 더욱 부각되고 있습니다. 어쩌면 여러분은 이 수업 덕분에 취업에 성공하게 될지도 모릅니다!

3. 기본 통계를 배우는 것은 익숙하지 않은 지적 도전입니다. 상당한 사고 역량과 약간의 수학 지식, 그리고 아이디어와 적용의 결합 역량이 필요합니다. 중요한 것은 이 모든 활동이 완전히 새로운 영역이나 규칙에 대한 지식을 제공하기 때문에 값진 지적 경험이 될 수 있다는 사실입니다.

4. 통계에 대한 배경지식이 있으면 사회과학이나 행동과학 분야에서 더 나은 학생이 될 수 있다는 점은 분명합니다. 학술지의 내용뿐 아니라 담당 교수와 그의 동료들이 교실 안팎에서 토론하거나 연구하는 주제에 대해 더 잘 이해할 수 있기 때문입니다. 여러분은 처음으로 "와, 저 사람들이 무슨 말을 하는지 알아듣겠어"라고 생각하는 놀라운 경험을 하게 될 것입니다. 그리고 여러분은 과학자들이 결론에 도달하는 과정을 정확하게 이해하는 데 필요한 기본적인 도구를 갖게 되므로 이러한 순간을 여러 차례 경험하게 될 것입니다.

5. 교육학, 인류학, 경제학, 간호학, 사회학 또는 기타 사회, 행동 및 생물학적 연구 분야에서 대학원 학위를 취득하려는 경우, 통계를 학습하면 더 심화된 내용을 학습하는 기반을 마련할 수 있습니다.

6. 서로 다른 유형의 문제에 대해 생각하고 접근하는 방법에는 여러 가지가 있습니다. 통계 학습 과정에서 배우는 일련의 도구는 여러분이 흥미로운 문제들을 새로운 관점에서 분석할 수 있게 해줍니다. 그리고 새로운 사고방식이 지금 바로 드러나지 않더라도 새로운 환경에서 그 힘이 발휘될 수 있습니다.

7. 마지막으로, 여러분은 원자력 발전소를 건설하고 유영하는 것에 비유될 정도로 사람들이 어렵게 여기는 통계학의 입문 과정을 이수했다고 자랑할 수 있습니다.

이 책으로 통계를 배우는 10가지 방법

여러분은 아마 '통계책이 또 한 권 출간됐군!'이라고 생각할지도 모릅니다. 그러나 이 책은 다릅니다. 이 책은 학생들을 주요 독자로 삼고, 독자의 지적 수준을 얕보지 않으며, 가능한 한 쉬운 설명을 통해 유익한 정보를 제공합니다. 이 책은 어떠한 사전 지식도 요구하지 않으며 여러분의 속도에 맞게 천천히, 조금씩 학습을 진행합니다.

그러나 통계는 정복하기 어려운 과목이라는 두려움이 항상 존재합니다. 우리도 그 사실을 부정하지 않습니다. 왜냐하면 이 책의 내용 중 일부는 실제로 까다롭기 때문입니다. 하지만 수백만 명의 학생들이 이미 이 과목을 정복했고 여러분도 해낼 수 있습니다. 다음 10가지 방법을 숙지하고 이 책을 살펴보기 바랍니다.

1. **여러분은 바보가 아닙니다.** 이건 사실입니다. 여러분이 바보라면 이렇게 대학교에 입학할 수 없었을 것입니다. 따라서 평소 새로운 수업을 들을 때처럼 통계를 공부하면 됩니다. 강의를 수강하고, 수업 자료를 공부하고, 책과 수업 시간에 제공되는 연습문제를 풀어보세요. 그러면 무리 없이 통계를 배울 수 있을 것입니다. 로켓 과학자는 통계를 알고 있지만 통계를 성공적으로 학습하기 위해 로켓 과학자가 될 필요는 없습니다.

2. **왜 통계가 어렵다고 생각하나요?** 통계가 어려운 과목인가요? 그렇기도 하고 아니기도 합니다. 여러분이 전에 통계 수업을 수강하며 열심히 공부하지 않아 좋은 결과를 거두지 못한 친구들의 말을 듣게 된다면, 이 친구들은 통계를 공부하는 것이 얼마나 힘들었는지, 통계 때문에 (그들의 인생 전체는 아니더라도) 한 학기 내내 얼마나 괴로웠는지에 대해 신나게 이야기하려 할 것입니다. 우리는 항상 불평하는 사람들의 말을 잘 듣는 경향이 있다는 사실을 잊지 맙시다. 따라서 시간을 두고, 통계가 어떤지 직접 경험하고 판단해보겠다는 태도로 통계 학습을 시작하길 권합니다. 통계 수업을 이미 수강한 사람들의 의견에 귀 기울이는 것은 좋습니다. 하지만 단 한 명의 불평꾼이 들려주는 의견에만 귀를 기울여 섣부른 편견을 갖지 않기 바랍니다.

3. **각 장을 순서대로 학습하세요.** 이 책은 각 장이 다음 장을 학습하기 위한 기초 지식을 제공하는 방식으로 구성되어 있습니다. 이 수업 과정을 모두 마친 뒤에도 여러분은 이 책을 계속 참고하게 될 것입니다(제 희망사항입니다). 어떤 표에서 특정 값을 확인해야 한다면 부록을 참조할 것이고, 표준편차를 계산하는 방법이 기

억나지 않는다면 2장을 펼칠 것입니다. 하지만 지금은 순서대로 각 장을 읽으세요. 몇 장 건너뛰어 앞으로 배울 내용이 무엇인지 확인하는 건 괜찮습니다. 다만, 이전 장을 확실히 이해하기 전에는 다음 장으로 넘어가지 마세요.

4. **스터디 그룹을 구성하세요.** 이것은 중요한 팁이자 이 수업의 성공을 보장하는 매우 기본적인 방법 중 하나입니다. 학기 초에 친구들과 함께 공부하세요. 같은 수업을 듣는 친구가 없다면 새로 사귀거나, 여러분만큼 행복해 보이는 학생들에게 함께 공부하자고 제안해보세요. 다른 사람들과 함께 공부하면 내용을 잘 이해했는지 확인할 수 있으며, 여러분보다 더 잘하는 사람들에게 도움을 받을 수도 있습니다. 매주 함께 공부할 수 있는 한 시간 정도를 정하여 매 장 끝에 있는 연습문제를 함께 풀고 나서 서로 질문해보세요. 공부 시간은 필요에 따라 결정하면 됩니다. 다른 사람과 함께 공부하는 것은 이 수업에서 다루는 내용을 완전히 이해하는 데 도움을 주는 매우 훌륭한 방법입니다.

5. **교수님에게 질문하고 친구에게도 물어보세요.** 수업 시간에 다룬 내용이 이해되지 않는다면 교수님에게 질문하세요. 망설일 필요가 없습니다. 여러분이 이해하기 어려운 내용이라면, 분명히 다른 사람에게도 그 내용은 이해하기 어려울 것입니다. 종종 교수님은 질문을 환영합니다. 특히, 수업 전에 예습을 했다면 여러분이 하는 질문에는 중요한 내용이 포함되어 있고, 수업을 함께 듣는 모든 사람이 그 내용을 더 잘 이해하는 데 도움이 될 것입니다.

6. **연습문제를 풀어보세요.** 연습문제는 해당 장의 내용과 예제를 바탕으로 구성되어 있습니다. 이 문제들은 각 장에서 배운 개념을 적용하는 동시에 여러분에게 자신감을 심어주는 데 도움이 됩니다. 이 연습문제들을 풀 수 있다면 여러분은 해당 장의 내용을 제대로 학습해나가고 있는 것입니다.

7. **연습, 연습, 연습.** 아주 오래된 농담이 하나 있죠.

   Q. 어떻게 해야 카네기홀에서 연주할 수 있나요?

   A. 연습, 연습, 연습.

   기초 통계 과정도 이와 다르지 않습니다. 배운 내용을 적용해봐야 하고, 학습한 개념들과 기술을 완벽히 이해하려면 이 내용들을 자주 사용해야 합니다. 이는 책에 실린 연습문제를 푸는 것은 물론, 적용 가능한 모든 기회를 적극적으로 활용해야 한다는 뜻입니다.

8. **통계를 보다 현실적으로 만들어줄 적용 사례들을 찾아보세요.** 여러분은 다른 수업에서 학술지에 실린 기사를 읽고 연구 결과에 대해 이야기하거나 자신의 전공 분야에서 과학적 방법의 중요성에 대해 이야기를 나누는 경우가 있을 겁니다. 이는 모두 통계 공부가 통계 입문 과정뿐 아니라 수업 시간의 토론 주제를 이해하는 데에도 어떻게 도움이 되는지 확인할 수 있는 기회입니다. 새로운 개념들을 더 많이 적용해볼수록, 여러분의 이해 수준은 더욱 깊어질 것입니다.

9. **책을 여기저기 훑어보세요.** 먼저, 학습해야 할 장을 읽으세요. 그런 후에 같은 장을 더욱 집중해서 다시 읽어보세요. 여가를 즐기듯 이 책의 여러 장에 담긴 내용들을 여유 있게 살펴보기 바랍니다. 서두르지 마세요. 이 통계 수업에서 다루게 될 내용에 미리 익숙해지는 것뿐만 아니라 앞으로 어떤 주제를 공부하게 될지 확인하는 것은 언제나 좋은 학습 방법입니다.

10. **재미를 붙이세요.** 이상한 말처럼 들릴지 모르지만, 여러분이 수업에 끌려가지 말고, 이 수업을 끌어가야 합니다. 학습 계획을 세우고, 이를 지키고, 수업 시간에 질문하며, 이 지적인 경험이 성장 과정이라고 생각하세요. 새로운 내용을 완전히 이해하는 것은 언제나 흥미롭고 만족스러운 경험입니다. 이는 인간의 본성입니다. 여기서도 동일한 만족감을 느낄 수 있습니다. 목표를 계속 주시하고 주어진 임무들을 수행하기 위해 노력하고 열심히 공부하세요.

아이콘

이 책을 공부하는 동안 여러분은 다양한 아이콘을 보게 될 것입니다. 아이콘의 종류와 의미는 다음과 같습니다.

오른쪽에 작은 계단 아이콘이 있습니다. 이는 특정 단계를 통해 일련의 내용을 배우게 될 것임을 나타냅니다. 때때로 R을 사용하여 이러한 단계를 수행합니다.

R 아이콘은 내용이 R 또는 RStudio에 초점을 두고 있음을 알려줍니다. 이 팁은 새로운 세부 사항을 강조하거나 이 책의 앞부분에서 건너뛴 내용을 설명하는 데 사용됩니다.

그 밖에 이 책에 포함된 내용

2장에서는 R을 소개하며, R에 관한 몇 가지 기본 사항을 배우고 R과 RStudio를 설치합니다. 3장에서는 R과 좀 더 친해지도록 여러분을 초대합니다. 2장과 3장에서 다루는 내용으로 여러분은 R을 사용할 준비가 될 것입니다.

[부록 A]에는 Mac 사용자들의 R 사용에 대한 이야기를 실었습니다.

[부록 B]에는 이 책으로 공부하는 데 필요하고 중요한 통계표를 실었습니다.

[부록 C]에는 수학에 대한 기억을 새롭게 만들어줄 수학 입문서가 있습니다.

[부록 D]에서는 통계 및 R에 유용한 인터넷 사이트 목록을 제공합니다.

[부록 E]에서는 데이터 수집에 관한 십계명을 소개합니다.

[부록 F]는 이 책의 용어집입니다. 본문에서 강조 표시한 용어의 의미를 확인할 수 있습니다.

[부록 G]에서는 오랫동안 찾은 브라우니 레시피를 제공합니다(예, 마침내 찾았습니다).

이 책에서는 다양한 데이터 세트를 활용해 통계를 학습할 수 있습니다. 예를 들어, 연습문제에서는 '2장 데이터 세트 1(ch2ds1.csv)'과 같은 형식의 데이터 세트 파일이 필요합니다. 모든 데이터는 수동으로 입력하거나 출판사 사이트에서 다운로드할 수 있습니다(edge. sagepub.com/salkindshaw).[8]

난이도 아이콘

각 장의 시작 부분에 난이도를 표시했습니다. 이 아이콘은 각 장에 대한 흥미를 더해주기도 하지만, 앞으로 배우게 될 내용의 난이도가 다른 부분에 비해 어떤지를 알려주는 유용한 팁이기도 합니다.

- ☺ (매우 어려움)
- ☺☺ (어려움)
- ☺☺☺ (어렵지도 않지만 쉽지도 않음)

8 (옮긴이) 한빛아카데미 홈페이지(http://www.hanbit.co.kr)에 접속해 관련 자료를 다운로드 받을 수 있습니다.

- ☺☺☺☺ (쉬움)
- ☺☺☺☺☺ (매우 쉬움)

용어집

본문에서 초록색으로 표시된 용어는 책 뒷면에 있는 [부록 F]의 용어집에 관련 설명과 함께 실었습니다.

실생활의 통계학

'실생활의 통계학'을 각 장의 마지막에 실었습니다. 통계와 관련된 특정 기법, 검정test, 아이디어를 소개하거나 관련 내용이 과학자, 의사, 입법자, 정부 관계자 등의 작업에서 어떻게 사용되는지를 보여주고자 합니다.

여기서는 미국국립과학원[9]의 주장이 담긴 아주 짧은 논문을 살펴보려고 합니다. 이 논문에서 국립과학원은 "정부 부서에서 요청할 경우, 언제든 과학이나 예술에 대한 주제를 조사, 검사, 실험 및 보고해야 한다."라고 주장하고 있습니다. 이러한 내용이 담긴 헌장은 약 50년 후인 1916년에 국가연구위원회National Research Council의 설립으로 이어졌습니다. 이 위원회는 정책 입안자에게 필요한 정보를 제공하는 또 다른 비영리 단체였습니다. 흔히 이 '정보'는 대중에게 광범위한 영향을 미치는 문제에 대한 대안들을 평가하기 위해 사용되며, 통계라는 정량적 데이터의 형태를 취합니다. 결국 이 내용은 이 책과 여러분이 수강 중인 통계 수업에서 강조하는 것과 마찬가지로 명확하게 사고하고 데이터를 사용하여 논점을 지지하는 것이 얼마나 중요한지 말해주고 있습니다.

더 자세한 내용이 궁금하다면, 아래의 자료를 온라인으로 검색하거나 도서관에서 찾아보세요.

Cicerone, R. (2010). The importance of federal statistics for advancing science and identifying policy options(과학 연구 및 정책 대안 파악을 위한 연방 통계 자료의 중요성). The ANNALS of the American Academy of Political and Social Science, 631, 25-27.

---

9 미국국립과학원(National Academy of Sciences)은 무려 1863년에 설립됐다고 하네요!

이 장의 요약

그렇게 나쁘지 않았습니다. 그렇죠? 여러분이 이 책을 계속 읽으면서, 시간이 오래 걸린다거나 내용을 이해하고 적용하기에 너무 복잡할 거라는 걱정은 하지 않기 바랍니다. 이 첫 장을 지나듯이, 한 번에 한 장씩 나아가세요.

연습할 시간입니다!

실제를 대체할 수 있는 것은 없으므로 이 책의 대부분의 장에서는 각 장에서 다룬 내용을 이해하는 데 도움이 되는 연습문제를 제공합니다. 위에서 언급했듯이, 연습문제의 답은 웹 사이트를 통해 확인해 보세요.

첫 번째 연습문제입니다. 그러나 이 문제들에 대한 해답은 찾지 마세요. 그 답은 각자의 경험과 관심에 따라 달라질 수 있는 답, 즉 일종의 '스스로의 답'이어야 하기 때문입니다.

1. 일상 업무에서 통계를 사용하는 사람을 찾아 인터뷰합시다. 여러분 주변의 지도 교수, 강사 또는 연구원, 기업 내 시장 분석가, 도시 계획가 등이 될 수 있습니다. 이들에게 처음 수강한 통계 수업이 어땠는지 물어보세요. 그 수업에서 좋았던 점과 싫었던 점이 무엇인지 확인하세요. 그리고 이들에게서 성공적인 통계 학습을 위한 조언을 구해보세요. 현재 이들이 업무를 하면서 낯선 통계 기법들을 어떻게 사용하고 있는지에 대해서도 물어보는 것이 가장 중요합니다.

2. 여러분이 스터디 그룹에 속해 있거나, 아니라면 전화, 이메일, 문자메시지, SNS, 웹캠 스터디(이 중 여러 개를 사용할 수 있어도 좋습니다)를 통해 친구들과 소통하고 있길 바랍니다. 물론 페이스북 친구가 많아도 좋겠지요. 이 친구들이나 수강생들과 통계에 대해 좋아하는 점, 싫어하는 점, 두려움 등에 관해서 이야기를 나눠보세요. 어떤 공통점이 있나요? 차이점은 무엇인가요? 두려움을 극복하기 위한 전략에 대해서도 토론해보세요.

3. 지역 신문 등 간행물을 검색하여 설문조사나 인터뷰 결과를 하나 찾아보세요. 어떤 주제든 상관없습니다. 결과를 요약하고, 설문조사의 책임자나 연구자가 어떻게 그러한 결론에 도달했는지에 대한 과정을 설명해보세요. 이들의 연구 방법과 추론 방식은 명백할 수도 있고 그렇지 않을 수도 있습니다. 이들의 작업에 대해 어느 정도 이해가 됐다면, 동일한 정보를 수집하고 정리하고 요약할 수 있는 또 다른 방법을 추측해보세요.

4. 도서관에 가거나 도서관 홈페이지에 들어가 자신의 전공 분야와 관련된 연구 논문을 찾아보세요. 그런 다음 논문들을 살펴보고 통계 절차를 사용하여 데이터를 구성하고 분석하는 부분(일반적으로 '결과' 부분)에 주목해보세요. 아직 그 세부 내용까지는 이해하기 힘들겠지만, 여러분이 알아볼 수 있는 통계적 방법이 몇 가지나 있나요? (t-검정, 평균, 표준편차 계산 등) 한 걸음 더 나아가, 그 연구 결과가 연구 질문이나 주요 주제와 어떻게 관련되어 있는지지도 교수님이나 강사에게 설명해보세요.

5. 특정 주제에 관한 데이터를 제공하는 웹 사이트 5곳을 찾아보고 제공되는 정보의 유형과 구성 방식을 간략히 설명해보세요. 예를 들어, 한국국가통계포털www.kosis.kr 또는 공공데이터 포털data.go.kr에 접속하면 수백 개의 데이터베이스, 표 및 기타 유익한 도구에 대한 링크들이 있습니다. 자신의 분야에 맞는 데이터와 정보를 찾아보세요.

6. 데이터 분석에 R을 직접 활용하는 사람을 찾아보세요. 이들에게 데이터를 분석하는 데 특별히 R을 사용하는 이유를 질문해보세요. 정치, 과학에서 간호학에 이르기까지 모든 분야에서 이러한 사람들을 찾아볼 수 있으니 조사를 폭넓게 해보세요.

7. 마지막 과제입니다. 여러분의 전공이나 관심 분야와 관련해 가장 흥미로운 질문 5가지를 생각해보세요. 실질적이고 실제적인 정보나 데이터를 통해 답을 얻고자 하는 질문을 찾아보세요. 과학자가 되어보세요!

PART 02

R과 RStudio의 세계에 오신 것을 환영합니다

상황은 항상 변한다는 것을 알고 있습니다. 여러분이 보고 있는 이 책의 주제인 통계 입문 수업도 항상 변하고 있습니다. 지난 몇 년 동안 많은 학생이 통계를 배울 때 사용한 통계 소프트웨어는 매우 비싸고 지속적인 업그레이드가 필요했지만, 이러한 업그레이드는 쉽지 않았습니다.

R이 세상에 공개되면서 더 이상 이러한 제약에 얽매일 필요가 없게 되었습니다. R은 무료이며 쉽게 구할 수 있을 뿐만 아니라 확장성이 높고 사용법을 배우기 쉽습니다.

PART 02에서는 통계 분석의 기초와 이러한 분석의 배경을 이해하는 데 도움이 되는 두 가지 주요 도구를 소개합니다.

먼저 2장에서는 R 프로그래밍 언어 또는 프로그래밍 환경을 소개하고 개인 컴퓨터에 R을 설치하는 단계를 안내합니다. 이어서 R과 관련된 용어와 도움을 요청하는 방법을 배웁니다. 마지막으로 편집기를 통해 R에서 작업하고 RStudio를 설치하는 과정을 살펴봅니다.

3장에서는 RStudio를 편리한 그래픽 사용자 인터페이스로 사용하거나 고급 계산기로 사용하는 방법을 설명합니다. 또한 여러분이 적용하는 통계가 무엇인지 알려주는 내장 함수를 사용하여, 기본 통계를 익히기 위한 첫 번째 단계에서 R을 어떻게 사용하는지 보여줄 것입니다.

Excel 또는 SPSS가 아닌 R을 사용해야 하는 이유는 무엇일까요? 이 책을 계속 읽는다면 여러분이 가장 좋아하는 통계 도구는 R이 될 것이라고 확신합니다.

02

우리가 R을 사랑하는 이유와 R을 시작하는 방법

이 장에서 배울 내용

- R의 정의와 R에 대한 짧은 역사
- R의 장점과 단점
- 오픈소스
- R 다운로드 및 설치
- 새로운 언어 R 배우기
- R 도움말
- 중요한 용어
- RStudio 다운로드 및 설치
- RStudio 이해하기

R에 관한 아주 짧은 역사

1996년 로스 이하카Ross Ihaka와 로버트 젠틀맨Robert Gentleman은 계산 및 그래픽 통계 학술지Journal of Computational and Graphical Statistics에 'R : 데이터 분석 및 그래픽 언어'라는 제목의 논문을 발표했습니다. 그 논문에서 '통계 컴퓨팅 언어'로 불리는 R이 공식적으로 처음 등장했습니다. 저자들은 실제로 1992년경에 R 개발을 시작했습니다. 그 언어의 이름인 R은 두 저자의 이름 첫 글자에서 따왔습니다.

그 이전에도 SPSS, Stata, Minitab, S와 같이 다양한 통계 및 프로그래밍 소프트웨어가 있었습니다. 이 소프트웨어들은 매우 인기가 있었고, 지금도 여전히 성공한 소프트웨어입니다. 이하카와 젠틀맨이 R을 개발한 동기가 무엇인지 정확히 알 수는 없습니다. 다만 여러 동기 중 하나는 매우 강력하고 유연하면서도 무료로 사용할 수 있고 누구나 개선 가능한 통계 소프트웨어를 모든 사람에게 제공하는 것이었습니다.

현재 R(**R 베이스**)은 R 개발 핵심 팀과 R 재단을 통해 유지되고 있으며 매우 활발하게 운영되고 있습니다.

R 사용의 장점

지난 몇 년 동안 R이 인기를 얻은 이유가 몇 가지 있습니다. 첫 번째 이유는, 말할 필요도 없이 R이 무료이기 때문입니다. 즉, 새로운 버전이 나온다고 회사에서 새 소프트웨어를 구매하거나 비용을 내고 임대할 필요가 없습니다.

R은 오픈소스 소프트웨어이므로 R 환경을 구성하는 기본 코드는 이를 수정하고 개선하고 새로운 아이디어를 시험해보고자 하는 사람이라면 누구나 이용할 수 있습니다. 더 이상 저작권 경고 메시지나 라이선스에 동의하지 않아도 되고, 월 구독료를 낼 필요도 없습니다. 이 장의 뒷부분에 있는 참고 사항에서 보다 자세한 내용을 확인하세요.

바로 시작하세요!

R을 만들고 유지 관리하는 데 누가 기여했는지 알고 싶습니까? 이미 R을 설치한 경우(이 수업을 시작하기 전에 설치했거나, 재학 중인 학교 서버에 설치된 경우) R 콘솔 창의 명령어 프롬프트(> 모양)에서 다음 명령어를 입력하고 Enter 키를 눌러 결과를 살펴보세요. 아직 R을 설치하지 않았다면, 조금만 참으세요. 곧 `contributors()` 함수를 사용해볼 수 있습니다.

```
> contributors()
```

Enter↵ 키를 누르거나 아무것도 하지 않거나

이 점을 기억하세요. R은 Enter↵ 또는 Return 키를 누르지 않으면 어떤 것도 수행하지 않습니다. R에게 지시하는 명령어를 실행시키는 키를 누르지 않는 한 R은 여러분이 무엇을 하고 싶은지 전혀 모른 채 가만히 있을 것입니다.

대문자는 대문자이고 소문자는 소문자입니다

컴퓨터 프로그램은 기반으로 하는 프로그래밍 언어에 따라 여러 가지 차이점이 있습니다. S라는 프로그래밍 언어를 기반으로 하는 R은 대문자(예 : TRUE)와 소문자(예 : true)를 사용할 때 매우 엄격한 규칙을 따릅니다. 예를 들어, `contributors()`는 R 제작에 도움을 준 사람들에 대한 목록을 제공하지만, `Contributors()`는 오류 메시지를 표시합니다. 직접 확인해보세요.

R 사용의 단점

앞에서 언급한 많은 장점에도 불구하고, R을 사용하는 것은 복잡하고 다소 두려울 수 있습니다. 프로그래밍과 관련해 힘들었던 경험을 떠올릴 만한 어떤 일도 하기 싫은 사람이 있을 겁니다. 괜찮습니다. 한편, 도움말 텍스트는 여러분이 편하게 읽을 수 있기 전까지는 때때로 암호처럼 보일 수 있습니다.[1] 이외에 다른 단점들도 있지만, 대부분 이 책의 범위를 벗어납니다.

R 개발팀은 여러분이 흔히 사용하는 다른 많은 프로그램과 비슷한 사용자 환경을 갖춘 RStudio를 개발했습니다. 3장에서는 RStudio를 사용하는 방법에 대해 살펴보겠습니다.

R을 사용하는 다른 이유

- R은 Windows, Mac, Linux 등을 포함해 어떤 운영체제가 설치된 컴퓨터에서도 대부분 설치할 수 있습니다.

1 함수가 실제 데이터에서 어떻게 작동하는지 도움말 예제를 확인해보세요.

- R은 훌륭한 그래픽을 만들어냅니다! SPSS, SAS, Stata와 같은 상용 소프트웨어에서 제공하는 그래픽보다 우수합니다.
- R은 시스템 요구사항이 낮아서 워드프로세서나 스프레드시트를 작동하기에 충분한 사양을 가진 컴퓨터에서라면 대부분 작동합니다.
- 마지막으로, R은 매우 유연합니다. 이는 R이 인기를 얻은 이유이기도 합니다. 원한다면 R의 프로그래밍 부분을 자세히 살펴보고 명령과 결과를 조정할 수 있습니다. 여러분이 전문가이든 비전문가이든, 이것은 매우 큰 장점입니다. 여러분이 초보자라도 걱정할 필요가 없습니다. R은 여러분이 원하는 만큼 이용할 수 있으며, 어느 수준에서든 여전히 인상적인 결과를 제공합니다.

오픈소스에 관한 간단한 참고 사항

R은 다양한 이유로 매우 흥미로운 도구이지만, 몇 가지 더 알아야 할 사항이 있습니다.

첫째, R은 오픈소스 프로그래밍 환경으로, 향후 사용자를 위한 변경 가능성이 폭넓게 열려 있으며, 원하는 사람은 누구나 R을 변경할 수 있습니다. 그것은 모든 오픈소스 제품의 강점입니다. 그리고 대부분의 오픈소스 제품은 무료입니다.

둘째, 오픈소스 프로그램의 특성상 프로그램이 정기적으로 업데이트됩니다. 따라서 컴퓨터에 설치한 R이 가장 최신 버전인지 항상 확인해야 합니다.

셋째, R은 오픈소스이기 때문에 R 전문가들과 R에 관심 있는 사람들은 항상 R을 더 좋고 사용하기 쉽고 편리하고 강력하게 만드는 데 기여하고 있습니다. 따라서 때때로 여러분 컴퓨터 화면에 표시되는 내용이 이 책에 표시된 그림과 정확히 일치하지 않을 수 있습니다. 그러나 긴장하지 마세요. 여러분이 따라 하지 못하거나 배울 수 없을 정도로 내용이 크게 달라지지 않습니다.

넷째, R의 유연성과 오픈소스라는 특성은 동일한 작업을 수행하는 다양한 방법이 있음을 의미합니다. 앞으로도 같은 일을 하는 다양한 방법이 더 있을 수 있습니다. 이 책의 목표는 특정 결과에 도달하는 몇 가지 간단한 방법들 중 하나를 보여주는 것입니다. 여러분은 같은 작업을 수행하는 다른 방법을 찾을 수도 있습니다. 이 책에서는 R을 분석 도구로 사용하는 다양한 방법 중 하나를 보여드립니다.

마지막으로, R에는 다양한 용도와 기능이 있습니다. 이 책에서 읽은 내용만으로도 이 책에서 다루는 통계 문제를 해결할 수 있습니다. 그러나 R은 끊임없이 개정되어 항상 새로운 무언가가 추가됩니다. 따라서 여러분은 R의 다양한 면모를 직접 탐색해 볼 수 있으며, 그렇게 하기를 권합니다.

이 장의 내용(R 설치, 편집기 선택 및 새로운 용어 학습)과 다음 장의 내용을 학습하고 나면, 여러분은 각 장에 나오는 특정 통계 분석 기술을 숙달하기에 충분한 통계 분석 도구를 갖추게 됩니다.

R을 다운로드할 수 있는 곳

R을 사용하기 위한 첫 단계는 먼저 컴퓨터에 R을 다운로드하는 것입니다. 자, 따라 해보세요.

1. 웹 사이트 https://cran.r-project.org에 들어가면 [그림 2-1]에서 볼 수 있듯이 지원되는 여러 운영체제 중 하나에 R을 설치할 수 있는 링크가 있습니다.[2]

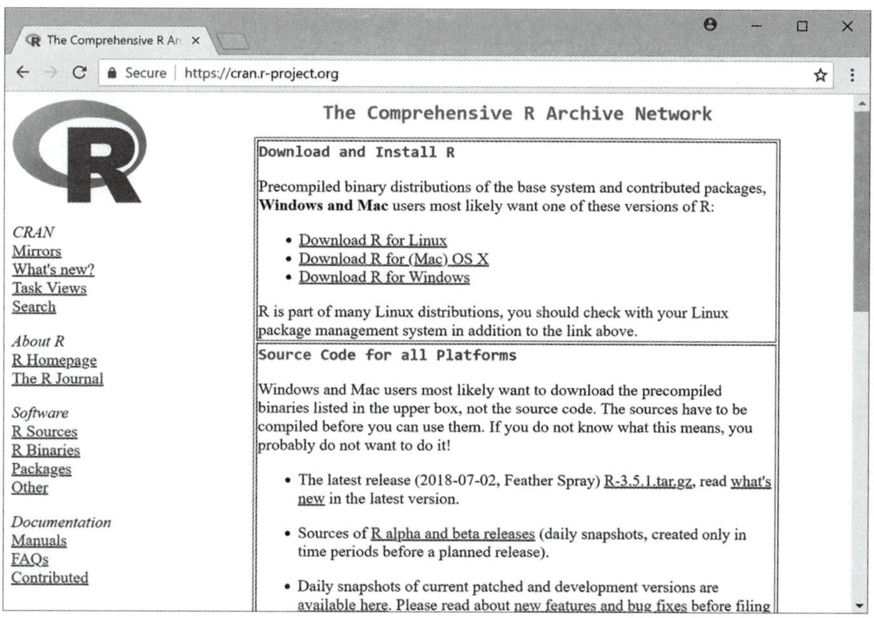

그림 2-1 R을 다운로드할 수 있는 시작 화면

2 이 주제에 대한 R 튜토리얼 비디오를 보려면 웹 사이트 edge.sagepub.com/salkindshaw를 방문하세요.

이제부터 Windows 버전을 설치하겠습니다. [그림 2-1]에서 볼 수 있듯이 Linux나 Macintosh 버전도 쉽게 사용할 수 있습니다. 설치하려는 버전을 마우스로 클릭하세요. [그림 2-2]에서 "install R for the first time(처음으로 R 설치)" 링크를 클릭하면 R 베이스(가장 기본이 되는 버전이자 필요한 것)의 다운로드가 시작됩니다.

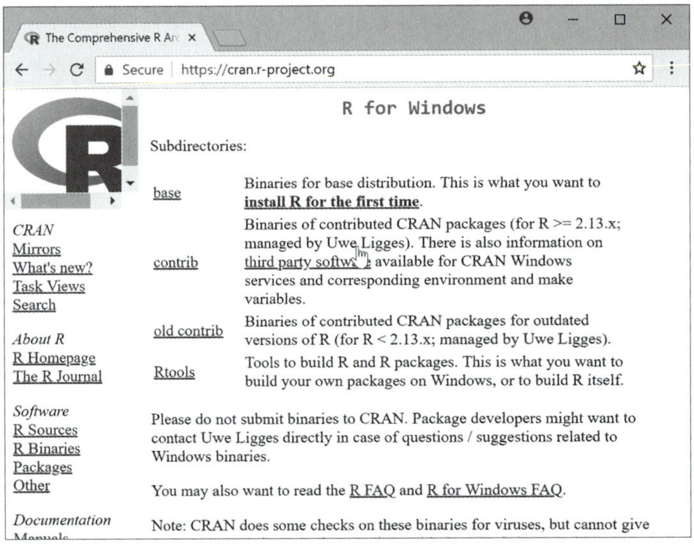

그림 2-2 Windows 버전 설치

이후의 설치 과정은 Windows (또는 Linux나 Macintosh) 운영체제 프로그램의 설치 과정과 비슷합니다. 이 책에서는 출간될 때 최신 R 버전인 3.5.1을 설치하였습니다. 여러분은 같은 버전이나 업데이트된 버전의 R을 설치하게 될 것입니다. 어떤 R 버전을 사용하더라도 이 책의 예제와 연습문제에서 사용하는 R 함수들은 모두 실행할 수 있습니다.

R 관련 정보 찾기

R에 대한 정보를 얻고 싶다면 CRAN Comprehensive R Archive Network 웹 사이트인 https://cran.r-project.org/를 방문하면 됩니다. 이외에도 R 통계용 컴퓨팅 프로젝트 사이트인 https://www.r-project.org/에서는 R에 대한 최신 뉴스, 사용 가능한 새 버전, R 재단에 대한 정보 등을 제공합니다. 이 사이트에서 리소스와 도움말을 찾을 수도 있습니다.

https://www.r-project.org/를 방문하여 'News'라는 항목의 내용에서 최신 R 버전을 확인하세요. [그림 2-3]에 보이는 것처럼, RGUI 시작 화면인 R 콘솔을 통해 언제든지 최신 버전을 확인할 수 있습니다. 버전이 오래된 경우 간단히 R을 설치하기만 하면 문제가 해결됩니다.

2. 파일이 다운로드되면 파일을 열고 컴퓨터 운영체제의 지침에 따라 R을 설치하세요. 이 작업이 완료되면 바탕화면에 R 아이콘( )이 나타납니다. R을 사용하려면 해당 아이콘을 더블 클릭합니다. 그러면 [그림 2-3]과 같은 RGUI 시작 화면이 나타납니다. 직접 해보세요.

R 시작 화면

이 시작 화면을 **R 콘솔**이라고 합니다(창 왼쪽 상단에 표시). 이 화면에서 실행하고자 하는 모든 R 명령을 입력하고 데이터 등을 읽습니다. 실제로 이 곳이 R의 중심이며, 다음 장에서 살펴보겠지만 실행된 명령의 결과가 이 곳에 표시됩니다. 맨 위에는 메뉴가 있습니다. 메뉴는 [부록 A]에서 자세히 설명합니다. 이제 R 콘솔에서 R이 올바르게 설치되었는지 확인한 뒤 새로운 용어를 소개하겠습니다. 이 장의 뒷부분에서는 이 책 전체에 걸쳐 사용될 RStudio를 설치하겠습니다.

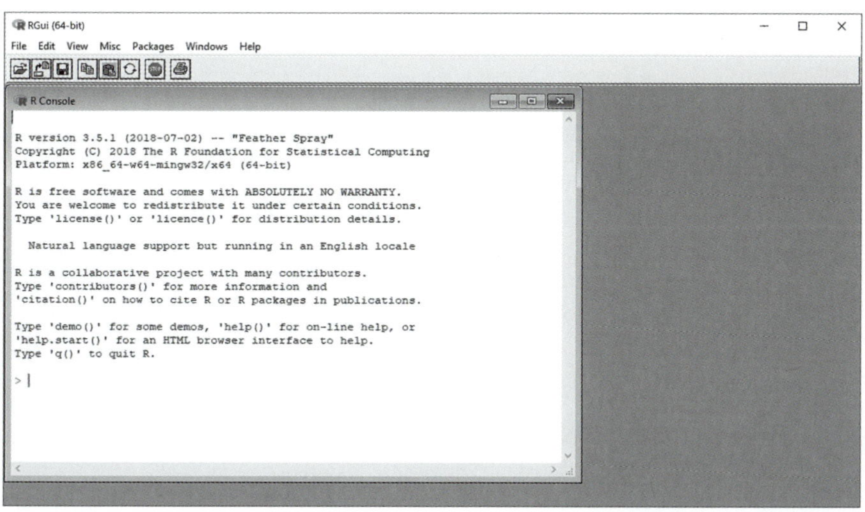

그림 2-3 R 시작 화면

먼저 R이 컴퓨터에서 제대로 작동하는지 확인해봅시다. 컴퓨터에서 R을 시작하고 R 콘솔 창을 볼 수 있으면 R이 성공적으로 설치된 것입니다. R이 올바르게 설치되었다면 R 콘솔 창에서 숫자를 쉽게 추가할 수 있습니다. '>' (입력 프롬프트)에 다음과 같이 입력하고 Enter↵ 또는 Return 키를 누르세요.

```
> 2 + 3
```

R은 두 숫자를 더하여 다음 줄에 결과를 출력합니다.

```
[1] 5
```

줄 시작 부분의 '[1]'은 출력 라인을 나타냅니다. '5'는 R에게 요청한 두 숫자의 합계 결과입니다. 위와 같은 결과가 나왔다면 R이 성공적으로 설치된 것입니다. 이제 예제를 따라 하면서, 몇 가지 새로운 용어와 도움을 얻는 방법을 살펴 보겠습니다. 아니면 RGUI를 닫고, 이 장의 뒷부분에서 RStudio에 대해 이야기할 때까지 기다려도 됩니다. RGUI와 RStudio 모두 컴퓨터에 설치된 R을 사용하기 때문에 이 책에 나오는 모든 R 명령은 RGUI와 RStudio에서 모두 작동합니다.

R이 실행(R 베이스가 실행되는 것을 의미)되고 화면에 나타나면 본격적으로 R을 사용할 수 있습니다. R을 선호하는 사람들은 R 베이스로 수행할 수 있는 분석들이 R을 가능한 빨리 사용할 수 있도록 해주는 가장 편리한 도구라고 생각합니다.

GUI란 무엇인가요?

19세기 중반, 에이다 러브레이스Ada Lovelace가 진행한 찰스 베비지Charles Babbage의 차분 엔진에 대한 연구에서부터 근대 프로그래밍이 시작되었습니다. 그때부터 컴퓨터에 정보가 어떻게 '입력'되는가에 따라 다양한 프로그래밍 언어가 만들어졌습니다.

1 또는 0의 이진 상태로 표시하는 어셈블리 언어가 프로그래밍 언어에서 대부분을 차지하던 때가 있었습니다. 이어서 Unix가 개발되었고, Basic, Fortran, Python, C++ 등과 같은 다양한 프로그램 언어가 등장했습니다. 그리고 마우스나 스타일러스와 같은 입력장치가 나왔습니다.

그러나 여전히 인류(특히, 프로그래머가 아닌 사람들)는 컴퓨터로 조작, 분석, 변환 등 원하는 정보를 처리할 수 있는 가장 간단한 방법을 필요로 합니다. 그래픽 사용자 인터페이스 또는 GUI[3]는 사용자가 수행해야 할 작업과 방법을 보다 쉽게 이해할 수 있습니다. Windows는 Macintosh 사용자 인터페이스와 마찬가지로 GUI 기반 운영체제입니다. R을 설치하면 RGUI가 함께 설치됩니다.

명령 프롬프트에서 직접 R 명령어를 입력하여 R을 사용할 수 있지만 RGUI를 사용하면 보다 쉽게 명령을 실행하고 답변을 얻을 수 있습니다. 이 장의 후반부에서 설치할 소프트웨어인 RStudio는 사용자에게 더욱 친숙합니다. RGUI는 데스크톱에서 R 아이콘을 더블 클릭하면 실행됩니다.

R 패키지와 기능

이 장의 앞 부분에서 R을 향상시키는 데 기여하는 이들의 자발적 참여에 대해 이야기했습니다. **패키지**를 설치하면 이러한 향상된 기능을 사용할 수 있습니다. R 사용자들은 특정 유형의 작업을 수행하고 필요할 때 쉽게 찾아서 사용하며 업데이트할 수 있도록 (수백, 수천 개의 사용 가능한) 패키지를 추가하였습니다. 예를 들어, 이 책의 모든 장에서 사용할 통계 패키지는 R 베이스의 일부이기 때문에 R을 시작하면 자동으로 사용할 수 있습니다. 각 패키지에는 관련 함수들과 실습에 사용할 수 있는 일부 데이터가 포함되어 있습니다. 통계 패키지 하나에만 문자 a로 시작하는 함수가 37개 들어 있습니다. 그러면 함수란 무엇일까요?

간단하게 말하면, **함수**는 일부 작업을 수행하는 명령 모음입니다. 예를 들어, 숫자 집합에 정렬 함수sort function를 사용하면 R은 가장 작은 수에서 가장 큰 수로 정렬되도록 재구성합니다. 가장 큰 숫자에서 시작하여 가장 작은 숫자로 정렬하려면? 역시 R을 사용하면 됩니다. 우리는 원하는 것을 R에게 알려주는 방법을 배우기만 하면 됩니다.

어떤 패키지들을 사용할 수 있는지, 각 패키지의 기능은 무엇인지 어떻게 알 수 있을까요? CRAN 웹 사이트는 모든 패키지를 저장하고 현재 사용할 수 있는 패키지 목

3 'gooey-구이'라고 읽습니다.

록을 유지·관리합니다. 웹 브라우저로 이동하여 'R 패키지 목록'을 검색하면 맨 위에 있는 링크 중 하나가 이 웹 사이트(https://cran.r-project.org/web/packages/available_packages_by_name.html)로 연결됩니다. [그림 2-4]와 같이, 페이지 왼쪽은 알파벳순으로 된 패키지 이름 목록을, 오른쪽은 각 패키지에 대한 간단한 설명을 보여줍니다. 그리고 (심지어 시간대별로) 새로운 패키지가 지속적으로 추가됩니다. 다음 장에서는 여러분 컴퓨터에 어떤 패키지가 설치되어 있는지 알아보겠습니다.

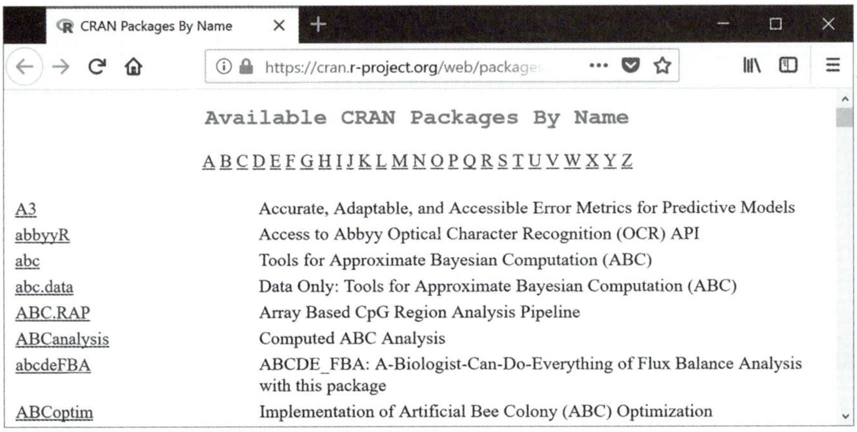

그림 2-4 R에서 사용 가능한 패키지 목록

패키지에 포함된 내용과 해당 패키지를 통해 수행할 수 있는 작업에 대해 알고 싶나요? 쉽습니다. 위의 웹 페이지를 보고 있다면, 목록에서 더 알고 싶은 패키지를 찾아 이름을 클릭하세요. 한편, R에서는 `help()` 함수를 사용할 수 있습니다. 통계 패키지에 대한 도움말을 보려면 콘솔의 > 프롬프트에서 다음을 입력한 후 Enter↵ 키를 누르세요.

```
> library(help = "stats")
starting httpd help server . . . done
>
```

RGUI가 웹 브라우저를 시작하고, 통계 패키지에 대한 기본 정보를 표시할 것입니다. 브라우저의 중앙 하단에 있는 색인 링크를 클릭하세요. 그러면 [그림 2-5]와 같이 패키지에 포함된 내용과 각 함수의 기능 및 버전(여기서는 3.5.1)에 대한 간단한 설명을 나타내는 창이 표시됩니다.

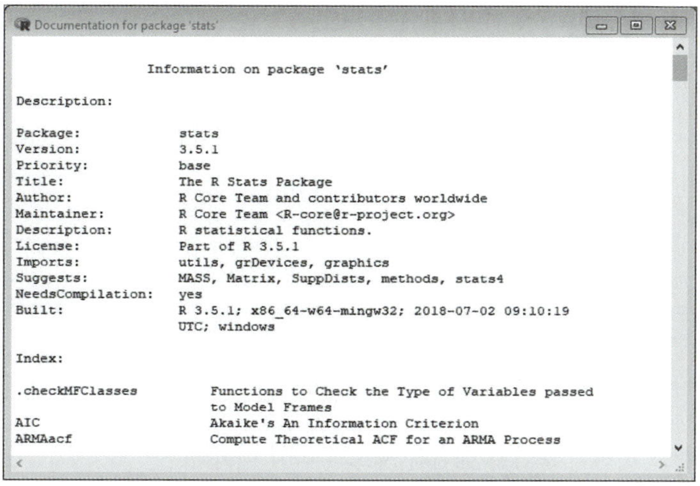

Documentation for package 'stats'

```
                Information on package 'stats'

Description:

Package:              stats
Version:              3.5.1
Priority:             base
Title:                The R Stats Package
Author:               R Core Team and contributors worldwide
Maintainer:           R Core Team <R-core@r-project.org>
Description:          R statistical functions.
License:              Part of R 3.5.1
Imports:              utils, grDevices, graphics
Suggests:             MASS, Matrix, SuppDists, methods, stats4
NeedsCompilation:     yes
Built:                R 3.5.1; x86_64-w64-mingw32; 2018-07-02 09:10:19
                      UTC; windows

Index:

.checkMFClasses           Functions to Check the Type of Variables passed
                          to Model Frames
AIC                       Akaike's An Information Criterion
ARMAacf                   Compute Theoretical ACF for an ARMA Process
```

그림 2-5 패키지에 대한 설명

거의 모든 R 함수는 (data 또는 help와 같은) 지시문으로 시작하고 열린 괄호와 닫힌 괄호인 ()를 사용하며, 괄호 안의 값을 바탕으로 작동합니다. 예를 들어 `help()`는 도움말에 대한 일반 창을 제공하고, 앞에서 본 것처럼 `data()`는 R에서 사용 가능한 데이터 세트에 대해 일반적인 정보를 제공합니다. 괄호 사이에 들어가는 값을 **전달인자**argument라고 합니다.

형식에 대한 참고 사항

이 책에서 R 구문과 출력은 앞에서 R의 `help()` 함수를 사용한 것처럼 표시됩니다. 구체적으로 보면 다음과 같습니다.

- R 구문이 입력되는 R 콘솔 명령줄의 시작에 위치하는 '>'–명령 프롬프트
- R에서 입력하는 내용이 표시되는 초록색 고정 폭 글꼴–구문
- R이 수행한 결과를 보여주는 **검은색 고정 폭 글꼴**–실행 결과

명령 프롬프트에서 구문을 입력하라는 지시를 받으면 R 콘솔에서 '>' 뒤에 커서를 놓고 예제의 R 구문을 입력하세요. 각 명령어를 모두 입력하면 (키보드에 따라) [Enter↵] 또는 [Return] 키를 누르세요(이 책에서는 대체로 [Enter↵] 키를 누르라고 할 겁니다). 그러면 R은 결과를 보여줍니다. 쉽죠?

다양한 데이터가 무료!

R 베이스가 멋진 이유 중 하나는 탐색할 수 있는 무료 데이터 세트가 많다는 것입니다. R을 처음 설치하면 R에서 읽을 수 있는 수백 개의 데이터 세트가 포함되어 있습니다. 이 데이터 세트들을 보고 싶다면 R 콘솔에 다음 명령어를 입력하고 Enter↵ 키를 누르세요.

```
> data()
```

[그림 2-6]은 R 베이스 버전에 포함된 데이터 세트의 하위 데이터들을 보여주고 있습니다. 예를 들어, state.abb와 women이라는 데이터 세트를 볼 수 있습니다([그림 2-6]의 하단에 있는 women 데이터 세트가 보이나요?).

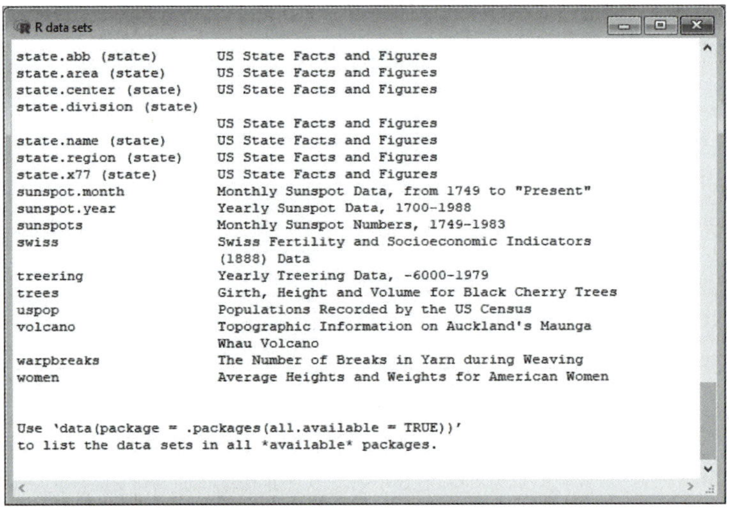

그림 2-6 R에 포함된 데이터 세트 목록

R 도움말 얻기

R을 배우기 위해 야심찬 노력을 하는 모든 사람들은 가끔 도움을 받으면 좋습니다. R은 도움말 메뉴의 메뉴 옵션을 포함하여 수많은 도움말을 제공합니다.

R을 처음 사용한다면 R FAQ(https://cran.r-project.org/doc/FAQ/R-FAQ.html)에서 시작하는 것이 가장 좋습니다. R FAQ에는 'What Is R?'을 통한 R 소

개부터 시작하여 추가할 수 있는 함수 패키지 등이 포함되어 있습니다. 다른 사람들이 이미 R을 사용하여 여러분이 하고자 하는 작업을 수행해놓은 예제들을 주의 깊게 살펴보고 탐색하면서, R에 익숙해지는 출발 장소로 더없이 좋은 곳입니다.

R 도움말에 대한 정보 얻기

R 도움말에 대한 정보를 얻으려면 R 콘솔에서 다음을 입력하세요.

```
> help()
```

콘솔 창에서 help(help)를 입력하면 [그림 2-7]과 같이 R이 제공하는 도움말 유형에 대한 정보를 보여주는 창이 나타납니다.

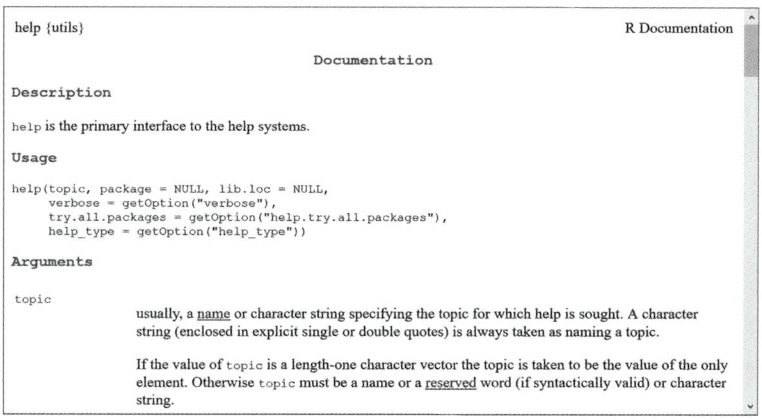
help {utils} R Documentation

Documentation

Description

help is the primary interface to the help systems.

Usage

```
help(topic, package = NULL, lib.loc = NULL,
     verbose = getOption("verbose"),
     try.all.packages = getOption("help.try.all.packages"),
     help_type = getOption("help_type"))
```

Arguments

topic
usually, a name or character string specifying the topic for which help is sought. A character string (enclosed in explicit single or double quotes) is always taken as naming a topic.

If the value of topic is a length-one character vector the topic is taken to be the value of the only element. Otherwise topic must be a name or a reserved word (if syntactically valid) or character string.

그림 2-7 help에 대한 도움말

궁금한게 있을 땐 ?를 사용하세요

R에서 도움을 얻는 쉬운 방법이 또 있습니다. ?mean 또는 ?plot과 같이 도움이 필요한 함수 이름 앞에 물음표를 입력하는 것입니다. 만약 ?를 입력한 기능에 대한 도움말이 없으면 R이 없다고 알려줍니다. 키워드를 검색할 때는 ??mean과 같이 물음표 두 개를 사용하세요. ??mean의 경우, 평균 함수를 포함하여 평균이라는 단어가 포함된 도움말 페이지 목록을 반환합니다.

R을 사용하는 동안 키워드, 패키지 또는 함수를 검색할 수 있습니다. 때때로, 이러한 도움말 창은 특정 작업을 수행하는 방법에 대한 간결한 정보를 많이 제공하기도 합니다. R 입문자가 도움말 기능을 사용하는 것은 R을 배우는 좋은 방법입니다. R을 더 많이 사용할수록 이 도움말에서 유익한 정보를 더 많이 얻게 될 것입니다.

마지막으로, 인터넷에 존재하는 수백 개의 사이트가 도움이 될 수 있기에 여기에 몇 개 사이트를 소개합니다. 여러분처럼 R을 처음 접한 사용자들도 많고, 여러분이 물어보고 싶은 것과 똑같은 질문을 누군가 이미 했을 수도 있습니다. 검색 엔진에 R 관련 질문을 입력하여 어떤 답변들이 존재하는지 확인해보세요. R을 사용하여 통계 모험을 다시 시작할 때, 이미 해결된 R 예제를 찾아보기만 하면 되는 경우도 있습니다.

만약 여러분이 알고 싶은 것을 아무도 질문하지 않았다면 여러분이 직접 질문하여 도움을 요청해보세요. 대부분의 R 관련 웹 사이트는 커뮤니티를 기반으로 하므로 등록된 질문에 대해 여러 전문가가 답변을 제공합니다. 경험이 적은 사람들의 질문이 있을 뿐, 세상에 어리석은 질문은 없습니다. 커뮤니티를 활용하세요!

'Getting Help with R'(https://www.r-project.org/help.html) 웹 페이지는 R 재단이 운영하는 헬프 데스크입니다. R에 대한 도움말을 얻는 것과 관련된 명확한 정보를 제공하기 때문에 여러분이 방문할 첫 장소이자 마지막 장소일 수 있습니다. 보물창고와 같습니다.

스택오버플로(https://stackoverflow.com)는 개발자(또는 코더 또는 프로그래머)에게 질문할 수 있는 사이트입니다. 여러분이 하고 싶은 질문이 이미 존재하는 경우, 기존 질문 게시물에 대한 링크를 제공하며 여기에는 질문에 대한 답변도 포함됩니다.

'Help for R'(http://search.r-project.org) 웹 페이지는 R에 관한 다양한 주제를 제공합니다. R에 대한 설명과 R의 작동 방식에 대한 내용은 R 위키사이트에서도 도움을 받을 수 있습니다.

다음에 설치할 응용 프로그램인 RStudio에는 자체 커뮤니티 웹 사이트(https://community.rstudio.com)가 있습니다. 실제로, RStudio 커뮤니티는 R 입문자에게 가장 환영받는 사이트 중 하나입니다. 'Welcome to the RStudio Community'의 주제를 먼저 확인하여 이 웹 사이트를 최대한 활용하는 법을 확인하세요.

예를 보여주세요!

좋습니다. 여러분은 도움말을 찾아봤고, R을 시작하는 방법에 관한 좋은 정보도 알게 되었지만 R에서 함수가 실제로 어떻게 사용되는지, 그게 가장 궁금할 겁니다. R 콘솔에서 `example(mean)`을 입력하고 Enter↵ 키를 누르세요. 아마도 매우 유용하다고 인정할 만한 예제를 보게 될 것입니다.

중요한 개념

모든 프로그래밍 언어에는 개념과 아이디어를 구성하는 고유한 방법이 있습니다. 여기서는 가장 중요한 개념 몇 가지를 설명하고 정의하겠습니다.

객체object는 R에서 생성되는 모든 것입니다. 예를 들어, 시간이라는 하나의 변수에 대해 20개의 점수로 구성된 데이터 세트를 만드는 경우, 해당 점수 세트를 객체라고 합니다. 분석을 실행하고 결과를 저장하면 그 결과도 객체가 됩니다. 즉, 4 곱하기 3을 계산한 결과인 12는 객체입니다.

벡터vector는 1, 2, 3 또는 4564, 6545, 34356과 같이 같은 유형(이 경우 모든 숫자)의 데이터로 구성된 모음입니다. 단일 숫자를 저장할 수 있으며 이 또한 벡터라고 합니다. 5월, 12월, 8월, 2월과 같은 단어 모음을 벡터에 저장할 수도 있습니다. 숫자와 문자를 같은 벡터에 넣으려고 하면 R은 전체 벡터를 문자처럼 취급합니다. 벡터는 R에서 가장 기본적인 객체입니다. 우리는 이 책의 실습에 사용될 다양한 데이터 세트를 이용해서 벡터를 만들게 됩니다.

원자 벡터

R에는 벡터에 저장할 수 있는 6가지 유형의 정보가 있습니다. 그런데 원자는 무엇을 의미할까요? 벡터는 정보를 저장할 수 있으며, 저장 방법은 R 사용자가 입력하고 조작할 수 있는 가장 작은 단위인 원자에 따라 달라집니다.

- 논리 : 참 또는 거짓
- 정수 : 소수점을 포함하지 않는 숫자
- 실수 : 소수점을 포함할 수 있는 숫자
- 복소수 : 허수를 포함하는 숫자
- 문자 : 문자열이라고도 부르는 텍스트
- Raw : 16진수로 표현된 바이트 정보

함수function는 R이 특정 작업을 완료하는 데 사용하는 도구입니다. 예를 들어, `mean()` 함수는 관측치 집합의 값들을 더하고 관측치의 수로 나누어 계산한 평균값을 반환하고, `plot()` 함수는 데이터를 사용하여 그래프를 만듭니다.

매개변수parameter는 함수가 동작하는 데 필요한 값입니다. 함수 `mean(x)`라고 표시되는 경우, `x`는 매개변수가 되며 R은 x라는 객체로 정의한 모든 값에 대한 평균을 계산합니다.

패키지package는 (앞으로 우리가 자주 사용할) 통계 패키지(stats)와 같이 관련된 함수들의 모음입니다. 때로 (생존 분석을 수행하는) survival, (정보를 분류하는 데 사용되는) class 및 (그래픽 패키지인) graf와 같이 이름이 지정된 패키지도 있습니다. 다운로드한 R 버전에 설치된 모든 패키지를 보고 싶나요? 콘솔에서 > 이후 다음과 같이 입력한 후 Enter↵ 키를 누르세요. 현재 사용할 수 있는 R 패키지 목록이 표시됩니다.

```
> library()
```

데이터 프레임data frame은 다음 표와 같이 행과 열[4]로 배열된 정보(벡터) 모음이며 (문자와 숫자를 포함한) 다양한 유형의 변수를 포함할 수 있습니다.

4 단일 행이나 단일 열일 수 있습니다.

몸무게	완성한 아이템 개수	나이
154	65	24
210	72	35
156	77	41
151	81	34
98	60	12

데이터 프레임 또는 행렬?

R에서 다른 행 및 열 구성 도구를 행렬이라고 합니다. 행렬은 모든 데이터가 동일한 유형의 값을 포함하는 행과 열의 조합입니다. 모든 숫자, 모든 텍스트 필드 또는 참/거짓 값 모음을 가질 수 있습니다.

리스트list는 여러 유형의 객체가 포함된 객체입니다. 예를 들어, 데이터 프레임을 첫 번째 요소, 데이터 프레임 변수에 대한 평균으로 구성된 벡터를 두 번째 요소, 표준편차로 구성된 벡터를 세 번째 요소로 구성하는 리스트를 작성할 수 있습니다. r-project.org에서 리스트의 정의를 찾아보면 리스트가 벡터라는 것을 알려줍니다. 공식 R 언어는 원자 벡터와 리스트 벡터를 구별합니다. 이 책에서는 리스트를 설명하는 데 많은 시간을 들이지 않지만, 여러분이 R을 많이 사용하다보면 리스트를 사용하여 객체를 저장하는 방법을 좋아하게 될 수 있습니다.

다음은 이 책에서 사용되는 주요 통계 함수들과 그 함수들이 다뤄지는 장을 보여줍니다. 함수들 중 일부는 이미 R과 함께 다운로드됐습니다.

장	함수	설명
2	`help()`	패키지에 대한 정보 찾기
4	`mean()`	숫자로 구성된 벡터의 산술평균을 계산
5	`sd()`	숫자 벡터의 표준편차를 계산
6	`plot()`	데이터에 대한 그림 그리기
7	`cor()`	두 변수 간의 상관관계 계산
8	`alpha()`	측정에 대한 신뢰도 통계량 계산
10	`scale()`	벡터의 평균 및 가능한 표준편차를 변경

13	t.test()	독립 표본에 대한 t 검정통계량 계산
14	t.test()	쌍을 이룬 표본에 대한 t 검정통계량 계산
15	aov()	분산분석 계산
16	Anova()	유형 III 제곱합 결과 계산
17	cor.test()	상관관계를 계산하고 확률을 계산
19	chisq.test()	카이제곱 통계량 계산

자, 지금까지 배운 내용을 검토해보겠습니다.

1. R은 데이터 분석에 자주 사용되는 프로그래밍 환경입니다.
2. R은 오픈소스 패키지로 매우 유연하지만 세부 사항에 많은 주의를 기울여야 합니다.
3. R을 설치하면 데이터 세트, 패키지 및 광범위한 도움말을 포함한 많은 추가 리소스가 제공됩니다.
4. 대문자와 소문자를 구별하므로 반드시 함수 이름을 정확하게 입력해야 합니다.
5. R은 도구로 가득찬 보물 상자입니다. 더 많이 사용할수록 더 큰 힘을 발휘할 수 있습니다.

RStudio

R을 설치하면서 R과 함께 제공되는 기본 그래픽 사용자 인터페이스인 RGUI도 설치하였습니다. 그러나 Windows에 익숙한 R 사용자라도 RGUI를 사용하기 어려울 수 있습니다. 이 때문에 이 책에서는 웹 사이트(https://www.rstudio.com/)에서 제공하는 RStudio를 사용하려고 합니다. RStudio 인터페이스를 실제로 IDE(integrated development environment, 통합 개발 환경)라고 합니다. RGUI와 마찬가지로 컴퓨터의 R 베이스를 활용하지만 RStudio에는 여러분의 인생을 더 편하게 만드는 몇 가지 기능이 있습니다.

RGUI? RStudio?

RStudio에서는 앞에서 `help()`, `data()`, `library()`를 소개할 때 사용한 것과

동일한 명령들을 사용합니다. RStudio는 R을 사용하는 또 하나의 쉬운 방법입니다. 여러분이 배우게 될 모든 R 명령어는 RStudio에서도 작동합니다. RStudio가 추가되었을 뿐, 여러분의 컴퓨터에 설치된 R을 그대로 사용합니다.

R을 설치했나요?

RStudio는 이미 컴퓨터에 설치된 R을 사용합니다. 아직 R을 설치하지 않았다면 'R 다운로드 및 설치' 항목으로 돌아가서 단계를 따라 컴퓨터에 R을 설치하세요. 그런 다음 여기로 돌아와서 RStudio 설치 단계를 따라 설치해보세요.

Rstudio를 찾아서 설치하는 방법

RStudio를 설치하기 위해 다음과 같은 단계를 밟습니다.

1. https://www.rstudio.com/products/rstudio/download로 이동하세요.
2. [그림 2-8]에서 볼 수 있듯이, 'RStudio Desktop'이라는 무료 버전을 포함하여 설치하는 RStudio 버전에 대한 몇 가지 선택 사항이 있습니다. 오픈소스 또는 상업용 라이선스의 RStudio 데스크톱에 대한 다운로드 버튼을 클릭하세요.[5]

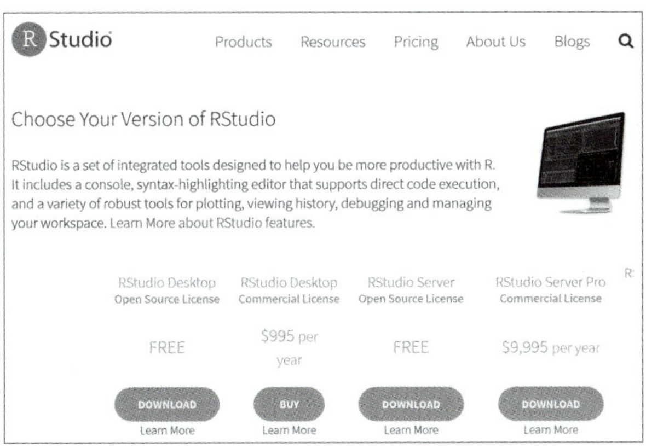

그림 2-8 RStudio 설치 사이트

5 이 주제에 대한 R 튜토리얼 비디오를 보려면 edge.sagepub.com/salkindshaw를 방문하세요.

3. [그림 2-9]에서 볼 수 있듯이, 사용 중인 운영 체제 또는 플랫폼과 관련된 몇 가지 옵션이 제공됩니다. 맞는 플랫폼을 더블 클릭하세요(예 : RStudio Windows 또는 RStudio Mac OSX).

Installers for Supported Platforms

Installers	Size	Date	MD5
RStudio 1.1.456 - Windows Vista/7/8/10	85.8 MB	2018-07-19	24ca3fe0dad8187aabd4bfbb9dc2b5ad
RStudio 1.1.456 - Mac OS X 10.6+ (64-bit)	74.5 MB	2018-07-19	4fc4f4f70845b142bf96dc1a5b1dc556
RStudio 1.1.456 - Ubuntu 12.04-15.10/Debian 8 (32-bit)	89.3 MB	2018-07-19	3493f9d5839e3a3d697f40b7bb1ce961
RStudio 1.1.456 - Ubuntu 12.04-15.10/Debian 8 (64-bit)	97.4 MB	2018-07-19	863ae806120358fa0146e4d14cd75be4
RStudio 1.1.456 - Ubuntu 16.04+/Debian 9+ (64-bit)	64.9 MB	2018-07-19	d96e63548c2add890bac633bdb883f32
RStudio 1.1.456 - Fedora 19+/RedHat 7+/openSUSE 13.1+ (32-bit)	88.1 MB	2018-07-19	1df56c7cd80e2634f8a9fdd11ca1fb2d
RStudio 1.1.456 - Fedora 19+/RedHat 7+/openSUSE 13.1+ (64-bit)	90.6 MB	2018-07-19	5e77094a88fdbdddddb0d35708752462

그림 2-9 설치할 RStudio 버전 선택

4. 운영 체제에 새 응용 프로그램을 설치하는 일반적인 방법으로 계속 진행되며 바탕 화면에 RStudio 아이콘(R)이 표시됩니다. 바로 가기가 Windows 바탕 화면에 배치된 상태입니다.

5. RStudio 아이콘을 더블 클릭하면 [그림 2-10]과 같이 RStudio 시작 화면으로 이동할 수 있습니다.

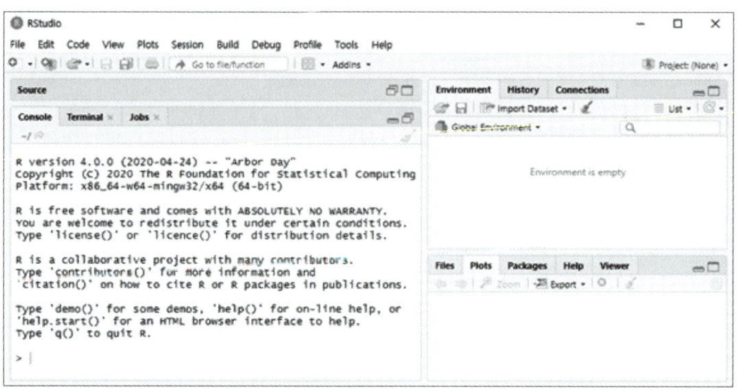

그림 2-10 RStudio 시작 화면

RStudio 테스트하기

앞에서 R을 설치한 후 RGui의 R 콘솔 창에서 2와 3을 더했습니다. RStudio에서도 같은 작업을 수행해봅시다. R 콘솔 창에서 다음을 입력하고 Enter↵ 또는 Return 키를 누르세요.

```
> 2 + 3
```

이전과 마찬가지로 한 줄이 출력되며, 합산 결과는 '5'입니다.

```
[1] 5
```

지금까지 R과 RStudio를 모두 설치하고 R 콘솔에서 간단한 명령을 실행했습니다. 또한 R 용어를 배우기 시작했습니다. 여러분이 이미 아는 단어일 수 있지만 이제 R에서 사용하는 새로운 정의를 알게 되었을 것입니다.

이제 RStudio에서 조금만 더 머무르겠습니다. 다음으로 메뉴를 소개할 텐데, 큰 개념에 주의를 기울이기 바랍니다. 메뉴에는 '작업 공간'과 '작업 디렉터리 설정' 같은 새로운 용어와 문구가 상당수 표시되어 있습니다. 3장 끝부분에서 이러한 용어와 문구의 의미를 살펴볼 예정이니 걱정하지 마세요. 여러분은 지금 RStudio의 새로운 메뉴가 어떻게 구성되어 있는지 배우려고 애쓰고 있습니다. 따라서 다음 장에서는 메뉴에서 무엇인가를 찾아야 할 때 어디를 봐야 할지 알게 될 것입니다.

Windows 또는 Mac

여러분 컴퓨터에 구형 Mac OS가 깔려 있어서 RStudio를 설치할 수 없다면 어떻게 해야 할까요? 걱정하지 마세요. Mac OS를 사용하고 있다면 Mac의 RGui를 설치하는 것이 좋습니다. 그리고 가능하면 3장부터는 메뉴를 클릭하는 방법과 R 콘솔에서 명령을 입력하여 수행하는 방법 두 가지를 다 설명하므로 명령어를 사용하여 이 책의 내용을 공부할 수 있습니다.

RStudio에서 명령하기

다른 모든 GUI와 마찬가지로 RStudio에서도 식당 메뉴와 같은 다양한 옵션이 포함된 일련의 메뉴가 제공됩니다. 이제 RStudio의 11가지 메뉴에 대한 요약과 각 메뉴에서 사용할 수 기능들을 살펴보겠습니다.

파일(File)

[File] 메뉴의 옵션을 사용하여 새 프로젝트 시작하기, 작업 중인 데이터 저장하기(매우 중요함), 최근 프로젝트에 접속하기, 작업 중인 프로젝트 닫기, RStudio 모두 종료하기 등을 수행할 수 있습니다. [그림 2-11]에 표시된 파일 메뉴는 RStudio 명령어 세트(스크립트)를 개발하고 작업해나갈 때, 상당한 시간을 보내는 곳입니다.

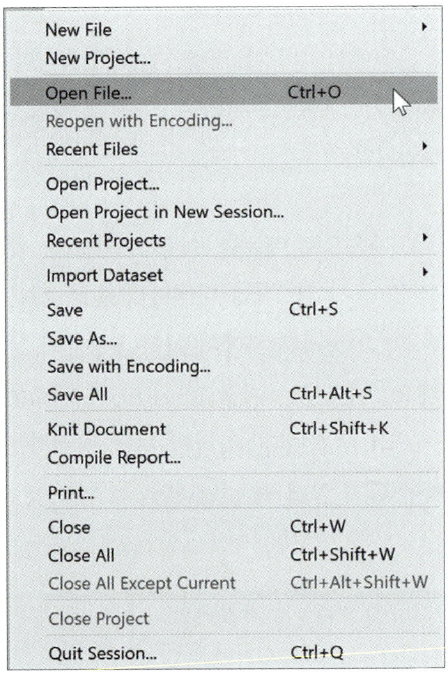

그림 2-11 파일 메뉴([File])

편집(Edit)

처음에 명령어 세트(또는 스크립트)를 만들려고 하면 종종 수정 사항이 발생합니다. 이때 필요한 것이 [그림 2-12]와 같은 [Edit] 메뉴의 옵션입니다. 여기서 일반적인 잘라내기, 복사 및 붙여 넣기를 수행할 수 있습니다. 또한 특정 메뉴 항목을 클릭해서 전체 콘솔을 지우기, 다시 실행하기, 방금 입력한 항목 실행 취소하기, 특정 명령 검색하기 등의 기능을 수행할 수 있습니다.

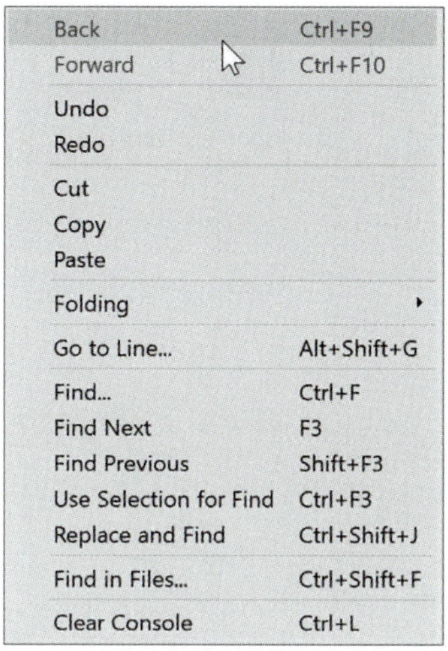

그림 2-12 편집 메뉴([Edit])

코드(Code)

모든 프로그래밍 환경에서 코딩(코드 메뉴의 핵심)은 가장 중요한 본질이며, 이는 RStudio에서도 마찬가지입니다. [그림 2-13]에서 볼 수 있듯이, [Code] 메뉴에서는 스크립트의 전체 섹션을 쉽게 삽입하고 함수의 정의를 찾을 수 있습니다. 또한 RStudio에서 원하는 스크립트 행만 실행하도록 하고 소스 파일이나 작업 중인 명령 세트를 검사할 수 있습니다.

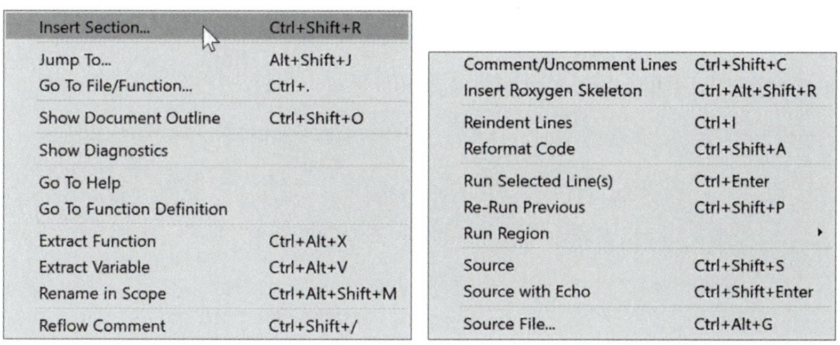

그림 2-13 코드 메뉴([Code])

보기(View)

RStudio 창이 모니터에 표시되는 방식을 다시 정렬하려면 [그림 2-14]와 같은 [View] 메뉴에서 해당 명령을 사용하세요. 또한 보기 메뉴에서는 화면의 요소 크기를 늘리거나 줄일 수 있으며 파일, 플롯, 패키지 등을 보여줍니다. 그리고 Tab 키를 사용하면 명령을 쉽게 삽입할 수 있습니다.

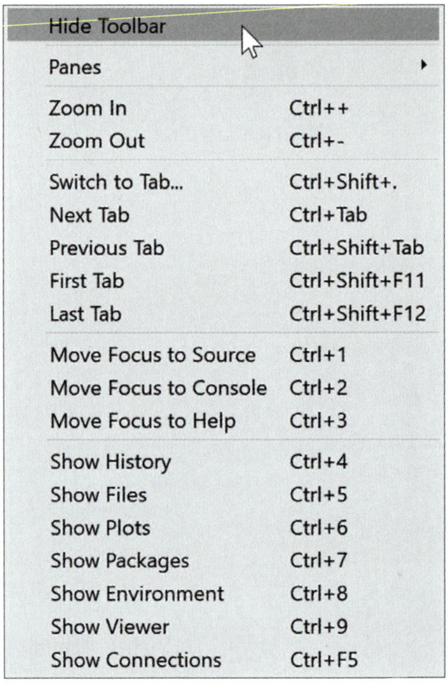

그림 2-14 보기 메뉴([View])

창 정렬하기

화면에 RStudio 창이 나타나는 방식을 재정렬하려면 [View]-[Panes]-[Pane Layout]을 클릭합니다. 그러면 옵션 대화상자가 나타납니다. 여기서 4개의 RStudio 창을 네 가지 가능한 위치 중 원하는 형태로 정렬할 수 있습니다. 명령어 철자를 확인하거나 사용자 지정 사전을 추가할 수도 있습니다.

그리기(Plots)

시각적 학습자들을 돕고 일러스트레이션 효과를 내기 위해, RStudio는 [Plots] 메뉴에서 그림을 만들고 조작할 수 있도록 강력하면서도 사용하기 쉬운 도구 세트를 제공합니다. 작성한 그림을 PDF를 비롯한 다양한 형식의 이미지로 저장하고, 그림을 클립보드에 복사한 다음 Word같은 다른 응용 프로그램에 쉽게 붙여 넣을 수 있습니다. [그림 2-15]의 그리기 메뉴에서 [Next Plot]을 선택한 후 그리기 메뉴가 수행할 수 있는 작업에 대한 정보를 RStudio의 오른쪽 아래에 있는 그리기 메뉴에서 확인하세요.

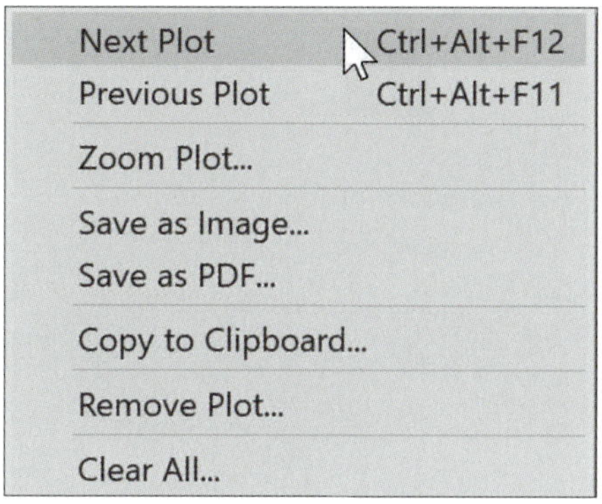

그림 2-15 그리기 메뉴([Plots])

세션(Session)

새로운 세션을 시작하나요? 작업 디렉터리를 설정하거나 작업 공간을 지워야 하나요? 이게 도대체 무슨 말일까요? 계속 따라오세요! 다음 장에서 이 모든 것에 대해 설명할 것입니다. [그림 2-16]의 [Session] 메뉴를 살펴보세요.

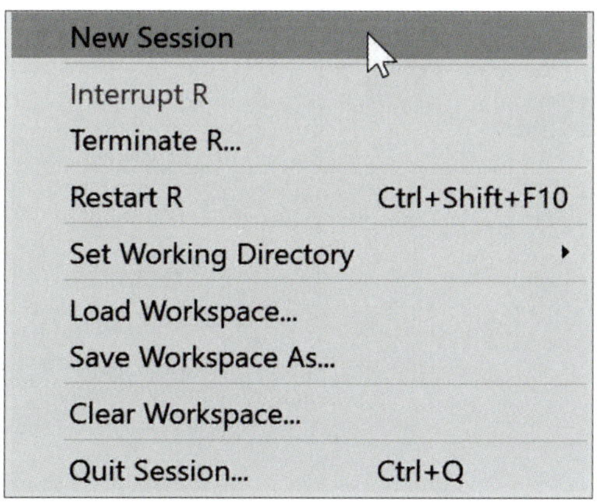

그림 2-16 세션 메뉴([Session])

빌드(Build)

아마도 [Build] 메뉴는 많이 쓰진 않을 겁니다. 패키지를 빌드하거나 RStudio에 대한 추가 기능을 개발하려는 경우에 사용하는 메뉴입니다. [Build] 메뉴에는 빌드 도구 구성이라는 항목 하나뿐이므로 이 메뉴의 그림은 표시하지 않겠습니다.

디버그(Debug)

패키지나 스크립트가 개발되면 [그림 2-17]과 같은 [Debug] 메뉴에서 디버그 도구를 사용하게 됩니다.

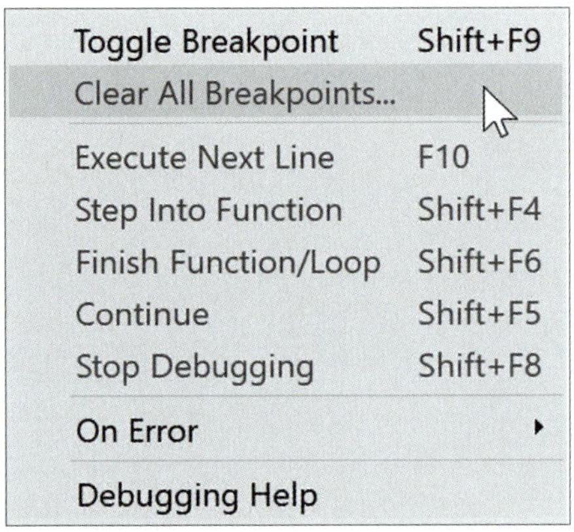

그림 2-17 디버그 메뉴([Debug])

프로파일(Profile)

[그림 2-18]과 같은 [Profile] 메뉴는 스크립트 작성, 패키지 개발 등을 하는 고급 사용자를 위한 메뉴입니다. 이 메뉴는 더욱 효율적으로 작업할 수 있게 R이 시간과 자원을 어떻게 쓰는지 RStudio 사용자가 이해하도록 도와줍니다.

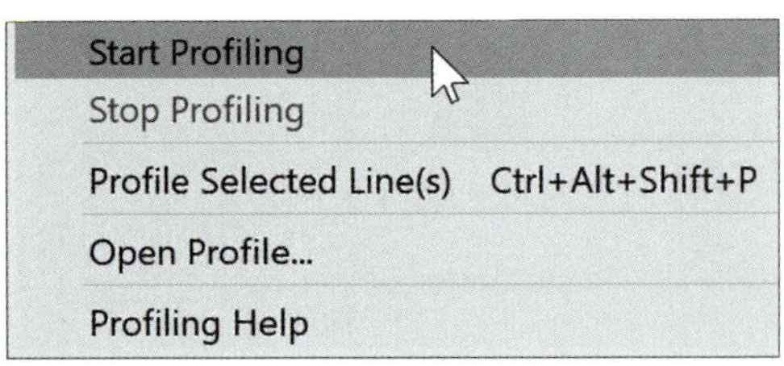

그림 2-18 프로파일 메뉴([Profile])

도구(Tools)

쓸 만한 도구가 없다면 좋은 도구 상자가 될 수 없습니다. RStudio는 [그림 2-19]와 같은 [Tools] 메뉴에서 패키지 설치와 같은 작업을 수행하고, 설치된 패키지가 최신인지 확인합니다. 또한 RStudio 애드인(add-ins) 프로그램을 사용하고, 기본 작업 디렉터리 설정과 같은 전역 옵션을 정의합니다.

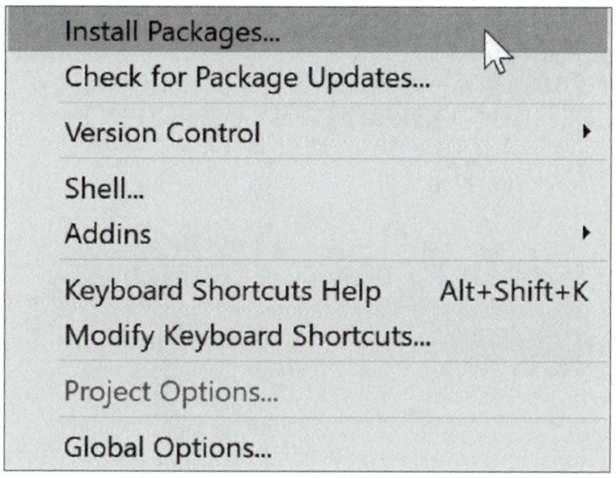

그림 2-19 도구 메뉴([Tools])

도움말(Help)

마지막으로, RStudio는 길을 잃은 여러분이 다시 돌아올 수 있도록 도와주는 옵션으로 채워진 [Help] 메뉴를 제공합니다. [그림 2-20]에서 볼 수 있듯이, 도움말 메뉴에서 업데이트를 (자주) 확인하고 RStudio 지원에 접속할 수 있습니다. 또한 키보드 단축키를 찾고, 실행하려는 스크립트에서 발생할 수 있는 상황을 미리 진단할 수 있습니다.

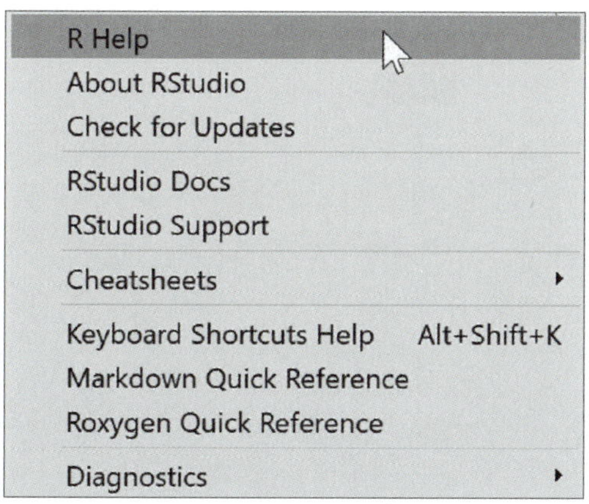

그림 2-20 도움말 메뉴([Help])

이 장의 요약

먼저 축하드립니다.

여러분은 R과 RStudio를 설치했고 새로운 용어를 배웠으며, R 콘솔 창에서 간단한 산술도 수행해보았습니다. 이제 R을 사용하는 연습을 해야 합니다. 무엇보다도 다양한 기능을 탐색하고 그 결과를 보는 것이 재미있습니다. 특히, 사례를 기억하고 인용문을 입력과 같은 자세한 내용이 포함된 경우 (1장에서 이야기했듯이) 친구와 함께 공부하는 것은 매우 중요합니다.

3장에서는 R과 RStudio에 대해 자세히 알아봅니다. R 패키지를 다시 살펴보고, R을 (가장 비싸거나 가장 저렴한) 계산기로 사용해보며, 데이터를 입력해보겠습니다.

연습할 시간입니다!

1. R이란 무엇이며, 통계 분석에 R을 사용할 때의 장단점은 무엇입니까?

2. R에서 도움을 얻는 두 가지 방법을 설명하세요.

3. R 객체 :

(a) 벡터에 어떤 유형의 데이터를 저장할 수 있습니까?

(b) 숫자와 문자를 모두 벡터에 저장할 수 있습니까?

(c) 함수와 패키지는 서로 어떻게 관련되어 있습니까?

4. RStudio를 이용해서 다음 기능을 실행하세요.

(a) `library(help = "stats")`

(b) `data()`

(c) `help(help)`

(d) `library()`

5. `library(help ="stats")` 명령을 시도해보세요. 도움말 텍스트는 어디에 있습니까?

6. RStudio란 무엇이며, R과 어떻게 다릅니까?

03

RStudio 사용하기

이 장에서 배울 내용

- RStudio에서 4개의 분할 창과 그 역할
- 계산기처럼 R 사용하기
- RStudio에서 데이터 세트 생성하기, 사용하기, 가져오기
- R에서 간단한 데이터 분석 수행하기

3장에서는 RStudio에 익숙해지고 R 명령을 사용하여 원하는 결과를 얻는 방법을 살펴봅니다. R을 계산기처럼 사용하고, 첫 번째 객체를 만들고, 이 책에서 사용하게 될 몇 가지 명령과 개념을 배우겠습니다.

이전 장에서 언급했듯이, R 자체만으로도 매우 유용하고 용도가 다양하며 전문적이지만 RStudio는 우리와 같은 일반적인 R 사용자에게 실질적인 도움이 됩니다.

깜짝 놀랄 만한 재미가 기다리고 있으니 기대하세요.

RStudio 둘러보기, 4개의 분할 창에 대한 모든 것

[그림 3-1]은 잘 짜인 흥미로운 창들을 통해 RStudio의 구조와 작동 방식을 보여줍니다. 각각의 창을 중심으로 RStudio를 살펴보겠습니다.

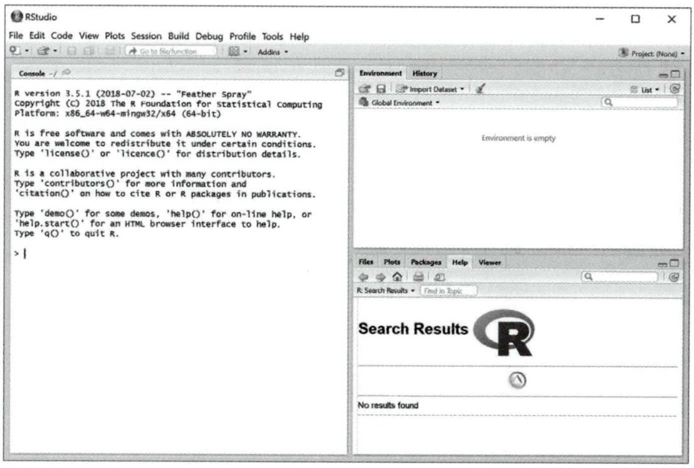

그림 3-1 RStudio 시작 화면

[그림 3-1]은 RStudio를 설치한 직후에 보이는 화면입니다. 이 화면에는 분할 창이 3개 있습니다. 하나 더 열어봅시다. 그런 다음 이 4개의 분할 창에 대해 더 자세히 이야기하겠습니다. 다음 단계에 따라 네 번째 창을 열어보세요.

1. [File] 메뉴로 이동합니다.
2. 새 파일로 마우스 커서를 옮기면 오른쪽으로 하위 메뉴가 나타납니다.
3. R Script를 선택합니다.

RStudio는 이제 [그림 3-2]와 같습니다.

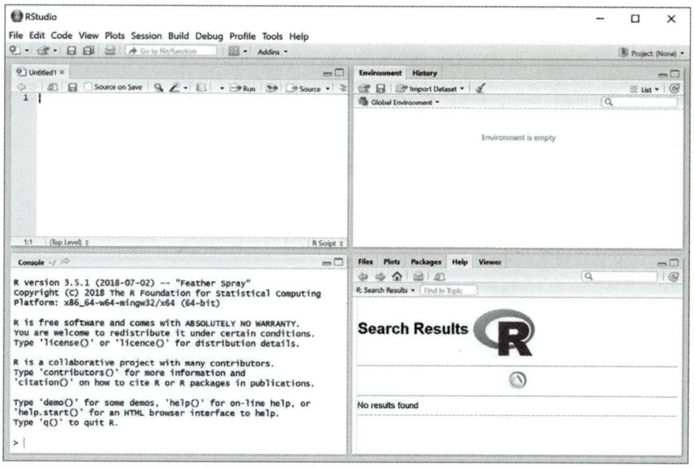

그림 3-2 RStudio에 열린 4개의 창

RStudio에는 환경 변수 또는 과거 기록(히스토리)을 보는 기능 등의 옵션이 있는 오른쪽 상단 분할 창을 포함해 4개의 분할 창이 있습니다. 이제 각 분할 창의 역할에 대해 알아봅시다.

- [그림 3-2]의 왼쪽 상단 창은 R 스크립트 명령을 입력하여 R 스크립트를 생성할 수 있는 소스 (또는 구문) 분할 창입니다. 소스 분할 창에 주석과 함께 R 명령을 입력하고, 이를 나중에 R 스크립트로 저장할 수 있습니다.
- 소스 분할 창의 오른쪽에는 환경 및 히스토리 등 2개의 탭이 달린 분할 창이 있습니다. 첫 번째 탭은 환경 탭으로, 현재 RStudio에서 작업 중인 벡터 또는 데이터 프레임과 같은 모든 객체의 목록을 보여줍니다. 히스토리 탭에서는 RStudio 세션에 입력된 모든 RStudio 명령을 나열합니다. 세션은 RStudio가 진행된 시간을 나타냅니다. 이 히스토리 탭 목록에서는 수행한 작업을 추적하고 작동하지 않았거나 작동하지 않은 작업을 찾을 수 있을 뿐만 아니라 목록을 사용하여 해당 명령을 더블 클릭해서 명령을 다시 입력할 수도 있습니다.
- 왼쪽 하단에 있는 분할 창은 콘솔(Console)이라고 하며 RStudio의 중심입니다. 여기서 RStudio 명령을 입력하고, 해당 명령을 실행한 결과를 볼 수 있습니다. 명령은 콘솔 창에서 직접 입력해도 되고 히스토리 탭에서 콘솔로, 소스 분할 창에서 콘솔로 보낼 수 있습니다.
- 콘솔 창 오른쪽에는 파일(Files), 그리기(Plots), 패키지(Packages), 도움말(Help), 뷰어(Viwer) 분할 창이 있습니다. (미안하지만 줄임말은 따로 없어요.) 여기서 할 수 있는 유용한 작업들이 많습니다.
  - 파일 탭에는 현재 선택한 디렉터리나 RStudio 계정에 저장한 파일들이 나열됩니다.
  - 플롯 탭에는 그래픽 명령의 결과가 표시됩니다.
  - 패키지 탭에는 RStudio에서 액세스할 수 있는 패키지가 표시됩니다.
  - 도움말 탭은 R 사용에 대한 도움말입니다.
  - 뷰어 탭을 통해 컴퓨터에 있는 로컬 웹 콘텐츠를 볼 수 있습니다.

RStudio 분할 창이 좋은 이유

RStudio를 사용하면 RGUI를 사용할 때보다 다양한 작업을 쉽게 수행할 수 있습니다. 이것이 바로 RStudio와 같은 사용자 인터페이스를 사용하는 이유입니다.

이제 앞에서 설명한 4개의 분할 창 각각에 대해 가장 중요한 도구를 표 형식으로 간단히 설명하고 이러한 작업을 수행하기 위해 클릭하는 아이콘을 제시하겠습니다.

모든 창에는 클릭한 분할 창을 축소하거나 확장하는 축소/확장 아이콘()이 있습니다. 특히, 분할 창을 하나만 사용한다면 확장 아이콘을 클릭하여 그 창에 더 많은 공간을 할당하는 것이 좋습니다. 예를 들어, [그림 3-3]을 보면 소스 분할 창을 축소하여 더 이상 보이지 않게 했습니다. 다시 나타나게 하려면 해당 창에서 확장 버튼을 클릭하세요.

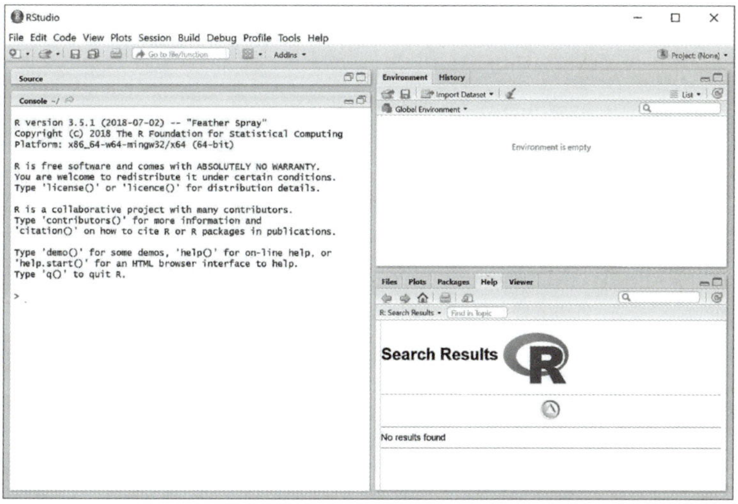

그림 3-3 소스 창 닫기

소스 분할 창		
아이콘	**마우스를 올려놓으면 보이는 것**	**기능**
	새 창으로 표시	새로운 스크립트 창 열기
	현재 문서 저장	숫자 벡터의 표준편차 계산하기
	저장 소스	파일 저장 시 R 스크립트의 모든 줄 실행하기 (확인 표시 해제!)
	찾기/바꾸기	명령과 구문 찾기 및 바꾸기
	코드 도구	코드 입력 및 조정에 사용되는 포괄적인 도구 모음 나열하기
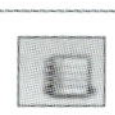	보고서 컴파일	보고서를 컴파일하는 도구 제공하기
	현재 줄이나 선택된 명령을 실행	선택된 명령문 실행하기
	이전 코드 영역을 다시 실행	이전 코드 다시 실행하기

아이콘	마우스를 올려놓으면 보이는 것	기능
Source	활성 문서의 내용을 소싱	열린 R 스크립트에서 모든 줄 실행하기
환경/히스토리 분할 창의 환경 탭		
아이콘	**마우스를 올려놓으면 보이는 것**	**기능**
	작업 공간 열기	작업 공간을 여는 대화 상자 실행하기
	작업 공간 저장	작업 공간 저장을 위한 대화 상자 실행하기
Import Dataset	데이터 세트 가져오기	다양한 형식의 데이터 세트 가져오기
	작업 공간에서 객체 삭제	환경 탭의 내용 지우기
List	목록	환경 탭의 내용을 목록이나 그리드로 표시하기
	객체 목록 새로 고침	글로벌 환경에서 모든 객체 목록을 새로 고침
환경/히스토리 분할 창의 히스토리 탭		
아이콘	**마우스를 올려놓으면 보이는 것**	**기능**
	기존 파일에서 히스토리 읽음	파일에서 R 명령 기록 읽기
	기록을 파일로 저장	현재 R 명령 목록 저장하기
To Console	선택한 명령을 R 콘솔에 전송	히스토리 분할 창에서 콘솔로 명령 삽입하기
To Source	선택한 명령을 현재 문서에 삽입	히스토리 분할 창에서 현재 문서로 명령 삽입하기
	선택한 히스토리 항목을 제거	히스토리 분할 창에서 선택된 R 명령 제거하기
	모든 히스토리 항목을 지움	히스토리 분할 창에서 모든 R 명령 제거하기
	히스토리 항목 검색	히스토리 분할 창을 통해 특정 명령 검색하기
파일, 플롯, 패키지, 도움말, 뷰어 분할 창의 파일 탭		
아이콘	**마우스를 올려놓으면 보이는 것**	**기능**
New Folder	새 폴더 만들기	표시된 디렉터리에 새 폴더 만들기
Delete	선택한 파일 또는 폴더 삭제	선택한 파일 또는 폴더 삭제하기
Rename	선택한 파일 또는 폴더 이름 바꾸기	선택한 파일 또는 폴더의 이름 바꾸기
More	더 많은 옵션	디렉터리 복사, 이동 및 다른 작업에 대한 옵션 표시
	파일 목록 새로 고침	파일 목록에서 변경된 내용을 기반으로 새 목록 만들기
파일, 플롯, 패키지, 도움말, 뷰어 분할 창의 플롯 탭		
아이콘	**마우스를 올려놓으면 보이는 것**	**기능**
	이전/다음	이전 그림 또는 다음 그림으로 이동하기

Zoom	더 큰 그림을 새 창에 표시	그림의 크기를 늘리고 새 창에서 표시하기
Export ▾	그림 내보내기	그림을 이미지 또는 PDF로 저장하거나 클립 보드에 복사하기
	현재 그림을 제거	그리기 창에서 현재 그림 제거하기
	모든 그림을 삭제	그리기 탭에서 모든 그림 제거하기
Publish ▾	그림 게시	그림이 만들기 전에는 이 아이콘이 표시되지 않을 수 있음. 지정한 위치에 그림 게시하기
	현재 그림 새로 고침	그리기 창에서 현재 그림을 새로 고침

파일, 플롯, 패키지, 도움말, 뷰어 분할 창의 패키지 탭		
아이콘	**마우스를 올려놓으면 보이는 것**	**기능**
Install	R 패키지 설치	R 패키지를 찾고 설치하기 위한 대화 상자 제공하기
Update	패키지 업데이트 확인	CRAN에서 최신 버전의 패키지 찾기
	패키지 검색	R 패키지 검색하기
	패키지 목록 새로 고침	사용 가능한 패키지 목록을 새로 고침

파일, 플롯, 패키지, 도움말, 뷰어 분할 창의 도움말 탭		
아이콘	**마우스를 올려놓으면 보이는 것**	**기능**
	이전/다음	이전 또는 다음 도움말 주제로 이동하기
	R 도움말 표시	R 도움말 시작 화면 표시하기
	인쇄	도움말 항목 인쇄하기
	새 창에 표시	새 창에 도움말 항목 표시하기
	도움말 항목 찾기	입력된 항목 검색하기
	도움말 주제 새로 고침	현재 보고 있는 도움말 주제를 새로 고침

파일, 플롯, 패키지, 도움말, 뷰어 분할 창의 뷰어 탭[1]		
아이콘	**마우스를 올려놓으면 보이는 것**	**기능**
Viewer	뷰어 분할 창 보기	RStudio를 사용하여 생성한 웹 콘텐츠 또는 컴퓨터에 있는 웹 콘텐츠 보여주기

1 뷰어 탭 사용 방법은 이 책에서 다루지 않지만, RStudio에서 웹 페이지를 보고 작업하는 방법을 배우고 싶다면 온라인에서 좋은 자료들을 찾아 쓸 수 있습니다.

RStudio 메뉴와 탭 사용 및 샘플 데이터 분석

RStudio 사용법을 제대로 배우는 방법은 실습해보는 것뿐입니다. RStudio와 3개의 데이터 세트를 사용한 R 분석을 살펴보겠습니다. 각 장을 공부할 때 구문 파일을 다운로드하면 각 행이 # 표시로 구분되어 있는 것을 볼 수 있습니다. 여러분이 예제를 입력하는 방법과 실행 결과를 확인할 수 있도록 많은 예를 보여드립니다. 히스토리 분할 창은 우리가 하는 모든 작업(오류조차도)을 추적하는 데 도움이 됩니다. 콘솔에서 작업을 시작해봅시다.

연산자 사용 : +, -, *, / 등

기본적으로 R은 계산기입니다. 숫자 값을 계산하는 명령을 입력하는 것은 다른 R 명령어를 입력하는 방식과 같습니다.[2]

예를 들어, 4와 6을 더하는 간단한 명령을 입력하고 Enter↵ 키를 눌러봅시다.

```
> 4 + 6
[1] 10
>
```

R을 간단한 계산기로 사용하는 방법을 살펴봅시다.

- >는 정보 입력을 기다리는 R 프롬프트입니다.
- 4 + 6은 R에게 계산을 요청하는 표현식입니다.
- [1]은 줄 번호이고 결과는 10입니다. 여기서는 한 줄뿐이지만 이 같은 번호(예 : [1])는 두 줄 이상의 결과를 추적하는 데 도움이 됩니다.

위의 계산은 매우 간단하지만, +(더하기), -(빼기), *(곱하기), /(나누기)를 비롯해 ^ (예 : 2의 제곱과 같은 지수)와 같은 연산자들을 다 사용하면 계산이 훨씬 더 복잡해집니다.

2 이 주제에 대한 R 튜토리얼 비디오를 보려면 edge.sagepub.com/salkindshaw를 방문하세요.

수학 연산에서 괄호, 거듭제곱, 곱셈, 나눗셈, 덧셈, 뺄셈과 같은 연산 순서를 지키는 것은 매우 중요합니다. R은 왼쪽부터 명령어를 읽어 들이지만 괄호를 추가하여 작업 순서를 바꿀 수 있습니다.

예를 들어, $\frac{(3+5)^2}{17+21}$을 계산해봅시다. 순서에 따라 $3+5=8$을 먼저 계산하고 이를 제곱하면, 분자의 값은 64입니다. 이어서 17과 21을 더하여 분모가 38이 됩니다. 그런 다음 64를 38로 나눕니다. 손으로 계산한 결과는 1.684211입니다. 이를 그대로 R에 입력해봅시다.

```
> (3 + 5)^2/17 + 21
[1] 24.76471
>
```

R은 왼쪽에서 오른쪽으로 계산합니다. 즉, 괄호 안의 값을 먼저 더한 후 제곱했습니다. 분자의 값은 예상대로 64입니다. 그런데 분자를 $17+21$의 결과인 38 대신 17로 나누고 21을 더했습니다. 이는 잘못된 결과입니다. 분모 $17+21$에 괄호를 씌운 후 다시 시도해봅시다. 앞에서 손으로 계산한 것과 동일한 결과가 나옵니다.

```
> (3 + 5)^2/(17 + 21)
[1] 1.684211
>
```

명령 행 반복

R 콘솔에서 명령을 입력할 때마다 키보드에서 위쪽 방향키 [↑]를 눌러 해당 명령 줄을 다시 한 번 쉽게 반복 실행할 수 있습니다. 따라서 잘못 입력한 경우 이미 입력한 내용을 쉽게 반복한 다음 편집할 수 있습니다. 위쪽 방향키를 계속 누르면 이전 명령 줄을 계속 내려 볼 수 있습니다. 아래쪽 방향키 [↓]를 누르면 반대 방향으로 이전 명령들을 내려 볼 수 있습니다.

반복하여 실행하려는 명령 줄을 찾은 다음 [Enter↵] 키를 누르세요. 명령을 변경하려면 왼쪽 방향키나 오른쪽 방향키를 사용하여 줄 안에서 이동하고 문자를 추가하거나 삭제하여 편집하세요.

공백, 공백, 공백

R은 명령을 실행할 때, 공백(스페이스)의 크기에 영향을 받지 않습니다.

```
> 104+105
[1] 209
>
> 104 + 105
[1] 209
>
> 104    +    105
[1] 209
>
```

여러분이 R을 사용하여 과제를 수행할 때, 공백을 적절히 사용하여 여러분이 작성한 R 명령을 더 이해하기 쉽게 표현할 수 있습니다. '공백없이글을쓰면' 이해하기 쉽지 않을 겁니다. 위의 첫 번째 명령에서 104+105는 '104더하기105'를 쓰는 것과 같고 104 + 105는 '104 더하기 105'라고 쓰는 것과 같습니다. R에 명령을 입력할 때 공백을 사용하세요. 공백을 사용하면 입력된 R 명령을 읽고 검토하기가 훨씬 쉽습니다.

데이터로 작업하기

실제 데이터는 R이 마법을 수행하는 데 필수적인 재료이므로 여기서는 데이터와 관련된 두 가지 중요한 기술에 중점을 두겠습니다. 첫 번째는 R에서 데이터 세트를 작성하는 방법이고, 두 번째는 기존 데이터 세트(예 : R 베이스와 함께 제공되는 데이터 세트)를 R로 읽어서 간단한 통계 분석을 실행하는 방법입니다.

하나의 벡터에서 데이터 세트 생성하기

10점이 만점인 시험의 점수들을 포함하는 correct[3]라는 벡터 또는 데이터 세트를 만들어 보겠습니다. `c()` 함수를 사용하여 벡터 또는 데이터 세트를 만들려면 다음 단계를 수행하세요.

3 CORRECT나 Correct가 아님에 주의합시다.

- R 입력 프롬프트에서 다음을 입력하세요.

```
> correct <- c(8, 6, 5, 8, 7, 8, 9, 6, 10, 8)
>
```

여기서 몇 가지만 살펴봅시다.

- correct는 데이터 세트의 이름입니다.
- <-는 오른쪽에 있는 것을 왼쪽에 있는 객체에 지정하는 문자입니다.
- c는 concatenate라는 R 함수를 나타냅니다. '괄호 안에 있는 값들을 하나의 벡터로 처리'한다는 의미합니다. c 함수에 뒤따르는 모든 값을 하나의 객체에 '결합(combine)'하는 명령으로 생각하는 편이 더 쉬울 수 있습니다.
- 10개의 값(8, 6, …)은 시험 점수를 나타냅니다.

[Enter↵] 또는 [Return] 키를 누르면 R 프롬프트 외에는 아무것도 표시되지 않습니다. 걱정하지 마세요. 입력된 정보는 이제 R 콘솔의 일부로 들어갔습니다. 이게 무슨 말인지 확인하고 싶나요? 명령 프롬프트에서 correct를 입력한 후 [Enter↵] 키를 누르세요. 위의 예에서라면 아래와 같은 결과가 나타납니다.

```
> correct
[1] 8 6 5 8 7 8 9 6 10 8
>
```

입력한 대로 값 10개가 모두 있으며, 분석할 준비가 되었습니다. RStudio의 오른쪽 상단에 있는 환경 분할 창을 보면 R 개체인 correct가 올바르게 표시되어 있습니다. 명령 프롬프트에서 ls() 함수를 입력하면 모든 객체 목록을 볼 수 있습니다.

```
> ls ()
[1] "correct"
>
```

1. ls() 함수는 R에게 알고 있는 모든 객체를 나열하도록 지시합니다. 앞에서 우리는 숫자 값을 사용해 더하기 계산을 했지만 결과를 저장하지 않았습니다. 따라서

`ls()` 함수는 그 숫자에 대해서는 아무것도 모릅니다.

2. `"correct"`은 환경 창에 나열된 하나의 객체입니다.

만약 문자 c로 시작하는 모든 객체를 나열하려면 `ls(pattern = "c")`라고 입력하면 됩니다. 직접 실행해보고 결과를 확인하세요.

■ 몇 가지 간단한 RStudio 작업들

`ls()` 함수를 사용하여 환경 창에 있는 객체를 나열하는 방법은 어디에서 찾았나요? 웹 브라우저를 열고 Google에서 'R list environment objects'를 검색하면 91,000,000건 이상의 많은 결과를 얻을 수 있습니다. 이 간단한 질문에 대한 수많은 답변이 있지만 조금만 시간을 들여 읽으면 `ls()` 함수의 사용법을 알게 됩니다. 왜 R 도움말을 사용하지 않고 웹 브라우저에서 검색할까요? 때때로 여러 사람이 함수를 쓰는 방법을 살펴보면 그 함수를 이해하는 데 더 많은 도움을 얻을 수 있습니다.

`ls()` 함수의 형식을 찾으면 R 명령 프롬프트에서 `?ls`를 입력하고 RStudio를 통해 객체를 나열하는 방법에 대해 도움을 받을 수 있습니다.

콘솔 내용 지우기

시작할 때 스크린을 초기화해도 되고 나중에라도 언제든지 콘솔의 내용을 지울 수 있습니다. 콘솔 분할 창에서 [Edit] → [Clear Console]를 클릭하거나 Ctrl + L 키 조합을 사용하세요.

벡터

먼저 간단한 예로 data1, data2, data3이라는 데이터 세트를 입력하는 작업을 수행하겠습니다. 아래에서 볼 수 있듯이, 각 객체에는 10개의 관측치가 있습니다. 보다시피 두 번째 데이터 세트를 입력했을 때 오류가 발생합니다. 'c' 명령 없이 data2를 입력했기 때문에 RStudio가 오류를 알려준 것입니다.

```
> data1 <- c(45, 56, 34, 56, 25, 74, 35, 68, 98, 56)
> data2 <- (7, 5, 3, 6, 4, 7, 6, 4, 5, 9)
Error: unexpected ',' in "data2 <- (7,"
```

이 오류 메시지("unexpected ','…")는 수정해야 할 내용이 무엇인지 명확하게 설명하지 않지만, 실행된 (data1) 명령과 실행되지 않은 (data2) 명령에 대한 정보를 제공합니다.

```
> data2 <- c(7, 5, 3, 6, 4, 7, 6, 4, 5, 9)
> data3 <- c(1, 2, 1, 2, 2, 1, 2, 1, 2, 2)
>
```

작업 공간에 무엇이 있는지 봅시다

RStudio로 데이터 세트를 읽은 후 ls() 함수를 사용하여 해당 작업 공간workspace에 무엇이 있는지 살펴봅시다.

```
> ls()
[1] "correct" "data1" "data2" "data3"
>
```

출력에서 data1, data2, data3을 포함한 모든 객체의 목록을 볼 수 있습니다. 환경 탭을 클릭해도 동일한 정보를 볼 수 있습니다.

환경 탭 살펴보기

ls() 함수는 작업 공간에 무엇이 있는지 알려주지만, 환경/히스토리 분할 창의 환경 탭을 사용하면 R에서 즉시 사용할 수 있는 모든 데이터 세트가 나열됩니다. 또한 데이터 세트 이름 중 하나를 클릭하면 RStudio의 소스 분할 창(왼쪽 상단 분할 창)에 데이터가 표시됩니다.

작업 공간에서 객체 제거하기

rm("객체 이름") 명령을 사용하면 인수로 입력된 객체가 제거됩니다. 예를 들어, 다음과 같이 입력해봅시다.

```
> rm(data1)
```

그리고 Enter↵ 또는 Return 키를 누른 다음 ls()를 입력합니다. data1이 더 이상 작업 공간에 없는 것을 알 수 있습니다.

```
> ls()
[1] "correct" "data2" "data3"
>
```

제거된 객체를 작업 공간으로 반환하기

data1이 작업 공간에서 제거되었습니다. 객체를 작업 공간으로 되돌리려면 [그림 3-4]의 히스토리 분할 창에서 [data1 = c (...)] 명령을 더블 클릭하거나, 처음에 data1을 만든 명령이 나올 때까지 위쪽 방향키 ↑를 누르세요. 해당 구문을 찾으면 Enter↵ 키를 누릅니다. 마법 같지 않나요?

객체의 내용 보기

객체에 포함된 내용을 확인하고 싶을 수 있습니다. 콘솔 창에서 다음과 같이 객체 이름을 입력하세요.

```
> data1
[1] 45 56 34 56 25 74 35 68 98 56
>
```

보다시피 객체의 내용이 나타납니다. 원하는 결과가 나타나지 않으면 히스토리 탭으로 돌아가서 data1을 다시 더블 클릭하세요.

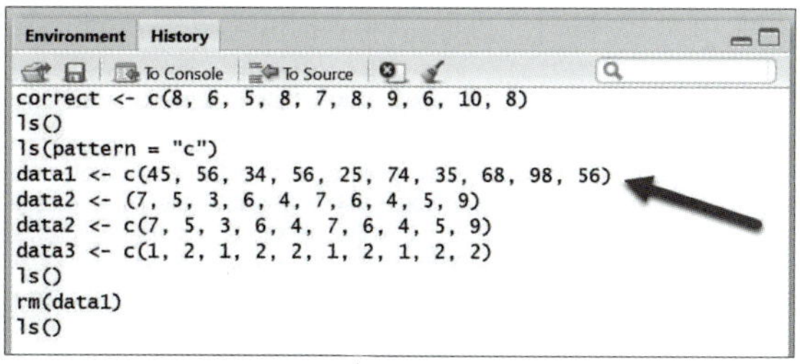

그림 3-4 히스토리 분할 창 보기

기존 데이터 세트 읽기

두 번째 방법은 기존 데이터 세트를 RStudio로 읽어 들이는 것입니다.[4] 우리는 2장에서 read.table 명령 사용법을 살펴보았습니다. 이 방법이 벡터나 데이터 세트를 R 또는 RStudio로 읽는 가장 좋은 방법이지만, 또 다른 괜찮은 방법 두 가지를 살펴보겠습니다.

우주에서 가장 쉬운 R 명령 사용하기

RStudio에 원하는 데이터 세트를 입력하는 아주 쉬운 방법이 있습니다.

이제 .csv 값으로 저장된 파일을 사용할 겁니다. 예를 들어, [그림 3-5]에는 'Sample Data Set.csv'라는 파일의 처음 15개 레코드가 보입니다. ID, 성별, 처치 종류, 테스트1, 테스트2의 5개 변수와 25개 행으로 구성되어 있습니다. 이 csv 파일은 웹 사이트 edge.sagepub.com/salkindshaw에서 다운로드할 수 있습니다.

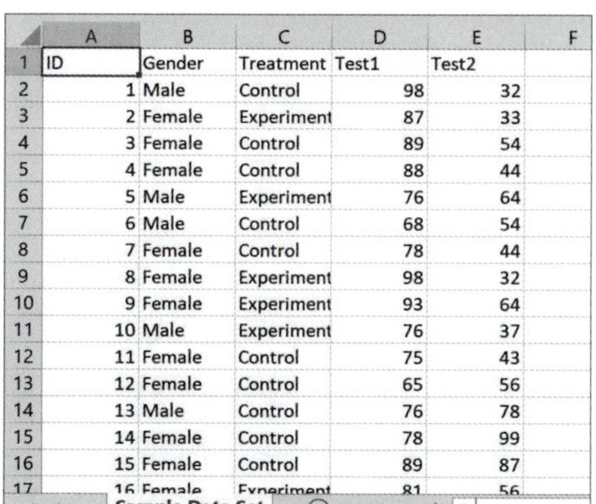

	A	B	C	D	E	F
1	ID	Gender	Treatment	Test1	Test2	
2	1	Male	Control	98	32	
3	2	Female	Experiment	87	33	
4	3	Female	Control	89	54	
5	4	Female	Control	88	44	
6	5	Male	Experiment	76	64	
7	6	Male	Control	68	54	
8	7	Female	Control	78	44	
9	8	Female	Experiment	98	32	
10	9	Female	Experiment	93	64	
11	10	Male	Experiment	76	37	
12	11	Female	Control	75	43	
13	12	Female	Control	65	56	
14	13	Male	Control	76	78	
15	14	Female	Control	78	99	
16	15	Female	Control	89	87	
17	16	Female	Experiment	81	56	

Sample Data Set

그림 3-5 Excel을 사용하여 .csv 형식으로 저장한 데이터 파일

4 이 주제에 대한 R 튜토리얼 비디오를 보려면 edge.sagepub.com/salkindshaw를 방문하세요.

새로운 명령을 사용하여 데이터 세트 예제를 불러오겠습니다. 다른 예제를 선택해도 됩니다. 콘솔에 다음을 입력하세요.

```
> example <- read.csv(file.choose(), header = TRUE)
```

여기서 몇 가지만 살펴봅시다.

- example은 객체 이름입니다.
- <-read.csv는 RStudio에 .csv 파일을 읽도록 지시합니다.
- file.choose()는 파일 선택 대화 상자를 여는 R 명령입니다.
- header = TRUE는 .csv 파일의 첫 번째 행을 변수(벡터) 레이블로 사용하라는 명령입니다.

다음으로 Enter↵ 또는 Return 키를 누르세요. 파일 선택 창은 [그림 3-6]과 같습니다.

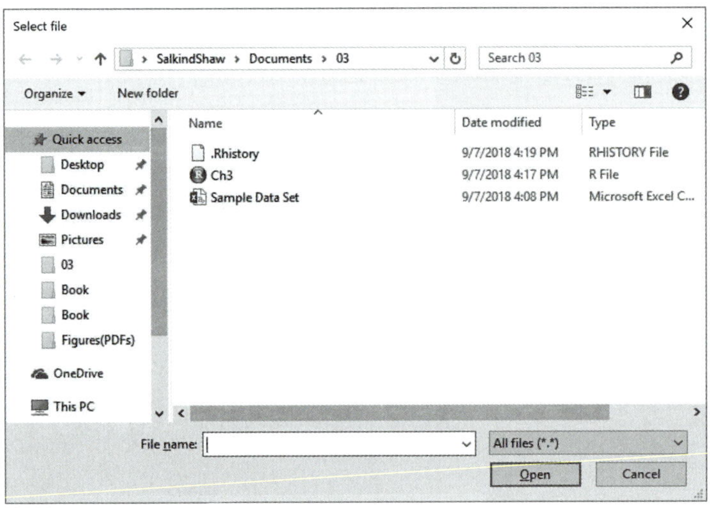

그림 3-6 file.choose 명령을 사용하여 RStudio로 읽어 들일 파일 선택하기

이제 컴퓨터에서 .csv 파일을 찾아 선택해야 합니다. 파일을 어디에 두었는지 기억하죠? 좀 전에 소개한 웹 사이트에서 다운로드한 경우 여러분 컴퓨터의 다운로드 폴더에 있을 겁니다. 파일을 선택하면 이제 RStudio에서 사용할 수 있습니다.

이 모든 것이 제대로 작동하는지 확인해봅시다. 콘솔에 객체 이름을 입력하면 다음과 같이 25개의 데이터 행이 모두 나열됩니다.

```
> example <- read.csv(file.choose(), header = TRUE)
> example
   ID Gender    Treatment Test1 Test2
1   1   Male      Control    98    32
2   2 Female Experimental    87    33
3   3 Female      Control    89    54
4   4 Female      Control    88    44
5   5   Male Experimental    76    64
6   6   Male      Control    68    54
7   7 Female      Control    78    44
8   8 Female Experimental    98    32
9   9 Female Experimental    93    64
10 10   Male Experimental    76    37
11 11 Female      Control    75    43
12 12 Female      Control    65    56
13 13   Male      Control    76    78
14 14 Female      Control    78    99
15 15 Female      Control    89    87
16 16 Female Experimental    81    56
17 17   Male      Control    78    78
18 18 Female      Control    83    56
19 19   Male      Control    88    67
20 20 Female      Control    90    88
21 21   Male      Control    93    81
22 22   Male Experimental    89    93
23 23 Female Experimental    86    87
24 24   Male      Control    77    80
25 25   Male      Control    89    99
>
```

나중에 쉽게 찾을 수 있는 위치에 파일을 저장하세요. 경로를 쉽게 알아볼 수 있도록 디렉터리 이름을 명확하게 작성하세요. 문서 폴더 아래에 새 폴더를 만들어 보세요. 컴퓨터의 문서 폴더가 기본 위치로 지정되어 있기 때문에 RStudio를 시작하면 R은 먼저 컴퓨터의 문서 폴더를 보여줍니다.

이런! 콘솔 오류는 어떻게 수정해야 하죠?

오류는 생각보다 쉽게 수정할 수 있습니다. 몇 가지 방법을 살펴봅시다.

첫 번째 방법은 키보드에서 위쪽 방향키 [↑]를 사용하여 편집하려는 명령이 입력된 행을 찾는 것입니다. 위쪽 방향키를 누르면 이전 명령들이 콘솔에 나타납니다. 방향키를 이용해 수정할 곳으로 이동하여 간단히 편집할 수 있습니다. 아래쪽 방향키 [↓]를 사용하면 다시 반대 방향으로 스크롤할 수 있습니다.

두 번째 방법은 히스토리 분할 창으로 이동하여 편집할 명령을 찾는 것입니다. 해당 명령을 더블 클릭하면 콘솔에 나타납니다. 세 번째 방법도 있습니다. 히스토리 탭에서 콘솔로 불러들일 명령을 강조 표시하고 '콘솔로 이동(To Console)' 버튼을 클릭하세요. 짜잔! 강조 표시한 명령이 콘솔에 나타납니다.

RStudio에는 몇 가지 멋진 기능이 있는데 그중 하나는 탭 완성 기능입니다. 콘솔 프롬프트에서 명령을 입력하면 RStudio는 다음에 이어질 작업을 추측합니다. 즉, 여러분이 sqrt와 열린 괄호인 '('를 입력하면 RStudio는 아래와 같이 자동으로 완성됩니다.

```
sqrt()
```

이어서 [Tab] 키를 누르면, 마치 다음 입력 내용이 x 값이고 우리가 x 값의 제곱근을 찾으려 한다는 걸 알고 있다는 듯이 다음과 같이 표시됩니다.

```
sqrt(x = )
```

[그림 3-7]에서 볼 수 있듯이, RStudio는 sqrt 함수의 경우 객체가 있는 환경의 이름 등을 포함하여 가능한 드롭 다운 메뉴를 제공합니다. 심지어 드롭 다운 목록에 포함된 항목도 정의합니다. 실제로 RStudio에서 함수를 사용하면 이 드롭 다운 메뉴와 이전에 사용한 파일 이름을 포함하여 RStudio가 알아낼 수 있는 만큼의 자동 완성 기능이 제공됩니다. 따라서 다음과 같이 입력한 후 [Tab] 키를 누르면 RStudio는 'data' 문자로 시작하는 모든 객체의 목록을 제공합니다.

```
> data
```

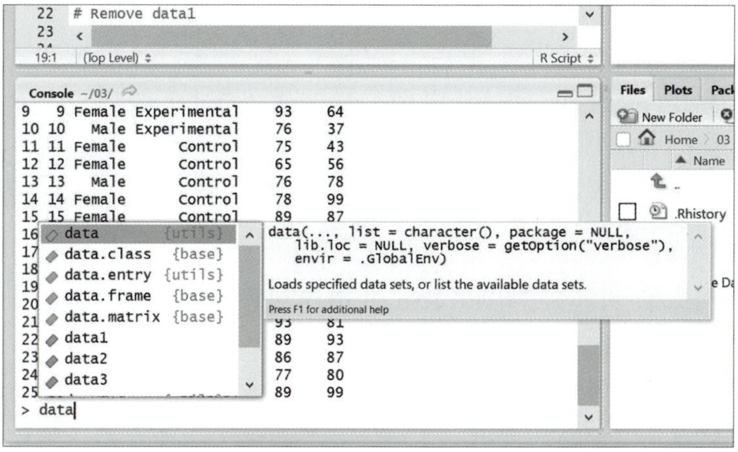

그림 3-7 RStudio에서 탭 완성 기능 사용하기

클릭하여 데이터 세트 열기

만약 file.choose 명령을 사용하는 방법이 어렵게 느껴진다면, 훨씬 더 쉬운 방법이 있습니다. Windows의 마우스 클릭을 사용하는 방법입니다. 다음 단계를 따라 해 보세요.

1. 메뉴에서 [File]–[Import Dataset]–[From Text (readr)]를 선택하면 [그림 3-8]과 같이 텍스트 데이터 가져오기 대화 상자가 나타납니다. 이 책에서 다루는 모든 데이터는 csv 파일 형태이며 edge.sagepub.com/salkindshaw에서 다운로드할 수 있습니다.

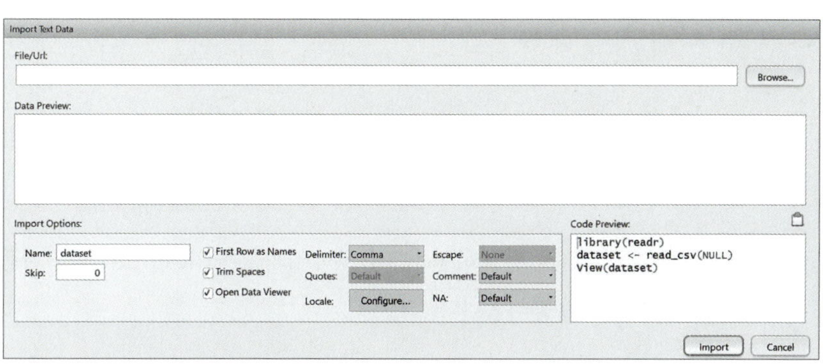

그림 3-8 텍스트 데이터 가져오기 대화 상자

텍스트? CSV?

가져오기 대화 상자의 이름을 보면 'CSV 데이터 가져오기'가 아니라 '텍스트 데이터 가져오기(Import Text Data)'입니다. 그 이유는 csv 데이터를 텍스트 편집기에서 읽어 들일 수 있어 csv 파일이 텍스트 데이터로 간주되기 때문입니다. 이제 궁금증이 풀렸나요?

2. [Browse](찾아보기) 버튼을 클릭하고 RStudio로 읽어들이려는 .csv 파일을 찾으세요. 이 예에서는 Sample Data Set.csv입니다.

3. .csv 파일 이름을 더블 클릭하면 [그림 3-9]와 같이 텍스트 데이터 가져오기(Import Text Data) 대화 상자에 나타납니다. 이 대화 상자는 첫 번째 행이 이름으로 사용되는지 여부와 파일 이름 같은 많은 옵션을 포함하고 있습니다. 이 예에서는 객체의 이름을 R이 어떻게 지정했나요?

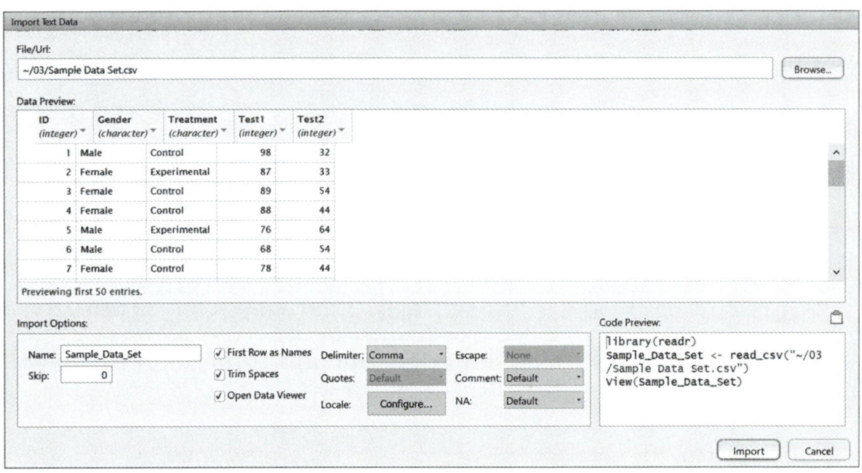

그림 3-9 RStudio 파일 가져오기 대화 상자

R은 파일 이름에 공백을 둘 수 없으므로 'Sample data set.csv'라는 이름의 파일을 가져온 후 `Sample_data_set`이라는 객체를 만듭니다.

4. [Import](가져오기) 버튼을 클릭하면 [그림 3-10]과 같이 RStudio에서 자동으로 읽어 들여 콘솔 창으로 불러옵니다.

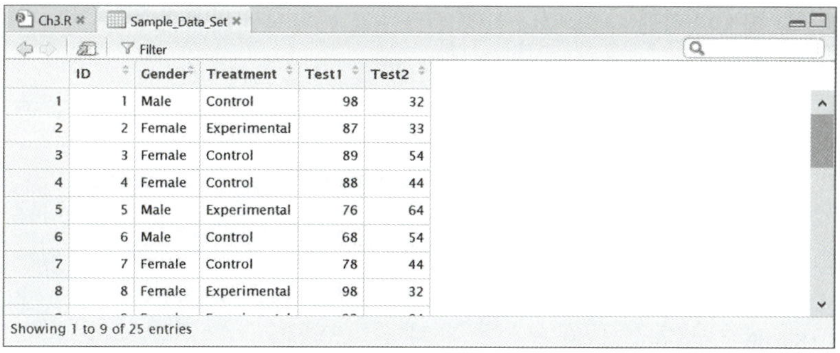

	ID	Gender	Treatment	Test1	Test2
1	1	Male	Control	98	32
2	2	Female	Experimental	87	33
3	3	Female	Control	89	54
4	4	Female	Control	88	44
5	5	Male	Experimental	76	64
6	6	Male	Control	68	54
7	7	Female	Control	78	44
8	8	Female	Experimental	98	32

그림 3-10 RStudio로 데이터 세트 가져오기

RStudio에서 정렬하기

콘솔 분할 창(왼쪽 위에 있는 창)에 데이터 세트가 나타나면 열 맨 위에 있는 머리글 옆의 ▲ 또는 ▼ 기호를 클릭하여 열을 정렬할 수 있습니다.

통계 계산 맛보기

이제 이 장을 마무리할 시간입니다. RStudio를 사용하여 간단하게 통계 계산을 해 보겠습니다. 앞으로 이런 종류의 작업을 계속하겠지만 여기서 한번 미리 맛보는 겁니다. 여러분이 아래에 나오는 작업을 수행할 수 있다면, 이 책에 나오는 어떤 작업도 다 할 수 있습니다.

간단한 기술통계량 계산하기

대부분의 분석에서 맨 처음 할 일은 작업 중인 데이터 세트에 대한 개요를 파악하는 것입니다. 사용할 데이터 세트는 이 장의 앞 부분에서 다룬 `example`이라는 객체입니다. 여기서는 `summary()` 함수를 사용하겠습니다

데이터 세트에 대한 기본 사항을 보려면 다음 단계를 따라 하세요.

1. RStudio 프롬프트에서 다음을 입력하세요.

```
> summary(example)
```

2. Enter↵ 또는 Return 키를 누르세요. 실행 결과는 R 콘솔에서 다음과 같이 보입니다.

```
> summary(example)
    ID               Gender        Treatment            Test1
Min.   : 1        Femail:14    control      :17     Min.   :65.00
1st Qu.: 7        Male  :11    Experimental: 8     1st Qu.:77.00
Median :13
Median :83.00
Mean   :13
Mean   :83.52
3rd Qu.:19
3rd Qu.:89.00
Max.   :25
Max.   :98.00
   Test 2
Min.   :32.00
1st Qu.:44.00
Median :64.00
Mean   :64.24
3rd Qu.:81.00
Max.   :99.00
>
```

보다시피 평균(Mean) 및 중앙값(Median) 같은 여러 기술통계량(이에 대한 자세한 내용은 다음 2개 장 참조)을 포함하여 데이터 세트에 대한 깔끔한 요약 내용을 얻을 수 있습니다. 사실상 의미가 없는 값인 ID의 평균값도 받았지만 말이죠. R은 첫 번째 변수인 ID를 숫자로 보고 자동으로 계산을 수행한 것입니다.

세상에, 저렇게 많은 패키지

백 개의 R 패키지가 존재하며 그중 상당수 패키지에 간단한 기술통계를 수행하는 기능이 있습니다. 또한 각 패키지에는 평균을 보고하는 고유한 방법이 있습니다. 예를 들어, 일부 RStudio 패키지에서 `mean("데이터 세트의 이름")`을 입력하면 해당 데이터 세트의 평균을 계산합니다. 또 다른 패키지에서는 `summary()` 명령을 사용하여 평균을 계산합니다. 따라서 `summary()`와 `mean()`은 유사한 정보를 (다른 방식으로) 제공합니다. 단지 사용하는 패키지와 함수가 다를 뿐입니다.

(처음으로!) 상관계수 계산하기

조금 더 멋져 보이는 예제를 수행하기 위해 7장과 17장에서 배울 단순 상관계수의 계산 방법을 살펴보겠습니다. 지금 자세히 이해할 필요는 없지만 cor() 함수를 사용하여 상관관계를 계산하는 방법을 경험하고 나면, RStudio에서 상관계수를 계산하는 것이 얼마나 쉬운지 알게 될 겁니다.

단순 상관계수를 계산해봅시다.

RStudio 명령 프롬프트에서 cor() 함수를 입력한 후, Enter↵ 또는 Return 키를 누릅니다.

```
> cor(data1, data2)
[1] 0.1842457
>
```

단순 상관계수 값(0.1842457)이 출력됩니다. 지금은 이 값을 어떻게 해석해야 할지 고민할 필요가 없습니다. RStudio를 사용하여 이러한 결과를 쉽게 만들 수 있다는 점만 알아두면 됩니다.

그림 생성하기

마지막으로, plot() 함수를 사용하여 data1과 data2에 대한 간단한 그림을 생성하겠습니다. (둘 다 활성 데이터 세트여야 합니다. 그렇지 않은 경우 히스토리 탭으로 돌아가서 data1과 data2를 찾아서 더블 클릭하여 콘솔에 입력하거나, 명령 프롬프트에 직접 입력하세요.)

두 변수 data1과 data2에 대한 그림을 작성해봅시다.

RStudio 프롬프트에서 다음 함수를 입력한 후 Enter↵ 또는 Return 키를 누릅니다.

```
> plot(data1, data2)
>
```

[그림 3-11]은 `plot()` 함수의 실행 결과를 보여줍니다. x축과 y축 레이블이 데이터 세트의 이름과 같은 것을 확인할 수 있습니다. 이런 종류의 간단한 명령을 통해, 여러분은 RStudio를 충분히 습득하여 성공적으로 사용할 수 있다는 자신감을 더 얻게 될 것입니다.

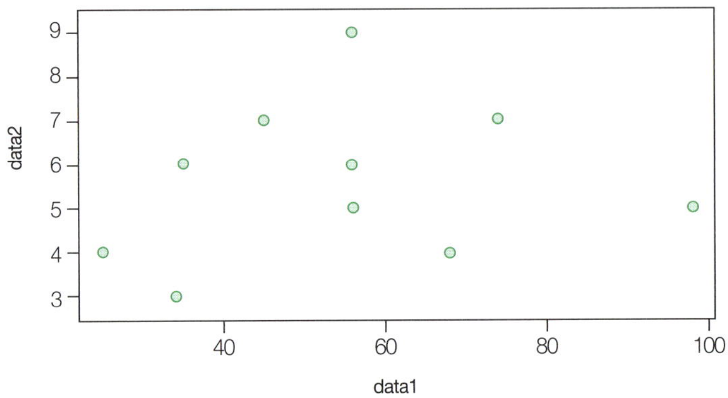

그림 3-11 data1과 data2라는 두 변수의 간단한 도표

R과 RStudio에 대해 기억해야 할 10가지 중요한 사항 (순서는 중요하지 않음)

R과 RStudio를 처음 접하는 사람들은 R이 생성하는 '단순한' 오류 때문에 R이 싫어질 수도 있습니다. 그래서 R과 RStudio를 좀 더 오랫동안 사용하는 데 도움이 되는 10가지 사항을 소개하려고 합니다.

1. R과 RStudio 함수(명령)의 입력이 끝나면 항상 Enter↵ 또는 Return 키를 누르세요.
2. 철자는 정말 중요합니다. 명령이 작동하지 않으면 가장 먼저 철자를 확인하세요.
3. 대소문자 구분도 중요합니다. 철자가 맞는데 명령이 작동하지 않는다면 대소문자가 바르게 입력되었는지 확인해보세요.
4. R과 RStudio 명령에서 공백은 크게 걱정할 필요가 없습니다. 그러나 객체 이름에는 공백이 없어야 합니다.
5. 히스토리 탭을 사용하여 이미 수행한 작업을 불러오고, 문제가 있는 경우 명령이 제대로 작동할 때까지 명령을 수정하세요.

6. R과 RStudio는 동일한 명령을 사용합니다.

7. R에 설치된 패키지를 찾으려면 `search()` 함수를 사용하세요.

8. 항상 최신 버전의 R 및 RStudio가 설치되어 있는지 확인하세요.

9. 패키지에는 관련 함수들이 들어 있습니다.

10. 위쪽 방향키 [↑]와 아래쪽 방향키 [↓]를 사용하여 이전 명령을 스크롤하고 [Tab] 키를 사용하여 함수 인수를 완성하세요.

이 장의 요약

다시 한 번 축하드려야겠군요.

R과 RStudio에 대해 충분히 알고 있어야 R과 RStudio를 통계 및 통계 분석의 기초 학습 도구로 사용할 수 있습니다. 이번 장에서는 RStudio에 초점을 맞춰 데이터 조작 및 간단한 통계 분석 수행 방법을 살펴보았습니다. 4장에서는 기술통계 분석과 여러분이 작업하는 데이터에 대해 전반적으로 이해할 수 있는 방법을 자세히 설명합니다. 수업을 빼먹지 말고, 연습하고, 친구들과 함께 공부하세요. 뒤처지면 안 됩니다. 이 모두가 성공을 담보하는 중요한 조건이 됩니다.

연습할 시간입니다!

1. RStudio에 있는 4개의 분할 창은 무엇이며 각 분할 창의 기능은 무엇입니까?

2. RStudio 콘솔에 입력한 과거 명령을 보려면 어느 분할 창의 어떤 탭을 클릭해야 합니까?

3. RStudio에서 다음과 같은 간단한 데이터 세트를 입력하고 이름을 정하세요.

```
513,    545,    354,    675,    873
```

- 사용할 RStudio 명령은 무엇입니까?
- `ls()` 함수를 사용하여 작업 공간의 객체를 나열하세요.
- summary 명령을 사용하여 데이터 요약을 생성하세요.

4. RStudio에서 3장 데이터 세트1(ch3ds1.csv)을 읽고 데이터 세트 이름을 ch3ds1로 정하세요. 그리고 해당 데이터 세트의 요약(summary)을 생성하세요.

PART 03

시그마 프로이트와 기술통계

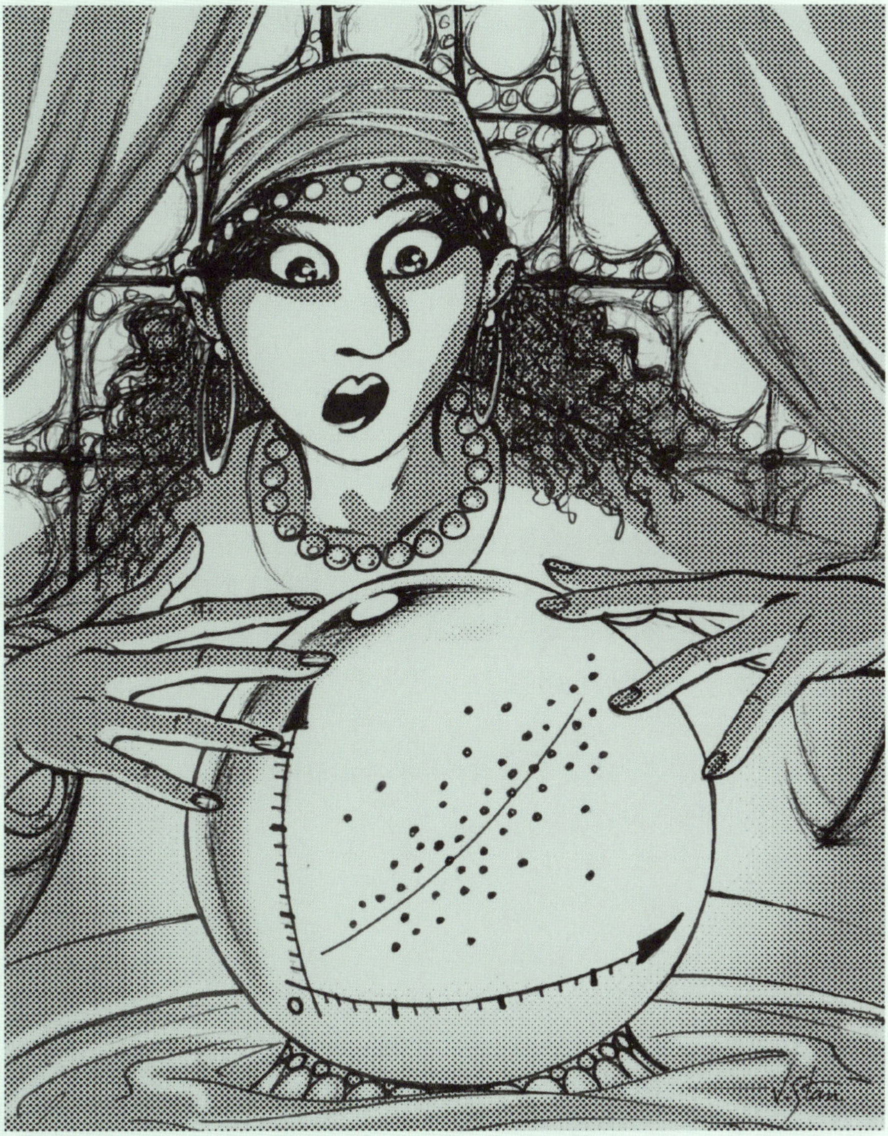

좋아요, 모든 것이 명확해지고 있어요.

정신 분석학의 창시자인 지그문트 프로이트Sigmund Freud의 위대한 업적 중 하나는 그가 환자의 상태를 관찰하고 설명했다는 점입니다. 기민한 관찰자였던 그는 자신이 고안한 기술을 사용하여 최초로 체계적이며 포괄적인 성격 이론을 개발했습니다. 여러분이 프로이트 이론의 타당성을 어떻게 생각하는지와 관계없이 그는 훌륭한 과학자였습니다.

여러분이 수강하고 있는 것과 비슷한 통계학 관련 수업들은 20세기 초반의 학부 또는 대학원 교육과정에 들어 있지 않았습니다. 통계학은 비교적 낯선 학문이었고, 당시 과학적 탐구의 본질은 이 통계학이 과학 분야에 제공할 수 있는 정밀함을 필요로 하지도 않았습니다.

그러나 상황은 변했습니다. 상관관계의 창시자이자 찰스 다윈Charles Darwin의 사촌인 프랜시스 골턴Francis Galton이 말했듯이, 현대는 거의 모든 분야에서 '숫자가 중요'한 시대입니다. PART 03의 목표는 통계를 사용하여 결과를 설명하고 명확하게 이해하는 방법을 배우는 것입니다.

4장에서는 중심경향central tendency에 대한 측정 방법 및 여러 가지 유형의 평균을 통해 일련의 데이터들을 대표하는 최적의 데이터 요소를 찾는 방법에 관해 설명합니다. 5장에서는 표준편차와 분산을 포함해 가변성variability에 대한 논의를 통하여 일련의 데이터들을 명확히 설명하는 데 필요한 도구를 배웁니다. 6장에서는 분포들(또는 데이터 세트)이 서로 어떻게 다른지, 이 차이가 무엇을 의미하는지에 대해 배울 것입니다. 7장은 변수 간 관계의 본질, 즉 상관관계를 다룹니다. 마지막으로 8장에서는 평가 도구들을 판단하는 핵심 기준이 되는 신뢰도reliability와 타당도validity를 집중적으로 살펴보겠습니다.

PART 03을 학습하고 나면, 여러분은 사회과학 및 행동과학 분야에서 확률과 추론의 역할을 이해할 준비가 되어 있을 것입니다.

04

평균 이해하기

이 장에서 배울 내용

- ☑ 중심경향의 측정에 대해 이해하기
- ☑ Average 함수를 이용해 점수의 평균 계산하기
- ☑ Mode 함수를 이용해 점수의 최빈값 계산하기
- ☑ Median 함수를 이용해 점수의 중앙값 계산하기
- ☑ 기본적인 측정 척도 이해하고 적용하기
- ☑ 중심경향의 측정 방법 선택하기

이 장에서는 실제 데이터들을 활용해 작업해보겠습니다. 일단 데이터가 수집되면, 일반적으로 수행해야 할 첫 번째 단계는 간단한 지표를 활용하여 정보를 체계화하고 데이터에 대해 설명하는 것입니다. 이 첫 번째 단계를 수행하는 가장 손쉬운 방법은 평균을 계산하는 것이고, 평균에는 몇 가지 유형이 존재합니다.

평균average은 전체 점수 그룹을 가장 잘 대표하는 하나의 값입니다. 점수 그룹이 초등학교 5학년 학생 30명의 맞춤법 시험 점수인지, 한 시즌 동안 두산 베어스 선수들의 타격률인지, 혹은 지난 10번의 선거 동안 민주당 당원이나 공화당 당원으로 등록한 사람들의 수인지 여부는 중요하지 않습니다. 이 모든 예에서 데이터 집단은 평균으로 요약할 수 있습니다. 평균을 '중간' 지점이나 시소의 받침대로 생각해도 됩니다. 평균은 일련의 값들이 균형을 이루는 지점입니다.

중심경향 측정값measure of central tendency으로도 불리는 평균average은 평균mean, 중앙값median, 최빈값mode의 세 가지 값으로 나뉩니다. 이들은 점수 분포에 대한 서로 다른 유형의 정보를 제공하며 그 계산 방법과 해석은 단순합니다.

평균 계산하기

평균mean은 가장 널리 활용되는 중심경향 유형에 해당하며, 특정 집단에 속한 모든 값의 합계를 그 집단에 속한 값들의 개수로 나눈 값을 의미합니다. 예를 들어, 5학년 학생 30명의 맞춤법 시험 점수를 갖고 있다면 이 모든 점수를 합산한 다음 학생 수 30으로 나누면 됩니다. 평균을 계산하는 공식은 식 (4.1)에 나와 있습니다.

$$\overline{X} = \frac{\sum X}{n} \tag{4.1}$$

여기서

- 위에 줄이 있는 문자 $\overline{X}$는 'X 바bar'라고 읽으며, 점수 그룹의 평균값 또는 평균입니다.
- Σ는 그리스 문자로서 시그마sigma라고 읽으며, 다음에 나오는 모든 값을 합산하라는 뜻의 합계 기호입니다.
- X는 점수 집단에 속한 각 개별 점수를 가리킵니다.
- n은 평균을 계산할 표본의 크기를 의미합니다.

평균을 계산하려면 다음 단계를 따르세요.

1. 하나 이상의 열에 집합 내 모든 값을 나열하세요. 각 값들은 모두 X에 해당합니다.

2. 모든 값의 합계를 계산하세요.

3. 합계를 값의 개수로 나눕니다.

예를 들어, 다음과 같이 세 지역에 있는 서점의 연평균 고객 수를 계산해야 하는 경우를 살펴봅시다.

지역	연평균 고객 수
종로 지점	2,150
강남 지점	1,534
홍대 지점	3,564

각 서점의 평균 고객 수는 2,416명입니다. 식 (4.2)는 식 (4.1)의 수식을 사용해 평균 계산하는 법을 보여줍니다.

$$\overline{X} = \frac{\sum X}{n} = \frac{2150 + 1534 + 3564}{3} = \frac{7248}{3} = 2416 \tag{4.2}$$

유치원부터 초등학교 6학년까지의 평균 학생 수를 계산할 때도 같은 방법을 사용합니다.

학년	학생 수
유치원	18
초등학교 1학년	21
초등학교 2학년	24
초등학교 3학년	23
초등학교 4학년	22
초등학교 5학년	24
초등학교 6학년	25

각 학년의 평균 학생 수는 22.43입니다. 식 (4.3)은 식 (4.1)을 사용해 평균을 계산하는 방법을 보여줍니다.

$$\overline{X} = \frac{\sum X}{n} = \frac{18 + 21 + 24 + 23 + 22 + 24 + 25}{7} = \frac{157}{3} = 22.43 \tag{4.3}$$

어떤가요? 매우 쉽다고 말했죠? 별것 아닙니다. 이제 R을 사용해서 앞에서 살펴본 두 가지를 계산하겠습니다. 먼저 서점의 연평균 고객 수입니다.

```
> (2150 + 1534 + 3564) / 3
[1] 2416
>
```

하나씩 살펴보겠습니다.

- `>` : R 콘솔에서 새로운 줄을 시작하는 첫 번째 문자입니다.
- `(2150 + 1534 + 3564) / 3` : 고객 수를 합산하고 총계를 위치 수 3으로 나눕니다.
- `[1] 2416` : 평균 고객 수입니다.

위 과정을 반복하여 학년별 평균 학생 수를 계산하는 R 구문은 다음과 같습니다.

```
> (18 + 21 + 24 + 23 + 22 + 24 + 25) / 7
[1] 22.42857
>
```

평균 고객 수는 정수 2,416이지만 평균 학생 수는 균등하게 나눠지지 않았으므로 22.42857로 계산되었습니다. 식 (4.3)을 사용해서 평균 학생 수를 계산할 때는 소수점 이하 둘째 자리로 반올림하여 학년별 평균 학생 수 22.43명을 얻었습니다. R은 계산기를 사용할 때처럼 소수점 이하 두 자리보다 많은 자릿수를 보여주기 때문에 해당 자릿수에 적합한 숫자로 반올림하면 됩니다. 미국에서 심리학자들은 미국심리학회American Psychological Association, APA의 보고서 작성 지침에 따라 논문이나 보고서에서 소수점 이하 둘째 자리까지 반올림한 값을 사용합니다. 교수님에게 여러분이 전공하는 학문 분야의 일반적인 관행은 어떤지 물어보세요.

평균(mean)에 대해 몇 가지 기억해야 할 사항이 있습니다.

- 평균은 때로 문자 M으로 표시하며, 전형적인 값, 평균값 또는 가장 중심적인 값으로도 불립니다. 다른 통계학 책이나 연구 보고서를 읽다가 'M = 45.87'과 같은 표현을 보게 된다면, 이는 아마도 평균mean이 45.87이라는 뜻일 겁니다.

- 수식에서, 소문자 n은 평균이 계산되는 표본의 크기를 나타냅니다. 대문자 N은 모집단의 크기를 나타냅니다. 일부 교재나 연구 논문에서는 두 가지 개념을 구분하지 않습니다.
- 평균 학생수를 계산하는 예에서 우리는 어느 유치원과 초등학교를 표본으로 사용하였습니다. 만약 우리나라에 있는 모든 학생 수에 대한 평균을 계산한다면 우리는 유치원과 초등학교의 모집단을 계산하고 있는 것입니다.
- 표본 평균sample mean은 모집단 평균population mean을 가장 정확하게 반영하는 중심경향의 척도입니다.
- 평균은 시소의 받침대와 같습니다. 평균을 기준으로 한쪽에 있는 모든 값이 다른 쪽에 있는 모든 값과 같은 가중치를 갖는 정중앙 지점입니다.
- 마지막으로, 좋든 나쁘든 평균mean은 극단적인 값에 매우 민감합니다. 극단적인 값은 평균을 한쪽 방향으로 끌어당겨서 평균이 점수 집합을 제대로 대표하지 못하게 합니다. 그러면 중심경향의 척도로서 평균의 유용성은 줄어들게 됩니다. 물론 평균이 얼마나 대표성을 지니는지는 그 계산 대상이 되는 값들에 영향을 받습니다. 이는 뒤에서 자세히 설명하겠습니다.

우리가 방금 계산한 평균을 **산술평균**arithmetic mean으로 부르기도 합니다. 여러분은 조화평균harmonic mean과 같은 다른 유형의 평균mean에 대해서도 들어보았을 것입니다. 그 유형들은 특별한 상황에서 사용되며 여기서 굳이 배울 필요는 없습니다.

산술평균(우리가 지금까지 논의한 것)을 좀 더 전문적으로 설명하면 '편차의 합이 0이 되는 점'으로 정의할 수 있습니다. 예를 들어 3, 4, 5(이들의 평균은 4)라는 값이 있다면, 평균에 대한 편차의 합(−1, 0, +1)은 0입니다.

평균average이라는 말은 일련의 점수를 가장 잘 대표하는 하나의 척도를 의미하며, 그 안에는 여러 가지 유형이 있음을 기억하세요. 사용하는 평균 유형은 답을 구해야 하는 질문과 요약하려는 데이터의 유형에 따라 달라집니다. 이에 대한 자세한 내용은 나중에 다루겠습니다.

가중평균 계산하기

지금까지 단순 평균을 계산하는 방법의 예를 살펴보았습니다. 그러나 하나 또는 그 이상의 값이 여러 번 등장하는 상황에서는 가중평균weighted mean을 계산하는 것이 더 편리할 수 있습니다. 가중평균은 각 값에 그 값의 발생 빈도수[1]를 곱하고, 이러한 곱의 총합을 발생 빈도의 합으로 나누어 계산할 수 있습니다. 이것은 모든 개별 값을 더하는 것보다 더 나은 방법입니다.

1 (옮긴이) 일반적으로 도수(frequency)라고 하지만, 이 책에서는 '빈도'로 표현했습니다.

가중평균을 계산하려면 다음 단계를 따르세요.

1. 평균을 구할 표본의 모든 값을 나열하세요.

2. 각 값이 나타나는 빈도수를 나열하세요.

3. 세 번째 열에 표시된 대로 각 값에 빈도수를 곱하세요.

4. '값×빈도수' 열의 모든 값을 더합니다.

5. 이 값을 빈도수의 합으로 나눕니다.

예를 들어, 다음과 같이 항공기 조종사 100명에 대한 비행 능력 테스트 점수와 빈도수를 나타내는 표가 있습니다.

비행 능력 테스트 점수	빈도수	점수 × 빈도수
97	4	388
94	11	1,034
92	12	1,104
91	21	1,911
90	30	2,700
89	12	1,068
78	9	702
60 (이 사람과 비행하지 마세요!)	1	60
합계	**100**	**8,967**

가중평균은 8,967/100 또는 89.67입니다. 이런 식으로 평균을 계산하는 방법이 계산기나 컴퓨터 프로그램에 100개의 점수를 입력하는 것보다 훨씬 쉽습니다.

기초 통계에서는 표본(모집단의 일부)에서 도출된 값들과 모집단에서 도출된 값들을 구분할 필요가 있습니다. 이를 위해 통계학자들은 다음과 같은 규칙을 사용합니다. (표본 평균과 같은) 표본 통계의 경우에는 로마자로 표기하고, (모집단의 평균과 같은) 모집단 매개변수는 그리스 문자로 표기합니다. 예를 들어, 5학년 학생 100명의 표본에서 도출한 맞춤법 점수의 평균은 $\overline{X}_5$로 표시하는 반면, 5학년 학생 전체 모집단에 대한 맞춤법 점수의 평균은 그리스 문자 mu(뮤)를 사용하여 μ_5로 표시합니다.

중앙값 계산하기

중앙값median 도 중심경향의 한 유형이지만, 앞에서 다룬 평균과 성격은 매우 다릅니다. 중앙값은 일련의 점수들의 **중점**midpoint 으로 정의됩니다. 점수의 절반(50%)은 위에 존재하고 나머지 절반은 아래에 존재하는 지점입니다. 중앙값에는 조금 뒤에 설명할 몇 가지 특징이 있는데, 일단 계산 방법에 집중하겠습니다. 중앙값을 계산하기 위한 표준 공식은 없습니다.

중앙값을 계산하려면 다음 순서를 따르세요.

1. 가장 큰 값에서 가장 작은 값 또는 가장 작은 값에서 가장 큰 값의 순으로 값들을 나열하세요.
2. 가장 중간에 있는 점수를 찾습니다. 그것이 바로 중앙값입니다.

예를 들어, 5개 가구의 소득이 다음과 같다고 가정합시다.

$135,456
$25,500
$32,456
$54,365
$37,668

이 값들을 가장 큰 순서에서 가장 작은 순서로 나열하면 다음과 같습니다.

$135,456
$54,365
$37,668
$32,456
$25,500

이 5개 값 중 중간에 위치한 값은 $37,668이며, 이 값이 중앙값에 해당합니다.

만약 주어진 값의 개수가 짝수라면 어떻게 될까요? 값($34,500)을 하나 더 추가하여 소득 값의 개수를 6개로 만들어봅시다. 그러면 소득 값의 목록은 다음과 같이 변합니다.

$135,456
$54,365
$37,668
$34,500
$32,456
$25,500

짝수 개의 값들에서 중앙값을 구하려면 단순히 중간값 2개의 평균을 구하면 됩니다. 이 경우 가운데 두 값은 $34,500와 $37,668이고, 이 두 값의 평균은 $36,084입니다. 이 값이 6개 값에 대한 중앙값이 됩니다.

다음의 데이터 집합과 같이, 중간에 있는 두 값이 동일한 경우에는 중앙값이 어떻게 될까요?

$45,678
$25,567
$25,567
$13,234

이 경우, 중앙값은 가장 중간에 있는 2개의 값과 같습니다. 이 예에서는 $25,567입니다.

스포츠 관련 부상 환자 7명의 재활에 소요된 일수 데이터를 수집했는데, 그 일수가 다음과 같다고 해봅시다.

43
34
32
12
51
6
27

앞의 예와 마찬가지로 값을 정렬(51, 43, 34, 32, 27, 12, 6)한 다음 중간에 위치한 수를 중간값으로 선택합니다. 이 경우에는 32입니다. 따라서 재활에 소요된 일수의 중간값은 32입니다.

관측치가 10개 미만이면 숫자들을 순서대로 배치하기가 쉽습니다. 이 장의 뒷부분에서 설명하지만, 더 많은 관측치가 있는 데이터 세트를 다루는 경우 R을 이용하면 데이터를 쉽게 재정렬할 수 있습니다. 다음은 R을 사용하여 숫자들을 최솟값에서 최댓값의 순서로 정렬하는 방법을 보여줍니다.

```
> sort (c (43, 34, 32, 12, 51, 6, 27))
[1] 6 12 27 32 34 43 51
>
```

sort() 함수는 인수로 벡터를 사용하므로 c() 함수를 사용하여 모든 숫자를 벡터로 모았습니다. 무엇이 반환되었나요? 7개의 숫자로 재정렬된 벡터입니다. 가운데에 있는 중앙값은 32입니다.

중앙값과 함께 백분위수 percentile points에 대해서도 알고 있어야 합니다. 백분위수는 한 분포 또는 점수 집합에 있는 특정 값과 같거나 그보다 작은 경우의 백분율을 정의하는 데 사용됩니다. 예를 들어, 점수가 '75번째 백분위수'에 있다면, 이는 그 점수가 분포에 있는 다른 점수들의 75% 이상임을 의미합니다. 중앙값은 '50번째 백분위수'라고도 하는데, 그 이유는 이 값 아래에 분포 중 50%의 수가 존재하기 때문입니다. 이외에 다른 백분위수들도 알아두면 유용한데, 예를 들어 Q_1으로도 불리는 25번째 백분위수와 Q_3로도 부르는 75번째 백분위수도 유용합니다. Q_2는 몇 번째 백분위수일까요? 물론 이는 중앙값에 해당합니다.

여러분이 중앙값에 대해 학습하기 시작한 후로 머릿속에 맴돌던 질문이 하나 있을 겁니다. '왜 평균 대신 중앙값을 사용할까?'라는 질문이지요. 이에 대한 타당한 답변 중 하나는 극단적인 값에 크게 영향을 받는 평균mean과 달리, 중앙값은 극단적인 값에 영향을 받지 않는다는 점입니다.

점수 집합에서 하나 또는 그 이상의 점수가 극단적인 값에 해당할 때, 중앙값은 다른 척도들보다 점수 집합의 중심경향을 더 잘 나타냅니다. 그렇습니다. 평균보다 더 정확하게 말이죠.

'극단적'이란 무슨 의미일까요? 극단적인 값이란 그 값이 속한 그룹의 다른 점수들과 매우 다른 값으로 생각하는 것이 가장 쉽습니다. 예를 들어, 앞에서 다룬 5개 가구의 소득 목록을 다시 떠올려봅시다.

$135,456
$54,365
$37,668
$32,456
$25,500

$135,456는 다른 4개의 값과 다릅니다. 이런 값이 극단적인 값입니다.

중심경향의 척도로서 중앙값이 얼마나 유용한지를 설명하는 가장 좋은 방법은 하나 이상의 극단 점수를 포함하는 일련의 데이터에 대한 평균과 중앙값을 모두 구한 다음, 그 값들 중 어떤 것이 해당 데이터 집단을 가장 잘 나타내는지를 비교하는 것입니다. 한번 해볼까요?

위에 나온 소득 5개의 평균은 5개 값의 합을 5로 나눈 $57,089입니다. 반면에, 이 5개 소득의 중앙값은 $37,668입니다. 데이터 집단을 더 잘 대표하는 것은 어느 값입니까? $37,668라는 값은 분명히 데이터 집단 중간에 더 가까이 위치하고 있습니다. 우리는 '평균'이란 그 집단을 대표하거나 중심에 위치한 값으로 생각하기 때문에, 보다 대표적인 값은 중앙값인 $37,668가 됩니다. 사실 $57,089라는 평균값은 네 번째로 높은 값($54,365)보다도 더 커서 소득 분포를 대표하지도, 중심에 위치하지도 않는 값입니다.

이러한 이유 때문에 특정 사회지표나 경제지표(주로 소득 관련)에 대한 중심경향의 척도로서 중앙값을 사용합니다. 예를 들어, "평균적인 한국 가정의 평균 소득median income은 다음과 같습니다."라는 표현처럼 말입니다. 점수 집합이나 분포의 중심 위치를 나타내기 위해 평균을 사용하기에는 중심을 왜곡skew하는 극단적인 점수가 너무 많기 때문입니다.

중앙값이 평균보다 더 유용한 경우를 알 수 있는 다른 방법은 그림을 그려보는 것입니다. 6장에서 데이터 시각화 방법에 대해 중점적으로 다루겠지만 여기서 한 가지 방법을 살펴보겠습니다. 우리가 사용할 R 함수는 `hist()`입니다. 맨 처음 나온 소득 예의 숫자를 입력하여 [그림 4-1]과 같은 히스토그램을 만들어봅시다.

```
> hist(c(135456, 25500, 32456, 54365, 37668))
>
```

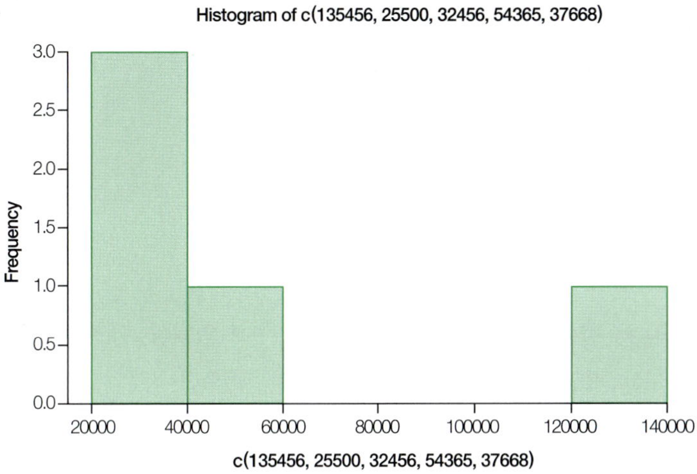

그림 4-1 소득 벡터에 대한 히스토그램

R은 그림 상단에 'Histogram of c(135456, 25500, 32456, 54365, 37668)'이라는 제목을 만들었습니다. 이 제목이 그림의 내용을 설명해주진 않지만, 적어도 무엇으로부터 그림이 그려졌는지에 대해서는 말해줍니다. R은 함수의 입력으로 사용된 숫자 벡터를 x축 레이블로 표시했고, x축의 범위는 20,000에서 140,000까지로 20,000씩 증가합니다. y축은 각 블록의 관측 빈도(일명 카운트)를 나타냅니다. 이 히스토그램에서 가장 흥미로운 점은 무엇인가요? 60,000과 120,000 사이에는 데이터가 존재하지 않으며 맨 오른쪽 값이 다른 항목들과 매우 다르다는 것을 알 수 있습니다. 따라서 중앙값은 이러한 데이터의 중심경향을 측정하는 데 더 나은 척도로 판단할 수 있습니다.

히스토그램을 그리지 않더라도 6개의 숫자 중 135,456이 다른 값들과 비교하여 극단값임을 쉽게 알 수 있습니다. 하지만 50개, 100개 또는 그 이상의 값들을 갖는 데이터에서 극단값을 찾으려 하면 히스토그램이 매우 유용할 수 있습니다!

$\overline{X}$가 아닌 M이라는 대문자로 평균을 표현하는 경우도 있다고 앞에서 얘기했습니다. 중앙값도 다양한 기호로 표현됩니다. 중앙값을 나타내는 기호로 M도 좋지만, 이 기호가 평균을 나타내는 기호와 혼동되므로 중앙값은 *Med* 또는 *Mdn*을 기호로 사용합니다. 하지만 이런 기호에 집착하지 말고, 중앙값이 무엇이며 그것이 무엇을 나타내는지를 기억하세요. 그러면 여러분은 별 문제 없이 다양한 기호에 적응하게 될 것입니다.

중앙값과 관련해 흥미롭고 중요한 특징이 몇 가지 있습니다.

- 평균은 값들의 집합에서 중간 지점이며, 중앙값은 일련의 사례에서 중간 지점에 해당합니다.
- 중앙값은 해당 사례의 값이 아닌 사례들의 개수를 중시하기 때문에 (이상치라고도 부르는) 극단적인 값은 중요하지 않습니다.

최빈값 계산하기

우리가 다룰 중심경향의 세 번째이자 마지막 척도는 **최빈값**mode 입니다. 최빈값은 가장 일반적이면서 정확도는 제일 낮은 중심경향 척도이지만, 특수한 점수 집합의 특성을 이해하는 데 중요한 역할을 합니다. 최빈값은 점수 집합에서 가장 자주 등장하는 값을 말합니다. 최빈값을 계산하는 공식은 없습니다.

최빈값을 계산하려면 다음 순서대로 따라해보세요.

1. 분포에 속한 모든 값들을 나열하되, 각 값을 한 번씩만 나열합니다.

2. 각 값이 발생하는 횟수를 계산합니다.

3. 가장 자주 발생하는 값이 최빈값입니다.

예를 들어, 300명의 정당 가입 현황을 조사하여 다음과 같은 점수 분포를 얻었다고 합시다.

정당	빈도수
민주당	90
공화당	70
무소속	140

최빈값은 가장 자주 발생하는 값이므로, 위의 예에서 최빈값은 '무소속'입니다. 즉, '무소속'이 이 집합의 최빈값입니다.

100문제로 구성된 사지선다형 객관식 시험에서 최대 빈도의 응답을 살펴보려고 합니다. 데이터는 다음과 같습니다.

선택 항목	A	B	C	D
선택 횟수	57	20	12	11

총 100문제로 구성된 사지선다형(A, B, C, D) 객관식 시험에서 A가 57번으로 다른 항목들보다 더 자주 선택되었음을 알 수 있습니다. 최빈값 응답은 A입니다.

최빈값을 계산할 때 가장 쉽게, 가장 일반적으로 저지르는 실수가 무엇인지 알고 싶나요? 그것은 범주 자체의 이름이 아니라 범주가 발생하는 횟수를 최빈값으로 선택하는 것입니다. 앞에서 살펴본 300명의 소속 정당에 대한 예에서 최빈값은 '무소속'이지만, 누군가는 최빈값을 '140'이라고 결론지을 수 있습니다. 최빈값을 가장 자주 등장하는 값이 아니라 그 값이 발생한 횟수를 가리키는 것으로 착각하기 때문에 이런 실수가 생깁니다. 이것은 간단한 실수이므로 최빈값을 구하라는 질문을 받으면 이 점을 꼭 유의하기 바랍니다.

사과 파이와 같은 바이모드

만약 분포에 속한 모든 값이 동일한 발생 빈도를 갖는다면 최빈값은 없습니다. 그러나 만약 동일한 빈도수를 가진 값이 하나 이상 존재하면 그 분포는 다중최빈(멀티모드)값을 갖습니다. 다음 파이 맛을 조사한 데이터와 같이 최빈값이 두 개인 분포는 바이모드 bimodal 라고 합니다.

파이 맛	빈도수
사과 파이	28
체리 파이	17
피칸 파이	21
호박 파이	28

위 표에서 사과 파이와 호박 파이 값의 빈도가 똑같이 발생하기 때문에 이 분포는 바이모드입니다. 사과 파이가 45조각이고 호박 파이가 44조각인 경우처럼 빈도수가 거의 비슷하지만 완전히 같지 않을 때에도 바이모드 분포를 보인다고 판단할 수 있

습니다. 문제는 '한 사건의 발생 빈도 수준이 다른 사건의 발생 빈도 수준과 얼마나 다른가?'입니다.

트라이모드trimode 분포도 존재할까요? 물론입니다. 3개의 값이 같은 빈도수를 보인다면 가능합니다. 특히 많은 양의 **데이터 요소**data point를 다루는 경우에 가능성은 낮지만, 발생할 수 있습니다. 앞에서 '빈도 수준이 얼마나 다른가?'라는 질문에 대한 진정한 대답은 '범주가 상호배타적이어야 한다는 것'입니다. 식당에서는 요리사가 두 가지를 결합한 새로운 파이 맛을 만들지 않는 한, 사과와 체리가 모두 들어간 파이를 주문할 수 없습니다. 그럴 경우에는 범주에 새로운 맛을 추가해야 합니다.

언제, 어떤 중심경향 값을 사용해야 할까요?

일반적으로 어떤 중심경향 측정을 사용할지는 작업 중인 데이터의 특성, 특히 해당 데이터에서 발생한 **측정 척도**scale measurement에 따라 다릅니다. 그 척도나 수준이 어떤 중심경향 값을 사용하면 좋을지 알려줍니다.

잠시 한 발짝 물러서서, 측정이 무엇인지에 대한 이해부터 시작해 우리가 사용할 용어에 대해 확실하게 이해한 다음 넘어가봅시다.

측정은 일련의 규칙에 따라 결과에 값을 할당하는 것입니다. 아주 간단하죠? 여기에서 규칙은 (우리가 잠시 후에 정의할) 척도이며, 결과는 머리색, 성별, 시험 점수, 신장과 같이 우리가 관심을 갖고 측정하려고 하는 모든 것들입니다.

측정 척도 또는 측정 규칙은 결과가 측정되는 특정한 수준들을 뜻합니다. 각 수준에는 특정한 특성 집합들이 존재합니다. 측정 척도에는 명목nominal, 서열ordinal, 등간interval, 비율ratio의 네 가지 유형이 있습니다.

네 가지 측정 척도에 대한 간단한 설명과 예를 살펴보고, 이 척도가 앞에서 다룬 세 가지 중심경향 측정에 어떻게 부합하는지 알아보겠습니다.

장미의 이름으로 : 명목 측정 수준

명목 측정 수준nominal level of measurement은 단 하나의 계급 또는 범주로 구분되는 결과 값의 특성에 의해 정의됩니다. 예를 들어, 성별(여성, 남성), 정치적 소속(민주당, 공화당, 무소속), 인종(백인, 아프리카계 미국인) 등은 명목변수norminal variable입니다. 명목 수준 변수nominal level variable는 '이름[2]'이며, 가장 정밀도가 떨어지는 측정 수준에 해당합니다. 명목 측정 수준은 상호배타적인 범주를 가지고 있습니다. 예를 들어, 한 사람이 공화당과 민주당에 동시에 소속될 수 없습니다. 어떤 장미도 부르봉과(科)이면서 동시에 폴리안타과(科)에 속할 수 없습니다. 명목변수를 설명하는 데 자주 쓰는 또 다른 표현은 범주형 변수입니다.

어떤 순서든 괜찮습니다 : 서열 측정 수준

서열 측정 수준ordinal level of measurement의 'ord'는 순서를 의미하며, 여기에서 측정되는 특성은 매겨진 순서입니다. 이에 해당하는 가장 좋은 예는 일자리에 대한 지원자 순위입니다. 만약 지원자 순위에서 진호가 1위, 민철이가 2위, 한나가 3위라는 것을 알고 있다면, 이것은 순서별로 나열한 것입니다. 우리는 이 척도에서 진호가 민철이보다, 민철이가 한나보다 점수가 얼마나 높은지 알 수 없습니다. 단지 3등이나 2등보다는 1등이 더 낫다는 사실만 알 수 있을 뿐, 얼마나 더 나은지는 알지 못합니다.

1 + 1 = 2 : 등간 측정 수준

등간 측정 수준interval level of measurement은 어떤 결과가 더 낮은 결과보다 얼마나 더 높은지를 비교할 수 있게 해주는 검정 도구 또는 평가 도구로서, 기본적으로 연속성에 기반하고 있습니다. 예를 들어, 어휘 시험에서 한 학생이 단어 10개를 맞혔다면 5개를 맞힌 학생보다 정확히 2배 더 많은 단어를 맞힌 것입니다. 등간 수준 척도의 특징은 척도에 쓰이는 간격이 모두 동일하다는 점입니다. 단어 10개를 맞혔다는 것은 8개보다 정확히 2개를 더 맞혔다는 뜻이고, 여덟 단어를 맞힌 것은 다섯 단어를 맞힌 것보다 정확히 세 단어를 더 맞혔다는 뜻입니다.

어떤 것의 '없음'을 가질 수 있을까요? : 비율 측정 수준

간단한 수수께끼가 하나 있습니다. 비율 측정 수준ratio level of measurement에 대한 평가 도구는 척도에 절대 영absolute zero이 있는 것이 특징입니다. 이것은 측정되는 특성이 전혀 없다는 의미입니다. 난제처럼 느껴지나요? 우리는 측정되는 것이 아무것도 없는 값을 지닌 결과를 측정할 수 있을까요? 어떤 분야에서는 그럴 수도 있습니다. 예를 들어, 물리학이나 생물학의 경우 절대 영도[3]와 같은 아무런 특성도 없는 상태가

2 nominal은 라틴어로 이름이라는 뜻입니다.

3 분자운동이 없는 온도를 의미합니다.

있을 수 있습니다. 모든 물질이 전혀 무게가 없는 무중력 상태가 될 수도 있으며, 여러분도 아무런 무게가 없는 상태가 될 수 있습니다. 사회과학과 행동과학 쪽에서는 설명하기가 조금 어렵습니다. 여러분이 러시아어 맞춤법 시험에서 0점을 받거나 (러시아어로 된) IQ 테스트에서 모든 문제를 틀렸더라도, 여러분이 어휘 능력이 없거나 지능이 없다는 것을 의미하지 않습니다. 그렇죠? 따라서 실생활이나 데이터에서 0이 발생할 확률은 매우 적지만 이론적으로는 0 또는 0보다 작은 값들도 발생할 수 있습니다.

요약하기

이러한 측정 척도 또는 측정 규칙은 결과가 측정되는 특정 수준을 나타냅니다. 이 내용을 요약하면 다음과 같습니다.

- 모든 결과 값은 앞에서 설명한 네 가지 척도 중 하나로 구분될 수 있습니다.
- 측정 단위의 척도는 정밀도가 가장 낮은 척도(명목척도)에서 가장 정밀한 척도(비율척도) 순으로 정렬될 수 있습니다.
- 측정 척도를 '상향 조정'할수록 수집되는 데이터의 정확도가 높아지며, 데이터가 더 상세하고 많은 정보를 담게 됩니다. 어떤 사람들은 부자이고 어떤 사람들은 가난하다는 것(명목 또는 범주 수준)을 아는 것만으로 충분할 수도 있지만, 얼마나 많은 돈을 갖고 있는지(등간 또는 비율 수준)를 정확히 안다면 훨씬 더 유용합니다. 우리가 재산에 대한 모든 정보를 갖고 있다면 '부자/빈자'에 대한 구별은 언제든지 할 수 있습니다.
- 더 높은 수준의 정확도를 지닌 척도는 그 아래 수준의 척도가 갖는 모든 특성들을 포함하고 있습니다. 예를 들어, 등간 척도는 명목 및 서열 척도의 특성을 전부 가지고 있습니다. 만약 두산 베어스의 평균 타율이 0.350이고 기아 타이거즈의 평균 타율 0.250이라면, 여러분은 두산 베어스의 평균 타율이 기아 타이거즈보다 0.1(1할)이 높다는 것을 알 수 있습니다. 또한 두산 베어스가 기아 타이거즈보다 앞선다는 것도 알고 있습니다. 두산 베어스와 기아 타이거즈가 별개의 팀으로 구분된다는 사실도 물론 알고 있습니다.

자, 우리는 중심경향에 대한 세 가지 척도를 정의했고 각각에 대해 아주 명확한 예를 제시했습니다. 그러나 가장 중요한 질문에는 아직 답하지 않았습니다. 그 질문은 바로 '언제 어떤 측정값을 사용하는가?'라는 것입니다.

일반적으로 어떤 중심경향의 측정값을 사용할 것인지는 우리가 설명하고자 하는 데이터 유형에 따라 달라집니다. 의심할 여지없이, 정성적qualitative, 범주적categorical 또는 명목적nominal 데이터(인종, 눈동자 색깔, 소득 등급, 투표 선호도 및 지역)에 대한 중심경향 측정은 최빈값을 통해서만 구할 수 있습니다.

예를 들어, 평균mean을 사용하면 한 그룹에서 어떤 정치적 성향이 가장 우세한지에 대한 중심경향을 설명할 수 없습니다. 전체 국민 중 절반만 공화당의 당원이라고 결론 내릴 수 있습니까? 오히려 300명 중 거의 절반(140명)이 무소속이라고 결론 내리는 것이 이 변수의 값을 설명하는 가장 좋은 방법이 될 겁니다.

일반적으로 중앙값과 평균은 높이, (범주가 아닌) 소득 수준, 연령, 시험 점수, 반응 시간, 학위 수료 기간과 같은 정량적 데이터를 다루기에 가장 적합합니다.

또한 평균은 중앙값보다 더 정확한 값이며, 최빈값은 중앙값에 비해 정확도가 떨어진다고 이야기할 수 있습니다. 이는 다른 조건들이 모두 동일할 때, 평균이 가장 자주 사용되는 중심경향 척도임을 의미합니다. 그러나 평균이 중심경향 척도로 사용되기에 적합하지 않은 경우도 있습니다. 예를 들어, 입원 환자와 비입원 환자와 같은 범주형 또는 명목형 데이터를 다룰 때에는 최빈값을 사용해야 합니다.

이와 관련해 도움이 될 만한 세 가지 가이드라인을 소개합니다. 하지만 항상 예외는 있을 수 있다는 사실을 기억하세요.

1. 데이터가 머리카락 색깔, 정치 성향, 지역, 종교와 같이 본질적으로 범주형이고 그 값이 오직 한 유형으로만 분류될 수 있는 경우에는 최빈값을 사용하세요. 이 경우, 이러한 범주들은 '상호배타적mutually exclusive'이라고 표현합니다.

2. 소득과 관련된 데이터를 연구할 때처럼 극단적인 값이 있고 이로 인해 평균average을 왜곡하고 싶지 않은 경우, 중앙값을 사용하세요.

3. 테스트 점수 또는 50미터를 수영하는 데 걸린 시간과 같이 극단적인 값을 포함하지 않고, 범주형이 아닌 데이터를 다루는 경우에는 평균mean을 사용하세요.

아직 R과 RStudio를 설치하지 않았다면 2장으로 돌아가서 R과 RStudio를 설치하고 3장의 R 실습을 한 후, 다음 내용을 이어가세요.

컴퓨터(R)를 사용하여 기술통계량 계산하기

R을 사용하여 기술통계량을 계산해봅시다.[4] 우리가 사용할 데이터 세트는 4장 데이터 세트1(ch4ds1.csv)입니다. 잠시 파일 이름 만드는 방법에 대해 알아보겠습니다.

- ch : 장(chapter)을 뜻하는 약어
- 4 : 데이터 세트를 사용할 장 번호
- ds : 데이터 세트(data set)의 약어
- 1 : 첫 번째 데이터 세트
- .csv : 파일 확장자로, 쉼표로 구분된 값comma seperated value을 의미함

R은 파일 이름에 공백이 있는 파일에서 데이터를 가져올 수 있지만 파일 이름에 공백이 없으면 계산 과정이 더 간단합니다. 따라서 일이 쉽게 진행될 수 있도록 이 책 전체에서 위와 같은 파일 이름 지정 규칙을 사용합니다.

ch4ds1.csv 파일은 편견prejudice 검사에 대한 20개 데이터 세트입니다. 모든 데이터 세트는 SAGE 웹 사이트(edge.sagepub.com/salkindshaw)에서 찾을 수 있습니다. 이 데이터 세트는 변수 한 개를 포함하고 있습니다.

변수	정의
Prejudice	1~100의 척도로 측정된 편견 검사의 값

R 평균을 계산하는 내장 함수를 사용하여 각 중심경향 측정에 대한 예를 살펴본 다음, `mean()` 함수 자체를 살펴보겠습니다. 중앙값의 경우, 우리는 정렬 기능을 통해 벡터의 모든 항목을 가장 작은 것부터 가장 큰 것까지 순서대로 정렬하였습니다. 이제 이 모든 작업을 수행하는 기능을 살펴보겠습니다. 마지막으로 `mode()` 함수를 사

4 이 주제에 대한 R 튜토리얼 비디오를 보려면 edge.sagepub.com/salkindshaw를 방문하세요.

용할 때 예상치 못한 결과를 얻게 되는 예에 대해 살펴볼 것입니다. 그런 다음 최빈값을 간단하게 계산하는 다른 함수를 살펴보겠습니다.

먼저 read.csv() 함수를 사용하여 데이터를 읽겠습니다.

```
> ch4ds1 <- read.csv(file.choose())
>
```

이 명령을 실행하면 R은 파일 선택 대화상자를 불러옵니다. 이 예에서는 R 구문 파일이 있는 폴더에 4장에서 다루는 데이터 세트가 전부 들어 있습니다. 4장의 모든 데이터 파일을 같은 폴더에 넣으면 시간이 절약됩니다. 파일 선택 대화상자에서 ch4ds1.csv를 선택하고 열기(O) 버튼을 누릅니다. 가져온 데이터 세트를 살펴보겠습니다. 글로벌 환경 창(오른쪽 상단)에서 ch4ds1을 더블 클릭하면 됩니다. R 콘솔에서 RStudio는 이제 다음과 같은 명령을 보여줍니다.

```
> View(ch4ds1)
```

글로벌 환경 창에서 ch4ds1 객체를 클릭하면 RStudio 콘솔 분할 창에 View() 함수를 보내라는 메시지가 나타납니다.

평균 계산하기

이 장의 앞부분에서 계산기를 사용하여 평균을 계산하듯이 R을 사용하여 평균을 계산했습니다. 이제 몇 가지 R 내장 기본 함수를 사용하여 식 (4.1)의 공백을 채우겠습니다. 모든 X의 합에 해당하는 분자 부분을 계산하기 위해 sum() 함수를 사용하여 편견 점수를 더합니다.

```
> sum(ch4ds1$Predjudice)
[1] 1694
>
```

sum() 함수는 객체의 모든 항목을 더합니다. 여기서는 편견 점수 벡터vector of prejudice scores를 더했고, 이 점수들의 합은 1,694입니다. 평균을 계산하려면 분모에 해당하는 편견 점수의 개수를 알아야 합니다. 마침 R에는 벡터의 개수를 계산하는 length() 함수가 있습니다!

```
> length(ch4ds1$Prejudice)
[1] 20
>
```

식 (4.1)을 완성하기 위해 1,694를 20으로 나눕니다. R 콘솔에 직접 입력해도 되고 두 함수를 같은 줄에 넣어도 됩니다.

```
> sum(ch4ds1$Prejudice) / length(ch4ds1$Prejudice)
[1] 84.7
>
```

R은 84.7을 반환합니다. 이제 내장 함수 mean()을 사용하여 더 빠르고 간단하게 평균을 계산하겠습니다.

```
> mean(ch4ds1$Prejudice)
[1] 84.7
>
```

R을 사용해 수식에 필요한 값들을 하나씩 계산하여 평균을 계산하거나(R 수식 사용법을 배우는 여러분에게 권장하는 방법입니다!) 바로 함수를 사용하여 원하는 답을 쉽게 구할 수 있습니다.

50번째 백분위수 구하기 : 중앙값

직접 눈으로 중앙값을 찾고 싶다면 R을 이용해서 모든 점수를 표시할 수 있습니다.

```
> ch4ds1$Prejudice
[1] 87 99 87 87 67 87 77 89 99 96 76 55 64 81 94 81 82 99 93 94
>
```

그렇게 도움이 되지 않습니다. 조금 전에 설명한 것처럼 이 숫자들을 자동으로 정렬하여 중앙값을 찾을 수 있습니다. 또는 중앙값을 계산하는 내장 함수인 median()을 사용할 수 있습니다.

```
> median(ch4ds1$Prejudice)
[1] 87
>
```

관측치들의 개수가 짝수이기 때문에 R은 중간에 있는 두 숫자를 찾아 그 두 숫자의 평균을 계산했습니다. 이 예에서 10번째와 11번째 점수는 모두 87이므로 중앙값은 87입니다.

또 다른 장미의 이름 : 명목 측정 수준

최빈값을 계산하기 위해 다음 함수를 사용해보세요.

```
> mode(ch4ds1$Prejudice)
```

이번에는 기대했던 것을 얻지 못했습니다. R은 최빈값이 '숫자numeric'라고 답했습니다. R의 mode() 함수는 실행 결과로 객체의 타입을 반환합니다. 이 경우 편견 벡터는 숫자형 데이터이므로 numeric이라고 반환한 것입니다. 그러나 우리가 정말 알고 싶은 것은 최빈값입니다. 최빈값을 계산하기 위해 summary() 함수와 as.factor() 함수를 함께 사용하겠습니다.

```
> summary(as.factor(ch4ds1$Prejudice))
55 64 67 76 77 81 82 87 89 93 94 96 99
1 1 1 1 1 2 1 4 1 1 2 1 3
>
```

여기서 사용한 함수를 설명하면 다음과 같습니다.

- ch4ds1$Prejudice : 점수 벡터입니다.
- as.factor : 점수 벡터를 명목 벡터로 취급합니다. 지금까지는 점수를 비율 수준의 점수 집합으로 인식했습니다.

- summary : 괄호 안의 객체를 요약합니다. 이 경우에는 명목 벡터인 편견 점수 집합입니다.

결과를 살펴보면 어떤 숫자가 다른 숫자들보다 4번 더 자주 발생했음을 알 수 있습니다. 그 점수는 87입니다. 편견 점수로 최빈값을 알아낼 수는 있지만, 중심경향의 척도로서 이 최빈값이 실제로 도움이 되지는 않습니다. 우리가 가진 데이터는 비율 수준으로 측정되었기 때문에 더 유용한 중심경향 값으로 평균과 중앙값을 계산하는 것입니다.

R 실행 결과는 정보로 가득 차 있을 수도 있고 기본 내용만 보여줄 수도 있습니다. 여러분이 수행하는 분석 유형에 따라 출력되는 내용도 달라집니다. 위 예에서는 기본 정보와 필요한 내용만 출력되었습니다. 이 책에서는 R을 사용하여 실행 결과를 보고 그 의미를 해석하려고 합니다. 하지만 실행 결과 전체를 논의하는 것은 이 책의 범위를 넘어설 때도 있습니다. 따라서 각 장에서 배운 내용과 직접적으로 관련된 실행 결과에 중점을 두고 설명하겠습니다.

중심경향을 계산하는 다른 방법도 있습니다.

패키지	함수	내용
Base	summary	최솟값, 25번째 백분위수, 50번째 백분위수(중앙값), 평균, 75번째 백분위수, 최댓값

```
> summary(ch4ds1$Predjudice)
   Min.  1st Qu.  Median    Mean  3rd Qu.    Max.
   55.0    80.0    87.0     84.7    94.0     99.0
>
```

실생활의 통계학

기술통계의 활용 방식은 설문조사나 여론조사를 보면 더 잘 이해할 수 있으며, 지금까지 수백만 개의 설문조사와 여론조사가 이뤄졌습니다(대통령 선거를 떠올려보세요). 로저 모렐Roger Morrell과 그의 동료들은 40~59세의 중년층, 60~74세의 장년층,

75~92세의 노년층을 포함해 여러 연령층으로 구성된 성인 집단 550명을 대상으로 그들의 인터넷 사용 패턴을 조사했습니다. 이 연구는 응답률이 71%로 꽤 높았으며, 매우 흥미로운 결론을 도출했습니다.

- 연령에 따라 개인이 인터넷을 사용하는 방식에는 뚜렷한 차이가 있습니다.
- 중년 이상 인터넷 사용자들은 사용 패턴이 비슷합니다.
- 인터넷 미사용에 대한 두 가지 주요 예측 요인은 컴퓨터를 활용할 수 없거나 인터넷에 대한 지식이 부족하다는 것입니다.
- 노년층은 중년층과 장년층에 비해 인터넷 사용에 대한 관심이 가장 적습니다.
- 인터넷 사용법을 배울 때 주로 관심을 두는 콘텐츠 영역은 이메일을 사용하기, 건강이나 여행에 대한 정보 검색하기 등입니다.

기술통계를 사용하여 결론을 도출한 이 설문조사는 약 20년 전에 행해졌고, 그 이후로 많은 변화가 있었습니다. 여기에서 이 연구를 예로 든 이유는 향후 연구에서 비교 목적(기술통계와 이러한 연구에 자주 사용되는 목적)으로 사용할 수 있는 역사적 기준점을 잘 보여주기 때문입니다.

더 자세한 내용이 궁금하다면, 아래의 자료를 온라인으로 검색하거나 도서관에서 찾아보세요.

Morrell, R. W., Mayhorn, C. B., & Bennett, J. (2000). 중년 및 노년층의 인터넷 사용에 관한 설문조사(A survey of World Wide Web use in middle-aged and older adults.) Human Factors: The Journal of the Human Factors and Ergonomics Society, 42, 175-182.

이 장의 요약

통계학 실력이 어떻든 간에, 여러분이 해야 할 작업은 대개 눈앞에 놓인 것이 무엇인지를 설명하면서 시작합니다. 따라서 중심경향에 대한 단순한 개념부터 이해하는 것이 중요합니다. 5장에서는 또 다른 중요한 기술적 개념인 변동성, 즉 개별 값이 서로 어떻게 다른지에 대한 내용을 배울 것입니다.

연습할 시간입니다!

1. 다음은 화학 수업 기말고사 시험 점수에 대한 40개의 데이터 세트입니다. 평균, 중앙값, 최빈값을 손으로 직접 계산합시다.

93	85	99	77
94	99	86	76
95	99	97	84
91	89	77	87
97	83	80	98
75	94	81	85
78	92	89	94
76	94	96	94
90	79	80	92
77	86	83	81

2. 4장 데이터 세트2(ch4ds2.csv)에서 다음 세 가지 점수에 대한 평균, 중앙값, 최빈값을 계산합시다. 손으로 직접 계산하거나 R을 사용하세요. 손으로 계산하는 경우 계산 과정을 노트에 기록하고, R을 사용하는 경우 R 콘솔에서 출력 사본을 인쇄하세요.

점수 1	점수 2	점수 3
3	34	154
7	54	167
5	17	132
4	26	145
5	34	154
6	25	145
7	14	113
8	24	156
6	25	154
5	23	123

3. R을 사용하여 4장 데이터 세트3(ch4ds3.csv)에서 다음 점수 세트의 평균을 계산하세요. R 콘솔에서 출력 사본을 인쇄하세요.

침대 수(감염률)	감염률(입원 1,000명 당)
234	1.7
214	2.4
165	3.1
436	5.6
432	4.9
342	5.3
276	5.6
187	1.2
512	3.3
553	4.1

4. 여러분은 한 패스트푸드 식당의 점장입니다. 여러 직무 중 하나는 매일 상사에게 그 날 가장 많이 팔린 스페셜 메뉴를 보고하는 것입니다. 기술통계에 대한 방대한 지식을 활용하여 상사에게 오늘 무슨 일이 있었는지 설명하는 글을 한 단락 분량으로 작성하세요. 다음의 데이터를 활용해 손으로 계산해보세요. 계산 과정도 함께 제출하세요.

스페셜 메뉴	판매량	가격
빅 버거	20	$2.95
어린이 버거	18	$1.49
치킨 버거	25	$3.50
불고기 버거	19	$2.95
일품 버거	17	$1.99
핫도그	20	$1.99
총 판매량	**119**	

5. 여러분은 대기업의 CEO이고 사업 확장을 계획하고 있다고 상상해보세요. 개점한 지점에서 기존 세 지점과 비슷한 경영 성과를 내고 싶습니다. 손으로 계산하여, 지점의 재무 성과가 어떻게 나타나면 좋겠는지 아이디어를 제공해주세요. 평균, 중앙값, 최빈값 중 어떤 것을 중심경향 값으로 사용할지 선택해야 합니다.

평균	지점 1	지점 2	지점 3	신규 지점
매출(단위: $1,000)	323.6	234.6	308.3	
판매량	3,454	5,645	4,565	
방문자 수	4,534	6,765	6,654	

6. 다음 표는 미국 수퍼볼 경기를 즐기면서 먹는 음식에 대한 선호도(1~5등급)를 보여줍니다. 어떤 음식이 최고 등급인지 결정해야 합니다(5 : 승자, 1 : 패자). 사용할 평균 유형과 그 유형을 선택한 이유를 설명하세요. 손으로 계산하거나 R을 사용하세요.

음식	북부지역 팬	동부지역 팬	남부지역 팬	서부지역 팬
나초	4	4	5	4
컵과일	2	1	2	1
매운 닭 날개	4	3	3	3
피자	3	4	4	5
치킨	5	5	5	4

7. 어떤 조건일 때 중심경향의 척도로서 평균보다 중앙값을 사용하겠습니까? 왜 그런가요? 중앙값이 중심경향의 척도로서 평균보다 더 유용하게 활용될 수 있는 두 가지 상황을 사례를 들어 제시해보세요.

8. 최빈값이 중심경향의 척도로서 가장 적절하게 사용될 수 있는 세 가지 변수(측정치)를 나열하고, 그 변수들을 어떻게 측정할 것인지 설명하세요.

9. 이번에는 약 $50,000에서 $200,000까지의 소득 수준으로 구성된 다음 16개의 (순위가 매겨진) 점수를 사용합니다. 이 점수에 대해 가장 적절한 중심경향 척도는 무엇이며, 왜 그렇게 생각하나요?

$199,999	$98,789	$90,878	$87,678
$87,245	$83,675	$77,876	$77,743
$76,564	$76,465	$75,643	$66,768
$65,654	$58,768	$54,678	$51,354

10. 4장 데이터 세트4(ch4ds4.csv)를 사용하여, 개인의 경험(미숙, 보통, 풍부) 정도를 바탕으로 구분된 세 그룹(1, 2, 3)의 도시 교통에 대한 평균 태도 점수(10 : 매우 긍정적, 1 : 매우 부정적)를 손으로 계산하세요.

11. 다음 파이 주문량을 보고 주차별 평균 주문량을 계산하세요.

주차	초콜릿 파이	사과 파이	바나나 파이
1	12	21	7
2	14	15	12
3	18	14	21
4	27	12	15

05

변동성 이해하기

이 장에서 배울 내용

- 변동성이 기술적 도구로서 중요한 이유
- 범위 계산하기
- 표준편차 계산하기
- 분산 계산하기
- 표준편차와 분산의 공통점과 차이점

변동성을 이해하는 것이 중요한 이유

4장에서 우리는 평균average의 유형과 각각의 의미, 계산 방법 및 용도에 대해 배웠습니다. 그러나 평균만으로는 기술통계와 분포의 특성을 제대로 설명할 수 없습니다. 이 두 가지를 온전히 이해하려면 변동성 척도에 대해서도 학습해야 합니다.

아주 간단히 설명하면, **변동성**variability은 값들이 서로 얼마나 다른지를 나타내는 개념입니다. 예를 들어, 다음의 점수 집합은 약간의 변동성을 보여줍니다.

7, 6, 3, 3, 1

아래 점수 집합의 평균은 위의 집합의 평균 4와 동일하지만, 변동성은 더 적습니다.

3, 4, 4, 5, 4

다음 집합에는 변동성이 존재하지 않습니다. 집합 내의 점수 간 차이가 존재하지 않지만, 전체 평균은 앞서 본 두 집합과 동일합니다.

$$4, 4, 4, 4, 4$$

변동성[1]은 점수들이 서로 얼마나 다른지를 측정하는 기준이라 할 수 있습니다. 각 점수가 특정 점수와 얼마나 차이가 나는지를 측정하는 기준이라고 생각하는 것이 훨씬 더 정확합니다(아마 이해하기도 더 쉬울 것입니다). 그렇다면 분포에서 각 점수를 나머지 점수들과 모두 비교하는 대신, 일정한 비교 대상으로 사용할 수 있는 점수는 무엇일까요? 그렇습니다. 바로 평균mean입니다. 따라서 변동성은 점수 집단 내에서 각 점수가 평균과 얼마나 차이가 나는지를 측정하는 도구입니다. 뒤에서 이러한 내용에 대해 더 살펴보겠습니다.

여러분이 이미 배운 평균 계산법을 떠올려보세요. 떠올린 값이 평균mean인지 중앙값median인지 최빈값mode인지와 관계없이 평균은 점수 집합을 대표하는 값입니다. 이제 이 지식에 여러 점수가 서로 얼마나 다른지를 반영하는 변동성이라는 새로운 지식을 추가하세요. 이 두 가지는 기술통계에서 중요한 개념입니다. 평균과 변동성을 함께 사용하여, 점수 분포의 특성을 설명하고 각 분포가 서로 어떻게 다른지 보여줄 수 있습니다.

여러 값들의 변동성을 반영하기 위하여 일반적으로 사용되는 3가지 측정치는 범위range, 표준편차standard deviation, 분산variance입니다. 이제 이 개념들을 자세히 살펴보고, 어떻게 사용되는지도 알아보겠습니다.

각각의 데이터 점수가 어떻게 서로 다른지를 이해하는 것은 기본적인 통계를 이해하고 사용하는 데 있어 중요한 부분입니다. 특히, 대부분의 사회과학과 행동과학의 주요 연구 대상인 개인 간, 그룹 간 차이에 대한 연구에서 변동성의 개념은 매우 중요합니다. 때때로 변동성은 변동, 불안정성, 오류 등으로 불리기도 합니다. 그러나 사실 변동성은 인생의 향신료와 같습니다. 각 개인의 차별성을 만드는 요인은 그들과 그들의 행동을 이해하는 것을 더 어렵고도 흥미롭게 만듭니다. 일련의 데이터 안에서 또는 개인과 개인, 집단 사이에 변동이 없다면 매우 지루할 것입니다.

1 변동성은 variability, spread 또는 dispersion이라고도 합니다.

범위 계산하기

범위range는 가장 일반적으로 사용되는 변동성 측정치입니다. 이는 점수들이 얼마나 멀리 떨어져 있는지를 알려줍니다. 범위는 분포 내의 가장 높은 점수에서 가장 낮은 점수를 뺀 값으로 계산됩니다.

일반적으로 범위를 계산하는 수식은 다음과 같습니다.

$$r = h - l \tag{5.1}$$

여기서

- r은 범위를 의미합니다.
- h는 데이터 집합에서 가장 큰 값입니다.
- l은 데이터 집합에서 가장 작은 값입니다.

예를 들어, 다음 내림차순으로 정렬한 점수 집합을 살펴봅시다.

98, 86, 77, 56, 48

이 예에서 가장 큰 값과 가장 작은 값의 차이는 98 − 48 = 50입니다. 500개의 숫자로 구성된 데이터 집합이 있는데 가장 큰 숫자가 98이고 가장 작은 숫자가 37이라면 범위는 61입니다.

실제로 범위의 종류에는 두 가지가 있습니다. 하나는 방금 전에 소개한 배타적 범위exclusive range로서, 가장 높은 점수에서 가장 낮은 점수를 뺀 값 $(h-l)$입니다. 다른 하나는 포용적 범위inclusive range로, 가장 높은 점수에서 가장 낮은 점수를 뺀 값에 1을 더한 값 $(h-l+1)$입니다. 연구 논문에서 가장 자주 볼 수 있는 것은 배타적 범위이지만, 연구자의 성향에 따라 포용적 범위도 종종 사용됩니다.

대부분, 범위는 점수들이 서로 얼마나 다른지 또는 얼마나 넓게 퍼져 있는지를 개략적으로 추정하기 위해 사용됩니다. 즉, 범위는 분포에서 가장 낮은 지점부터 가장 높은 지점까지 얼마나 넓게 퍼져 있는지를 보여줍니다. 따라서 범위는 변동성을 측정하는 일반적인 지표로 활용하기에 적합하지만, 개별 점수가 다른 점수들과 얼마나 다른지에 대한 결론을 도출하는 목적으로는 사용할 수 없습니다. 따라서 변동성의 측정치로서 범위만 제공하는 보고서나 논문은 거의 볼 수 없으며, 지금부터 설명할 변동성의 다른 측정치를 함께 사용합니다.

표준편차 계산하기

이제 가장 자주 사용되는 변동성 측정 도구인 **표준편차**standard deviation에 대해 알아봅시다. 이 용어가 의미하는 바를 생각해보세요. 이는 어떤 표준standard으로부터 벗어난deviate 정도를 의미합니다. 사실, 표준편차(줄임말은 s 또는 SD)는 일련의 점수에서 평균적인 변동량을 나타냅니다. 실질적으로는 평균mean과 각 점수들 간 차이의 평균에 해당합니다. 표준편차가 클수록, 각 데이터가 그 분포의 평균으로부터 멀리 떨어져 있는 것입니다.

그러면 어떻게 해야 표준편차를 계산할 수 있을까요? 일단 점수들의 평균을 구한 다음, 평균에서 각 개별 점수를 빼고 그 차이의 평균을 계산해야 한다는 생각이 들 것입니다. 좋은 생각입니다! 여러분은 각 점수와 평균 간의 평균적 차이를 구하게 될 것입니다. 하지만 이것만으로는 충분하지 않습니다. 잠시 후에 그 이유를 설명하겠지만, 그 전에 여러분 스스로 그 이유를 찾아보세요.

먼저, 표준편차를 계산하는 공식은 다음과 같습니다.

$$s = \sqrt{\frac{\sum(X_i - \overline{X})^2}{n-1}} \tag{5.2}$$

여기서

- s는 표준편차입니다.
- Σ는 합계 기호이며, 다음에 나오는 모든 것들을 더하라는 의미입니다.
- X_i는 각 개별 점수를 의미합니다.
- $\overline{X}$는 모든 점수의 평균입니다.
- n은 표본 크기sample size입니다.

식 (5.2)에 따라, 우선 각 개별 점수와 평균의 차이($X_i - \overline{X}$)를 구하고, 각 차이를 제곱한 값들을 모두 더합니다. 그런 다음 합계를 표본 크기에서 1을 뺀 값($n-1$)으로 나눕니다. 그리고 그 결과의 제곱근을 취하면 표준편차가 나옵니다. 보다시피, 표준편차는 평균으로부터 떨어진 평균편차average deviation가 됩니다.

단계별 설명

다음은 표준편차를 계산하는 방법을 단계별로 설명하는 데 사용할 데이터입니다.

5, 8, 5, 4, 6, 7, 8, 8, 3, 6

1. 점수를 나열하세요. 점수가 특정 순서대로 나열되었는지 여부는 중요하지 않습니다.

2. 점수 집합의 평균을 계산합니다.

3. 각 점수에서 평균을 뺍니다. 평균으로부터의 편차라고 합니다. 제대로 했다면 이 값들의 총합은 0입니다.

4. [3단계]에서 계산한 평균으로부터의 편차를 제곱하세요.

5. [4단계]에서 계산한 평균으로부터의 편차의 제곱값을 모두 더합니다. 합계는 28입니다.

6. 합계를 $n-1$, 즉 $10-1=9$로 나눕니다. 결과는 $28/9=3.11$입니다.

7. 3.11의 제곱근을 계산합니다. 결과는 (반올림하면) 1.76입니다. 이것이 10개 점수의 표준편차입니다.

시작하려면 다음과 같은 표를 준비하세요. 이 예에서는 첫 번째 열의 데이터를 가장 큰 값에서 가장 작은 값 순으로 정렬하였습니다. 그리고 마지막에 각 열의 모든 값의 합을 입력할 행이 있습니다. 나머지 테이블을 채우려면 위의 [2~5단계]를 수행하세요.

1단계	2단계	3단계	4단계
X_i	$\overline{X}$	$(X_i-\overline{X})$	$(X_i-\overline{X})^2$
8			
8			
8			
7			
6			
6			
5			
5			
4			
3			
	합 계 =		

단계를 따라 표를 완성했다면 다음과 같이 나와야 합니다. [3단계]는 계산식을 표시하는 대신 숫자만 입력해도 됩니다.

1단계	2단계	3단계	4단계
X_i	$\overline{X}$	$(X_i-\overline{X})$	$(X_i-\overline{X})^2$
8	6	8−6=2	4
8	6	8−6=2	4
8	6	8−6=2	4
7	6	7−6=1	1
6	6	6−6=0	0
6	6	6−6=0	0
5	6	5−6=−1	1
5	6	5−6=−1	1
4	6	4−6=−2	4
3	6	3−6=−3	9
	합 계 =	**0**	**28**

이 표는 식 (5.2)에 필요한 정보가 다 들어 있습니다. [6단계]와 [7단계]를 따르면 표준편차를 구할 수 있습니다. 이 결과에서 우리가 알 수 있는 것은 이 분포의 점수들이 평균과 1.76점 차이가 있다는 것입니다.

먼저, 왜 우리는 단순히 평균으로부터 편차를 합산하지 않았을까요? 그 이유는 평균으로부터 편차들의 합이 항상 0이기 때문입니다. 편차를 합산해보세요($2+2+2+1+0+0-1-1-2-3$). 실제로 이는 평균을 정확하게 계산했는지 확인하는 가장 좋은 방법이기도 합니다. 편차들의 합이 0이 되지 않을 때는 여러분이 평균을 계산할 때 소수점에서 반올림을 한 경우입니다. 편차의 합은 0과 비슷하지만 정확히 0은 아닙니다.

여러분이 전에 들어보았을지도 모를 또 다른 유형의 편차의 개념을 살펴볼 필요가 있습니다. 바로 **평균편차**mean deviation[2]라는 개념이며, 이는 평균편차의 절댓값의 평균입니다. 우리는 평균으로부터 편차의 합이 0이어야 함을 이미 알고 있습니다(그렇지 않다면 평균이 잘못 계산된 것입니다). 그 대신, 이번에는 각 편차의 절댓값[3]을 더합시다. 그 합계를 데이터 개수로 나누면 평균편차가 나옵니다. 참고로, 숫자의 절댓값은 대개 $|5|$와 같이 숫자 양 옆에 세로선이 있는 숫자로 표시합니다. 예를 들어, -6의 절댓값인 $|-6|$은 6입니다.

둘째, 왜 우리는 편차를 제곱해야 할까요? 왜냐하면 각 편차 값들을 합했을 때 0이 되지 않도록 편차의 음수 기호를 제거해야 하기 때문입니다.

마지막으로, 직접 계산할 때 전체 값의 제곱근을 구한 이유는 무엇일까요? 그 이유는 원래 우리가 시작했던 것과 동일한 단위로 돌아가야 하기 때문입니다. 우리는 (음의 값을 없애기 위해) 평균으로부터의 편차들을 제곱했고, 후에 합계의 제곱근을 취한 것입니다. 꽤 깔끔하군요.

왜 $n-1$인가요? 그냥 n을 쓰면 안 되나요?

여러분은 평균에 대한 편차를 제곱하고 다시 그 합의 제곱근을 취하는 이유는 이미 짐작했을지 모릅니다. 그러나 수식의 분모에서 1을 빼는 것은 어떤가요? 왜 n이 아니라 $n-1$로 나눌까요? 좋은 질문입니다.

대답하자면, s(표준편차)는 모집단 표준편차의 추정치이며, 이 값은 n에서 1을 뺄 때만 **불편추정치**unbiased estimate[4]가 되기 때문입니다. 우리는 분모에서 1을 차감함으

---

2 평균편차는 평균 절대 편차라고도 합니다.

3 절댓값은 부호에 관계없는 값을 의미합니다.

4 불편추정치는 편향되지 않은 추정치를 의미합니다.

로써 결과 값을 인위적으로 더 크게 만듭니다. 왜 그렇게 하는 걸까요? 우리는 훌륭한 과학자로서 보수적인conservative 접근을 취하기 때문입니다.

보수적 접근이라는 것은 만약 우리가 실수를 한다면 모집단의 표준편차를 과대평가하는 방향으로 실수하는 것을 의미합니다. 작은 분모로 나누면 그렇게 되죠. 따라서 10으로 나누는 대신 9로 나눕니다. 또는 100으로 나누는 대신 99로 나눕니다. 반면, 모집단 전체를 다루는 경우에는 $n-1$ 대신 n으로 나눕니다.

편의추정치biased estimate는 모집단의 특성을 설명하려는 목적일 경우에 적절합니다. 그러나 표본을 모집단 매개변수의 추정치로 사용하려는 경우에는 불편추정치unbiased estimate를 활용하는 것이 좋습니다.

다음의 표를 보고 첫 번째 열인 표본 크기가 커지면 (모집단의 크기에 더 가까워지면) 어떤 결과가 발생하는지 확인하세요. $n-1$로 조정함으로써 표준편차의 편의추정치와 불편추정치 간의 차이에 미치는 영향이 훨씬 적어집니다. 다른 요인들이 동일하다면, 표본 크기가 클수록 표준편차의 편의추정치와 불편추정치 사이에 차이가 적어집니다.

표본 크기	표준편차에서 분자의 값	모집단 표준편차의 편의추정치 (n으로 나눔)	모집단 표준편차의 불편추정치 (n – 1로 나눔)	편의추정치와 불편추정치의 차이
10	500	7.07	7.45	0.38
100	500	2.24	2.25	0.01
1,000	500	0.7071	0.7075	0.0004

핵심은 무엇입니까? 모집단의 추정치인 표본의 표준편차를 계산할 때, 표본의 크기가 모집단의 크기에 가까울수록 더 정확한 추정치를 얻을 수 있다는 것입니다.

표준편차는 왜 중요할까요?

표준편차 계산은 매우 간단합니다. 표준편차가 의미하는 것은 무엇인가요? 변동성의 척도로서, 점수 집합에서 각 점수가 평균과 얼마나 다른지를 말해주는 것입니다. 8장에서 보게 되겠지만 이 값은 매우 실용적입니다. 여기서는 맛보기로 다음의 내용만 잠깐 언급하도록 하겠습니다.

각 집합의 평균과 표준편차가 다른 경우에도 표준편차는 서로 다른 분포에 속한 점수들을 비교하는 데 도움이 될 수 있습니다. 놀랍지요? 곧 보게 되겠지만, 이러한 특성은 매우 유용하게 활용될 수 있습니다.

- 표준편차는 평균으로부터 평균 거리로 계산됩니다. 따라서 먼저 중심경향의 척도로서 평균을 계산해야 합니다. 표준편차를 계산할 때는 반드시 평균을 사용하세요. 중앙값이나 최빈값을 사용하면 안 됩니다.
- 표준편차가 클수록 값의 분포가 더 넓게 퍼져 있고 각각의 값이 더 다릅니다.
- 평균과 마찬가지로 표준편차는 극단적인 값에 민감합니다. 표본의 표준편차를 계산할 때 그 표본 안에 극단적인 값이 포함되어 있으면, 보고서의 어딘가에 그 사실을 기록해두세요.
- $s = 0$인 경우, 점수 집합에는 변동성이 전혀 존재하지 않으며, 본질적으로 모든 값이 동일합니다. 이런 경우는 거의 발생하지 않습니다.

변동성에서 가장 중요한 점은 무엇일까요? 통계적 개념에서 변동성은 분산의 척도이며 흩어짐 또는 점수가 서로 어떻게 다른지에 대한 척도임을 앞에서 배웠습니다. 이제 시야를 넓혀봅시다. 생물학이나 심리학 수업, 독서를 통해 이미 알고 있을지도 모르지만 변동성은 언제나 진화의 핵심 요소였습니다. 진화에 항상 동반하는 변화 없이, 유기체는 적응할 수 없습니다.

분산 계산하기

여기 또 다른 변동성 측정 기준이 있습니다. 반가운 사실이죠? 점수 집합의 표준편차를 알고 있고, 그 숫자를 제곱할 수 있다면 동일한 점수 집합의 분산variance을 쉽게 계산할 수 있습니다. 세 번째 변동성 척도인 분산은 단순히 표준편차를 제곱하기만 하면 쉽게 구할 수 있습니다. 즉, 식 (5.3)에 표시된 것과 같이 제곱근 기호만 제외하면 앞에서 본 것과 동일한 수식입니다.

$$s^2 = \frac{\sum (X_i - \overline{X})^2}{n-1} \tag{5.3}$$

표준편차를 구하면서 마지막 단계(제곱근 씌우기)를 완료하지 않으면 그 값은 분산이 됩니다. 즉 $s^2 = s \times s$ 또는 분산은 표준편차에 그 자신을 곱한 값(또는 표준편차를 제곱한 값)과 같습니다. 이전 예에서 표준편차가 1.76이었으므로 분산은 1.76^2, 즉 3.10이 됩니다. 다른 예로, 150개의 점수가 들어 있는 데이터 세트의 표준편차가 2.34라고 한다면, 분산은 2.34^2 또는 5.48입니다.

학술 논문에서 분산 자체로 설명하거나 기술통계로 사용하는 경우는 본 적이 없을 것입니다. 분산은 제곱된 편차 점수를 기반으로 하므로 해석하기 어렵고 데이터 집합에 적용하기도 어렵기 때문입니다. 그러나 분산은 많은 통계 관련 공식과 기법에서 변동성을 판단하는 실용적인 척도로 사용되기 때문에 중요합니다. 이러한 내용은 이 책의 뒷부분에서 배우게 됩니다.

표준편차 vs 분산

표준편차와 분산은 어떤 점에서 같고, 또 어떤 점에서 다를까요? 두 가지 모두 변동성 또는 확산된 정도에 대한 측정값이라는 공통점이 있습니다. 계산하는 공식도 매우 유사합니다. (거의 대부분의) 연구 논문의 '결과' 부분에 표준편차와 분산 값이 포함되어 있는 것을 볼 수 있습니다.

하지만 여러 가지 차이점이 있습니다.

가장 중요한 차이점은 표준편차는 (편차의 제곱을 더한 값의 평균에 제곱근을 취하기 때문에) 원래의 단위로 표시됩니다. 이에 반해 분산은 제곱한 단위로 표시됩니다 (제곱근 $\sqrt{\ }$를 절대로 취하지 않습니다).

이것이 의미하는 내용은 무엇일까요? 우리가 회로 기판을 조립하는 작업자들의 생산성 변동성을 측정해야 한다고 가정해봅시다. 가령, 이들이 시간당 평균 8.6개의 기판을 생산하고 표준편차가 1.59라고 합시다. 1.59라는 값은 시간당 조립되는 평균 기판의 수가 평균으로부터 1.59개의 회로 기판만큼 차이가 있다는 것을 의미합니다.

1.59^2, 즉 2.53의 값을 지니는 분산의 의미를 해석해봅시다. 이것은 작업자들 간의 평균 작업량이 평균으로부터 2.53만큼 제곱된 회로 기판만큼 차이가 있다는 의미로 해석됩니다. '1.59개의 회로 기판'과 '2.53만큼 제곱된 회로 기판' 중 어느 것이 이해하기 쉬운가요?

R을 사용하여 변동성 측정값 계산하기

R을 사용하여 변동성 측정값을 계산해봅시다.[5] 5장 데이터 세트1(ch5ds1.csv)을 사용합니다. 4장에서 했던 것처럼 R을 사용하여 범위, 분산, 표준편차를 수식을 이용해서 직접 계산합니다. 그런 다음 R 내장 함수를 사용해보겠습니다. 이 데이터 세트에는 하나의 변수가 있습니다.

변수	정의
반응 시간	도청 작업에 대한 반응 시간 (초)

먼저 데이터 세트를 가져오겠습니다. 여러분이 R에서 데이터 세트를 읽는 구문에 익숙해졌을 것으로 생각되기 때문에, 데이터 세트 가져오기에 대한 모든 세부 내용은 설명하지 않습니다. `read.csv` 함수의 세부 사항을 복습하고 싶다면, 3장이나 4장을 참고하세요. 이제 데이터를 입력하고 변동성 측정값에 대한 계산을 시작합니다.

```
> ch5ds1 <- read.csv(file.choose())
> View(ch5ds1)
>
```

파일을 올바르게 읽었으면 1, 2, 3행의 Reaction.Time 값은 각각 0.4, 0.7, 0.4를 표시해야 합니다. Reaction.Time에 대한 요약 정보를 살펴보겠습니다.

```
> summary(ch5ds1$Reaction.Time)
   Min.  1st Qu.  Median    Mean  3rd Qu.    Max.
 0.2000  0.5000  0.7500  0.9567  1.1000  2.8000
>
```

식 (5.1)을 사용하여 (배타적) 범위를 계산하려면 데이터 세트에서 최댓값과 최솟값을 알아야 합니다. 위 출력에서는 Max.과 Min.으로 표시되었습니다. R을 계산기로 사용하기는 쉽습니다!

5 이 주제에 대한 R 튜토리얼 비디오를 보려면 edge.sagepub.com/salkindshaw를 방문하세요.

6 RTmean은 Reaction.Time mean의 약자입니다.

```
> 2.8 - 0.2
[1] 2.6
>
```

범위를 계산하는 또 다른 방법은 min()과 max() 함수를 사용하여 가장 큰 값에서 가장 작은 값을 빼는 것입니다.

```
> max(ch5ds1$Reaction.Time) - min(ch5ds1$Reaction.Time)
[1] 2.6
>
```

이번에는 분산을 계산한 다음 표준편차를 계산하겠습니다. 왜 이렇게 계산할까요? 표준편차를 계산하려면 분산을 먼저 계산해야 하기 때문입니다.

범위와 마찬가지로 R을 사용하여 식 (5.3)에 필요한 값들을 만들기 위해 직접 계산하는 단계를 따라가겠습니다. 표준편차를 계산하는 데 사용된 표에서 X부터 알아야 합니다. X의 평균은 $\overline{X}$로 표시됩니다. 이 예에서 X는 Reaction.Time(반응 시간)입니다. 다음은 Reaction.Time을 나타냅니다.

```
> ch5ds1$Reaction.Time
[1] 0.4 0.7 0.4 0.9 0.8 0.7 0.3 1.9 1.2 2.8 0.8 0.9 1.1 1.3 0.2 0.6 0.8
[18] 0.7 0.5 2.6 0.5 2.1 2.3 0.2 0.5 0.7 1.1 0.9 0.6 0.2
>
```

여러분이 잘 따라오고 있다면, R 콘솔의 한 행에 표시된 숫자의 수가 아마도 여기 표시된 숫자와 다를 것입니다. R 콘솔의 범위를 좁혀 첫 번째 행에 17개의 숫자만 표시했습니다. 이제 Reaction.Time의 평균을 계산하고 그 결과를 RTmean[6]에 저장하세요.

```
> RTmean <- mean(ch5ds1$Reaction.Time)
> RTmean
[1] 0.9566667
>
```

다음 단계는 각 Reaction.Time에서 Reaction.Time 평균으로부터의 평균편차인 $(X-\overline{X})$를 얻는 것입니다. ch5ds1$Reaction.Time에서 RTmean을 뺍니다. 그 단계를 수행하고 결과를 봅시다.

```
> RTminusMean <- ch5ds1$Reaction.Time - RTmean
> RTminusMean
 [1] -0.55666667 -0.25666667 -0.55666667 -0.05666667
 [5] -0.15666667 -0.25666667 -0.65666667  0.94333333
 [9]  0.24333333  1.84333333 -0.15666667 -0.05666667
[13]  0.14333333  0.34333333 -0.75666667 -0.35666667
[17] -0.15666667 -0.25666667 -0.45666667  1.64333333
[21] -0.45666667  1.14333333  1.34333333 -0.75666667
[25] -0.45666667 -0.25666667  0.14333333 -0.05666667
[29] -0.35666667 -0.75666667
>
```

평균으로부터의 편차를 얻은 후에는 제곱해야 합니다. R에서 우리는 ^2를 사용합니다. ^는 제곱하라는 의미이고, 2는 제곱할 횟수를 나타냅니다.

```
> SqMeanDeviation <-RTminusMean ^ 2
> SqMeanDeviation
 [1] 0.309877778 0.065877778 0.309877778 0.003211111
 [5] 0.024544444 0.065877778 0.431211111 0.889877778
 [9] 0.059211111 3.397877778 0.024544444 0.003211111
[13] 0.020544444 0.117877778 0.572544444 0.127211111
[17] 0.024544444 0.065877778 0.208544444 2.700544444
[21] 0.208544444 1.307211111 1.804544444 0.572544444
[25] 0.208544444 0.065877778 0.020544444 0.003211111
[29] 0.127211111 0.572544444
>
```

마지막 단계는 두 단계를 하나로 결합하여 약간 멋있어 보입니다. 또한 모집단 분산 또는 σ^2(모집단 분산을 나타내기 위해 s^2에 그리스 문자 사용)을 얻기 위해 $n-1$ 대신 n으로 나누기로 결정합니다.

```
> RTvariance <- sum(SqMeanDeviation) / length(SqMeanDeviation)
> RTvariance
[1] 0.4771222
>
```

s^2을 얻기 위해 합계를 $n-1$로 나누면 어떻게 될까요?

```
> RTvarianceS <- sum(SqMeanDeviation) / (length(SqMeanDeviation) - 1)
> RTvarianceS
[1] 0.4935747
>
```

표본에 $n-1$을 사용하면 모집단의 표준편차에 대한 보수적인 추정값을 얻을 수 있습니다. 이 경우 모집단 분산과 표본 분산의 차이는 0.02 미만입니다. 분산을 계산하는 내장 함수를 사용하면 R은 $n-1$로 계산된 분산을 반환합니다.

```
> var(ch5ds1$Reaction.Time)
[1] 0.4935747
>
```

어떤 종류의 분산을 사용할지 확실하지 않은 경우, R에게 도움을 요청할 수 있습니다. R 콘솔로 이동하여 다음을 입력하세요.

```
>?var
>
```

화면 오른쪽 아래의 도움말 뷰어에는 [그림 5-1]과 같이 상관관계, 분산, 공분산(행렬)에 대한 도움말 정보가 표시됩니다.

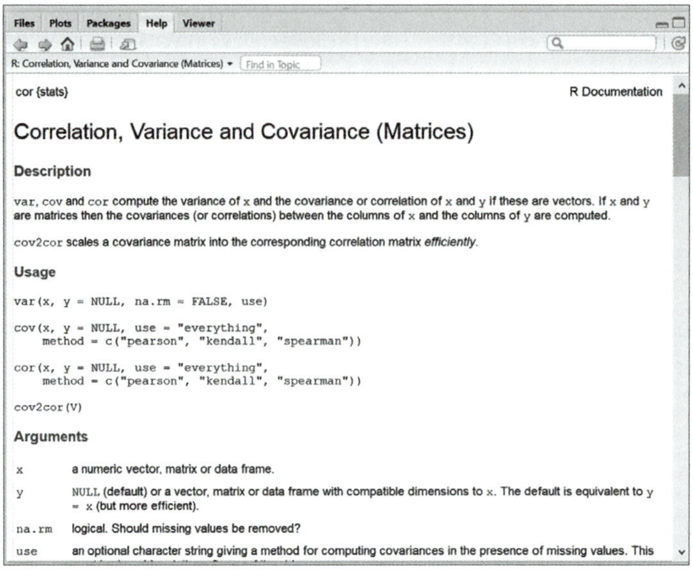

그림 5-1 상관관계, 분산, 공분산에 대한 도움말 정보

도움말 창에서 화면을 아래로 스크롤하여 세부 사항 섹션을 보면, 여섯 번째 단락에서 모집단 (공)분산의 불편추정치를 얻기 위해 분모에 $n-1$을 사용하는 것에 대한 설명을 확인할 수 있습니다.

R에서 모집단 분산을 계산하려면 직접 분산 수식을 넣어 계산하는 방법을 사용해야 합니다. 왜 R의 var() 함수에는 모집단 분산과 표본 분산을 선택할 수 있는 옵션이 없을까요? 교육, 심리학, 마케팅, 정치학을 비롯한 대부분의 학문 분야에서 모집단 자체를 거의 다루지 않기 때문입니다.

휴~! var() 함수가 계산한 것과 똑같은 답을 얻기 위해 여러 단계를 거쳤지만, 여러분이 분산과 표준편차에 대해 조금 더 편안하게 느끼기를 바랍니다. 표준편차는 분산을 계산한 후 구문에 한 줄만 더 추가하면 됩니다. 이제 표본 분산 RTvarianceS를 사용해봅시다. 여기서 S는 표본(sample)을 의미합니다!

```
> sqrt(RTvarianceS)
[1] 0.7025487
>
```

표준편차는 0.70초입니다. 표본 표준편차 s를 계산하기 위해 R 함수 sd()를 사용하면 다음과 같은 결과를 얻습니다.

```
> sd(ch5ds1$Reaction.Time)
[1] 0.7025487
>
```

우리는 소수점 7자리까지 보여주는 결과를 받았습니다. 이 sd() 함수는 앞서 모든 단계를 거쳐 얻은 결과와 같습니다. 분산과 마찬가지로 sd() 함수는 분모에 $n-1$을 사용했습니다. R이 n 대신 $n-1$을 사용하도록 하려면 다음과 같이 요청하면 됩니다! R 콘솔로 이동하여 다음을 입력하세요.

```
> ?sd
>
```

RStudio의 오른쪽 하단에 있는 도움말 탭에는 표준편차에 대한 정보가 표시됩니다. 아래로 스크롤하여 세부 사항 섹션의 첫 번째 줄을 보세요. 이 편리한 함수의 저자는 바로 여기에서 다음과 같이 알려줍니다. "var() 함수와 같이 이 함수는 $n-1$을 분자로 사용합니다." 따라서 R은 불편 또는 표본 표준편차를 계산합니다.

이 값이 어떻게 사용되는지는 8장에서 더 자세히 설명하겠습니다. 값 0.70은 각 점수가 점수 분포의 가장 중심점 또는 평균으로부터 평균적으로 떨어진 거리를 나타냅니다. 이는 반응 시간 데이터에서 평균 반응 시간은 평균으로부터 약 0.70초만큼 변동적이라는 것을 의미합니다.

5장 데이터 세트2(ch5ds2.csv)를 사용하여 다른 예를 시도해봅시다. 이 데이터 세트에는 2개의 변수가 있습니다.

변수	정의
Math_Score	수학 시험 점수
Reading_Score	독해 시험 점수

앞서 살펴본 내용과 동일한 지침을 따르고 각 변수에 대해 한 번씩, 딱 두 번 수행해 보세요.

다음은 변동성을 파악하는 데 유용한 다른 R 함수들을 보여줍니다.

패키지	함수	내용
base	range	기본 범위 데이터 세트의 최솟값과 최댓값이 표시되므로 포용적 또는 배타적 범위를 계산할 수 있습니다

```
> range(ch5ds1$Reaction.Time)
[1] 0.2 2.8
>
```

패키지	함수	내용
psych	describe	

```
> describe(ch5ds1$Reaction.Time)
   vars  n mean  sd median trimmed  mad min max range skew kurtosis   se
X1    1 30 0.96 0.7   0.75    0.85 0.44 0.2 2.8   2.6 1.26     0.58 0.13
>
```

실생활의 통계학

여러분이 엄청난 통계광이라면, 순수하게 변동성 측정치의 속성 그 자체에 관심이 있을 것입니다. 이는 주요 통계 전문가들이 많은 시간을 투자하는 분야로서 특정 통계의 특성, 기능, 전제(와 전제에 대한 위반)에 관해 연구합니다. 그러나 우리는 이 측정 도구들을 사용하는 방법에 더 관심이 있습니다. 결과로서의 변동성에 초점을 맞춘 연구 중 하나를 살펴보겠습니다. 앞에서 이야기했듯이 점수 간의 변동성을 다루는 것은 흥미롭습니다. 그러나 실제 성과와 사람들 사이의 변동성이 발생하는 이유를 이해하게 되면 이 주제는 훨씬 더 흥미로워집니다.

호주의 니컬러스 스타펠버그Nicholas Stapelberg와 그의 동료들은 관상동맥 심장 질환과 관련하여 심장 박동 수의 변동성을 관찰하는 연구를 진행했습니다. 연구자들은 이 현상을 직접적으로 다루지 않았습니다. 대신 '심박동 변동성', '우울증', '심장병' 같은 용어를 여러 데이터베이스에 입력하여 검색하였고, 그 결과 심장 박동의 변동성이 주요 우울 장애와 관상동맥성 심장 질환을 앓는 환자들에게서 모두 감소한 것을 발견했습니다.

왜 이 연구에 주목해야 할까요? 연구진은 두 질환 모두 심장이 효율적으로 기능하도록 돕는 제어 피드백 루프를 방해한다고 생각했습니다. 이것은 변동성이 기술통계 수단으로서 연구에 부수되는 데 그치지 않고 연구의 핵심 주제가 될 수 있음을 보여주는 훌륭한 예입니다.

더 자세한 내용이 궁금하다면, 아래의 자료를 온라인으로 검색하거나 도서관에서 찾아보세요.

Stapelberg, N. J., Hamilton–Craig, I., Neumann, D. L., Shum, D. H. K., & McConnell, H. (2012). 마음과 심장 : 주요 우울 장애 및 관상동맥성 심장 질환에서의 심박수의 변동성 - 검토 및 제언 (Mind and heart: Heart rate variability in major depressive disorder and coronary heart disease–a review and recommendations). Australia New Zealand Journal of Psychiatry, 46, 946-957.

이 장의 요약

변동성 측정을 통해 데이터 요소들이 어떻게 분포되어 있는지를 훨씬 더 잘 이해할 수 있습니다. 중심경향에 대한 측정치와 함께 이 값들을 사용하여 분포들 간의 차이점을 구별할 수 있습니다. 또한 테스트 점수, 키, 몸무게, 성격 등 각종 데이터 집합들을 더욱 효과적으로 설명할 수 있습니다. 이제 분포에 대해 생각하고 이를 설명할 수 있게 되었으므로 다음 장에서는 분포를 그림으로 표현하는 방법을 살펴보겠습니다.

연습할 시간입니다!

1. 왜 범위가 분산의 가장 편리한 측정 수단이면서 동시에 가장 부정확한 측정 수단일까요? 범위를 언제 사용하겠습니까?

2. 다음 항목에 대해 배타적 범위exclusive range와 포용적 범위inclusive range를 계산하세요.

최댓값	최솟값	배타적 범위	포용적 범위
12.1	3		
92	51		
42	42		
7.5	6		
27	26		

3. 대학 신입생의 성격 측정치가 신장(키) 측정치보다 변동성이 더 큰 이유는 무엇일까요?

4. 한 집단에 속한 개인들의 시험 점수가 비슷할수록 표준편차가 더 작아지는 이유는 무엇일까요? 또한, 관측치의 수가 더 많은 집단이 더 적은 집단보다 측정값들의 변동량이 상대적으로 더 적을 것으로 예상하는 이유는 무엇입니까?

5. 다음 점수에 대한 범위, 불편추정 표준편차, 편의추정 표준편차, 분산을 계산하세요. 수식을 이용해 직접 손으로 계산하세요.

94, 86, 72, 69, 93, 79, 55, 88, 70, 93

6. [연습문제 5]에서, 불편추정치가 편의추정치보다 더 큰 이유는 무엇입니까?

7. R을 사용하여, 한 학기 동안 치른 세 가지 시험 점수 데이터 세트에 대한 기술통계를 계산하세요. 어떤 시험의 평균 점수가 가장 높습니까? 변동성이 가장 적은 시험은 무엇입니까?

시험 1	시험 2	시험 3
50	50	49
48	49	47
51	51	51
46	46	55
49	48	55
48	53	45
49	49	47
49	52	45
50	48	46
50	55	53

8. 다음 점수에 대한 표준편차와 분산의 불편추정치를 손으로 계산하세요.

58, 56, 48, 76, 69, 76, 78, 45, 66

9. 일련의 점수에 대한 분산은 36입니다. 이 점수들의 표준편차와 범위는 어떻게 됩니까?

10. 다음 점수의 포용적 범위, 표본 표준편차, 표본 분산을 계산하세요.

(a) 5, 7, 9, 11

(b) 0.3, 0.5, 0.6, 0.9

(c) 6.1, 7.3, 4.5, 3.8

(d) 435, 456, 423, 546, 465

11. 이 문제는 5장 데이터 세트3(ch5ds3.csv)에 포함된 데이터를 사용합니다. 이 데이터 세트에는 두 가지 변수가 있습니다. R을 사용하여 키와 몸무게에 대한 모든 변동량을 계산하세요.

변수	정의
키	키(인치)
몸무게	몸무게(파운드)

12. R이 계산한 표준편차 값이 불편추정치인지, 편의추정치인지 어떻게 알 수 있습니까?

13. 5장 데이터 세트4(ch5ds4.csv)에 포함된 정확도 점수 세트에 대한 표준편차와 분산의 편의추정치 및 불편추정치를 계산하세요. 가능하면 R을 사용하고, 손으로 계산해도 됩니다. 두 추정치 값 중 어느 것이 더 작습니까? 왜 그런 결과가 나왔나요?

14. 어떤 맞춤법 시험에서 표준편차는 0.94와 같습니다. 이것은 무엇을 의미하나요?

06

그래프 만들기

이 장에서 배울 내용

- 그림 한 장이 천 단어 이상의 가치가 있는 이유 이해하기
- 히스토그램과 다각형 만들기
- 다양한 분포들의 형태 이해하기
- R을 사용하여 멋진 차트 만들기
- 다양한 유형의 차트 만들기 & 각 차트의 용도 이해하기

왜 데이터를 그림으로 보여줘야 할까요?

앞서 두 장에서는 기술통계의 두 가지 중요한 유형, 즉 중심경향 척도와 변동성 척도에 대해 배웠습니다. 이 두 개념은 각각 데이터 집합을 설명하는 가장 대표적인 값(중심경향)과 집합 안의 데이터들이 서로 얼마나 다른지(변동성)에 대한 기준을 제공합니다.

여기서는 이 두 가지 측정값의 차이가 분포 형태 측면에서 어떤 차이를 낳는지를 알아보려고 합니다. $\overline{X}=10$, $s=3$과 같은 숫자가 중요할 수 있지만, 데이터를 시각적으로 표현하면 데이터 집합의 특성뿐 아니라 분포의 특성을 훨씬 더 효과적으로 확인할 수 있습니다. 그리고 데이터를 그림으로 보여주는 것은 R의 장점을 보여주는 것이기도 합니다. 4장의 [그림 4-1]은 숫자 하나가 데이터 집합의 다른 숫자들보다 얼마나 큰지 보여주는 히스토그램입니다. R을 이용해서 이런 그림을 그리는 것은 아주 간단합니다. 하지만 인상 깊은 그림을 쉽게 그리는 방법은 아직 소개하지 않았습니다.

이 장에서는 데이터 분포를 시각적으로 표현하는 방법과 다양한 종류의 그래프를 사용하여 여러 유형의 데이터를 나타내는 방법을 학습할 것입니다. R을 사용하여 그림을 쉽게 그릴 수 있기 때문에 이번 장 전체에 걸쳐 다양한 그래프를 작성할 수 있는 R 함수를 소개하려고 합니다. 이제 RStudio를 열어 다음을 따라 하세요.

끝내주는 그래프를 그리는 10가지 방법

손으로 일러스트를 그리든, 컴퓨터 프로그램을 사용하든, 멋진 디자인을 위한 원칙은 똑같이 적용됩니다. 다음 10가지 방법을 복사하여 책상 위에 붙여놓으세요.

1. **차트 또는 그래프 사용을 최소화하세요.** 차트 과잉chart junk이란 문자 과잉word junk과 비슷한 현상으로, 모든 함수와 그래프, 컴퓨터 프로그램의 모든 기능을 사용하려 할 때 나타나는 결과입니다. 이로 인해 차트는 더욱 복잡해지고 정보 전달력은 떨어지게 됩니다. 과유불급이라는 사자성어처럼, 너무 많은 것은 부족한 것만 못합니다.

2. **최종본을 완성하기 전에 차트 활용에 대한 계획을 먼저 세우세요.** 컴퓨터 프로그램을 사용하여 그래프를 생성하더라도 그래프 용지를 사용하여 예비 스케치를 그려보세요. 웹 사이트 www.printfreegraphpaper.com에서 그래프 용지를 무료로 인쇄할 수 있습니다.

3. **여러분이 중요하다고 생각하는 것을 말하고, 말하고자 하는 것을 표현하세요. 그 이상도 그 이하도 필요 없습니다.** (많은 텍스트와 현란한 기능들로) 독자를 혼란스럽게 하는 그래프보다 더 나쁜 것은 없습니다. 단순하고 직관적인 그래프가 최고입니다.

4. **독자가 오해하지 않도록, 모든 차트에 레이블(설명표)을 붙이세요.**

5. **하나의 그래프에는 하나의 아이디어만 전달해야 합니다.**

6. **모든 것을 균형 있게 유지하세요.** 그래프를 만들 때 제목과 가로축 및 세로축 레이블을 가운데에 맞춥니다.

7. **그래프에서 비율을 유지하세요.** 비율은 가로축과 세로축 사이의 관계를 나타냅니다. 이 비율은 약 3:4가 되어야 합니다. 즉, 높이가 3인치(약 7.6센티미터)이면 너비는 4인치(약 10.2센티미터) 정도로 구성합니다.

8. **단순한 것이 가장 좋습니다.** 차트를 단순하게 유지하되, 너무 단조롭게 보이지는 않아야 합니다. 정보를 최대한 간결하게 표현하면서 하나의 주요 아이디어를 전달하세요. 그리고 텍스트에서 설명할 내용은 차트에서 제외해야 합니다. 차트 또는 그래프는 독립적으로 의미를 지녀야 하며, 독자는 이 그림들을 보고 전달하려는 내용을 이해할 수 있어야 한다는 점을 기억하세요.

9. **사용하는 단어의 수를 제한하세요.** 너무 많은 단어나 너무 긴 단어는 차트가 전달하려는 시각적 메시지를 손상시킬 수 있습니다.

10. **차트는 여러분이 말하고자 하는 내용을 전달해야 합니다.** 그렇지 않다면 계획 수립 단계로 돌아가 다시 시작하세요.

가장 먼저 해야 할 일 : 빈도 분포 생성

데이터를 보여주는 가장 기본적인 방법은 빈도 분포frequency distribution를 만드는 것입니다. 빈도 분포는 특정 점수가 얼마나 자주 발생하는지를 집계하여 나타내는 도구입니다. 빈도 분포를 작성할 때, 점수는 일반적으로 **계급 구간** 또는 숫자 범위로 그룹화됩니다.

다음 자료는 독해력 시험 점수에 대한 데이터 50개입니다.

47	10	31	25	20
2	11	31	25	21
44	14	15	26	21
41	14	16	26	21
7	30	17	27	24
6	30	16	29	24
35	32	15	29	23
38	33	19	28	20
35	34	18	29	21
36	32	16	27	20

이 데이터에 대한 빈도 분포를 나타내면 다음과 같습니다. 점수를 구간으로 나누었고, 각 구관과 연관된 빈도수가 나타나 있습니다.

계급 구간	빈도
45 – 49	1
40 – 44	2
35 – 39	4
30 – 34	8
25 – 29	10
20 – 24	10
15 – 19	8
10 – 14	4
5 – 9	2
0 – 4	1

계급 구간

앞에 제시한 표에서 알 수 있듯이 계급 구간class interval은 숫자 범위이며, 빈도 분포 작성의 첫 번째 단계는 각 간격의 크기를 정의하는 것입니다. 우리가 만든 빈도 분포는 5~9(점수 5, 6, 7, 8, 9를 포함), 40~44(점수 40, 41, 42, 43, 44를 포함)와 같이 5의 간격으로 구성되었습니다.

왜 각 구간의 크기를 5로 결정했을까요? 왜 10의 간격으로 구성된 5개 구간으로 만들지 않았을까요? 각각 25의 간격을 지닌 2개 구간으로 설정하는 것은 어땠을까요?

다음은 사용하는 데이터 집합의 크기와 관계없이 계급 구간을 만들 때 따라야 하는 몇 가지 일반적인 규칙들입니다.

- 2, 5, 10, 20개 데이터의 범위를 갖는 계급 구간을 선택하세요. 이 예에서는 5를 선택했습니다.
- 7~10의 간격으로 전체 데이터 집합을 포함하도록 계급 구간을 선택하세요. 이를 계산하는 편리한 방법은 범위를 계산한 다음 이 범위를 사용하려는 구간의 수를 나타내는 숫자로 나누는 것입니다(7에서 10 사이). 이 예에서는 50개의 점수가 있고 10개의 간격이 필요했습니다. 따라서 각 계급 구간의 크기는 50÷10=5입니다. 간격이 7 미만이 되면 숫자가 어떻게 분포되어 있는지 알아보기가 어렵습니다.
- 해당 간격의 배수로 계급 간격을 나열하세요. 앞선 빈도 분포에서 계급 구간은 5이고 0에서부터 가장 낮은 계급 구간을 시작했습니다.
- 가장 큰 간격이 빈도 분포의 맨 위에 나와야 합니다.

간단히 말해서, 빈도 분포를 만들 때 계급 구간을 정하는 엄격한 규칙은 없습니다. 일반적인 규칙 6가지는 다음과 같습니다.

1. 포괄적 범위(데이터에서 가장 큰 숫자와 가장 작은 숫자를 모두 포함하는 범위)를 결정합니다.
2. 계급 구간의 수를 결정합니다.
3. 계급 구간의 크기를 결정합니다.
4. 첫 번째 계급의 출발점을 결정합니다.
5. 계급 구간을 만듭니다.
6. 계급 구간에 데이터를 배치합니다.

계급 구간을 만들었으면 빈도 분포의 빈도 부분을 완성해야 합니다. 이는 원본 데이터에서 점수가 발생하는 횟수를 계산하고 각 구간에 해당 수치를 입력하는 단순한 작업입니다.

앞의 빈도 분포에서 30과 34 사이의 점수는 8개입니다. 따라서 30~34 구간에는 8이라고 적었습니다. 자, 빈도 분포가 완성되었습니다.

때로는 먼저 데이터를 그래프로 표시한 다음에 계산이나 분석 등 필요한 작업을 수행하는 것이 좋습니다. 그래프를 먼저 살펴보면 변수 간의 관계, 데이터를 설명하는 데 유용한 기술통계가 무엇인지 등을 파악할 수 있습니다. 이 추가 작업으로 여러분의 통찰력이 커지고 작업의 가치가 높아질 수 있습니다.

히스토그램 만들기

각 계급 구간에 몇 개의 점수가 속하는지 계산했으므로, 다음 단계로 넘어가 **히스토그램**histogram을 만들어 보겠습니다. 히스토그램은 빈도가 막대로 표현되는 빈도 분포의 시각적 표현입니다.

책 또는 소프트웨어에 따라 데이터의 시각적 표현을 (R에서는) 플롯 또는 (마이크로소프트 엑셀에서는) 차트라고 부릅니다. 하지만 모두 같은 의미입니다. 그래프, 그림, 플롯, 차트는 다 데이터의 시각적 표현이라는 점만 기억하면 됩니다.

히스토그램을 만들기 위해서 다음 두 단계를 수행하세요.

1. 그래프 용지를 사용하여 [그림 6-1]과 같이 x축을 따라 같은 간격으로 값들을 배치하세요. 이제 계급 구간의 **중간값**midpoint을 표시하세요. 각 계급 구간의 중간값을 눈으로 보면서 찾는 것도 쉽지만, 계급 구간의 최고값 및 최저값을 더하고 2로 나누어 찾을 수도 있습니다. 예를 들어, 계급 구간 0~4의 중간값은 0과 4의 평균, 즉 4/2 = 2입니다.

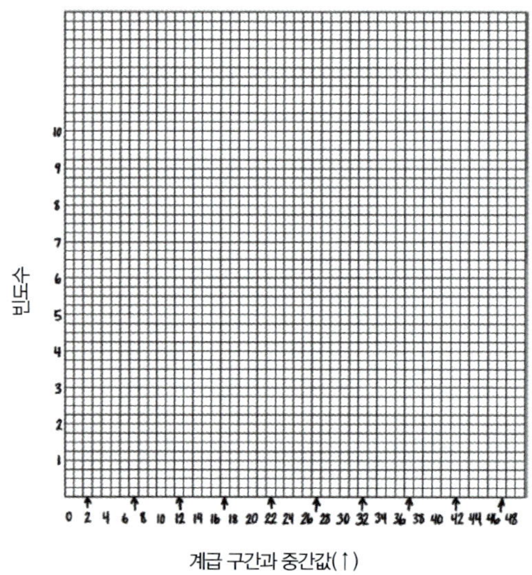

그림 6-1 x축을 따라 만들어진 계급 구간들

2. 각 계급 구간을 나타내는 막대 또는 열을 각 중간값 주위에 그리되, 해당 막대 또는 열의 높이가 해당 계급 구간의 빈도를 나타내도록 하세요. 예를 들어, [그림 6-2]에서 첫 번째 항목에서 0-4의 계급 구간은 빈도 1(0과 4 사이의 값이 한 번만 발생)로 표시되어 있음을 확인할 수 있습니다. 각 계급 구간의 각 빈도가 모두 표시될 때까지 막대(가로형 차트 요소를 사용) 또는 열(세로형 차트 요소를 사용)을 계속 그립니다. [그림 6-2]는 지금까지 작업한 50개 점수들의 빈도 분포에 대한 수기 (정말로!) 히스토그램을 보여줍니다.

각 계급 구간은 x축을 따라 점수 범위로 표시되고 있는 것을 확인하세요.

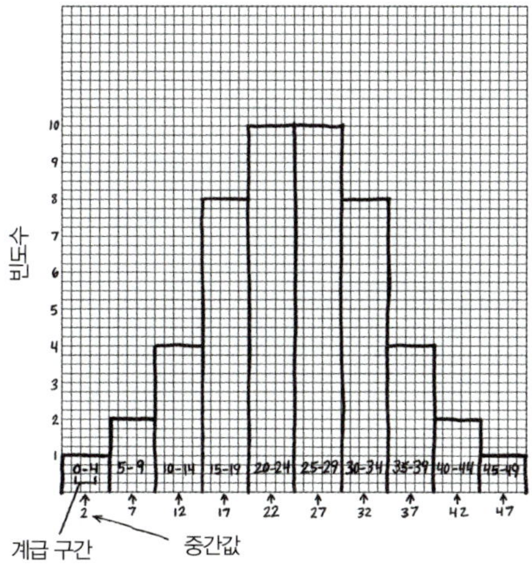

그림 6-2 손으로 그린 히스토그램

집계표를 활용하여 히스토그램 만들기

6장 시작 부분에서 본 단순 빈도 분포를 통해 여러분은 단순히 점수들을 나열하는 것보다 점수 분포에 대해 더 많은 정보를 얻게 되었습니다. 어떤 점수가 어떤 빈도로 발생하는지를 확실히 알게 된 것입니다. 그러나 [그림 6-3]에서 볼 수 있듯이, 집계표를 활용해 각각의 발생 빈도를 또 다른 시각적 표현 방식으로 나타낼 수도 있습니다.

우리는 각 계급의 점수 빈도를 누적해서 기록하여(/ 표시로) 특정 점수가 다른 점수와 비교하여 얼마나 더 자주 발생했는지를 시각적으로 더 잘 나타낼 수 있습니다.

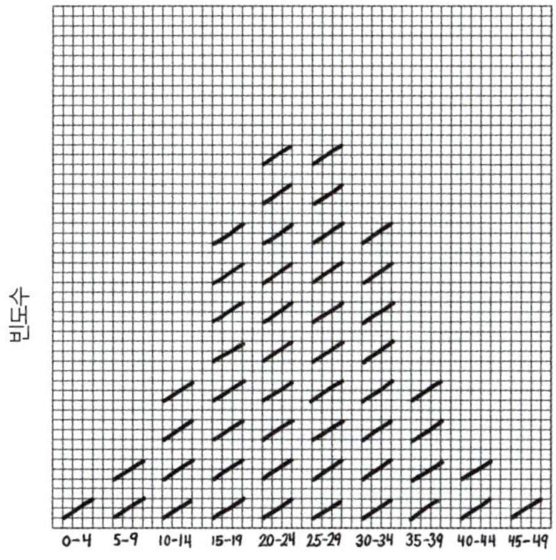

그림 6-3 점수 집계

다음 단계 : 빈도 다각형

히스토그램이나 점수 집계를 작성하는 것은 그리 어렵지 않습니다. 데이터를 보여주는 또 다른 방법인 다음 단계는 이보다 훨씬 더 쉽습니다. 우리는 동일한 데이터([그림 6-2]의 막대그래프)를 사용하여 빈도 다각형을 만들 것입니다. **빈도 다각형** frequency polygon은 [그림 6-4]와 같이 계급 구간 내의 점수 빈도를 나타내는 연속선입니다.

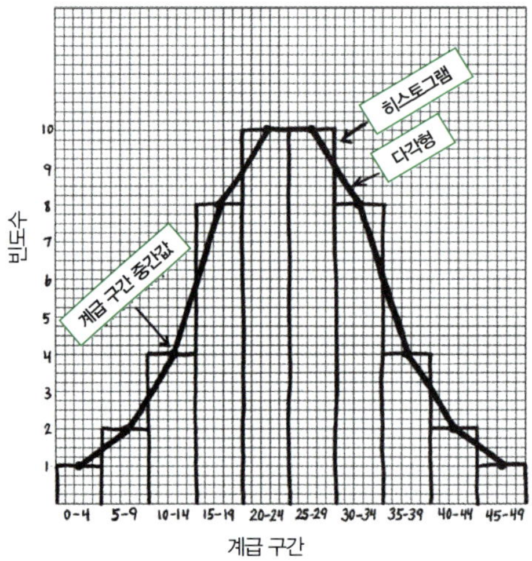

그림 6-4 손으로 그린 빈도 다각형

위의 다각형을 어떻게 그렸을까요? 방법은 다음과 같습니다.

1. 히스토그램에서 각 막대나 열의 맨 위에 중간점을 찍습니다([그림 6-2] 참조).
2. 선을 연결하면 빈도 다각형이 생깁니다.

[그림 6-4]에서 빈도 다각형의 기반이 되는 히스토그램은 수직선과 수평선을 사용해 그리고 다각형은 곡선을 사용해 그립니다. 빈도 다각형은 히스토그램을 기초로 그려지지만, 그 기초가 되는 히스토그램은 보이지 않습니다.

왜 히스토그램이 아닌 빈도 다각형을 사용하여 데이터를 나타낼까요? 그것은 무엇보다 선호도의 문제입니다. 빈도 다각형은 히스토그램보다 동적으로 보입니다(빈도의 변화를 나타내는 선은 항상 깔끔하게 보입니다). 그러나 두 그림은 기본적으로 동일한 정보를 전달합니다.

이제 R을 사용해서 히스토그램을 만들어 보겠습니다! 읽기 점수 히스토그램으로 가볍게 시작해봅시다.

```
> Reading <- c(47, 2, 44, 41, 7, 6, 35, 38, 35, 36,
+              10, 11, 14, 14, 30, 30, 32, 33, 34, 32,
+              31, 31, 15, 16, 17, 16, 15, 19, 18, 16,
+              25, 25, 26, 26, 27, 29, 29, 28, 29, 27,
+              20, 21, 21, 21, 24, 24, 23, 20, 21, 20)
> hist (Reading)
>
```

첫 번째 줄에서는 Reading이라는 객체에 읽기 점수를 저장하는 벡터를 만들었습니다. 다음 줄에서 히스토그램을 그리기 위해 hist() 함수를 사용했습니다. 그러면 R은 [그림 6-5]를 반환합니다.

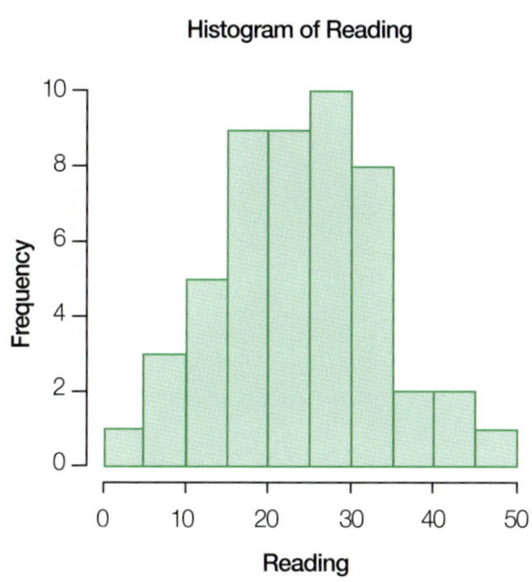

그림 6-5 R을 이용해 만든 히스토그램

R은 데이터로부터 10개의 계급 구간을 생성했습니다. R은 자동으로 계급 구간을 정의합니다. 그에 따라 점수가 각 구간에 할당됩니다. 여기서 무엇을 알 수 있나요? 데이터를 그룹화하는 방법에 따라 히스토그램에서 보이는 방식에 큰 차이가 생깁니다. R을 잘 알고 나면 다양한 미세 조정을 통해 원하는 대로 그래프를 정확하게 표시할 수 있습니다. 이제 첫 번째 조정을 하겠습니다.

hist() 함수에 구문을 좀 더 추가하여 계급 구간 수를 변경할 수 있습니다. 즉, 우리가 원하는 계급 구간 수를 지정할 수 있습니다. [그림 6-5]에서 R은 계급 구간을 10개로 정했고, 이렇게 하려면 9번의 나누기breaks가 필요합니다. 연속된 분포를 여러분이 원하는 간격으로 나누려면 몇 번 나누어야 할까요? 사과 한 개를 다른 사람과 나누는 방법을 생각해보세요. 다른 한 명과 나누는 경우 사과를 한 번 잘라서 두 조각을 만듭니다. 세 사람이 공유하려면 사과를 두 번 잘라서 세 조각을 만듭니다. 마찬가지로, 원하는 간격의 개수를 정하고 그 개수에서 1을 빼서 나누는 횟수를 계산합니다.

아래 예에서는 작은 구간 수를 선택하여 그 방법을 보여줍니다(실제로 사용하기에는 너무 적은 간격입니다). 우리는 5개의 구간을 만들려고 다음과 같이 자르기 횟수break를 4(5 - 1)로 설정했습니다. 그러면 [그림 6-6]과 같은 히스토그램을 얻게 됩니다.

```
> hist(Reading, breaks = 4)
>
```

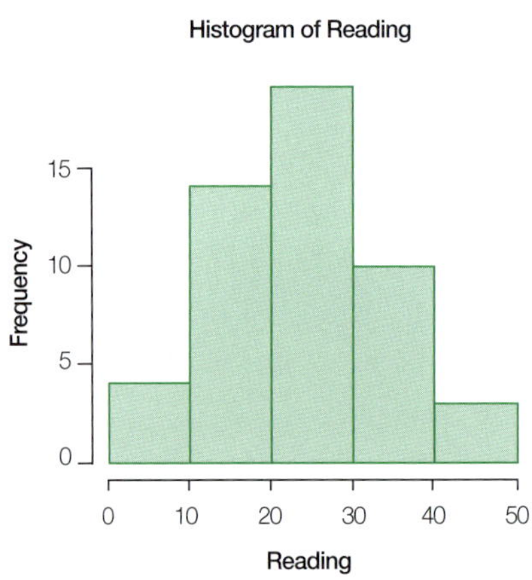

그림 6-6 네 번 자르기로 다시 그린 히스토그램

R이 구간을 몇 개 만들 것인지 지정하는 방법에는 여러 가지가 있습니다. 대표적인 방법으로 스터지스Sturges의 공식(표본 크기의 로그(지수 2)를 취하고 1을 더함)을 기본값으로 사용할 수 있습니다. 표본 수가 30개보다 적으면 이 공식은 제대로 작동하지 않습니다. 이 경우 히스토그램을 직접 만들 때처럼 원하는 구간 수와 정확한 자르기 횟수를 지정하거나, 다음과 같이 히스토그램을 만들기 위한 방법 두 가지를 모방하

는 R 함수를 지정할 수 있습니다.

```
(max(Reading) - min(Reading))/5
```

히스토그램에서 나누는 횟수를 지정하는 방법에 대해 자세히 알고 싶다면 R 콘솔에서 ?hist를 입력하세요.

히스토그램에 빈도 다각형을 추가해봅시다. hist() 함수에서 다른 옵션을 사용한 다음 구문을 한 줄 더 추가합니다.

```
> hist(Reading, probability = TRUE)
> lines(density(Reading))
>
```

출력된 그림은 [그림 6-7]과 같아야 합니다.

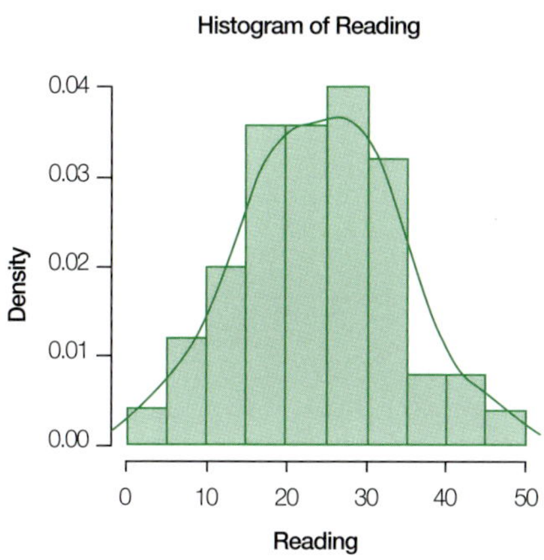

그림 6-7 히스토그램과 다각형

이 예에서는 R이 line() 함수를 사용하여 밀도 다각형을 만들기 위해 hist() 함수에 probability = TRUE 옵션을 추가하여 y축 값을 구간에 속하는 점수의 확률로 바꿔주었습니다. line() 함수는 초기 그림(이 경우 히스토그램)을 만든 후에 사용할 수 있습니다. 잠깐만요, 우리가 그리고 있는 것이 정말 선형인가요? 데이터의 형태를 따르는 밀도를 표시하라고 명령했기 때문에 기술적으로는 선형이 아닙니다. 이 경우 line() 함수는 그림에 있는 점들이 아니라 그림 전체를 가로지르는 연속형 선으로 나타납니다.

누적 빈도수

빈도 분포를 작성하고 히스토그램이나 빈도 다각형을 사용하여 시각적으로 데이터를 나타낸 후에는, 계급 구간의 누적 발생 빈도를 시각적으로 표현할 수 있습니다. 이를 누적 빈도 분포cumulative frequency distribution라고 합니다.

누적 빈도 분포는 빈도 분포와 동일한 데이터를 기반으로 하지만 다음과 같이 누적 빈도 열이 추가됩니다.

계급 구간	빈도	누적 빈도
45 – 49	1	50
40 – 44	2	49
35 – 39	4	47
30 – 34	8	43
25 – 29	10	35
20 – 24	10	25
15 – 19	8	15
10 – 14	4	7
5 – 9	2	3
0 – 4	1	1

누적 빈도 분포는 누적 빈도라는 열을 추가하는 것으로 시작됩니다. 그런 다음 해당 계급 구간의 빈도를 그 아래 계급 구간들의 모든 빈도와 합산합니다. 예를 들어, 계급 구간이 0~4인 경우 빈도가 1이고 그 아래 계급 구간은 없으므로 누적 빈도는 1입니다. 계급 구간이 5~9인 경우 해당 빈도가 2이므로 누적 빈도는 3(=2+1)이 됩니다. 마지막 계급 구간(45~49)에는 빈도가 1회 발생하였으며 해당 계급 구간과 그 이하 구간들의 빈도 합계는 50(=49+1)이 됩니다.

누적 빈도 분포를 생성하면 히스토그램이나 빈도 다각형의 경우와 마찬가지로, 데이터를 그림으로 표현할 수 있습니다. 이를 누적 빈도 다각형이라고 합니다. 이번에는 설명을 생략하고 각 계급 구간의 중간점을 해당 계급 구간의 누적 빈도의 함수로 그린 결과를 살펴보겠습니다. [그림 6-8]에 이 장의 도입부에서 사용한 50개 점수들의 누적 빈도 분포가 나타나 있습니다.

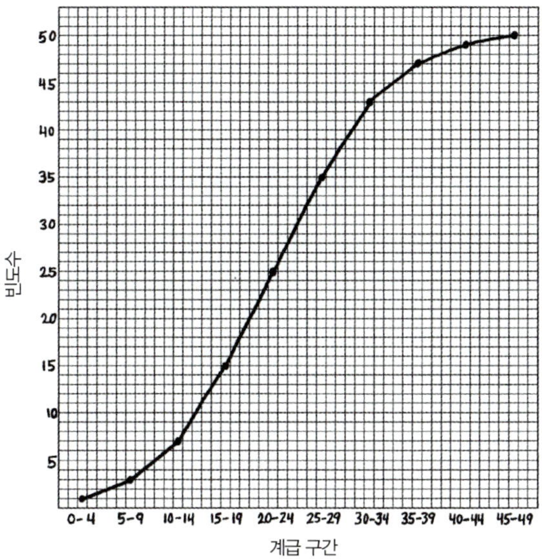

그림 6-8 손으로 그린 누적 빈도 분포

누적 빈도 다각형의 또 다른 이름은 누적도수곡선ogive입니다. 데이터의 분포가 정규normal 형태나 종 모양(10장 참고)을 하고 있다면, 누적도수분포도는 일반적으로 종 모양bell curve이라고 알려진 정규 분포를 그리게 됩니다. 확률 그림probability plot이라고도 불립니다.

다른 멋진 차트를 그리는 방법

지금까지 데이터를 가져와서 히스토그램과 다각형 같은 차트를 사용하여 데이터를 시각적으로 표현하는 방법을 살펴보았습니다. 행동과학과 사회과학 분야에서는 몇 가지 다른 유형의 차트도 사용되며, (손으로) 작성하는 방법을 정확히 알 필요는 없지만, 차트의 이름과 용도에 대해 배울 필요가 있습니다. 여기에 자주 쓰이는 차트를 소개합니다.

차트를 작성하는 데 탁월한 컴퓨터 프로그램이 몇 가지 있는데, 그중에서도 스프레드시트 프로그램인 Microsoft Excel(저자가 개인적으로 좋아하는 것)과 R이 있습니다. 다음 차트들은 R을 사용하여 만들었습니다.

세로 막대형 차트

다른 범주의 빈도를 서로 비교하려면 세로 막대형 차트bar chart나 가로 막대형 차트를 사용해야 합니다. 세로 막대형 차트에서 범주는 x축에서 구성되며 값은 y축에 표시됩니다. 세로 막대형 차트를 사용하는 대표적인 예를 들면 다음과 같습니다.

- 다양한 물놀이 활동별 참가자 수
- 세 가지 유형의 제품 판매량
- 각 학년에 속한 학생 수

[그림 6-9]는 다양한 물놀이 활동에 참여한 인원을 그래프로 보여줍니다.

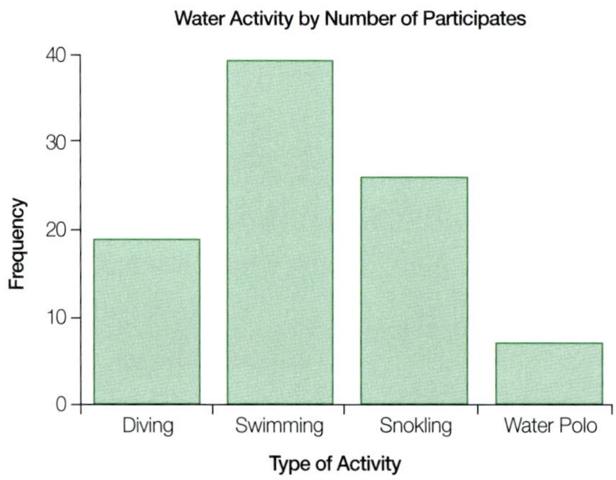

그림 6-9 다양한 물놀이 활동을 비교한 세로 막대형 차트

가로 막대형 차트

가로 막대형 차트column chart는 세로 막대형 차트와 동일하지만, 이 차트에서 범주는 y축에 구성되고 값은 x축에 표시됩니다.

꺾은 선형 차트

동일한 간격으로 데이터가 변화한 추세를 나타내려면 꺾은 선형 차트를 사용해야 합니다. 다음은 꺾은 선형 차트를 사용하는 경우의 예입니다.

- 3개 대학의 대학생 중 단핵구증(모노) 발병 건수

- 4분기 동안 T&K 회사의 장난감 판매량
- 두 항공사의 분기별 여행객 수

[그림 6-10]은 분기별 판매량에 대한 차트를 보여줍니다.

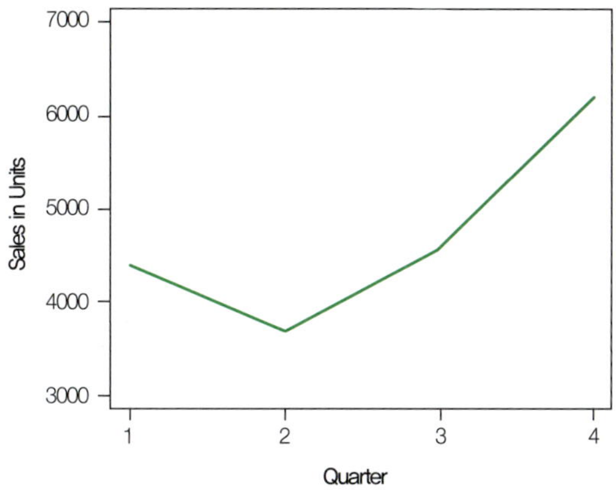

그림 6-10 꺾은 선형 차트를 이용하여 나타낸 분기별 판매량의 추세 변화

R을 사용하여 데이터 보여주기

이제 R을 사용하여 이 장에서 살펴본 몇 가지 차트를 만들어보겠습니다.[1] 먼저 앞에서 히스토그램 예에 사용한 데이터 세트인 6장 데이터 세트1(ch6ds1.csv)을 읽어오겠습니다.

```
> ch6ds1 <- read.csv(file.choose())
> View(ch6ds1)
>
```

이제는 어느 정도 사용법이 익숙해진 `read.csv` 함수의 `file.choose()` 옵션을 사용했습니다. 파일을 읽은 후에, 기대한 것을 얻었는지 확인하기 바랍니다. `ch6ds1`이라는 객체는 하나의 변수에 대한 50개의 관측치를 포함하고 있습니다. 같은 결과를 얻었나요?

1 이 주제에 대한 R 튜토리얼 비디오를 보려면 edge.sagepub.com/salkindshaw를 방문하세요.

히스토그램 만들기

이제 ch6ds1$Reading으로 히스토그램을 만들어 보겠습니다. 데이터 세트를 생성했으면 먼저 중심경향 및 변동성 측정을 진행합니다. 이를 위해 summary() 함수를 사용합니다.

1. 히스토그램을 만듭니다.
2. ch6ds1 객체에서 읽기에 대한 summary() 함수를 실행합니다.
3. ch6ds1 객체에서 읽기에 대해 sd() 함수를 실행합니다.
4. 히스토그램에서 다음 통계를 찾으세요.

   (a) 평균　　(b) 중앙값

   (c) -1 표준편차　　(d) +1 표준편차

히스토그램을 만들고, 필요한 통계를 얻는 구문은 다음과 같습니다.

```
> hist(ch6ds1$Reading)
> summary(ch6ds1$Reading)
   Min.  1st Qu.  Median    Mean  3rd Qu.    Max.
   2.00    17.25   24.50   24.22    30.75   47.00
> sd(ch6ds1$Reading)
[1] 9.69597
>
```

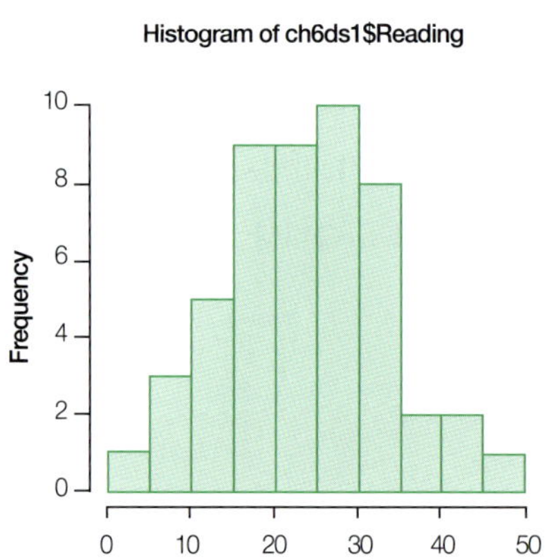

그림 6-11 데이터 세트의 읽기 점수

[그림 6-11]의 히스토그램은 [그림 6-5]의 히스토그램과 약간 다르게 보입니다. x축 레이블과 히스토그램의 제목이 다릅니다. 이런 것들을 고치고 다른 기능을 추가하는 R 구문을 보여드리겠습니다. 그 전에 먼저 그림과 통계에 관해 이야기해봅시다.

히스토그램에서 평균의 위치를 표시하려면 먼저 무엇을 봐야 할까요? 그렇죠, x축의 점수입니다. x축에서 가장 낮은 점수는 0이고 가장 큰 점수는 50점이며 10점마다 표시점이 있습니다. 히스토그램은 5점마다 구간이 나누어졌으므로 평균 24.22는 x축 25 표시점의 왼쪽에 있습니다. 중앙값 24.50은 평균 24.22와 표시점 25의 중간에 위치합니다. -1 표준편차는 x축의 어디에 위치할까요? 이것을 알아내기 위해 R을 계산기로 사용합시다.

```
> 24.22 - sd(ch6ds1$Reading)
[1] 14.52403
>
```

이제 우리는 표시점 15의 왼쪽에서 -1 표준편차의 표시점을 찾을 수 있고 그곳이 평균보다 1 표준편차 작은 곳임을 알 수 있습니다. 이 과정을 반복하여 -1 대신 +1을 하면 +1 표준편차는 33.92임을 알 수 있습니다.

R을 사용하여 정리된 히스토그램을 만들고 `abline()` 함수를 사용하여 다음과 같이 통계에 대한 정보를 추가하면 [그림 6-12]를 얻게 됩니다.

```
> hist(ch6ds1$Reading, xlab = "Scores", main = "Reading")
> abline(v = 24.22)
> abline(v = 24.50, lty = 2)
> abline(v = 24.22 - 9.69567)
> abline(v = mean(ch6ds1$Reading) + sd(ch6ds1$Reading))
>
```

- `hist` : 히스토그램 함수
- `chds1$Reading` : 히스토그램에 표시하려는 변수
- `xlab = "Scores"` : x축 레이블을 Scores 로 표시
- `main = "Reading"` : 히스토그램의 제목. 차트 이름을 표시하지 않으려면 `main=""`로 설정

- `abline` : 히스토그램 위에 선을 그리는 기능
- `v = 24.22` : x축 24.22에 세로선을 그리도록 abline에 지정
- `lty = 2` : 평균(24.22)과 중앙값(24.50)이 서로 가깝기 때문에 선 유형(line type)을 점선으로 변경. 지정되지 않은 경우 abline이 사용할 기본값은 직선
- `v = 24.22 - 9.69567` : 평균에서 표준편차를 빼서 −1 표준편차에 대한 선을 표시
- `v = mean(ch6ds1$Reading) + sd(ch6ds1$Reading)` : +1 표준편차에 대한 선을 표시하기 위해 `abline()` 함수 내에서 `mean`과 `sd`라는 두 함수를 호출

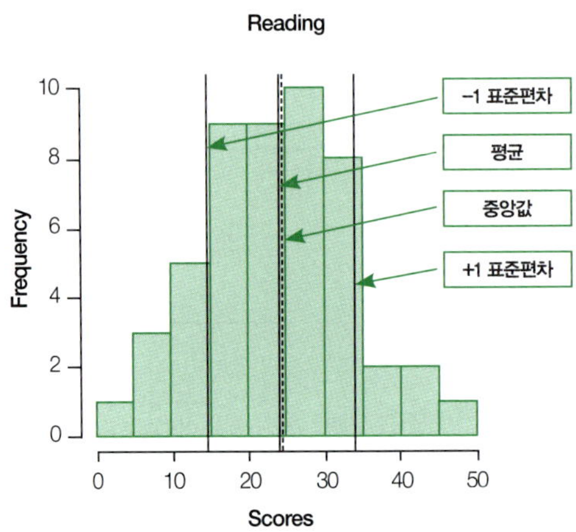

그림 6-12 평균, 중앙값, 표준편차가 표시된 히스토그램

세로 막대형 차트 만들기

세로 막대형 차트를 만들려면 다음 단계를 수행하세요.

1. 각 범주의 관측치 수를 셉니다. 이 예에서는 공화당, 민주당, 무소속 유권자 수를 계산합니다.

공화당	민주당	무소속
54	63	19

2. 각 카테고리의 벡터에 레이블을 입력합니다.

3. 두 번째 벡터에 카운트를 입력합니다.

4. `barplot()` 함수에 벡터를 입력하면 [그림 6-13]이 출력됩니다.

세로 막대형 차트를 작성하는 구문은 다음과 같습니다.

```
> Party <- c('Republican', 'Democrat', 'Independent')
> Members <- c(54, 63, 19)
> barplot(height = Members, names.arg = Party, ylim = c(0,70),
+         ylab='Frequency')
>
```

- `Party` : 정당 이름의 벡터
- `Members` : 정당에 소속된 사람 수의 벡터
- `barplot` : barplot을 그리기 위한 R 함수
- `height` : 각 막대의 높이로 사용할 데이터가 포함된 벡터 지정
- `names.arg` : 각 막대의 레이블로 사용할 데이터가 포함된 벡터 지정
- `ylim = c(0, 70)` : y축의 하한 및 상한. 가장 큰 숫자가 63이므로 가장 높은 막대와 차트의 상단 사이에 여백을 제공하기 위해 70을 선택
- `+` : barplot 구문이 완료되지 않았기 때문에 R은 +를 표시하여 barplot을 그리기 전에 더 많은 구문이 입력될 것임을 알려줌
- `ylab = "Frequency"` : y축에 레이블을 Frequency로 지정

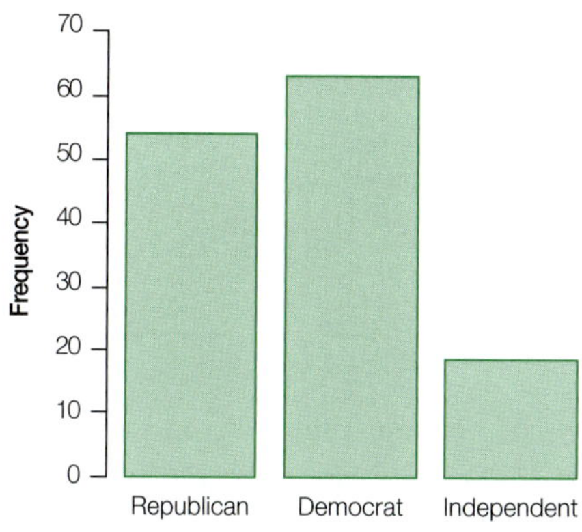

그림 6-13 barplot( ) 함수를 사용하여 세로 막대형 차트 작성하기

꺾은 선형 차트 만들기

꺾은 선형 차트를 만들려면 다음 단계를 수행하세요.

1. 10년 동안의 출석 범위를 포함하도록 x축에 대한 벡터를 만듭니다.
2. 출석에 대한 두 번째 벡터를 만듭니다. 이 비율은 실제로 행사에 참석한 전체 회원의 비율입니다.
3. 표의 첫 번째 행과 일치하는 레이블이 있는 꺾은 선형 그림을 만듭니다. 그러면 [그림 6-14]가 출력됩니다.

연도	출석률
1	87
2	88
3	89
4	76
5	80
6	96
7	91
8	97
9	89
10	79

다음은 [그림 6-14]를 만들 때 사용한 R 구문과 그에 대한 설명입니다.

```
> Year <- seq(1:10)
> Attendance <- c(87, 88, 89, 76, 80, 96, 91, 97, 89, 79)
> plot(x = Year, y = Attendance, type = "l",  ylab = "Percent Attending")
>
```

- seq(1:10) : 1부터 10까지 연속하는 숫자sequence를 생성. 기본적으로 1에서 10 사이의 단위는 1씩 증가하여 1에서 10까지의 숫자를 반환
- Attendance : c() 함수로 만든 10개의 숫자를 저장하는 벡터
- plot : x축 연도와 y축 출석을 기준으로 차트를 그리는 함수

- `type = "l"` : `plot()` 함수에서 선[line]을 그리도록 지정
- `ylab = "Percent Attending"` : R 객체는 이름에 공백이 없어야 하지만 y축 레이블을 표의 열 이름과 일치하도록 `y-lab`을 이용해 y축 레이블을 추가

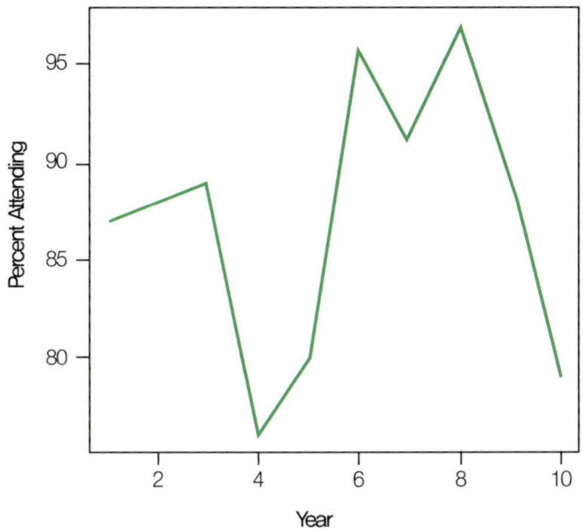

그림 6-14 출석률의 꺾은 선형 차트

실생활의 통계학

그림 한 장은 정말로 천 단어 이상의 가치가 있습니다.

아래의 연구 논문에서는 사람들이 어떻게 통계 그래프를 인지하고 처리하는지를 검토합니다. 스티븐 르완도스키Stephen Lewandowsky와 이안 스펜스Ian Spence는 적합한 그래프의 유형을 탐구하고, 인간의 인지에 대한 정보가 이 차트의 디자인과 유용성에 어떻게 영향을 미칠 수 있는지를 탐구하기 위해 실증적 연구들을 검토했습니다.

이 연구자들은 차트의 특정 요소가 효과적으로 작동하는지 혹은 그렇지 않은지, 그림 기호(막대형 차트에서 막대 대신 사용할 수 있는 행복한 얼굴 기호와 같은 것)의 사용 및 여러 데이터 세트를 표시하기 위한 다변수 디스플레이의 사용에 대한 이론적 설명에 중점을 둡니다. 그리고 많은 학술 논문이 그렇듯, 연구 데이터가 충분하지 않다고 결론을 내리고 있습니다. 우리가 살고 있는 세상이 점점 더 시각에 많은 영향을 받고 있음을 감안할 때, 이것은 정보가 과학적 주제로서 어떻게 논의되었는지(그리고 현재 어떻게 논의되고 있는지)에 대한 역사적 관점을 제공하는 흥미롭고 유용한 자료입니다.

더 자세한 내용이 궁금하다면, 아래의 자료를 온라인으로 검색하거나 도서관에서 찾아보세요.

Lewandowsky, S., & Spence, I. (1989). 통계 그래프에 대한 인식(The perception of statistical graphs). Sociological Methods Research, 18, 200-242.

이 장의 요약

차트 작성은 흥미로운 작업입니다. 처음에는 무질서해 보였던 데이터를 차트로 재구성하여 이해도를 크게 향상시킬 수 있다는 데에는 의문의 여지가 없습니다. 이 장에서 제시한 가이드라인을 잘 따르고, 단순히 차트를 추가하는 것이 아니라 이미 존재하는 정보에 대한 이해를 향상시킬 수 있도록 차트를 잘 활용하세요. 이 장에서는 데이터를 시각화하고 싶을 때 가능한 것들을 아주 조금 다루었습니다. 이 책의 나머지 장에서 더 많은 예를 살펴보세요.

연습할 시간입니다!

1. 6장 데이터 세트2(ch6ds2.csv)는 50개의 독해력 점수를 포함하고 있습니다. 이 데이터 세트는 웹 사이트에서 확인할 수 있습니다. 아래 질문에 답하세요.

(a) 데이터 세트에 대한 빈도 분포와 히스토그램을 만듭시다.

(b) 그러한 계급 구간을 선택한 이유는 무엇입니까?

(c) 이 분포가 비대칭인가요? 어떻게 알았나요?

2. 손으로 직접 그리거나 R을 사용하여 [연습문제 1]의 데이터를 히스토그램으로 만들고 평균, 중앙값, + 1 표준편차, -1 표준편차의 위치를 표시하세요.

3. 3학년 교사가 그룹 토론 및 수업 중에 학생들의 참여 수준을 향상시키려고 합니다. 이 교사는 일주일 동안 매일 15문제에 대한 응답을 기록하였고 데이터는 ch6ds3.csv에 저장되어 있습니다. R을 사용하여 평균 참여도를 기반으로 선 그래프를 그리세요. x축에는 1부터 5(1은 월요일, 2는 화요일 등)를 사용하세요. x축에 "요일"과 y축에 "평균 참여도"라고 표시하세요.

4. R 콘솔에 `??lty`를 입력하세요. 도움말이 나타나면 graphics::par 항목을 클릭하세요.

(a) `lty=4`를 선택하면 어떤 유형의 선이 그려질까요?

(b) 차트에서 점선을 얻기 위해 구문을 작성할 수 있는 두 가지 방법은 무엇인가요?

5. 다음 각 항목에 대해 꺾은 선형 또는 막대형 차트를 사용할지 여부를 표시하고 그 이유를 설명하세요.

(a) 특정 대학의 신입생, 2학년, 3학년, 4학년의 비율

(b) 24시간 동안 온도 변화

(c) 네 가지 직업에 대한 지원자 수

(d) 10개 카테고리 각각에 대한 점수

6. 다음 각 유형의 차트를 사용할 수 있는 예를 들어보세요. 각 예에 대한 가상의 차트를 손으로 그리세요.

   (a) 꺾은 선형

   (b) 막대형 차트

7. 도서관을 방문하여, 여러분의 관심 분야에 관한 연구 논문 중 실증 데이터를 포함하고 있지만 시각적 표현은 없는 논문을 찾으세요. 논문의 데이터를 사용하여 차트를 만들어 보세요. 어떤 유형의 차트를 작성했는지 구체적으로 밝히고, 왜 그 차트 유형을 선택했는지 설명해 보세요. 차트를 직접 그려도 되고 R을 사용해도 됩니다.

8. 차트와 글꼴을 가능한 많이 사용하여 복잡하고 못생긴 최악의 차트를 만들어봅시다. 나쁜 예만큼 강렬한 인상을 주는 건 없습니다.

9. 차트나 그래프를 사용하는 목적은 무엇입니까?

07

상관계수 계산하기 : 아이스크림과 범죄

이 장에서 배울 내용

- ☑ 상관관계는 무엇이며 어떤 기능을 수행하는지 이해하기
- ☑ 단순 상관계수 계산하기
- ☑ 상관계수 값 해석하기
- ☑ 다른 종류의 상관관계와 사용법 이해하기
- ☑ 부분 상관관계 계산하기
- ☑ 부분 상관계수 값 해석하기

상관관계란 무엇일까요?

데이터 집합의 모습을 파악하는 데 사용하는 기술통계로 중심경향 측정과 변동성 측정만 있는 건 아닙니다. 여러분은 하나의 가장 대표적인 점수(중심경향)와 확산 또는 분산(변동성)을 이해하는 것이 분포의 특성을 설명하는 데 중요하다는 것을 이미 배웠습니다.

그러나 우리는 때때로 변수 간의 관계에 관심을 갖기도 합니다. 더 정확히 말하자면, 한 변수의 값이 변할 때, 다른 변수의 값이 어떻게 변화하는지 궁금해 합니다. 이러한 관심을 표현하는 방법 중 하나는 상관계수를 계산하는 것입니다. 예를 들어, 나이와 힘의 관계는 어떨까요? 소득과 학력, 기억력과 약 복용, 선호 정당과 규제에 대한 태도 간의 관계는 어떨까요?

상관계수correlation coefficient는 방금 나열한 것과 같은 두 변수 사이의 관계를 반영하는 수치입니다. 이 기술통계 값의 범위는 −1과 +1 사이입니다. 두 변수 사이의 상관관계는 때로는 (두 변수에 대한) **이변량 상관관계**bivariate correlation라고 표현하기도 합니다. 더 구체적으로 말하자면, 이 장의 대부분에서 언급하는 상관관계의 유형은 계산 방법을 만든 칼 피어슨Karl Pearson의 이름을 따서 피어슨 적률상관계수Pearson product-moment correlation coefficient, PPMCC라고 합니다.

피어슨 상관계수는 두 변수가 연속적일 때 두 변수 간의 관계를 분석합니다. 즉 높이, 나이, 시험 점수, 소득과 같이 기본적으로 연속선 상의 값을 지닌 변수들과 관련이 있습니다. 그러나 연속적이지 않은 변수도 많습니다. 이를 이산 또는 범주형 변수라고 하며, 인종(흑인, 백인), 사회 계층(높음, 낮음), 정치적 소속(A당, B당) 등이 이 예에 해당합니다. 이 경우에는 양류 상관관계와 같은 다른 상관 기법을 사용해야 합니다. 이 주제는 고급 과정을 위한 내용이나 이러한 기술이 존재하며 특정 분석에 매우 유용하다는 것을 기억하시기 바랍니다. 이 장의 뒷부분에서 간단히 언급하겠습니다.

2개 이상인 변수 사이의 관계를 측정하는 상관계수도 있습니다. 하지만 다음 통계 수업을 위해 남겨두겠습니다. (벌써 기대되죠?)

상관관계 유형 : 유형 1과 유형 2

상관관계는 변수 간 관계의 동적 성질을 반영합니다. 이를 통해 변수들이 변할 때 같은 방향으로 움직이는지, 반대 방향으로 움직이는지를 이해할 수 있습니다. 변수가 같은 방향으로 변하면 이들의 상관관계를 직접 상관관계direct correlation 또는 양의 상관관계positive correlation라고 합니다. 두 변수가 서로 반대 방향으로 변하면 이 상관관계는 간접 상관관계indirect correlation 또는 음의 상관관계negative correlation라고 표현합니다. [표 7-1]은 이러한 관계를 요약하여 보여줍니다.

표 7-1 상관관계 유형과 변수 사이의 대응 관계

변수 X의 변화	변수 Y의 변화	상관관계 유형	값의 범위	예시
X값 증가	Y값 증가	직접/양의 상관관계	0.01 ~ +1.00	공부를 많이 할수록 높은 시험 점수를 받을 것이다.
X값 감소	Y값 감소	직접/양의 상관관계	0.01 ~ +1.00	예금이 적을수록, 이자도 적을 것이다.
X값 증가	Y값 감소	간접/음의 상관관계	−1.00 ~ −0.01	운동량이 많을수록, 몸무게는 감소할 것이다.
X값 감소	Y값 증가	간접/음의 상관관계	−1.00 ~ −0.01	문제를 푸는 시간이 적을수록, 틀릴 가능성이 높을 것이다.

[표 7-1]에 나타낸 예들은 일반적인 경향을 반영한다는 것을 기억하세요. 예를 들어, 일반적으로 어떤 사람이 시험을 치르는 시간이 짧을수록 그 사람의 시험 점수는 낮아집니다. 이러한 결론은 복잡한 과학 이론이 아닙니다. 더 빠르게 문제를 풀수록 지문을 정확하게 읽지 못하는 것 같은 부주의한 실수를 범하기 쉽기 때문입니다. 물론 매우 빠르게 문제를 풀면서도 시험을 잘 볼 수 있는 사람들도 있습니다. 매우 천천히 문제를 풀지만, 점수가 좋지 않은 사람들도 있고요. 요점은 두 변수에 대한 사람들로 구성된 한 집단의 성과에 대해 이야기하고 있다는 것입니다. 우리는 집단에 대한 두 변수 사이의 상관관계를 계산합니다. 특정 사람이나 특별한 경우를 분석하는 것이 아닙니다.

상관계수에 대해 몇 가지 기억해야 할, 간단하지만 중요한 사항이 있습니다.

- 상관관계는 −1에서 +1 사이의 값을 갖습니다.
- 상관계수 값이 0이라면, 두 변수 사이에는 아무 관계가 없습니다.
- 상관계수의 절댓값은 상관관계의 강도를 반영합니다. 즉, -0.7의 상관관계는 +0.5의 상관관계보다 강합니다. 상관계수에 대해 학생들이 자주 하는 실수 중 하나는 직접 또는 양의 상관관계가 간접 또는 음의 상관관계보다 항상 더 강하다고 생각하는 것입니다.
- 상관관계는 항상 사례당 최소 2개의 데이터 요소(또는 변수)가 있는 상황을 반영합니다.
- 쉽게 저지르는 또 다른 실수는 상관관계의 부호에 가치 판단적 의미를 부여하는 것입니다. 많은 학생이 음(−)의 상관관계가 좋지 않고, 양(+)의 상관관계가 좋은 것으로 생각합니다. 따라서 음이나 양이라는 용어 대신에 직접적 또는 간접적이라는 용어를 통해 의미를 더 명확하게 전달할 수 있습니다.
- 피어슨 적률상관계수는 작은 글자 r로 표시되며, 아래 첨자는 상관관계가 있는 변수를 나타냅니다. 다음은 예시입니다.
  - ✓ r_{XY}는 변수 X와 변수 Y 간의 상관관계입니다.
  - ✓ $r_{\text{신장·체중}}$은 신장과 체중의 상관관계입니다.
  - ✓ $r_{\text{수능점수·대학평점}}$은 수능 점수와 대학교 평균 학점 간의 상관관계입니다.

상관계수는 두 변수 간에 공유되는 변동성의 양과 그들 간의 공통점을 반영합니다. 예를 들어, 사람의 신장과 체중이 상관관계가 있다고 예상할 수 있는 이유는 두 변수가 개인의 영양과 병력, 일반 건강 상태, 유

전학과 같은 특성을 많이 공유하기 때문입니다.

그러나 한 변수의 값이 변하지 않고 다른 변수와 공유할 것이 없다면 두 변수 간의 상관관계는 0입니다. 예를 들어, 나이와 학교 재학 연수 사이의 상관관계를 계산했는데 연구에 참여한 사람들의 나이가 모두 25세였다면, 말 그대로 연령에 대해 공유할 수 있는 것(변동성)이 아무것도 없으므로 두 변수 간에는 상관관계가 존재하지 않습니다.

마찬가지로 한 변수의 범위를 제한한다면 해당 변수와 다른 변수 간의 상관관계는 범위가 제한되지 않은 경우보다 작아집니다. 예를 들어, 성취도가 매우 높은 어린이들을 대상으로 이들의 독해력 점수와 학교 성적을 상관시키면, 모든 어린이를 대상으로 동일한 상관관계를 계산한 경우보다 상관관계가 낮아집니다. 이는 매우 높은 성취도를 보이는 학생들의 독해력 점수가 일반 어린이들에 비해 매우 높고 변동성이 적기 때문입니다.

여러분이 두 변수 사이의 관계에 관심이 있다면, 다양한 데이터를 충분히 수집하세요. 그러면 가장 진실되고 대표성 있는 결과를 얻을 수 있습니다. 어떻게 해야 그런 결과를 얻을 수 있을까요? 변수를 가능한 한 정확하게 측정하세요.

단순 상관계수 계산하기

X로 표시된 변수와 Y로 표시된 변수 간의 단순 피어슨 적률상관계수에 대한 계산식은 식 (7.1)과 같습니다.[1]

$$r_{xy} = \frac{n\sum XY - \sum X \sum Y}{\sqrt{[n\sum X^2 - (\sum X)^2][n\sum Y^2 - (\sum Y)^2]}} \quad (7.1)$$

여기서

- r_{XY}는 X와 Y 사이의 상관계수입니다.
- n은 표본의 크기입니다.
- X는 X 변수에 대한 개별 점수입니다.
- Y는 Y 변수에 대한 개별 점수입니다.
- XY는 X 점수와 Y 점수를 곱한 값입니다.
- X^2은 X 점수를 제곱한 값입니다.
- Y^2은 Y 점수를 제곱한 값입니다.

1 이 주제에 대한 R 튜토리얼 비디오를 보려면 edge.sagepub.com/salkindshaw를 방문하세요.

상관계수를 계산하는 단계는 다음과 같습니다.

1. [표 7-2]와 같이, 각 참가자와 관련된 두 값을 나열하세요. 혼동하지 않도록 열(세로) 형태로 나열해야 합니다. 손으로 작업한다면 그래프 용지를 사용하세요.
2. 모든 X 값의 합을 계산하세요. 그런 다음 모든 Y 값을 합산하세요.
3. 각 X 값을 제곱하고 각 Y 값을 제곱한 다음 각 열의 값을 합산하세요.
4. XY의 합계를 구하세요.

손으로 표를 채우고 싶다면, [표 7-2]의 X와 Y열에 있는 숫자를 사용하고 위의 상관계수 계산 단계를 따라 진행하세요. 마지막 단계로, 여러분이 수행한 작업 결과를 [표 7-3]과 비교하여 점검하세요.

다른 방법을 찾고 있습니까? 손으로 직접 계산하는 대신 R을 사용하여 상관계수 r을 계산해봅시다. 먼저 R을 사용하여 더 많은 연습을 하고 식 (7.1)에 익숙해지도록 상관계수 r을 계산합니다. 그런 다음 R의 상관계수 함수를 사용하여 계산합니다.

먼저 각 열을 채우고 열의 모든 숫자를 합산하여 마지막 행을 채우겠습니다.

표 7-2 X와 Y의 숫자로 시작하기

응답자 ID	X	Y	X^2	Y^2	XY
1	2	3			
2	4	2			
3	5	6			
4	6	5			
5	4	3			
6	7	6			
7	8	5			
8	5	4			
9	6	4			
10	7	5			
총합 또는 Σ					

먼저 벡터를 2개 만들어봅시다. X와 Y는 각각 일련의 숫자를 포함합니다.

```
> X <- c (2, 4, 5, 6, 4, 7, 8, 5, 6, 7)
> Y <- c (3, 2, 6, 5, 3, 6, 5, 4, 4, 5)
```

숫자를 제곱하고 숫자를 곱해, 표의 나머지 칸을 채웁니다. X부터 시작하면 다음과 같습니다.

```
> Xsq <- X^2
> Xsq
[1] 4 16 25 36 16 49 64 25 36 49
>
```

X^2으로 X 벡터의 모든 값을 제곱하고 이 값들을 Xsq에 저장하였습니다. Y도 같은 방식으로 진행합니다.

```
> Ysq <- Y^2
> Ysq
[1] 9 4 36 25 9 36 25 16 16 25
>
```

X^2과 Y^2에 해당하는 열에 입력할 숫자를 구했습니다. 이제 마지막 열에 들어갈 값을 구해봅시다. X와 Y에 저장된 각 숫자 행을 곱하여 XY라는 벡터를 만듭니다. 예를 들어, 첫 번째 행에서 X = 2이고 Y = 3이므로 이 두 숫자를 곱하면 6이 됩니다. R을 사용하면 간단한 명령으로 모든 행에 대한 곱을 얻을 수 있습니다.

```
> XY <- X*Y
> XY
[1] 6 8 30 30 12 42 40 20 24 35
>
```

X^2, Y^2, XY에 대한 값을 구했습니다. 마지막 행을 제외한 모든 행이 채워졌습니다. 각 테이블 열에 있는 모든 숫자의 합계(Σ)가 [표 7-2]를 완성하는 데 필요한 마지막 숫자들입니다. 다시 R을 이용해서 벡터 내 모든 숫자의 합을 계산해봅시다. R을

사용하여 평균을 계산할 때 사용한 함수는 sum()입니다. X 벡터를 합산하기 위해 X 벡터에 sum() 함수를 사용하고 그 결과를 sumX에 저장합니다.

```
> sumX <- sum(X)
> sumX
[1] 54
```

나머지 Y, Xsq, Ysq, XY에 대해서 이 단계를 반복하여 sumY, sumXsq, sumYsq, sumXY를 구하면 상관계수 r을 얻기 위해 R에 대입할 숫자들이 다 준비된 것입니다. 완성된 표는 [표 7-3]과 같습니다.

표 7-3 최종적으로 완성된 표

응답자 ID	X	Y	X^2	Y^2	XY
1	2	3	4	9	6
2	4	2	16	4	8
3	5	6	25	36	30
4	6	5	36	25	30
5	4	3	16	9	12
6	7	6	49	36	42
7	8	5	64	25	40
8	5	4	25	16	20
9	6	4	36	16	24
10	7	5	49	25	35
총합 또는 Σ	54	43	320	201	247

수식을 이용해서 직접 계산하거나 R을 이용하여 숫자를 수식에 입력하여 상관계수를 계산하기 전에, 다음 각 항목이 무엇을 의미하는지 살펴봅시다.

- ΣX : 모든 X의 합은 54입니다.
- ΣY : 모든 Y의 합은 43입니다.
- ΣX^2 : 각 X의 제곱의 합은 320입니다.
- ΣY^2 : 각 Y의 제곱의 합은 201입니다.
- ΣXY : X와 Y를 곱한 값의 합은 247입니다.

합의 제곱과 제곱의 합을 혼동하기 쉽습니다. 합의 제곱은 2와 3같은 값이 있을 때 이들을 합하고(5가 됨), 그 값을 제곱(25가 됨)하는 것입니다. 제곱의 합은 2와 3을 각각 제곱하고(4와 9가 됨), 그 값을 합한 값(13이 됨)입니다. 계산할 때 괄호에 주의하세요.

[표 7-3]의 마지막 행에 입력된 값들을 식 (7.2)의 방정식에 입력합니다.

$$r_{XY} = \frac{n\sum XY - \sum X \sum Y}{\sqrt{\left[n\sum X^2 - \left(\sum X\right)^2\right]\left[n\sum Y^2 - \left(\sum Y\right)^2\right]}}$$

$$r_{XY} = \frac{(10 \times 247) - (54 \times 43)}{\sqrt{[(10 \times 320) - 54^2][(10 \times 201) - 43^2]}} \quad (7.2)$$

식 (7.3)에서 그 해답을 확인할 수 있습니다.

$$r_{XY} = \frac{148}{213.83} = 0.692 \quad (7.3)$$

계산기를 사용하는 대신 우리가 만든 R 객체를 사용하여 R에 방정식을 대입해봅시다. 표본 크기를 담을 객체를 하나 더 만듭니다. 그런 다음 수식을 다시 만들면 됩니다.

```
> n <- 10
> rByHand <- ((n * sumXY) - (sumX * sumY)) /
+ sqrt ((((n * sumXsq) - (sumX^2)) * ((n * sumYsq) - (sumY^2))))
> rByHand
[1] 0.6921331
```

상관관계에서 정말 흥미로운 것은 하나의 변수가 다른 변수와 공분covaries하는 양을 상관계수가 측정한다는 것입니다. 따라서 두 변수 모두 분산이 크면(넓은 범위의 값을 가지면) 그렇지 않은 경우보다 변수 사이의 상관관계가 높습니다.

숫자가 체계적인 방식으로 달라야 하기 때문에, 많은 변동성이 항상 더 큰 상관관계를 보장한다고 말할 수는 없습니다. 그러나 한 변수의 분산이 작다면, 다른 변수가 얼마나 많이 변하든 상관관계는 낮습니다.

예를 들어, 고등학교의 학업 성취도와 대학교 1학년 성적 간의 상관관계를 검토하고 있으며 성적 상위 10% 학생들만을 표본으로 조사한다고 가정해봅시다. 상위 10%의 성적은 매우 유사하여 변동성이 거의 없고 이 성적 변수가 다른 변수에 따라 변할 여지는 거의 없습니다.

하나의 변수를 변하지 않는 (변동성이 없는) 다른 변수와 상관시킬 때 얻을 수 있는 결과는 무엇일까요? $r_{XY}=0$입니다. 여기서 어떤 교훈은 얻을 수 있을까요? 변동성이 중요하므로 인위적으로 변동성을 제한해서는 안 된다는 것입니다.

상관관계의 시각적 표현 : 산점도

상관관계를 시각적으로 표현하는 매우 간단한 방법이 있습니다. **산점도**scatterplot 또는 **산포도**scattergram를 만드는 것입니다. 이것은 X, Y축에 있는 각 점수 집합을 단순히 그림으로 표현한 것입니다.

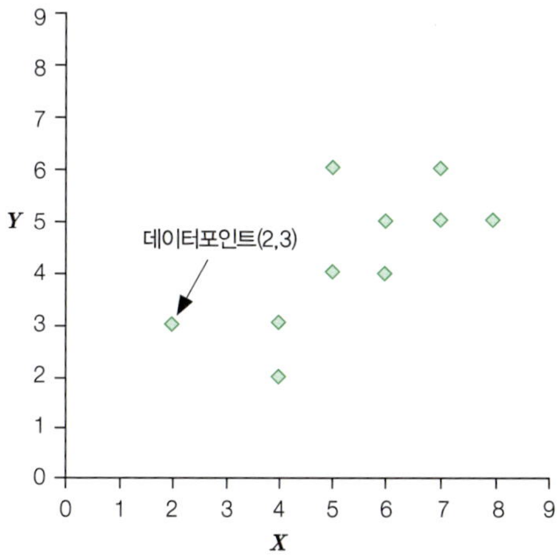

그림 7-1 단순 산점도(scatterplot)

앞에서 상관관계를 계산하는 데 사용한 2개의 숫자 10쌍을 [그림 7-1]과 같은 산포도로 그리는 단계는 다음과 같습니다.

1. X축과 Y축을 그립니다. 일반적으로 X 변수는 가로축에, Y 변수는 세로축에 있습니다. 그래프 용지를 사용하면 산점도를 쉽게 그릴 수 있습니다.
2. 두 축에 데이터의 범위를 표시하세요. 예를 들어, 이 예제에서 변수 X의 값은 2에서 8까지이므로 0에서 9까지 X축을 표시했습니다. 축의 값을 이보다 약간 낮게 또는 높게 표시해도 문제는 없습니다. 모든 변수가 표시될 만큼의 범위만 설정하면 됩니다. 변수 Y의 값은 2와 6 사이에 존재하므로 Y축도 0에서 9까지 표시했습니다. 양 축에 비슷한 범위로 간격을 표시하면 산점도를 더 쉽게 이해할 수 있습니다.

3. 마지막으로 [그림 7-1]에서 (2, 3) 지점을 X축의 2와 Y축의 3에 위치한 점으로 표시하고, 나머지 점수의 쌍도 같은 방식으로 표시합니다. 각 점은 두 값이 만나는 곳의 **데이터 요소**data point를 나타냅니다.

모든 데이터 요소가 표시되면, 산점도를 통해 변수들 사이의 관계에 대해 어떤 정보를 얻을 수 있을까요? 우선, 데이터 요소들의 일반적인 모양은 상관관계가 직접direct 또는 양positive의 상관관계인지, 간접indirect 또는 음negative의 상관관계인지를 알려줍니다.

양(+)의 기울기는 데이터 요소가 X축의 왼쪽 아래에서 Y축의 오른쪽 위로 나아갈 때 나타납니다. 반대로 음(−)의 기울기는 데이터 요소가 X축의 왼쪽 위에서 출발하여 Y축의 오른쪽 아래 방향으로 나아갈 때 나타납니다.

R을 사용하여 산점도를 쉽게 만들 수 있습니다. 다음 명령을 사용하세요.

```
> plot (Y ~ X)
```

- `plot` : 함수 이름입니다.
- `Y` : 먼저 세로축으로 표현할 변수를 R에 알려줍니다.
- `~` : 관련성을 나타내는 기호입니다.
- `X` : 두 번째로 나열되고, 가로축에 표시됩니다.

여기 서로 다른 상관관계를 지닌 산점도들이 있습니다. 이를 통해 데이터 요소의 집합에 상관계수의 부호와 강도가 어떻게 반영되어 있는지 볼 수 있습니다.

[그림 7-2]는 $r_{XY} = 1.00$이고 모든 데이터 요소가 양의 기울기가 있는 직선을 따라 정렬된 완벽한 양의 상관관계를 보여줍니다.

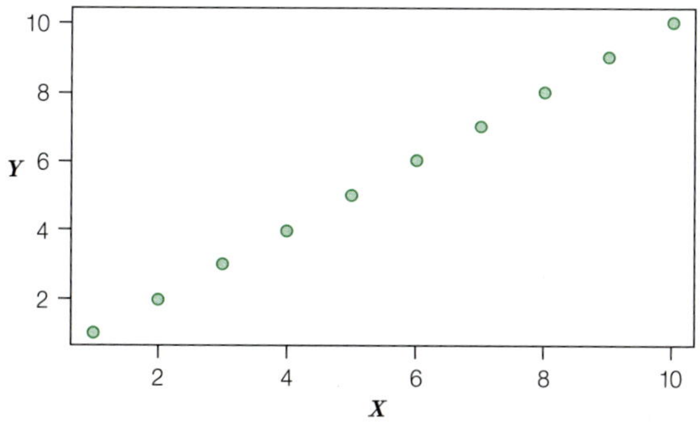

그림 7-2 완벽한 양의 (직접) 상관관계

만약 상관관계가 완벽하게 간접적(음)인 경우 상관계수의 값은 −1.0이고, 데이터 요소들은 역시 직선으로 정렬되는데 그림의 왼쪽 위로부터 오른쪽 아래로 정렬됩니다. 다시 말해, 데이터 요소를 연결하면 음의 기울기를 갖습니다.

행동과학이나 사회과학에서 어느 두 변수가 완전 상관관계를 가질 것이라고 예상하지 마세요. 완전 상관관계는 두 변수가 완전하게 상관되기 때문에 두 변수가 모든 것을 함께 공유한다는 의미이며, 한 변수를 알면 다른 변수를 알 수 있다는 뜻이기도 합니다. 여러분의 친구를 생각해보세요. 친구 중 어느 누가 다른 친구와 모든 것이 완벽하게 연관된 특징을 갖고 있나요? 아마 그렇지 않을 겁니다. 사실, 행동과학이나 사회과학에서 0.7이나 0.8에 가까운 r 값이 여러분이 볼 수 있는 가장 높은 r 값일 것입니다.

[그림 7-3]은 $r_{XY} = 0.70$인 강한 (그러나 완벽하지는 않은) 직접 상관관계를 반영하는 산점도를 나타냅니다. 데이터 요소는 완벽하진 않지만 양의 기울기를 지니고 정렬되어 있습니다. 데이터 주위에 원을 그리면 타원처럼 보입니다.

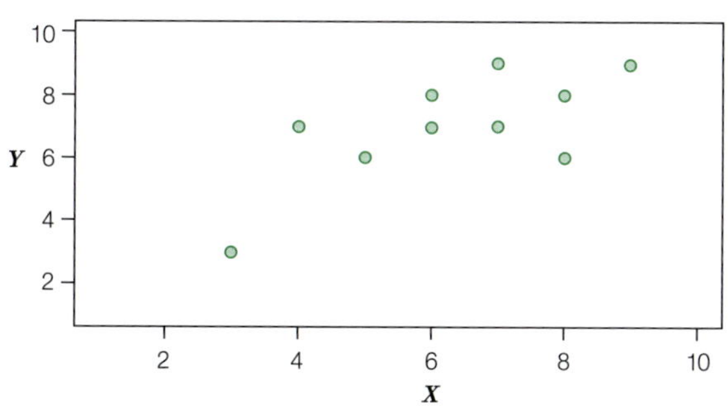

그림 7-3 강하지만 완벽하지 않은 직접 상관관계

[그림 7-4]에서는 $r_{XY}=-0.82$인 강한 간접 (음의) 상관관계를 볼 수 있습니다. 차트의 왼쪽 상단 모서리에서 오른쪽 하단 모서리에 이르는 음의 기울기 형태로 데이터 요소가 정렬되어 있는 점에 주목하세요. 데이터 요소 주위에 원을 그리면 타원처럼 보입니다.

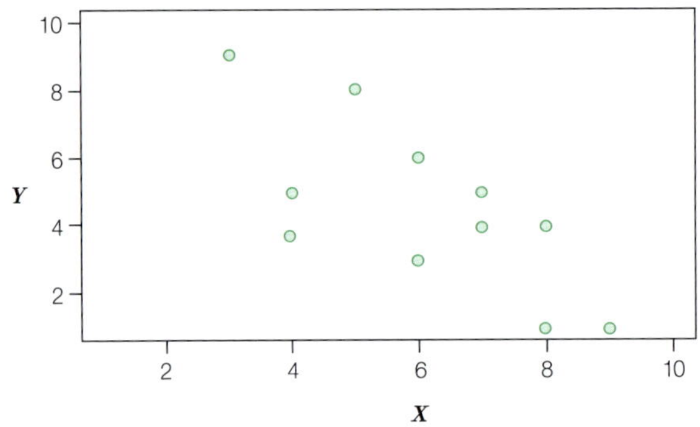

그림 7-4 강한지만 완벽하지 않은 간접 상관관계

이렇게 기울기를 통해 다양한 유형의 상관관계가 산점도에 어떻게 반영되는지 알 수 있습니다. 데이터 요소가 모인 방식을 살펴보면, 상관관계의 일반적인 강도와 방향을 알 수 있습니다.

모든 상관관계가 X와 Y 값 사이의 선형 상관linear correlation을 보여주는 직선으로 나타나는 것은 아닙니다(이와 관련된 재미있는 내용은 17장 참조). 나이와 기억력의 상관관계를 생각해봅시다. 어린 시절에는 두 변수 간의 상관관계가 강한 양(+)의 모습을 보입니다. 어린이는 나이가 듦에 따라 기억력이 좋아집니다. 청·장년기에 이르면 큰 변화나 상관관계가 없습니다. 왜냐하면 대부분의 젊은이와 중년 성인들이 좋은 기억력을 유지하기 때문입니다. 그러나 노년기에는 기억력이 손상되기 시작하며, 기억력과 노화 사이에는 간접적인 상관관계가 나타납니다. 따라서 이 두 변수 간의 상관관계를 살펴보면 기억력이 향상되다가 수평을 유지하고 감소하는 곡선처럼 보이는 경향이 있다는 것을 알게 됩니다. 이 변수들은 곡선의 상관관계를 가지고 있으며 이처럼 상관관계는 때때로 곡선 형태에 가장 가깝게 나타나기도 합니다.

상관관계 묶음 : 상관행렬

변수가 2개 이상이면 상관관계를 어떻게 표시합니까? [표 7-4]와 같은 상관행렬correlation matrix을 사용하세요. 간단하면서도 우아한 해결책입니다.

표 7-4 상관행렬

	소득	교육	태도	투표
소득	1.00	0.574	−0.08	−0.291
교육	0.574	1.00	−0.149	−0.199
태도	−0.08	−0.149	1.00	−0.169
투표	−0.291	−0.199	−0.169	1.00

위의 표에는 선거 또는 투표에 영향을 미치는 소득 수준(소득), 교육 수준(교육), 투표에 대한 태도(태도), 투표 참여 수준(투표)이라는 4개의 변수가 있습니다.

각 변수 사이에는 상관계수가 존재합니다. 예를 들어, 소득 수준과 교육 수준의 상관관계는 0.574입니다. 소득 수준과 투표 참여 수준의 상관관계는 -0.291입니다(소득 수준이 높을수록 투표할 확률이 낮고 반대로 수득 수준이 낮을수록 투표할 확률이 높습니다).

4개의 변수가 있는 행렬에는 항상 $4!/[(4-2)!2!]$가지, 즉, 4개 변수 중에 한 번에 2개씩 취해서 상관계수를 계산하면 총 6개의 상관계수가 존재합니다. 각 변수는 자신과 완벽하게 상관하기 때문에 대각선의 값은 1.00이며, 소득과 투표 간의 상관관계는 투표와 소득 간의 상관관계와 같기 때문에 상관행렬은 대각선을 중심으로 거울 같은 이미지를 만듭니다.

여러 변수 간의 관계를 설명하기 위해 상관관계를 사용하는 연구 논문을 읽을 때 이러한 상관행렬을 확인할 수 있습니다.

상관계수의 의미에 대한 이해

이제 우리는 두 변수 사이의 관계를 수치로 표현한 정보를 가지고 있으며, 상관계수의 값이 높을수록 (기호에 관계없이) 그 관계가 강하다는 것을 알았습니다. 그러나 상관계수는 결과 값과 직접적으로 관련이 없는 값입니다. 어떻게 이 값을 해석하고 변수 간의 관계를 나타내는 지표로서 더 의미 있게 만들 수 있을까요?

r_{XY}라는 간단한 상관관계를 해석하는 다른 방법들을 소개하겠습니다.

경험에 바탕을 둔 방법 사용하기

아마도 상관계수의 값을 해석하는 가장 쉬운 방법은 [표 7-5]의 정보를 사용하는 것일 겁니다.

표 7-5 상관계수 해석하기

상관계수 크기	일반적인 해석
0.8 ~ 1.0	매우 강한 상관관계
0.6 ~ 0.8	강한 상관관계
0.4 ~ 0.6	중간 정도 상관관계
0.2 ~ 0.4	약한 상관관계
0.0 ~ 0.2	매우 약한 상관관계

따라서 두 변수 간의 상관관계가 0.5인 경우, 이 관계가 보통 수준이라고 말할 수 있으며, 이는 두 변수가 서로 어떤 의미가 있다고 말할 정도로 강하지도, 그렇다고 아무런 관계가 없다고 말할 정도로 약하지도 않다고 결론 내릴 수 있습니다.

이 단순한 방법은 연구 논문의 설명 부분에서 변수 간의 관계를 간단하게 평가할 때 사용할 수 있습니다. 그러나 이 경험에 바탕을 둔 규칙은 주관적인 판단('강한' 또는 '약한')에 달려 있어서 보다 정교한 해석이 필요합니다. 이에 대해서도 곧 다루겠습니다.

[표 7-5]의 상관계수 크기별 구분값은 다른 연구원들이 사용하는 구분값과 다를 수 있습니다. 즉, 강하거나 약한 것에 대한 정확한 구분을 위한 구분값은 각 연구 분야에 따라 다릅니다. 교수님에게 어떤 표준을 사용하는지 물어보세요.

결정계수 : 상관계수의 제곱

상관계수를 해석하는 훨씬 정확한 방법이 있습니다. 결정계수를 계산하는 것입니다. 결정계수coefficient of determination란 한 변수의 분산과 공유하는 다른 변수의 분산의 비율입니다. 설명이 너무 어려운가요? 간단히 말하자면, 결정계수는 두 변수가 공유하는 변동량을 뜻합니다.

이 장의 앞부분에서 관련이 있는 변수들이 일반적으로 상관관계를 지니는 경향이 있다고 설명했습니다. 5학년 학생 100명을 대상으로 수학과 영어 성적을 분석하면 상관관계를 비교적 강하게 느낄 것입니다. 왜냐하면, 아이들이 수학을 잘하는 (또는 못하는) 이유는 영어를 잘하는 (또는 못하는) 이유와 비슷할 가능성이 크기 때문입니다. 공부하는 시간의 양, 지능의 정도, 자녀의 학업에 대한 부모의 관심 정도, 집에 있는 책의 권 수 등은 모두 수학과 영어 성적과 관련이 있으며, 학생들 간 성적의 차이(변동성의 이유)를 설명합니다.

두 변수가 공유하는 부분이 더 많을수록 두 변수의 연관성은 더 높습니다. 즉, 두 변수는 변동성에 영향을 미치는 요소들을 공유하고 있습니다. 전반적으로 똑똑한 학생이 공부를 많이 할수록 더 좋은 성적을 거둘 것입니다. 한 변수의 분산이 다른 변수의 분산에 의해 얼마나 설명될 수 있는지 정확히 알기 위해서는 결정계수를 계산해야 하며, 결정계수는 상관계수를 제곱하여 계산합니다.

예를 들어, 평균 성적과 공부 시간 사이의 상관관계가 0.70(또는 $r_{\text{평균성적}\cdot\text{공부시간}} = 0.70$)이면 r^2으로 표시되는 결정계수는 0.70^2, 즉 0.49입니다. 이것은 평균 성적에 대한 분산의 49%가 학습 시간의 차이에 의해 설명될 수 있음을 의미합니다. 상관관계가 강할수록 변동성에 대해 더 많은 것을 설명할 수 있습니다. 두 변수가 더 많은 요인을 공유할수록(예 : 좋은 학습 습관, 수업에 필요하다고 예상되는 지식의 유무, 피로도), 한 변수의 특성에 대한 자세한 정보는 다른 변수에 의해서도 설명될 수 있습니다.

그러나 결정계수가 분산의 49%를 설명할 수 있다면, 이는 분산의 51%가 설명되지 못한다는 의미입니다. 따라서 0.70과 같은 강한 상관관계에서도 변수의 점수가 서로 다르게 나타나는 이유와 관련된 상당 부분(51%)은 설명이 되지 않는 것입니다. 설명할 수 없는 분산의 양을 **소외계수**coefficient of alienation 또는 **비결정계수**codfficient of nondetermination라고 합니다. 걱정하지 마세요. 외계인과 관련된 내용이 아니며, X-파일도 존재하지 않습니다. X로 설명되지 않는 Y의 분산의 양을 나타내는 개념일 뿐입니다(물론, 그 반대로 Y로 설명되지 않는 X의 분산의 양을 뜻하기도 합니다).

이 분산의 공유sharing of variance라는 개념에 대한 시각적 표현을 살펴보겠습니다. [그림 7-5]에는 상관계수와 결정계수를 비롯해 두 변수 간에 공유된 분산의 양을 나타내는 다이어그램이 있습니다. 각 다이어그램에서 음영 처리된 영역이 커질수록 (두 변수가 공유하는 분산이 많을수록) 변수의 상관관계가 높아집니다.

상관계수	결정계수	변수 X	변수 Y
$r_{xy}=0$	$r^2_{xy}=0$	0% 공유	
$r_{xy}=.5$	$r^2_{xy}=.25$ or 25%	25% 공유	
$r_{xy}=.9$	$r^2_{xy}=.81$ or 81%	81% 공유	

그림 7-5 변수의 분산 공유와 상관관계

- 첫 번째 다이어그램은 겹치지 않은 2개의 원을 보여줍니다. 공유하는 부분이 없기 때문입니다. 상관계수는 0입니다.
- 두 번째 다이어그램은 겹치는 2개의 원을 보여줍니다. 상관관계가 $r_{XY} = 0.50$ ($r^2_{XY} = 0.25$)이며 분산의 약 25%를 공유합니다.
- 세 번째 다이어그램은 2개의 원이 거의 겹쳐 보입니다. $r_{XY} = 0.90$ ($r^2_{XY} = 0.81$)으로 거의 완벽한 상관관계를 갖고 있으며, 분산의 약 81%를 공유합니다.

아이스크림을 많이 먹을수록 범죄율이 올라갑니다(연관성 vs 인과관계)

상관계수를 계산하거나 읽거나 해석할 때 주의해야 할 중요한 사항이 있습니다.

이런 걸 한번 상상해보세요. 어느 소도시에서 어떤 논리로도 설명할 수 없는 현상이 발견되었습니다. 경찰청장은 아이스크림 소비가 증가하면 범죄율도 증가하는 경향이 있음을 관찰했습니다. 간단히 말해, 두 변수를 측정한 결과 직접적인 상관관계가 나타난 것입니다. 이는 사람들이 아이스크림을 많이 먹을수록 범죄율이 증가한다는 것을 의미합니다. 반대로 아이스크림을 적게 먹으면 범죄율이 떨어졌습니다. 경찰청장은 자신이 대학에서 배운 통계학 기초 내용을 떠올렸습니다.

경찰청장은 이것이 과연 사실인지 고민하다가 깨달았습니다! 두 변수는 무언가를 공유하거나 공통점이 있어야 합니다. 아이스크림 소비 수준과 범죄율 수준, 이 둘과 관련된 공통 요인이어야 함을 기억하세요. 그것이 뭔지 짐작할 수 있나요?

'외부 기온'은 두 변수 모두와 관련된 요인입니다. 여름철처럼 온도가 올라가면 더 많은 범죄가 발생합니다(낮은 더 길고, 사람들은 창문을 열어두고, 불량한 사람들이 더 많아지는 일 등). 그리고 날이 덥기 때문에 사람들은 늘 그래 왔듯이 아이스크림을 즐깁니다. 반대로, 길고 어두운 겨울철에는 아이스크림이 덜 소비되고 범죄율도 떨어집니다.

최근에 시의원로 선출된 홍길동은 두 변수 사이에 이 같은 관계가 있음을 알고, 한 가지 정책 아이디어가 떠올랐습니다. 그는 정책을 시민들이 좋아할 거라고 생각했습니다(놀라지 마세요. 그는 대학에서 통계 수업을 듣지 않았습니다). '여름철에 아이스크림 소비량을 제한하면 범죄율이 감소하지 않을까? 좋은 생각인데? 그렇지?'

글쎄요, 좀 더 깊이 생각해보면 전혀 말이 되지 않습니다! 이것은 단순한 원리 때문입니다. 상관관계는 둘 이상의 변수 사이에 존재하는 연관성을 표현합니다. 상관관계는 인과관계causal relationship와 아무런 관련이 없습니다. 즉 아이스크림 소비량과 범죄율이 함께 증가하거나 함께 감소하는 것이 반드시 하나의 변화가 다른 하나의 변화를 초래한다는 것을 의미하지는 않습니다.

예를 들어, 도시의 모든 상점에서 모든 아이스크림을 회수해서, 사람들이 더 이상 먹을 수 없게 만든다면 범죄율이 감소할까요? 물론 아닙니다. 터무니없는 생각입니다. 그러나 이상하게도, 종종 연관성association은 인과관계로 해석되며, 사회과학과 행동과학의 복잡한 문제들이 이러한 (연관성을 인과관계로 착각하는) 오해로 인해 사소한 현상으로 축소 해석됩니다. 장발과 히피족이 베트남 참전을 초래했나요? 당연히 아닙니다. 범죄 발생 건수의 증가가 보다 효율적이고 안전한 자동차와 관련이 있습니까? 당연히 아닙니다. 그러나 이 현상들은 모두 동시에 일어났고, 그래서 서로 연관되어 있다는 환상을 만듭니다.

RStudio에서 상관계수 계산하기

이제 RStudio를 사용하여 상관계수를 계산해봅시다. 우리가 사용하는 데이터 세트는 7장 데이터 세트1(ch7ds1.csv)입니다.

이 데이터 세트에는 두 가지 변수가 있습니다.

변수	정의
Income	연소득($1,000)
Education	교육 수준(년)

데이터를 입력하여 상관계수 계산하기

피어슨 상관계수를 계산하려면 다음 단계를 따라 하세요.

1. 수입과 교육 데이터를 사용하기 위해 ch7ds1의 데이터를 직접 입력합니다. c() 함수를 사용하여 다음 데이터를 연결하거나 결합합니다.

```
> Income <- c(36577, 54365, 33542, 65654, 45765, 24354, 43233, 44321,
23216, 43454, 64543, 43433, 34644, 33213, 55654, 76545, 21324, 17645,
23432, 44543)
> Education <- c(11, 12, 10, 12, 11, 7, 12, 13, 9, 12, 12, 14, 12, 10,
15, 14, 11, 12, 11, 15)
>
```

다음과 같이 R에 명령을 입력할 때 완료하지 않은 채 Enter↵ 키를 누를 수 있습니다(예를 들어, 닫는 괄호를 잊을 수 있습니다).

```
x <- c(3, 5
```

이런 경우, RStudio는 프롬프트(>) 대신 빈 줄을 표시하여 추가로 입력할 것이 있다고 알려줍니다. RStudio가 작업을 완료하려면 더 많은 내용이 필요하다고 말하는 겁니다.

2. cor() 함수를 사용하여 상관계수를 계산합니다.

```
> cor(Income, Education)
>
```

3. Enter↵ 키를 누릅니다. 그러면 결과 [1] (0.5744407)이 다음과 같이 출력됩니다.

```
> Income <-c (36577, 54365, 33542, 65654, 45765, 24354,
+            43233, 44321, 23216, 43454, 64543, 43433,
+            34644, 33213, 55654, 76545, 21324, 17645,
+            23432, 44543)
```

```
> Education <-c (11, 12, 10, 12, 11, 7, 12, 13, 9, 12,
+               12, 14, 12, 10, 15, 14, 11, 12, 11, 15)
> cor(Income, Education)  # 상관계수 계산
[1] 0.5744407
>
```

R 출력

출력된 결과에서는 상관계수가 0.574로 나타났습니다. 상관계수, 표본 크기 및 기타 유용한 정보의 통계적 유의성에 관한 내용은 아무것도 나타나 있지 않습니다. 이런 내용은 18장에서 다룰 예정입니다. 지금은 `cor()` 함수를 통해 상관계수만 계산하였습니다.

R 콘솔 결과는 두 변수가 서로 직접적으로 연관되어 있고, 소득 수준이 증가함에 따라 교육 수준도 증가함을 보여줍니다. 마찬가지로 소득 수준이 감소함에 따라 교육 수준도 (직접적으로) 감소합니다.

소득과 교육의 관계를 살펴보면, 결정계수는 0.574^2, 즉 0.33이며, 한 변수에 대한 분산의 33%가 다른 변수에 의해 설명됩니다. [표 7-5]에 있는 기준에 따르면, 이것은 비교적 강하지도 약하지도 않은 보통 수준의 관계입니다. 다시 한 번 말하지만, 저소득이 낮은 교육 수준의 원인이 아니며, 고등학교를 졸업하지 않는다는 것이 저소득층으로 살아야 한다는 의미가 아니라는 것을 기억하세요. 이런 것은 인과관계입니다. 이 장에서 설명하는 상관관계는 연관성에 관해서만 이야기합니다.

'파일 가져오기'로 상관계수 계산하기

파일 메뉴에서 데이터 세트 가져오기(Import Dataset)를 사용하여 RStudio에서 데이터 세트를 읽을 수 있습니다. read.csv(`file.choose()`)이란 구문을 기억하나요? 만약, '파일 가져오기' 방법이 기억나지 않는다면 3장을 참조하세요.

7장 데이터 세트1 파일(ch7ds1.csv)을 가져오면 `cor()` 함수를 사용하여 다음과 같이 상관계수를 계산하세요. 여기서 `$` 기호는 (Income, Education과 같은 벡터 이름과 구분하기 위해서) RStudio 객체를 참조하는 데 사용되었습니다. 이 명령은 다음 형식을 따릅니다.

```
> cor(ch7ds1$Income, ch7ds1$Education)
[1] 0.5744407
>
```

산점도 그리기

RStudio를 사용하여 산점도를 작성하려면 다음 단계를 따라 하세요. 쉽게 배울 수 있고, X와 Y를 그리는 데 사용한 `plot()` 함수 사용법과 같습니다. 환경/히스토리 분할 창에서 전역 환경을 보거나 `ls()` 명령을 사용하여 소득[income]과 교육[education]이 작업 공간의 객체로 존재하는지 확인합니다. 객체가 없는 경우 앞에서 사용한 구문을 참고하여 다시 만들어 보세요.

1. RStudio 프롬프트에서 다음 명령을 입력합니다.

```
> plot(Income, Education)
```

2. [Enter↵] 키를 누릅니다.

1단계에서 입력한 R 구문은 [그림 7-6]과 같이 X축과 Y축 레이블이 없는 그림을 생성합니다. 우리는 6장에서 그림을 보기 좋게 꾸미는 방법을 배웠습니다.

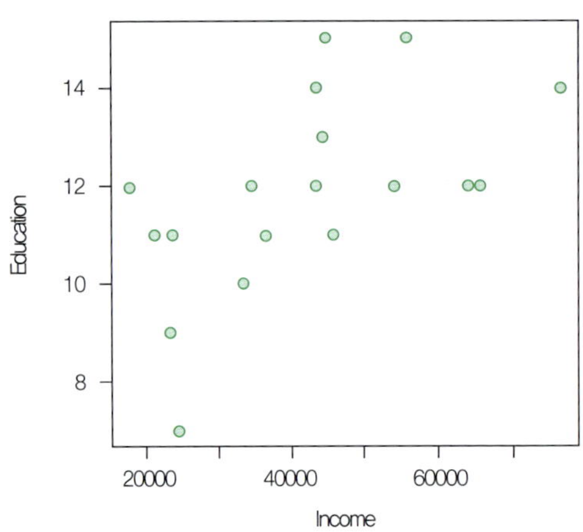

그림 7-6 소득과 교육의 산점도

다른 산포도

2장과 3장에서 R과 RStudio가 유사한 작업을 수행하기 위해 다양한 방법을 사용할 수 있다고 말한 것을 기억하나요? [그림 7-7]은 car 패키지의 산점도 함수인 `scatterplot()`을 사용하여 만든 그림입니다(car 패키지는 R 기본 패키지에 들어 있지 않기 때문에 웹사이트에서 다운로드해야 합니다). `scatterplot()` 함수는 똑같이 시각적으로 보여주면서도 훨씬 더 많은 정보를 제공합니다. R에는 동일한 작업을 수행할 수 있는 다양한 방법이 있음을 기억하세요.

다음은 car 패키지를 설치하고 참조한 다음 `scatterplot()` 함수를 사용하는 구문입니다.

```
> install.packages("car")
> library(car)
> scatterplot(Income, Education)
>
```

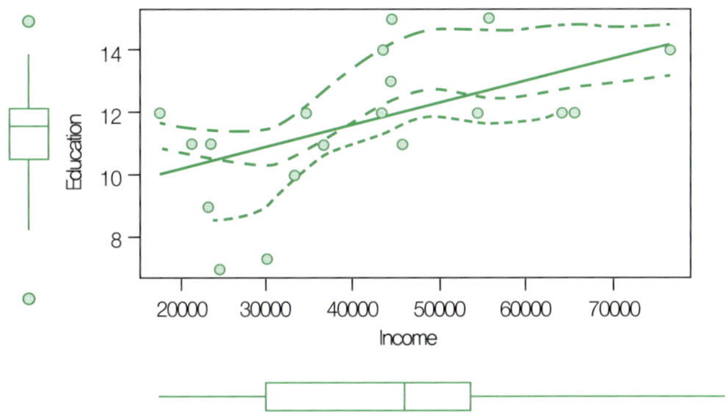

그림 7-7 car 패키지의 `scatterplot()` 함수를 사용하여 작성된 산점도

[그림 7-7]에는 상관관계를 나타내는 선이 추가되었습니다. 왼쪽 아래에서 오른쪽 위로 향하는 실선입니다. 파선(---)과 쇄선(-·-·-)도 보이는데 이에 대해서는 다음 단락에서 이야기하겠습니다. 이외의 추가 정보는 x축과 y축에 나타난, 가운데에 선이 그려져 있는 사각형 상자입니다.

상관관계가 꼭 선형일 필요는 없습니다

앞에서 두 변수 사이의 관계가 항상 선형적인 것은 아니라고 말했습니다. 관계가 얼마나 선형적인지를 조사하는 방법 중 하나는 `scatterplot()` 함수를 사용하여 데이터를 따르는 평활기 선을 구하는 것입니다. 평활기lowess는 Locally Weighted Scatterplot Smoothing의 약자입니다. [그림 7-7]에서 파선으로 표시된 평활기 선을 보면, 소득이 $30,000 미만이면 약한 음의 상관관계로 보입니다. $30,000~$50,000의 소득 구간에서는 강한 양의 상관관계로 보입니다. 소득이 $50,000를 초과하는 경우 약한 양의 상관관계로 보입니다. 파선의 위와 아래에 있는 쇄선은 신뢰구간을 나타내며, 평활기 선의 불확실한 정도를 보여줍니다. 즉, 20개 관측치를 갖는 다른 표본을 더 수집하고 산점도를 그리는 경우 평활기선은 아마도 95%의 확률로 두 개의 파선 사이에 있게 될 것입니다.

또 다른 흥미로운 상관관계

변수를 평가할 수 있는 다양한 방법이 있습니다. 예를 들어, 명목변수norminal variable는 본질적으로 범주적입니다. 인종(흑인, 백인)이나 정치적 성향(A당, B당)이 이에 해당합니다. 반면 소득과 연령을 측정하는 경우, 값들이 동일한 간격으로 나타나기 때문에 이들은 등간변수interval variable에 속합니다. 여러분이 학습을 계속해 나가다보면 서로 다른 측정 수준에서 발생하는 상관관계들을 관찰하게 될 것입니다. 이러한 상관관계를 계산하려면 몇 가지 특수한 기술이 필요합니다. [표 7-6]은 이러한 기술들이 무엇인지, 이들이 서로 어떻게 다른지를 요약해서 보여줍니다.

표 7-6 다양한 상관계수

측정 수준과 예			
변수 X	변수 Y	상관계수 유형	계산되는 상관관계
명목변수(A당, B당 등을 고르는 투표 성향)	명목변수 (남성이나 여성 같은 성별)	파이 계수 (Phi coefficient)	투표 성향과 성별
명목변수(중산층 같은 사회경제 수준)	서열변수 (학교 성적의 등수)	서열 이연 상관계수 (Rank biserial coefficient)	사회경제 수준과 성적 등수
명목변수(1인 가족, 2인 가족 같은 가족 구성)	등간변수 (평균 성적)	점 이연 상관계수 (Point biserial coefficient)	가족 구성과 평균 성적
서열변수 (등급으로 변환된 신장)	서열변수 (등급으로 변환된 체중)	스피어만 서열 계수 (Spearman rank coefficient)	신장과 체중
등간변수 (맞힌 문제의 개수)	등간변수 (연수로 표현된 나이)	피어슨 상관계수 (Pearson correlation coefficient)	맞힌 문제의 개수와 나이

RStudio를 사용하여 다른 상관관계 계산하기

이미 알고 있듯이 상관계수를 계산하는 함수는 cor()입니다. 그리고 cor() 함수는 기본값으로 피어슨 적률상관계수를 계산합니다. 그러나 cor() 함수의 method를 정의하여 다른 종류의 상관관계를 계산할 수 있습니다. (경주에서 일등, 이등 같은 두 서열변수의 상관관계에 사용되는) 켄달Kendall의 타우 상관계수를 계산하려면 RStudio 프롬프트에서 다음 명령을 입력하세요.

```
> cor(x, y, method ="kendall")
```

여기서 x와 y는 상관시키려는 두 변수를 나타냅니다. 스피어만 서열 계수를 사용하여 동일한 작업을 수행할 수 있습니다.

부분 상관관계에 관한 간략한 설명

자, 지금까지 여러분은 단순 상관관계에 대한 기본 내용을 배웠습니다. 그러나 변수 간의 관계를 탐색할 때 사용하는 특수 도구인 다른 많은 상관관계 기법이 있습니다.

일반적인 '추가' 도구 중 하나는 **부분 상관**partial correlation입니다. 부분 상관은 두 변수 간의 관계를 탐색하지만 두 변수 간의 관계에서 세 번째 변수의 영향을 제거합니다. 이 세 번째 변수를 혼재변수confounding variable 또는 중첩변수라고 부르기도 합니다.

예를 들어, 여러분이 만성 질환 발병률과 우울증 수준 사이의 관계를 탐색하고 있으며 전체적으로 양의 상관관계를 발견했다고 가정해보겠습니다. 다시 말해, 만성 질환이 많을수록 우울증이 나타날 가능성이 커집니다(물론, 그 반대도 성립합니다).

상관관계를 해석할 때, 한 변수가 다른 변수의 '원인'이 아니며 한 변수가 나타났다고 해서 반드시 다른 변수도 존재해야 하는 것은 아님을 기억하세요. 양의 상관관계는 이 두 변수 사이의 관계에 대한 평가일 뿐이며, 핵심은 두 변수가 변동량 일부를 공유한다는 것입니다.

이게 핵심입니다. 우리가 통제하고자 하거나, 어떤 경우에는 관계에서 없애려는 것이 바로 그 공유된 변동량입니다.

예를 들어, 가족의 돌봄 수준은 어떻습니까? 식습관, 중증 정도 또는 투병 기간은 어떤가요? 이들 변수와 그 외 더 많은 변수가 모두 만성질환 발병률과 우울증 수준 사이의 관계에 영향을 주거나 적어도 변동성 일부를 설명할 수 있습니다.

자, 다시 환기하세요. 아이스크림 소비와 범죄 수준의 관계를 설명할 때 강조했던 것과 똑같습니다. 일단 외부 온도와 같은 혼재(중첩) 변수를 방정식에서 제거합니다. 와, 아이스크림 소비와 범죄 수준 사이의 관계가 순식간에 멀어졌군요. 예를 보겠습니다.

R을 사용하여 부분 상관 계산하기

R과 일부 데이터를 사용하여 부분 상관 계산하는 방법을 설명하겠습니다. 앞에서 사용한 아이스크림과 범죄에 대한 데이터는 다음과 같습니다.

도시	아이스크림 소비	범죄율	평균 외부 온도
1	3.4	62	88
2	5.4	98	89
3	6.7	76	65
4	2.3	45	44
5	5.3	94	89
6	4.4	88	62
7	5.1	90	91
8	2.1	68	33
9	3.2	76	46
10	2.2	35	41

다음은 R을 사용하여 부분 상관계수를 계산하는 단계별 방법입니다.

1. 위의 표에 나와 있는 데이터를 사용하여 3개의 벡터 `IceCreamConsumption`, `CrimeRate`, `AverageTemperature`를 만듭니다.

```
> IceCreamConsumption <- c(3.4, 5.4, 6.7, 2.3, 5.3, 4.4, 5.1, 2.1, 3.2, 2.2)
> CrimeRate <- c(62, 98, 76, 45, 94, 88, 90, 68, 76, 35)
> AverageTemperature <- c(88, 89, 65, 44, 89, 62, 91, 33, 46, 41)
```

물론 다른 원하는 이름을 지정할 수 있습니다. 여기서는 예를 쉽게 수행하기 위해 약간 길지만 데이터를 설명하는 단어를 벡터 이름으로 정했습니다.

2. 이 세 가지 벡터 또는 변수를 결합하는 (IceCream이라는) 데이터프레임을 만듭니다.

```
> IceCream  <-  data.frame(IceCreamConsumption, CrimeRate,
AverageTemperature)
>
```

3. cor() 함수를 사용하여 다음 명령을 입력해 데이터프레임에서 간단한 상관관계를 계산합니다. 그러면 세 변수에 대한 상관관계 행렬이 반환됩니다.

```
> cor(IceCream)
                    IceCreamConsumption  CrimeRate AverageTemperature
IceCreamConsumption           1.0000000  0.7429317          0.7038434
CrimeRate                     0.7429317  1.0000000          0.6552779
AverageTemperature            0.7038434  0.6552779          1.0000000
>
```

세 변수 간의 상관관계 계산하기

이 결과에서 알 수 있듯이 아이스크림 소비와 외부 온도(0.703), 범죄율과 외부 온도(0.655) 사이에는 매우 강한 양의 관계가 나타납니다. 이제 "외부 온도의 영향이 제거됐을 때 아이스크림 소비와 범죄율의 상관관계는 어떻게 됩니까?"라는 질문에 대답하려고 합니다.

이 질문에 대한 답이 부분 상관입니다. 즉, 부분 상관은 세 번째 변수(외부 온도)의 영향을 제거할 때, 두 변수(아이스크림 소비와 범죄율) 사이의 관계를 보여줍니다. 현재, 아이스크림 소비와 범죄율 사이의 상관관계는 0.7429(단순 상관계수)이며,

두 변수 간 분산의 50% 이상($0.7429^2=0.5519$, 즉 55%)을 차지하는 강한 상관관계입니다. 매우 부러워할 만하지만 신뢰할 수는 없습니다!

4. 파일, 그림, RStudio의 분할 창 등에 있는 설치 탭을 사용하여 이름이 ppcor인 패키지를 설치하세요. 패키지 설치 방법이 궁금하다면 2장에서 패키지 설치를 다룬 항목을 참조하세요.

패키지 설치 및 사용하기

패키지를 설치하고 난 후, `library()`라는 명령을 입력해야 해당 패키지에 포함된 함수들이 활성화됩니다.

```
> library(ppcor)
>
```

위와 같이 입력해야 RStudio가 함수를 찾아서 실행할 수 있습니다.

5. RStudio 프롬프트에서 다음 명령을 입력하여 세 변수에 대한 부분 상관을 계산합니다.

```
> pcor(IceCream)
```

명령을 실행하면, 다음과 같이 부분 상관분석 결과가 표시됩니다. 제거된 변수는 맨 오른쪽 열에 있는 AverageTemperature이므로 처음 두 열과 행은 AverageTemperature의 영향이 제거된 상관관계를 나타냅니다.

```
> pcor(IceCream)
$estimate
                    IceCreamConsumption  CrimeRate  AverageTemperature
IceCreamConsumption           1.0000000  0.5250130           0.4291989
CrimeRate                     0.5250130  1.0000000           0.2783881
AverageTemperature            0.4291989  0.2783881           1.0000000
```

부분 상관에 대한 R 출력 이해하기

R 결과에서 볼 수 있듯이, 평균 온도가 제거(제어)된 후의 아이스크림 소비와 범죄율 사이의 상관계수는 0.5250입니다. 즉, 한 변수(평균 온도)를 제거했더니 상관계수가 0.74에서 0.53으로 감소된 것을 알 수 있습니다. 상관관계를 해석하는 방식(결정계수를 기억하세요)에서 설명되는 분산의 양은 54%($.74^2$)에서 27%($.52^2$)로 감소했습니다. 이는 설명력의 차이입니다.

그러면 결론은 무엇인가요? 혼재변수인 평균 온도를 제거하면 상관관계가 작아지고 분산이 훨씬 줄어듭니다. 실제로 평균 온도 변수를 제거하면 설명된 분산의 양이 100%(절반가량) 감소합니다. 매우 큰 차이군요. 그리고 이 분석이 지니는 가장 중요한 의미는 범죄율을 낮추기 위해 아이스크림 판매를 금지할 필요가 없다는 것입니다. 아, 다행이에요.

상관계수를 계산하는 다른 방법

패키지	함수	내용
Hmisc	rcorr	x와 y 사이의 상관관계, 데이터 쌍의 개수, r의 통계적 유의성

```
> rcorr(X, Y)
      x    y
x  1.00  0.69
y  0.69  1.00
n = 10
P
  x     y
x      0.0266
y 0.0266
```

실생활의 통계학

니콜라스 데르지스Nicholas Derzis와 그의 동료들은 지난 90일 동안 교도소 수감자들을 위한 재활 프로그램의 일환으로 수감된 남성 수감자의 경력 사고career thoughts와 경력 관심도career interests 사이의 관계를 조사했습니다. 부정적인 경력 사고를 측정하기 위해 경력신념 척도Career Thoughts Inventory의 세 가지 하위 척도인 의사 결정 혼란, 외부 갈등, 헌신 불안을 사용하였습니다. 경력 관심도는 RIASEC(Realistic,

Investigative, Artistic, Social, Enterprising, Conventional)의 6가지 직업 영역에 대한 검사로 측정했습니다.

(10장에서 배울) 경력신념 척도는 t 점수로 변환되었으며, 하위 척도 및 전체 범위는 54.20에서 57.19 범위였습니다. 자기주도적 검색 결과에 따르면 가장 인기 있는 직업은 사람들보다는 사물과 일하는realistic 작업군이었습니다.

연구원들은 켄달의 타우를 사용하여 경력신념 척도의 정규 점수와 자기주도적 검사 결과의 범주 간 관계를 조사했습니다. [표 7-5]를 기준으로 하면 0.08에서 0.18 사이의 상관관계는 그 의미가 약하거나 관계가 없는 것으로 평가됩니다.

더 자세한 내용이 궁금하다면, 아래의 자료를 온라인으로 검색하거나 도서관에서 찾아보세요.

Derzis, N. C., Meyer, J., Curtis, R. S., & Shippen, M. E. (2017). 남성 수감자의 경력 사고와 경력 관심(An analysis of career thinking and career interests of incarcerated males). Journal of Correctional Education, 68(1), 52-70.

이 장의 요약

사물이 서로 어떻게 관련되어 있고 공통점이 있는지를 보여준다는 것은 매우 설득력 있는 개념입니다. 따라서 상관관계는 매우 유용한 기술통계입니다(나중에 살펴보겠지만, 상관관계는 표본의 변수들 간의 관계를 추론할 때 사용되며, 그러한 추론이 모집단에 어떻게 적용되는지도 예측할 수 있게 해줍니다). 상관관계는 인과관계가 아닌 연관성만을 나타내며, 우리는 통계치를 통해 변수 간의 관계에 대한 가치 있는 정보를 얻고, 한 변수가 어떠한 방식으로 다른 변수와 함께 변하거나 동일하게 유지되는지를 이해할 수 있습니다. 이제 조금 더 속도를 내서 신뢰도와 타당도를 살펴본 후 3부를 마칠 시간입니다. 여러분은 결과에 나타난 점수와 다른 변수들의 차이가 무엇을 의미하는지 결정하는 법을 배우기 위해서는 신뢰도와 타당도에 대한 개념을 알아야 하기 때문입니다.

연습할 시간입니다!

1. 7장 데이터 세트2(ch7ds2.csv)를 사용하여 다음 질문에 답하세요.

(a) 손으로 피어슨 적률상관계수를 계산하고, 그 과정을 설명하세요.

(b) 10개의 데이터에 대한 산점도를 직접 그려보세요. 산점도를 기반으로 직접 또는 간접 상관관계를 예측할 수 있나요? 그 이유는 무엇인가요?

맞힌 문제 개수(총 20문제)	시험에 대한 태도(총 100점)
17	94
13	73
12	59
15	80
16	93
14	85
16	66
16	79
18	77
19	91

2. 7장 데이터 세트3(ch7ds3.csv)을 사용하여 다음 질문에 답하세요.

(a) 계산기나 컴퓨터를 사용하여 피어슨 적률상관계수를 계산하세요.

(b) 상관관계의 정도를 나타내는 일반 범위([표 7-5])를 사용하여 이 데이터를 해석하세요. 그리고 결정계수를 계산하세요. 두 변수의 관계에 대한 여러분의 주관적 해석은 r^2 값과 비교해서 어떻습니까?

속도(수영 50야드 완주)	힘(벤치 프레스 무게)	속도(수영 50야드 완주)	힘(벤치 프레스 무게)
21.6	135	19.5	134
23.4	213	20.9	209
26.5	243	18.7	176
25.5	167	29.8	156
20.8	120	28.7	117

3. 상관관계의 강도에 대해 다음 상관계수의 순위를 매기세요. (가장 약한 항목부터 강한 항목 순으로 나열)

$$+0.71 \quad +0.36 \quad -0.45 \quad +0.47 \quad -0.62$$

4. 다음 데이터에 대한 피어슨 상관계수를 계산하고 결과를 해석하세요. 이 데이터는 7장 데이터 세트4(ch7ds4.csv)에 있습니다.

12개월간 성취도 증가	12개월간 수업 예산 증가
0.07	0.11
0.03	0.14
0.05	0.13
0.07	0.26
0.02	0.08
0.01	0.03
0.05	0.06
0.04	0.12
0.04	0.11

5. 다음 데이터 세트에 대해, R을 사용하여 공부 시간과 GPA(평균 학점)의 상관계수를 계산하세요. 분석 결과 어떤 결론을 내릴 수 있나요? 이 데이터는 7장 데이터 세트5(ch7ds5.csv)에 있습니다.

공부 시간	GPA
25	3.6
30	4.0
20	3.8
60	3.0
45	3.7
90	3.9
60	3.5
0	2.8
15	3.0
10	2.5

6. 다음 우등생들의 공부 시간과 GPA(평균 학점) 간의 상관관계를 계산하세요. 상관관계가 그토록 낮은 이유는 무엇인가요?

공부 시간	GPA
23	3.95
12	3.90
15	4.00
14	3.76
16	3.97
21	3.89
14	3.66
11	3.91
18	3.80
9	3.89

7. 두 변수 사이의 결정계수는 0.64입니다. 다음 질문에 답하세요.

(a) 피어슨 상관계수 값은 얼마입니까?

(b) 상관관계가 얼마나 강합니까?

(c) 두 변수 사이에서 설명되지 않은 분산은 얼마나 됩니까?

8. 다음은 머리 부상의 회복에 관한 연구에서 참가자 20명에 대한 세 가지 변수 데이터 세트입니다. 원하는 이름을 지정하여 데이터프레임을 만들고, 각 변수 쌍에 대한 상관행렬을 만드세요. 이 데이터는 7장 데이터 세트6(ch7ds6.csv)에 있습니다.

부상 당했을 때 나이	처치 수준	12개월 처치 점수
25	1	78
16	2	66
8	2	78
23	3	89
31	4	87
19	4	90
15	4	98
31	5	76

21	1	56
26	1	72
24	5	84
25	5	87
36	4	69
45	4	87
16	4	88
23	1	92
31	2	97
53	2	69
11	3	79
33	2	69

9. [표 7-4]를 다시 보세요. 성별(남성, 여성)과 지지 정당 사이의 관계를 조사하기 위해 어떤 유형의 상관계수를 사용해야 하나요? 가족 구성(양부모 가정, 외부모 가정)과 고등학교 성적 사이의 관계에 대해서는 어떤 상관계수를 사용해야 하나요? 왜 그렇게 답변했는지 설명하세요.

10. 두 변수가 상관관계에 놓여 있다는 것(예 : 근력과 달리기 속도)은 두 변수가 서로에게 연관되어 있다는 것입니다. 두 변수가 서로 연관되어 있다는 것이 왜 한 변수가 다른 변수의 원인임을 의미하지 않습니까?

11. 두 변수 사이의 인과관계가 개념적으로는 완벽하게 설명되지만 좀 더 조사하기 전까지는 통계적으로 설명되지 않는다고 할 때, 이 같은 두 변수의 상관관계 3개를 제시하세요.

12. 상관관계를 변수 간의 인과관계를 증명하는 도구로 사용할 수 없는 이유는 무엇입니까?

13. 언제 부분 상관을 사용할 수 있습니까?

08

신뢰도와 타당도 이해를 위한 첫걸음

이 장에서 배울 내용

- ☑ 신뢰도와 타당도 정의하기 & 중요성 이해하기
- ☑ 신뢰도와 타당도는 통계와 어떤 관련이 있는지 이해하기
- ☑ 측정 척도 이해하기
- ☑ 다양한 유형의 신뢰도 계수를 계산하고 해석하기
- ☑ 다양한 유형의 타당도 계수를 계산하고 해석하기

신뢰도와 타당도 소개

부모님, 교사, 소아과 의사, 이웃 등 지인들에게 어린이에 대한 5가지 주요 관심사가 무엇인지 물어보세요. 분명히 이들 중 관심사로 비만을 꼽는 사람이 있을 것입니다. 샌디 슬레이터Sandy Slater와 동료들은 도시에 사는 저소득층 소수 인종 청소년과 농촌 지역에 사는 청소년을 대상으로 가정과 학교, 거주지에서의 신체 활동 환경에 대해 설문조사를 하여 설문의 신뢰성과 타당성을 개발하고 검정했습니다. 특히 연구원들은 청소년 참가자의 침실과 가정에 전자 제품 및 놀이 기구가 있는지, 학교에 어떤 야외 놀이 시설이 있는지 등의 정보에 관한 변수들을 조사했습니다. 또한 아이들과 가까운 사람들이 아이들의 활동성에 대해 어떻게 생각하는지 살펴보았습니다.

총 205쌍의 부모-자녀가 두 가지 다른 상황에 대한 160개의 질문으로 구성된 설문조사에 응답했습니다. 이는 검사-재검사 신뢰성을 확립하기 위한 완벽한 모델입니

다. 연구원들은 측정의 90%가 신뢰성과 타당성 측면에서 우수하다는 것을 알게 되었습니다. 연구원들은 이 설문조사를 통해 소외된 청소년들이 신체적으로 더 많이 활동할 기회가 무엇인지 파악하고 이를 장려하는 정책이 개발되기를 바랍니다.[1]

이 측정 항목들은 도대체 통계와 어떤 관련이 있나요?

아주 좋은 질문이며 물어보는 게 당연합니다. 여러분은 통계 수업을 듣고 있고, 이 책은 여태까지 통계에 초점을 두고 진행되었습니다. 그런데 지금은 실험이나 측정 수업에서 다루는 주제를 마주하고 있는 것처럼 보입니다. 대체 왜 이런 내용들이 통계 책에서 다뤄지고 있는 걸까요?

글쎄요, 우리가 지금까지 이 책에서 다룬 대부분의 내용은 데이터 수집, 분석, 해석과 관련이 있었습니다. 데이터 수집의 핵심은 수집하려는 데이터가 여러분이 생각하는 바로 그 데이터, 즉 여러분이 알고자 하는 것을 나타내는 데이터에 해당하는지 확인하는 것입니다. 여러분은 지식을 측정하기 위해 학교에서 치르는 시험, 길이를 재는 줄자, 온도계, 학생의 경력에 대한 관심을 측정하려는 설문지, 시간을 재는 스톱워치 등 어떤 도구든 사용할 수 있습니다. 빈곤에 대해 연구하는 경우, 여러분은 여러분이 사용하는 척도가 빈곤을 제대로 측정하는지 확인하고 싶을 것입니다. 또한 중년 남성의 공격성에 대해 연구하는 경우, 공격성을 측정하는 데 사용되는 도구가 무엇이 됐든 이 측정 도구가 제대로 작동하기를 원할 것입니다.

더 좋은 소식이 있습니다. 만약 여러분이 통계 공부를 계속하여 나중에 실험이나 측정과 관련한 수업을 듣게 된다면, 이번 장에서 공부할 내용이 그 주제를 이해하는 데 큰 도움이 될 거라는 점입니다.

데이터를 수집하고 이해하는 전 과정이 제대로 작동하는지 확인하기 위해서는 먼저 데이터를 수집할 때 사용되는 도구가 올바르게 작동하고 있는지를 확인해야 합니다. 이 장에서 답하려고 하는 근본적인 질문들은 다음과 같습니다. 하나는 "내가 사용하는 시험, 척도, 도구 등이 매번 올바르게 작동하고 있는지를 어떻게 알 수 있을까?(**신뢰도** reliability)"입니다. 다른 하나는 "내가 사용하는 시험, 척도, 도구 등이 정말로 내가 측정하고자 하는 것을 측정하고 있을까?(**타당도** validity)"입니다.

---

1 Slater, S., Full, K., Fitzgibbon, M., & Uskali, A. (2015, June 4). 청소년 신체 활동 지원 설문지에 대한 검사-재검사 신뢰도와 타당도(Test-retest reliability and validity results of the Youth Physical Activity Supports Questionnaire). SAGE Open, 5(2). doi: 10.1177/2158244015586809

연구자들이라면 누구나 측정 도구의 신뢰도와 타당도를 확립하는 것이 중요하다고 이야기할 것입니다. 여러분이 측정하려는 것이 간단하게 관찰할 수 있는 소비자 행동이든, 애착과 같은 복잡한 심리 구조를 측정하는 것이든 관계없이 말이죠. 측정 도구의 신뢰도와 타당도가 중요한 이유는 다음과 같습니다.

데이터를 수집하는 데 사용하는 도구가 신뢰할 수 없거나 타당하지 않다면, 이를 통해 제시된 어떤 가설의 어떤 **검정**test 결과도 의미 있는 결론에 이르지 못하게 되기 때문입니다. 만약 여러분이 수행하는 검정이 정말 측정해야 할 것을 제대로 측정하고 있는지 또는 이를 일관되게 수행하고 있는지를 확신할 수 없다면, 여러분이 내린 결론이 제대로 된 가설때문인지, 오류가 포함된 검정 도구때문인지 어떻게 구분할 수 있을까요? 명확한 가설 검정을 수행하고 싶은가요? 신뢰도와 타당도를 확보하는 것이 출발점입니다.

이 장의 시작 부분에서 소외 계층 청소년의 신체 활동에 대한 주제를 다루었습니다. 이 연구에서 신체 활동을 **종속변수**dependent variable라고 부릅니다. 실험에서는 결과변수라고 하며, 어떤 **처치**treatment 때문에 변화가 발생했는지를 조사하기 위해 연구자가 관찰하는 대상이 됩니다. 그리고 처치 방법에는 **독립변수**independent variable라는 이름을 붙입니다. 예를 들어, 연구자가 독서 프로그램이 독해력에 미치는 영향을 조사한 경우, 독립변수는 독서 프로그램이 되고 종속변수(결과변수)는 독해력 점수가 됩니다. 두 용어는 이 책에서 자주 언급되지 않지만 잘 알아두는 게 좋습니다.

신뢰도 : 제대로 된 결과를 얻을 때까지 다시 수행하기

신뢰도reliability는 이해하기 쉬운 개념입니다. 신뢰도란 단순히 테스트 도구나 측정 도구가 어떤 것을 일관되게 측정하는 정도를 의미합니다. 만약 여러분이 별다른 사전 조치 없이 성격 검사를 실시하고, 어떤 특별한 조치를 취한 다음 4개월 후에 동일한 성격 검사를 실시한다면 이 검사 결과를 신뢰할 수 있을까요? 이것은 중요한 질문들 중 하나입니다. 그리고 이것이야말로 여러 유형의 신뢰도가 존재하는 이유입니다. 각각의 신뢰도 유형은 신뢰도의 정의를 학습한 후 살펴보겠습니다.

시험 점수 : 진실 게임

이 책으로 수업을 하고 시험을 치르면 여러분은 89점(잘했어요!), 65점(책을 다시 읽으세요!)과 같은 점수를 받게 됩니다. 시험 점수는 **관측 점수**observed score(89점 또는 65점과 같이 실제로 시험에서 받은 점수)와 **진점수**true score(실제 지식 수준을 100% 정확하게 반영한 점수) 등 여러 요소로 구성됩니다. 진점수는 개인이 소유한 특성이나 특징의 실제 양을 이론적으로 반영한 값이기 때문에 직접 측정이 불가능합니다.

테스트나 측정 항목에 관한 것은 어떤 것도 명확하지 않으며, 이 진점수도 그렇습니다. 이유는 다음과 같습니다. 우리는 진점수를 어떤 특성이나 속성과 관련된 실제의 진정한 가치로 정의했습니다. 여기까지는 그런대로 괜찮습니다. 그러나 또 다른 시각도 존재합니다. 일부 심리 측정 전문가(생계를 위해 테스트와 측정을 하는 사람)들은 실제로 수집하거나 관찰한 데이터에서 모든 오류(분산)를 제거할 수 있다면 진점수(분산)만 남을 것이라고 믿습니다. 자, 여러분은 전형적인 결과에 나타난 성과 수준이 우리가 측정하려는 실체를 반영하기를 바라지만, 이는 또 다른 문제입니다(타당도 측면). 여기서 주목해야 할 점은 테스트가 무엇을 측정하는지에 상관없이 사람이 평균적으로 얻는 점수가 일관되게 생성되면 그 테스트는 안정적 reliable (신뢰적)이라는 것입니다. 사실, 완벽하게 신뢰할 수 있는 테스트라 할지라도 '실제로 알고 있는 것'과 같은, 측정하려는 실체와 관련이 있는 점수를 산출하지 못할 수도 있습니다.

왜 진점수와 관측 점수가 같지 않을까요? 만약, 테스트(와 그 테스트에서 측정된 점수)가 측정 대상을 완벽하게(절대적으로 완벽하다는 것을 의미합니다) 반영한 것이라면 이 두 점수는 동일할 것입니다.

그러나 두산 베어스가 항상 이기는 것은 아니며, 때로는 식빵이 떨어질 때 버터를 바른 부분이 바닥으로 떨어지기도 하고, 머피의 법칙도 존재합니다. 이러한 사실은 세상이 완벽하지 못하다는 것을 보여줍니다. 따라서 관측 점수가 진점수에 가까울 수는 있지만 데이터에는 항상 노이즈가 끼기 때문에 동일한 경우는 거의 없습니다. 우리가 무엇인가 정밀하게 측정할 수 있는 정도는 오직 우리가 사용하는 도구의 정밀도에 달려 있습니다. 오히려, 두 점수의 차이는 오류error라고 불리는 노이즈의 양을 나타냅니다.

관측 점수 = 진점수 + 오류 점수

오류? 그렇습니다. 예를 들어, 누군가가 통계 시험에서 85점을 얻었지만, (실제로는 알 수 없으며, 오직 이론적으로만 알 수 있는) 진점수는 89점이라고 가정해봅시다. 4점의 차이는 오류로 인한 것이며, 이를 오류 점수error score라고 부릅니다. 오류가 존재한다는 것은 개별 시험 점수가 100% 진실된 점수는 아니라는 것을 의미합니다.

이러한 오류가 발생하는 원인은 무엇일까요? 어쩌면 시험을 치르는 강의실이 너무 따뜻해서 수험자가 졸았을 수 있습니다. 그렇다면 시험 점수에 영향을 미칠 것입니다. 아니면 충분히 공부하지 않고 시험을 봤을 수도 있습니다. 이 두 가지 예 모두 측정되는 특성의 성질보다는 테스트 상황 또는 조건을 반영합니다. 맞나요?

우리의 임무는 예를 들어, 좋은 시험 환경을 갖추고 충분한 수면을 취하도록 권장함으로써 그러한 오류를 가능한 많이 줄이는 것입니다. 오류를 줄이면 신뢰도가 높아집니다. 왜냐면 관측 점수와 진점수가 더욱 비슷해질 것이기 때문입니다. '오류가 작을수록, 신뢰도는 높아진다.' 간단한 원리죠.

다양한 유형의 신뢰도

신뢰도의 유형에는 여러 가지가 있습니다.[2] 이 장에서는 가장 중요하고 자주 사용되는 네 가지 신뢰도 유형을 설명하겠습니다. [표 8-1]은 그 내용을 요약한 것입니다. 신뢰도를 평가하는 가장 일반적인 통계치는 7장에서 배운 상관계수입니다.

표 8-1 신뢰도 유형에 따른 용도, 계산법, 예시

신뢰도 유형	용도	계산법	그 의미를 설명하는 예시
검사-재검사 신뢰도	시간이 지나도 테스트가 안정적인지 여부를 알고 싶을 때	시점1에 측정된 시험 점수와 시점2에 측정된 동일 시험의 점수 간 상관관계를 계산	청소년을 위한 자아 형성 테스트가 시간이 지나도 신뢰할 만하다.
동형 검사 신뢰도	여러 형태의 테스트가 안정적인지 또는 동등한지를 알고 싶을 때	일정한 형태의 테스트에서 얻은 점수와 동일한 내용이지만 다른 형태의 테스트 점수 간 상관관계를 계산	형태가 다른 두 테스트가 서로 동등하고, 동형 신뢰도를 보인다.
내적 일관성 신뢰도	여러 테스트 항목이 단 하나의 차원만 평가하는지 여부를 알고 싶을 때	각 개별 항목 점수와 총점의 상관관계를 계산	창의성 측정 테스트의 모든 항목이 창의성을 측정하고 있다.
평가자 간 신뢰도	어떤 결과에 대한 평가에 일관성이 있는지 알고 싶을 때	평가자 간 점수의 일치 정도를 조사	야구선수 대상 베스트 드레서에 대한 평가자 간 신뢰도는 0.91로, 평가자들 사이에 높은 일치도가 존재한다.

검사-재검사 신뢰도

검사-재검사 신뢰도test-retest reliability는 시간이 지나도 검사가 신뢰할 만한지 여부를 검사하고자 할 때 사용합니다.

예를 들어, 다양한 유형의 직업 프로그램에 대한 선호도를 조사하는 테스트를 개발한다고 가정해봅시다. 먼저 9월에 테스트를 실시한 다음, 6월에 같은 시험을 동일한 사람들에게 다시 실시할 수 있습니다(시험과 시험 응시자가 동일해야 함). 만약 두

2 이 주제에 대한 R 튜토리얼 비디오를 보려면 edge.sagepub.com/salkindshaw를 방문하세요.

점수 간에 상관관계가 존재한다면, 테스트의 신뢰도가 확보된 것입니다. 시간에 따른 차이점이나 변동 사항을 검사할 때는 반드시 검사-재검사의 신뢰도를 측정해야 합니다.

테스트를 할 때마다 측정 결과가 개인 점수와 최대한 가깝도록 변수를 신뢰할 수 있는 방법으로 측정하고 있는지 확인해야 합니다.

■ 검사-재검사 신뢰도 계산하기

다음은 개발 중인 직업교육시험Mastering Vocational Education Test, MVE을 두 차례 실시하여 얻은 점수입니다. 검사-재검사 신뢰도의 척도로서 피어슨 적률상관계수를 계산해보겠습니다.

번호	시험 1(Time1) 점수	시험 2(Time2) 점수
1	54	56
2	67	77
3	67	87
4	83	89
5	87	89
6	89	90
7	84	87
8	90	92
9	98	99
10	65	76

이 과정의 핵심은 피어슨 적률상관계수를 계산하는 것입니다(7장 참조). R을 연습할 수 있는 또 다른 기회입니다! 데이터를 입력한 다음 cor() 함수로 바로 이동해봅시다.

먼저, 시험 1과 시험 2에 대한 벡터를 만듭니다.

```
> Time1 <- c(54, 67, 67, 83, 87, 89, 84, 90, 98, 65)
> Time2 <- c(56, 77, 87, 89, 89, 90, 87, 92, 99, 76)
>
```

퀴즈나 중간고사를 대비해서 연습을 하고 싶다면 이 숫자를 사용하여 직접 손으로 계산한 후, 결과를 R의 `cor()` 함수에서 제공한 결과와 비교해보세요.

```
> cor(Time1, Time2)
[1] 0.9005792
>
```

`cor()` 함수를 사용하여 `0.9005792`를 얻었습니다. 소수점 이하 두 자리로 반올림합니다. R을 사용하여 변수 Time1과 Time2를 기반으로 한 검사-재검사 신뢰도를 계산해서 다음과 같은 결과를 얻었습니다.

$$r_{\text{Time1, Time2}} = 0.90$$

검사-재검사 신뢰도에서 0.90은 어떤 의미가 있을까요? 잠시 후에 이 값을 해석하겠습니다.

동형 검사 신뢰도

동형 검사 신뢰도parallel-form reliability는 동일한 테스트가 상이한 형태로 치러질 경우, 그 사이의 유사점 또는 동등성을 조사하고자 할 때 사용됩니다.

여러분이 기억력에 관한 연구를 하고 있다고 가정해봅시다. 연구 과제 중 하나는 10개의 단어를 보고 이를 최대한 암기한 다음, 20초 후에 기억나는 단어를 말하고 10초간 휴식을 취하는 시험입니다. 이 연구는 이틀 동안 진행되고 몇 가지 암기 규칙에 대한 교육이 필요하기 때문에 여러분은 첫 번째 시험을 실시한 다음 두 번째 시험에서 매우 유사한 단어 목록을 준비하고 싶겠지만 두 목록이 완전히 동일할 수는 없습니다. 따라서 여러분은 처음 단어들과 비슷한 다른 단어 목록을 만들었습니다. 이 예제에서는 이 두 유형(2개의 단어 목록)의 일관성을 높게 설정하고자 합니다. 2개의 다른 유형이지만 동일한 개념이 평가되고 있습니다.

■ 동형 검사 신뢰도 계산하기

유형 A와 유형 B에 대한 기억력 검사 점수가 있습니다. 우리의 목표는 피어슨 적률 상관계수를 계산하여 동형 검사 신뢰도를 측정하는 것입니다.

번호	유형 A(FormA)의 점수	유형 B(FormB)의 점수
1	4	5
2	5	6
3	3	5
4	6	6
5	7	7
6	5	6
7	6	7
8	4	8
9	3	7
10	3	7

이 과정의 핵심은 아래와 같이 피어슨 적률상관계수를 계산하는 것입니다(잘 기억이 나지 않는다면 7장을 참조하세요). 다시 R을 사용하겠습니다.

```
> FormA <- c(4, 5, 3, 6, 7, 5, 6, 4, 3, 3)
> FormB <- c(5, 6, 5, 6, 7, 6, 7, 8, 7, 7)
> cor(FormA, FormB)
[1] 0.1286979
>
```

FormA와 FormB의 점수 간 상관관계 계산 결과를 반올림하면 $r_{\text{FormA . FormB}} = 0.13$이 됩니다. 이 값에 대한 해석은 잠시 후에 다루겠습니다.

내적 일관성 신뢰도

내적 일관성 신뢰도internal consistency reliability는 앞서 살펴본 두 가지 유형과 상당히 다릅니다. 이 신뢰도 유형은 테스트 항목에 일관성이 있는지 알고 싶을 때 사용합니다. 즉, 모든 항목이 단 한 가지(개념, 차원, 구성, 관심 영역 등)만 측정합니다.

여러분이 여러 종류의 건강보험에 대한 태도를 측정하는 테스트를 개발 중이라고 가정합시다. 여러분은 다섯 가지 항목으로 구성된 설문이 건강보험에 대한 태도를 제대로 대표하고 있는지 확인하고 싶습니다. 여러분은 테스트 응시자들이 답변한 각 항목의 점수를 보고 개별 점수가 전체 점수와 관련되는지 확인할 것입니다. 여러분은 특정 항목(예 : "나는 HMO[3]가 마음에 든다")에 대해 높은 점수를 표시한 사람들이 다른 항목(예 : "나는 건강보험에 돈을 지출하는 것을 좋아하지 않는다")에서는 낮은 점수를 표시했을 것이라고 예상하며, 테스트에 참여한 모든 사람들 간에 이러한 경향이 일관되게 나타날 것이라 기대합니다.

루이스 거트만Louis Guttman의 연구를 기반으로 리 크론바흐Lee Cronbach는 자신의 이름에서 따온 크론바흐 알파(Cronbach's Alpha, 또는 α) 검사를 개발했습니다. 이 신뢰도 검정은 내적 일관성이라고 알려진 특별한 신뢰도 측정 방법입니다. 개별 항목의 일관된 점수가 테스트의 총 점수와 관련이 있을수록 크론바흐 알파 값이 높아집니다. 값이 클수록 이 테스트가 내부적으로 일관성이 있고, 한 가지를 측정하며, 그 한 가지가 각 항목이 평가하는 것의 합계라는 것을 더욱 확신할 수 있습니다.

예를 들어, 다음과 같이 내적 일관성이 높은 다섯 가지 테스트 항목들이 있습니다.

(a) 4+4=?

(b) 5−?=3

(c) 6+2=?

(d) 8−?=3

(e) 1+1=?

측정하려는 한 가지가 무엇인지[4]에 관계없이 모든 항목이 같은 것을 측정하는 듯 보입니다.

다음은 내적 일관성이 없는 다섯 가지 테스트 항목입니다.

(a) 4+4=?

(b) 새끼 돼지 세 마리 중 가장 뚱뚱한 돼지는?

(c) 6+2=?

(d) 8−?=3

(e) 그래서 늑대가 원한 것은?

---

3 (옮긴이)HMO(Health Maintenance Organization)는 미국의 의료 기관으로, 정해진 비용을 받고 일정한 범위의 의료 서비스를 제공합니다.

4 이것은 타당도에 대한 질문입니다.

위 항목들에 내적 일관성이 없는 이유는 분명합니다. 질문을 보면, 덧셈과 뺄셈을 평가하는 세 가지 질문과 동화 내용을 묻는 두 가지 질문으로 구성되어 서로 일치하지 않습니다. 이 다섯 가지 질문은 두 가지 개념을 측정하여 내적 일관성에 대한 주요 기준을 위반하고 있습니다.

■ 크론바흐 알파 계산하기

다음은 5개 항목으로 구성된 태도 측정 테스트의 결과이며, 각 항목에 대해 1점(매우 동의하지 않음)에서 5점(매우 동의함) 사이의 점수로 구성된 10개의 데이터가 있습니다.

크론바흐 알파 값을 계산할 때, 실제로 개인이 받은 각 항목의 점수를 총점과 상관시킨 후, 그것을 모든 개별 항목 점수에 존재하는 변동성과 비교합니다. 이렇게 하는 논리는 다음과 같습니다. 총 시험 점수가 높은 개별 시험 응시자는 각 항목에 비교적 높은 점수를 주어야 합니다(예 : 5, 5, 3, 5, 3, 4, 4, 2, 4, 5 [총 40점]). 반면 총 시험 점수가 낮은 개별 시험 응시자는 각 항목에 낮은 점수를 주어야 합니다(예 : 4, 1, 2, 1, 3, 2, 4, 1, 2, 1).

번호	항목 1	항목 2	항목 3	항목 4	항목 5
1	3	5	1	4	1
2	4	4	3	5	3
3	3	4	4	4	4
4	3	3	5	2	1
5	3	4	5	4	3
6	4	5	5	3	2
7	2	5	5	3	4
8	3	4	4	2	4
9	3	5	4	4	3
10	3	3	2	3	2

다음은 크론바흐 알파를 계산하는 공식입니다.

$$\alpha = \left(\frac{k}{k-1}\right)\left(\frac{s_y^2 - \sum s_i^2}{s_y^2}\right) \tag{8.1}$$

여기서

- k는 항목의 개수입니다.
- s_y^2은 관측 점수의 분산입니다.
- $\sum s_i^2$은 각 항목에 대한 분산의 합계입니다.

아래 표에 위의 공식을 계산하는 데 필요한 값들(관측 점수의 분산 s_y^2 및 각 항목의 모든 분산의 합 $\sum s_i^2$)이 들어 있습니다.

번호	항목 1	항목 2	항목 3	항목 4	항목 5	합계
1	3	5	1	4	1	14
2	4	4	3	5	3	19
3	3	4	4	4	4	19
4	3	3	5	2	1	14
5	3	4	5	4	3	19
6	4	5	5	3	2	19
7	2	5	5	3	4	19
8	3	4	4	2	4	17
9	3	5	4	4	3	19
10	3	3	2	3	2	13
						$s_y^2 = 6.4$
각 항목의 분산	0.32	0.62	1.96	0.93	1.34	$\sum s_i^2 = 5.17$

이 모든 값을 공식에 대입하면 다음과 같은 수식을 얻게 됩니다.

$$\alpha = \left(\frac{5}{5-1}\right)\left(\frac{6.40-5.17}{6.40}\right) = 0.24 \qquad (8.2)$$

여러분은 계수 α가 0.24라는 것을 알게 되었습니다. (해석 부분을 제외하고는) 모든 작업이 끝났습니다.

만약 다른 유형의 내적 일관성 타당도가 있다고 하면 여러분은 그리 놀라지 않겠죠? 내적 일관성의 측정에 대해서 특히 사실입니다. 크론바흐 알파 뿐만 아니라 반분신뢰도split-half reliability, 스피어만-브라운Spearman-Brown, 쿠더-리챠드슨 20, 21(KR20과 KR21) 등 다른 방법들이 기본적으로 같은 일(시험의 일차원성을 시험)을 다른 방식으로 수행합니다.

■ **R을 사용하여 크론바흐 알파 계산하기**

크론바흐 알파를 직접 계산할 수 있다면, R을 사용해서 계산하는 것도 매우 쉽습니다. 위에서 다룬 데이터 세트에서 10명이 응답한 다섯 항목으로 구성된 시험 데이터 예제를 사용해 계산해보겠습니다.

1. R 환경에 psych 패키지를 로드합니다.
2. 8장 데이터 세트1(ch8ds1.csv)을 가져옵니다. 6개의 변수를 가진 10개의 관측값이 있어야 합니다.
3. `alpha()`라는 함수를 사용합니다.

psych 패키지를 로딩하면 `alpha()` 함수를 사용할 수 있습니다.

```
> library(psych)
>
```

다음으로 위 예와 일치하는 데이터 세트를 가져옵니다.

```
> ch8ds1 <- read.csv(file.choose())
>
```

이제 `alpha()` 함수를 사용하여 크론바흐 알파 값을 얻습니다.

```
> alpha(ch8ds1)
Some items ( Item3 Item5 ) were negatively correlated with the
total scale and
probably should be reversed.
To do this, run the function again with the 'check.keys=TRUE'
option
Reliability analysis
Call: alpha(x = ch8ds1[, c(1:5)])
 raw_alpha  std.alpha  G6(smc) average_r  S/N  ase  mean  sd  median_r
    0.24       0.23      0.43     0.057    0.3  0.37  3.4  0.51   0.08
```

```
lower alpha upper     95% confidence boundaries
-0.49 0.24 0.97
Reliability if an item is dropped:
  raw_alpha std.alpha G6(smc) average_r   S/N alphase  var.r   med.r
Item1 0.309     0.345    0.43     0.117 0.528     0.35  0.066  0.1567
Item2 0.091     0.044    0.32     0.011 0.046     0.45  0.094  0.0035
Item3 0.326     0.316    0.38     0.104 0.462     0.33  0.056  0.1567
Item4 0.263     0.097    0.19     0.026 0.107     0.32  0.054 -0.0047
Item5-0.082     0.109    0.26     0.030 0.122     0.58  0.068 -0.0047
Item statistics
         n    raw.r    std.r    r.cor   r.drop     mean      sd
Item1    10    0.14     0.35    0.081   -0.086      3.1     0.57
Item2    10    0.53     0.61    0.409    0.255      4.2     0.79
Item3    10    0.58     0.38    0.173    0.031      3.8     1.40
Item4    10    0.42     0.57    0.512    0.040      3.4     0.97
Item5    10    0.70     0.56    0.446    0.328      2.7     1.16

Non missing response frequency for each item
         1         2         3         4         5    miss
Item1   0.0       0.1       0.7        .2       0.0       0
Item2   0.0       0.0       0.2       0.4       0.4       0
Item3   0.1       0.1       0.1       0.3       0.4       0
Item4   0.0       0.2       0.3       0.4       0.1       0
Item5   0.2       0.2       0.3       0.3       0.0       0
```

■ R 출력 내용 이해하기

위의 결과에서 볼 수 있듯이 R은 많은 정보를 알려주고, 일부 항목은 이 책의 범위를 벗어납니다. 뭐, 염려할 필요는 없습니다. 출력 내용에서 처음 몇 줄에 관해 설명하겠습니다.

```
Some items ( Item3 Item5 ) were negatively correlated with the total
scale and probably should be reversed.
```

이 문장이 의미하는 것은 무엇일까요? 때때로 사람들은 "나는 HMO를 좋아한다"라는 문항과 "병원 방문 시 높은 자기 부담금을 내는 것에 크게 신경 쓰지 않는다"라는 설문 문항에 응답합니다. 두 문항에 대한 응답은 아마도 (한 질문에는 높은 점수를, 다른 질문에는 낮은 점수로 응답하여) 음의 상관관계를 보일 것입니다. 신뢰도가 올바르게 계산되려면 모든 문항이 같은 방향으로 진행되어야 합니다. 건강 관리를 위한 경제적인 선택으로 HMO를 좋아하는 사람은 자기 부담금을 가능한 적게 내고 싶어할 것입니다. 따라서 반대 방향으로 향한 문항을 다시 작성하여 모든 설문 문항이 같은 방향으로 진행되고 모두 양의 상관관계를 갖도록 해야 합니다. 이 경우 R은 음의 상관을 같는 문항들이 양의 상관을 갖는 방향으로 실행되게 코딩된 것처럼 크론바흐 알파를 계산하기 위해 `check.keys = TRUE`라는 옵션을 `alpha()` 함수에 추가할 수 있다고 알려줍니다. 이때 `alpha()` 함수가 일시적으로 코딩 작업을 수행합니다.

다음 섹션에 R 결과의 처음 두 통계치인 `raw_alpha`와 표준화된 크론바흐 알파를 의미하는 `std.alpha`가 보입니다. `std.alpha` 값은 상관관계를 기반으로 합니다.

```
 raw_alpha std.alpha G6(smc) average_r S/N  ase mean   sd median_r
      0.24      0.23    0.43     0.057 0.3 0.37  3.4 0.51     0.08
```

`raw_alpha`는 앞에서 손으로 계산했던 설문 문항들의 공분산을 기반으로 합니다. R은 raw $\alpha = 0.24$이고 표준화된 $\alpha = 0.23$임을 보여줍니다. 나머지 결과에 대한 자세한 내용을 보려면 R 콘솔에서 `?alpha`를 입력하여 도움을 받으세요.

평가자 간 신뢰도

평가자 간 신뢰도interrater reliability는 두 명의 평가자가 결괏값에 대한 판단에 얼마나 동의하고 있는지를 알려주는 척도입니다.

예를 들어, 여러분이 은행원과 계좌를 개설하려는 잠재적 고객 사이의 사회적 상호작용에 관심이 있다고 가정해봅시다. 여러분은 최근에 수강한 신규 고객과의 관계 개선에 대한 수업의 영향을 받아, 은행원이 잠재 고객에게 얼마나 많은 미소와 친절을 보이는지를 실시간으로 관찰하고 있습니다. 여러분이 해야 할 일은 은행원이 미소 짓거나, 의자를 앞으로 기울이거나, 손을 사용하면서 상품을 설명하는 세 가지 행동 중 하나를 취하고 있는지를 2분 동안 10초 간격으로 확인하는 것입니다. 이러한 행동 중 하나가 관찰될 때마다 여러분은 점수 기록표에 'X'로 표시합니다. 어떤 행동도 관찰되지 않으면 '–'로 표시합니다.

이 과정의 일환으로서, 여러분의 기록이 신뢰할 만한 측정인지 확인하기 위해, 여러분은 여러 관찰자들 사이에 행동 관찰 기록이 얼마나 일치하는지 비교해야 할 것입니다. 평가 점수가 비슷할수록, 평가자들의 평가의 일치 정도 및 평가자 간 신뢰도는 높아집니다.

■ 평가자 간 신뢰도 계산하기

이 예에서 매우 중요한 변수는 고객 친화적인 행동이 2분(또는 10초씩 12번) 동안 발생했는지 여부입니다. 따라서 우리가 확인하는 것은 2분이라는 시간에 걸쳐 10초마다 행해지는 평가의 일관성입니다. 기록표의 'X'는 행동이 관찰됐음을 의미하고, '–'는 해당 행동이 관찰되지 않았음을 의미합니다.

회차	1	2	3	4	5	6	7	8	9	10	11	12
평가자 1	X	–	X	X	X	–	X	X	–	–	X	X
평가자 2	X	–	X	X	X	–	X	X	–	X	–	X

총 12개의 회차(그리고 12개의 가능한 의견 일치) 동안 평가한 결과를 보면, 평가자 1과 평가자 2가 고객 친화적인 행동이 발생했다고 일치된 기록을 한 것이 7개(1, 3, 4, 5, 7, 8, 12회차)이고, 고객 친화적인 행동이 발생하지 않았다고 일치된 기록을 한 것이 3개(2, 6, 9회차)입니다. 즉, 총 10건의 의견 일치와 2건의 의견 불일치가 나타났습니다.

다음과 같은 간단한 공식을 사용하여 평가자 간 신뢰도를 계산합니다.

$$\text{평가자 간 신뢰도} = \frac{\text{의견 일치 횟수}}{\text{가능한 총 의견 일치 횟수}}$$

위에 나온 값을 공식에 대입하면 다음과 같은 수식이 도출됩니다.

$$\text{평가자 간 신뢰도} = \frac{10}{12} = 0.833$$

신뢰도 계수는 0.83입니다.

얼마나 커야 큰 것일까요? : 신뢰도 계수 해석하기

자, 이제 무엇을 알아볼지 느낌이 오나요? 7장에서 상관계수의 값을 해석하는 방법 대해 배웠는데, 기억하나요? 신뢰도 계수 해석은 상관계수 해석과 거의 같습니다. 다음의 두 가지 사항만 유의하세요.

- 신뢰도 계수는 양(또는 직접)의 값이어야 하며 음(또는 간접)의 값은 가질 수 없습니다.
- 신뢰도 계수의 값은 0.00과 ±1.00 사이입니다.

따라서 해석은 여러분에게 달렸습니다. 방금 계산한 0.83이라는 평가자 간 신뢰도 계수는 확실히 높으며 두 관측자 간 높은 일치 수준을 나타냅니다. 그 앞에 나온 예에서 크론바흐 알파는 0.24였습니다. 그렇게 커 보이지 않습니다.

신뢰도를 확보할 수 없을 때는 어떻게 해야 하나요?

테스트의 신뢰도를 확보하는 작업은 절대 쉽지 않으며, 큰 노력이 필요합니다. 만약, 테스트를 신뢰할 수 없다면 어떻게 해야 할까요?

다음은 몇 가지 유의 사항입니다. 신뢰도는 관측 점수에서 오류가 차지하는 정도를 나타내는 함수라는 것을 기억하세요. 오류를 낮추면 신뢰도가 높아집니다.

- 검사를 시행할 때 모든 조건에 대해 표준화된 지침이 마련되어 있는지 확인하세요.
- 여러분이 조사하는 행동에 대한 표본이 클수록 표본이 모집단을 대표하게 되며, 신뢰할 가능성이 크므로, 항목의 개수 또는 관측 횟수를 늘리세요. 이는 특히 성취도 검사에서 유효합니다.
- 불명확한 항목을 삭제하세요. 지식, 능력 수준, 개인의 특성과 관계없이 어떤 사람들은 A라는 방식으로 반응하고, 또 어떤 사람들은 B라는 방식으로 반응하기 때문입니다.
- 특히 맞춤법 시험이나 역사 시험 같은 성취도 검사의 경우, 너무 어렵거나 너무 쉬운 시험은 정확한 성과를 반영하지 않기 때문에 시험의 난이도를 조절하세요.
- 외부 사건의 영향을 최소화하세요. 연휴나 명절, 졸업식 같은 중요한 행사가 있는 날과 시험 기간이 가까우면 평가를 연기하는 것이 좋습니다.

중요한 사실 하나 더!

타당한 심리 측정 도구를 만드는 첫 번째 단계는 신뢰성을 확립하는 것입니다(지금까지 충분히 다룬 내용이죠). 왜 그럴까요? 테스트 또는 측정 도구를 신뢰할 수 없고 일관성이 확보되지 않으며 반복적으로 동일한 방식으로 측정되지 않는다면, 무엇을 측정하든 의미가 없게 되기 때문입니다.

맞춤법 시험의 처음 세 문항이 다음과 같다고 가정해봅시다.

$16 + 12 = ?$

$21 + 13 = ?$

$41 + 33 = ?$

이것은 매우 신뢰할 수 있는 결과를 도출하는 시험이지만, 시험 자체의 타당도는 낮습니다. 실제로 이 문항들은 맞춤법에 대한 능력을 측정하지 않기 때문입니다. 이제 신뢰도에 대해 배웠으니, 타당도에 대한 소개로 넘어가봅시다.

타당도 : 진실은 무엇일까요?

타당도는 평가 도구의 속성으로서, 평가 도구가 평가하고자 하는 것을 실제로 평가하는가에 관한 것입니다. 타당한 평가란 그 시험이 측정하고자 하는 바로 그것을 측정하는지에 대한 평가입니다. 만약 성취도 시험을 통해 역사에 대한 지식을 측정하고자 한다면, 그 시험은 바로 역사 지식을 측정해야 합니다. 지능 검사는 검사를 개발한 사람이 지능을 무엇이라고 정의하였든 그가 정의한 바로 그 지능을 측정하는 검사입니다.

다양한 유형의 타당도

다양한 유형의 신뢰도가 있는 것처럼 타당도에도 여러 유형이 있습니다. 여기서는 가장 중요하며 이 장에서 자주 사용되는 타당도 세 가지를 소개하겠습니다. [표 8-2]는 세 가지 타당도에 대한 설명을 요약한 것입니다.

표 8-2 타당도 유형에 따른 용도, 확인법, 예시

타당도 유형	용도	확인법	그 의미를 설명하는 예시
내용 타당도	항목 샘플이 특정 주제에 대한 전체 항목을 실제로 반영하는지 여부를 알고 싶을 때	테스트 항목이 측정하려는 분야의 항목들을 반영하고 있는지 그 분야 전문가들에게 문의하기	통계 수업에서 매주 보는 퀴즈는 해당 교과서의 내용을 잘 반영하고 있다.
준거 타당도	테스트 점수가 응시자가 특정 분야에서 유능함을 보여주는 다른 기준과 체계적인 관련성을 지니는지 여부를 알고 싶을 때	테스트 점수들과 이미 타당하다고 평가된 동일 분야의 다른 측정치들의 상관관계 분석하기	요리 실력을 검증하는 시험 성적은 졸업 후 학생이 얼마나 훌륭한 요리사가 되는지와 상관관계가 있다(예측 타당도).
구성 타당도	테스트가 어떤 심리학적 실체를 측정하는지 알고 싶을 때	테스트 점수를 테스트가 반영하고자 하는 실체에 관한 이론적 결과와 상관분석하기	신체 접촉이 필요하며 물리적으로 위험한 운동을 즐기는 사람일수록 공격성에 대한 테스트에서 높은 점수를 보인다.

내용 타당도

내용 타당도content validity는 테스트의 각 항목들이 테스트로 측정하도록 설계된 전체 대상의 표본에 해당하는지 여부를 나타내는 특성입니다. 내용 타당도는 성취도 테스트(예 : 1학년 맞춤법 검사에서 대학 수능시험까지)에서 가장 자주 사용됩니다.

■ 내용 타당도 확보하기

내용 타당도를 확보하는 것은 사실 매우 쉽습니다. 관련 분야의 전문가를 찾아가면 됩니다. 예를 들어 기초 물리학 시험을 설계하고 있다면, 물리 전문가(아마도 현지 고등학교의 교사나 물리학을 가르치는 대학교수)를 찾아가면 됩니다. "안녕하세요, 이 100개의 객관식 시험 문제가 입문 수업 학생들이 이해할 수 있는 모든 주제와 개념들을 정확하게 반영하고 있다고 생각하시나요?"라고 물어보는 거죠.

시험의 설계자는 전문가에게 시험 주제가 무엇인지 말할 것이고, 그 전문가는 시험 항목들을 보고 기본적으로 그 시험 항목들이 설계자가 정한 시험의 기준(기초 물리학의 모든 내용을 대표하는지)을 충족하는지에 대한 판단을 내릴 것입니다. 만약 대답이 '그렇다'이면 (적어도 지금까지는) 제대로 일을 수행한 것입니다. 만약 대답이 '그렇지 않다'라면 (전문가가 그 내용이 맞다고 할 때까지) 다시 새 시험 문항을 만들거나 기존 문항을 다시 수정해야 합니다.

준거 타당도

준거 타당도criterion validity는 테스트가 현재 또는 미래 상황의 여러 능력을 반영하는지를 평가합니다. 만약 준거(기준)가 되는 것이 지금 여기 있다면 이는 **동시 타당도**concurrent validity에 해당하고, 준거가 되는 것이 미래에 발생한다면 이는 **예측 타당도**predictive validity에 해당합니다. 준거 타당도를 확보하기 위해 동시 타당도와 예측 타당도를 동시에 확보할 필요는 없으며, 시험 목적에 맞는 타당도만 확립하면 됩니다.

■ 동시 타당도 확보하기

국제 요리 대학교에서 요리 실력을 측정하는 도구를 설계하기 위해 여러분을 고용했다고 가정해봅시다. 요리 교육의 일부는 지식(예를 들어, 루roux[5]가 무엇인지 알아야 합니다)과 관련이 있습니다. 그리고 이는 성취도 테스트로 평가될 것입니다.

따라서 여러분은 요리 실력을 제대로 측정하는 테스트를 개발하고, 동시 타당도를 확보하고자 합니다. 이를 위해 각 심사 위원이 사용할 5점 척도의 준거들(발표, 식품 안전성, 청결도 등)인 COOK 척도를 설계합니다. 준거로서(이것이 핵심입니다), 다른 심사 위원들에게 각 학생의 전반적인 능력을 1에서 10까지 등급을 매겨 평가하도록 합니다. 그런 다음 COOK 점수와 심사 위원들이 매긴 등급을 상관분석합니다. 만약 타당도 계수(단순 상관관계)가 높으면 평가가 타당한 것입니다. 그렇지 않다면, 더 효과적인 COOK 척도 항목을 다시 설계합니다.

■ 예측 타당도 확보하기

국제 요리 대학교가 10년 동안 잘 운영되었다고 가정해봅시다. 여러분은 사람들이 현재 얼마나 요리를 잘하는지(이것은 앞에서 확보한 동시 타당도입니다)뿐 아니라, 미래에 얼마나 성공적인 요리사가 될지 알고 싶습니다. 이것이 예측 타당도에 해당하는 내용입니다. 준거는 (심사 위원들이 평가한) 지금의 점수에서 미래의 점수로 바뀝니다.

이제, 학생들이 향후 10년 동안 요리사로 성공할지 예측하는 테스트를 개발하고자 합니다. COOK 테스트의 예측 타당도를 확립하기 위해, 여러분은 지난 10년간 요리사로 일하고 있는 졸업생을 찾아서, 그들을 대상으로 테스트를 실시합니다. 여기

5 (옮긴이) 지방과 밀가루를 섞은 것으로 소스를 걸쭉하게 만드는 데 쓰입니다.

에 사용된 준거는 요리사들의 성공 수준이며, 이에 대한 측정 기준은 그들이 (a) 자신의 식당을 소유하고 있는지 여부, (b) 1년 이상 식당을 운영했는지 여부(새로 개업한 식당의 폐업률이 첫해에 80%를 넘기 때문)입니다. 이에 대한 이론적 근거는 식당이 1년 이상 영업을 유지하기 위해서는 요리사가 제대로 작업을 수행해야 한다는 것입니다.

이 작업을 끝내려면, 10년 전 졸업생의 COOK 점수와 값 1(졸업생이 식당을 1년 넘게 운영해왔다는 의미)을 상관분석합니다. 높은 상관계수는 COOK 테스트의 높은 예측 타당도를 나타내고, 낮은 상관계수는 COOK 테스트의 낮은 예측 타당도를 나타냅니다.

구성 타당도

구성 타당도construct validity는 테스트 또는 측정 도구의 기본 구성 또는 아이디어를 바탕으로 하기 때문에 타당도 유형 중에서 가장 흥미로우면서도 가장 어렵습니다.

심리학 기초 수업에서 구성construct은 상호 연관된 변수들의 모음이라는 것을 배운 기억이 있나요? 예를 들어, 공격성은 적절하지 않은 접촉, 폭력, 올바른 사회적 상호작용의 부족 등과 같은 하위 변수들이 모인 구성입니다. 그리고 이러한 구성은 연구원이 가정하는 이론적인 입장으로부터 도출된다는 사실을 기억하세요. 예를 들어, 연구자는 공격적인 사람이 비공격적 사람보다 사법당국에 더 많은 문제를 초래할 것이라고 가정할 수 있습니다.

■ 구성 타당도 확보하기

자, 여러분은 공격성에 대한 이론적 견해에 기반한, 여러 항목으로 이루어진 공격성 측정 도구인 FIGHT 테스트(공격성 측정)를 갖고 있다고 가정합시다. 여러분은 범죄학 문헌에서 공격적인 남성은 그렇지 않은 남성보다 특정 유형의 행동을 더 많이 한다는 것을 알게 되었습니다. 예를 들어, 공격적인 남성들은 더 많은 논쟁을 하며, 물리적으로 공격적이며(밀치기 등), 다른 사람들에게 폭력적인 범죄를 저지르고, 올바른 사회적 상호작용이 부족합니다. FIGHT 척도에는 다양한 행동을 묘사하는 항목들이 포함되며, 이론적으로 공격적인 행동과 그렇지 않은 행동들이 모두 포함되어 있습니다.

FIGHT 척도가 완성되면, 여러분은 FIGHT 테스트의 점수가 여러분이 예측하는 행동들(범죄 관련 수준, 인간관계의 질 등)의 존재와 상관관계가 있는지 확인하고, 반대로 관련되어서는 안 되는 행동들(특정 음식에 대한 선호 등)과는 상관관계가 없는지 조사합니다. 만약 FIGHT 테스트 점수가 관련 있을 것이라고 예측되는 항목들과는 상관관계가 높고, 그렇지 않을 것이라고 예상되는 항목들에 대해서는 낮은 상관관계를 보인다면, FIGHT 척도(공격성의 요소들을 평가하기 위해 설계된 항목들)가 제대로 만들어졌다고 결론을 내릴 수 있습니다. 축하합니다.

타당도를 확보할 수 없을 때는 어떻게 해야 하나요?

글쎄요, 이것은 매우 어려운 일입니다. 다양한 유형의 타당도가 있기 때문입니다.

일반적으로 원하는 타당도의 증거를 확보하지 못했다면 여러분이 시행한 테스트는 원래 측정하고자 하는 것을 측정하지 못하고 있다는 뜻입니다. 테스트가 성취도를 측정하는 것이라면 내용 타당도가 필요합니다. 여러분은 테스트 항목을 다시 만들어서 이 항목들에 대해 해당 분야의 전문가들에게 자문을 받아 항목과 측정하고자 하는 내용 사이의 일관성을 유지해야 합니다.

준거 타당도가 문제라면, 테스트 항목의 특성을 재검토하고, 다음과 같이 질문해보세요. '이 항목들에 대한 응답이 기준과 관련이 있다고 얼마나 기대할 수 있는가?' 물론 이것은 사용하는 기준이 의미가 있다는 가정을 전제로 합니다.

마지막으로, 여러분이 원하지만 찾지 못하고 있는 것이 구성 타당도라면, 여러분이 개발한 테스트의 기초가 되는 이론적 근거를 자세히 살펴보세요. 어쩌면 여러분이 알고 있는 공격성의 정의나 모델이 잘못되었거나, 비판적인 생각이 필요할 수도 있습니다. 이론과 이론에 기초한 테스트 항목 간의 일관성을 확립하는 게 중요합니다.

친근한 조언

측정에 대한 내용은 매우 흥미롭습니다. 지적인 자극이 가득합니다. 측정 가능성이 주요 이슈가 되는 요즘 같은 시대에 사람들은 학생, 주식 중개인, 교수, 사회복지 기관 프로그램 등의 성과에 대해 알고 싶어 합니다. 성과 측정에 대한 관심이 커져감에 따라, 대학생들은 자신의 학위 논문이나 학기 프로젝트에서, 대학원생은 학위 논문의 주제로서 측정 도구를 설계해 보고 싶은 유혹을 받습니다.

그러나 좋은 생각처럼 들리는 것이 재앙으로 이어질 수 있음을 명심하세요. 신뢰도와 타당도를 확보하는 과정은 수년 간의 집중적인 작업을 필요로 할 수 있습니다. 그리고 상황을 더욱 악화시키는 것은, 여러분이 순진하게도 아무런 의심 없이 새로운 가설을 검정하기 위해 새로운 측정 도구를 만들고 싶어 하는 경우입니다. 이 경우 새로운 가설을 검정하는 데 필요한 모든 작업뿐 아니라, 측정 도구가 제대로 작동하는지 확인하는 작업까지 수행해야 합니다.

여러분이 연구 논문이나 학위 논문과 같이 자신만의 고유한 연구를 수행하는 경우, 이미 신뢰도와 타당도가 입증된 측정 도구를 찾아야 합니다. 이를 통해 (그 자체로 이미 하나의 직업이 될 정도로 엄청난 작업인) 도구 개발이라는 거대한 임무 때문에 스트레스를 받지 않고, 가설을 검정한다는 주요 작업을 진행할 수 있습니다. 제대로 시작하고 싶은가요? Buros Center for Testing(https://buros.org/)을 활용해보세요.

타당도와 신뢰도 : 아주 가까운 사촌

잠시 뒤로 물러나서, 이 장을 읽는 이유 중 하나를 생각해봅시다. 이 장을 읽도록 과제가 주어졌기 때문이죠. 아니, 그런 이유 말고 진짜 이유를 생각해봅시다. 이 장이 중요한 이유는 여러분이 결과를 측정하기 위해 사용하는 측정 도구의 신뢰도와 타당도를 이해해야 하기 때문입니다. 왜 그런가요? 만약 측정 도구를 신뢰할 수 없고 타당하지 않다면, 실험 결과는 항상 의심스러울 것이기 때문입니다.

이 장의 앞부분에서 언급했듯이 여러분이 만든 테스트는 신뢰할 수 있지만 타당하지 않을 수 있습니다. 그러나 신뢰할 수 없지만 타당한 테스트는 존재하지 않습니다. 왜 그런가요? 테스트는 측정하려는 것을 지속적으로 측정할 수 있지만(신뢰도 있음), 측정해야만 하는 대상을 측정하지 못할 수 있습니다(타당도 없음). 그러나 만약 테스트가 측정하기로 되어 있는 것을 측정한다면(타당도 있음), 그것이 제대로 작동하기 위해서는 일관되게 측정해야 합니다(신뢰도 있음).

이 장에서 신뢰성과 타당성 간의 관계에 대해 배웠습니다. 그런데 이와 관련해 지금 알아두어야 할 매우 멋진 관계가 있습니다. 즉, 최대 타당도는 신뢰 계수의 제곱근과 같다는 것입니다. 예를 들어, 기계 적성 테스트에 대한 신뢰도가 0.87이면 타당도는 (0.87의 제곱근인) 0.93보다 클 수 없습니다. 이것이 의미하

는 바는, 검사의 타당성이 검사의 신뢰성에 의해 제한된다는 것입니다. 테스트 도구가 테스트하기로 한 내용을 테스트하는지를 살피기 전에 먼저 테스트 도구가 일관되게 테스트해야 한다는 것을 잠시 생각해보면 이 의미를 완벽하게 이해할 수 있습니다. 그만큼 이 둘의 관계는 아주 밀접합니다. 테스트 도구를 신뢰할 수 없다면 타당한 테스트 도구를 얻을 수 없습니다. 왜냐하면 그 도구로 해야 할 일을 수행하려면 먼저 그 도구가 일관되어야 하기 때문입니다. 그렇지 않나요? 따라서 신뢰도와 타당도는 함께 작동해야 합니다.

실생활의 통계학

타당도가 왜 꼭 배워야 하는 중요한 개념인지, 연구를 진행하거나 연구 결과를 사용할 때 왜 반드시 타당도가 확보되어야 하는지를 보여주는 고전적인 사례가 있습니다. 다음 예시는 주의력 결핍/과잉 행동 장애, 즉 ADHD 측정에 대한 것입니다.

종종 이 진단은 증상에 대한 주관적 판단과 부모와 교사의 진술에 의해 왜곡됩니다. 비교적 새롭고 지속적이며 선택적인 주의력을 측정하는 지속 성과 테스트를 사용하면, ADHD 진단이 표준화되고 (신뢰도와 타당도 면에서) 정확할 것이라는 사용자의 기대가 높아졌습니다. 이 연구에서 나다니엘 젤닉Nathanel Zelnik과 동료들은 ADHD 클리닉을 받는 어린이 230명의 주의력 변수 테스트 점수를 참고했습니다. 주의력 변수 검사 결과, ADHD 진단을 받은 179명의 아동(준거집단) 중에서 163명(민감도 91.1%)이 ADHD로 나왔지만, ADHD가 없는 아동들의 78.4%도 ADHD를 암시하는 것으로 나왔습니다. 요컨대, 이 측정 도구(주의력 변수 테스트)가 두 집단(ADHD를 겪고 있는 어린이와 그렇지 않은 어린이)을 정확하게 구분할 수 있는 신뢰할 만한 방법이 아니라는 것입니다.

더 자세한 내용이 궁금하다면, 아래의 자료를 온라인으로 검색하거나 도서관에서 찾아보세요.

Zelnik, N., Bennett-Back, O., Miari, W., Geoz, H. R., and Fattal-Valevski, A. (2012). ADHD 진단 과정에서 주의력 변동성 테스트를 신뢰할 수 있는가? (Is the Test of Variables of Attention reliable for the diagnosis of attention-deficit hyperactivity disorder(ADHD)?). Journal of Child Neurology, 27, 703-707.

이 장의 요약

맞습니다, 이 수업은 통계 수업입니다. 그런데 측정에 관한 내용이 통계와 무슨 관련이 있나요? 다시 한 번 강조하지만, 거의 모든 통계는 측정된 결과를 중심으로 이루어집니다. 많은 양의 데이터를 이해하려면 기본적인 통계를 읽을 수 있어야 하는 것처럼, 행동, 평가 점수, 순위 및 기타 측정 대상들이 어떻게 측정되었는지를 이해하기 위해 측정에 대한 기본적인 정보를 알아야 합니다.

연습할 시간입니다!

1. 도서관에서 자신의 관심 분야와 관련 있는 데이터의 신뢰도와 타당도에 관한 내용이 담긴 연구 논문 5편을 고른 후, 각 논문에서 측정된 결과에 대해 논의해봅시다. 각 논문의 결과가 어떤 종류의 신뢰도 및 타당도와 관련되어 있는지 파악해보세요. 그러고 나서 그 결괏값이 수용할 수 있는 것인지 판단하고, 만일 그렇지 않다면 어떻게 개선할 수 있는지 설명해봅시다.

2. 검사-재검사 신뢰도를 확립해야 하는 경우와 동형 신뢰도를 확립해야 하는 경우의 예를 들어보세요.

3. 여러분은 직업 선호도를 측정하는 테스트를 개발하고 있고, 직업 프로그램에 참석하는 학생들은 한 해 동안 여러 번 테스트를 받아야 합니다. 여러분은 8장 데이터 세트2(ch8ds2.csv)에 있는 봄과 가을에 치러진 테스트 데이터로 테스트의 검사-재검사 신뢰도를 평가해야 합니다. 이 테스트를 신뢰할 만한 테스트라고 할 수 있습니까? 그렇게 대답한 이유는 무엇인가요?

4. 테스트가 어떻게 신뢰도는 있는데 타당도는 없을 수 있습니까? 예를 들어 답하세요. 신뢰도가 없는 경우에는 왜 타당도도 확보될 수 없을까요?

5. 여러분은 고용노동부의 테스트 개발을 담당하고 있습니다. 같은 날에 치를 수 있는, 적어도 두 가지 형태로 된 같은 내용의 테스트 도구가 필요합니다. 어떤 종류의 신뢰도가 필요한가요? 8장 데이터 세트3(ch8ds3.csv)을 사용하여 테스트를 받은 100명에 대한 첫 번째 형식의 테스트와 두 번째 형식의 테스트 간의 신뢰계수를 계산하세요. 신뢰도가 목표에 도달했나요?

6. 일반적으로 신뢰할 수 있지만 타당하지 않은 테스트가 어떤 것인지를 설명하세요. 타당하지만 신뢰할 수 없는 테스트에 관해서도 설명하세요.

7. 실험 가설을 검정할 때 결과를 측정하는 데 사용하는 테스트가 신뢰도와 타당도를 가져야 하는 이유는 무엇입니까?

8. 내용 타당도, 예측 타당도, 구성 타당도의 차이를 설명하세요. 각 타당도를 어떻게 측정하는지 예를 들어 설명하세요.

9. '고정관념을 깨는 사고'를 평가하는 필기 테스트의 구성 타당도를 확립하기 위해 취해야 할 단계를 설명하세요.

PART 04

재미와 이윤,
두 마리 토끼 잡기

이 사람이 통계적으로 중요한 배우자랍니다.

지금까지 배운 내용은 무엇이며, 앞으로 다룰 내용은 무엇일까요? 우선, 이 책의 4~6장에서 여러분은 일련의 점수들이 갖고 있는 특징을 어떻게 설명할 수 있는지와 분포들이 서로 어떻게 다른지를 이해할 수 있는 견고한 기초 지식을 습득했습니다. 7장에서는 상관관계를 사용하여 변수 간의 관계를 설명하는 방법을 배웠습니다. 8장에서는 시험이나 검사 결과를 평가하는 데 있어 매우 중요한 신뢰도와 타당도에 대해 배웠습니다.

이제는 좀 더 속도를 내서, 본 경기를 시작할 시간입니다. 9장에서는 가설 검정의 중요성과 특성에 대해 소개할 것입니다. 여기에는 가설의 개념, 가설의 유형, 가설의 기능, 가설을 검정하는 이유와 방법에 대해 자세하게 설명합니다.

10장에서는 확률probability에 관한 중요한 주제인 정규곡선normal curve과 확률의 근간이 되는 기본 원칙들에 대해 살펴볼 것입니다. 확률은 통계의 일부로서, 어떤 사건(예를 들어, 시험에서 특정 점수가 발생하는 사건)이 일어날 가능성이 얼마나 있는가를 파악할 수 있습니다. 이 장에서는 정규곡선을 통해 이러한 확률을 설명할 것이며, 어떤 분포에 속한 점수나 사건의 발생이 얼마나 그 분포와 관련 있는지를 보여줄 것입니다.

확률과 정규곡선에 대한 학습을 즐겁게 마친 후, PART 05에서는 변수 사이의 관계에 대해 나올 법한 질문들을 검정하기 위해 가설 검정 및 확률 이론의 적용 방법에 대한 심도 있는 논의를 시작하게 될 것입니다. 자, 속도를 내서 달려볼까요!

09

여러분의 질문을 검정해보세요 : 가설 검정

이 장에서 배울 내용

- ☑ 표본과 모집단의 차이 이해하기
- ☑ 귀무가설과 연구가설의 중요성 이해하기
- ☑ 좋은 가설을 구별하는 기준

그러니까, 여러분은 과학자가 되고 싶다는 거군요?

여러분은 다른 수업에서 '가설'이란 용어를 들어보았을 것입니다. 연구 프로젝트를 진행하기 위해 가설을 만들어보았을 수도 있고, 연구 논문에서 한두 번 가설을 읽었을 수도 있습니다. 그렇다면 여러분은 가설이 무엇인지 잘 알고 있을 것입니다. 가설hypothesis은 자주 사용되는 용어지만, 익숙하지 않은 사람들을 위해 설명하자면 기본적으로 '학습을 바탕으로 한 추측educated guess'입니다. 가설의 가장 중요한 역할은 연구자가 관심을 둔 일반적인 질문을 진술하거나 연구자가 처음 연구를 시작한 이유가 되는 질문을 반영하는 것입니다.

따라서 명확한 연구 질문을 제시하기 위해서는 상당한 시간과 노력을 기울여야 합니다. 이 연구 질문은 가설을 작성하는 지침이 될 것입니다. 반대로 가설은 가설을 검정test하고 연구를 시작할 때 품은 질문에 대한 답을 구하는 데 사용할 기술(통계 기법)을 결정합니다.

따라서 좋은 가설은 문제 진술problem statement이나 연구 질문을 검정하는 데 더 용이한 형태로 변환합니다. 이 장의 뒷부분에서 좋은 가설의 요건에 대해 이야기할 것입니다.

그 전에, 표본과 모집단의 차이점에 대해 살펴보겠습니다. 이 차이점이 중요한 이유는 가설 검정은 표본에 대한 것이고 표본에 대한 가설 검정의 결과가 더 큰 집단(모집단)으로 일반화되기 때문입니다. 또한 우리는 두 가지 주요 가설 유형인 귀무가설null hypothesis[1]과 연구가설research hypothesis[2]에 대하여 배울 것입니다.

우선, 지금까지 나온 몇 가지 용어에 대한 공식적인 정의를 살펴봅시다.

표본과 모집단

훌륭한 과학자로서, 여러분이 진행한 연구에서 방법 A가 방법 B보다 낫다면 이것이 영원히, 항상, 이 우주에 사는 모든 사람에게 사실로 적용될 것이라고 말할 수 있으면 좋겠습니다. 물론이죠. 방법 A와 방법 B의 상대적 장점에 대해 충분히 연구하고, 충분히 많은 사람을 테스트한다면 언젠가는 그렇게 말할 수 있습니다. 하지만 너무 흥분하지는 마세요. 그렇게 확신을 갖고 말할 가능성은 적기 때문입니다. 왜냐하면 모든 사람을 대상으로 연구를 해보기에는 너무 많은 돈과 시간이 필요하기 때문입니다. 게다가 그럴 필요도 없습니다. 대신, 모집단에서 대표 표본을 선택하고 이 표본을 대상으로 방법 A와 방법 B의 상대적인 장점에 대한 가설을 검정할 수 있습니다.

대부분의 과학자들은 연구 시간이 충분하지 않고 연구비도 절대적으로 부족한 상황 속에서 연구를 진행해야 합니다. 이 같은 상황을 고려할 때 가장 좋은 전략은 큰 집단의 참가자 중 일부를 추려서 작은 집단을 대상으로 연구를 진행하는 것입니다. 이러한 맥락에서 큰 집단을 **모집단**population이라 부르고, 그 모집단에서 선택된 더 작은 집단을 **표본**sample이라 부릅니다.

5장에서 모집단 표준편차와 표본 표준편차를 구분했습니다. 그리고 표본 데이터에서 모집단 표준편차를 더 잘 추정하기 위해 분모를 n 대신 $n-1$로 나누도록 분모를 변

1 두 집단을 대상으로 실험을 했을 때 각 집단에서 동일한 결과가 나올 것이라는 가설로, 영가설(null hypothesis)이라고도 부릅니다.

2 두 집단을 대상으로 실험을 했을 때 각 집단에서 다른 결과가 나올 것이라는 가설로, 대립가설(alternative hypothesis)이라고도 부릅니다.

경했습니다. 즉, 모집단에서 추출한 표본으로부터 나온 결론을 모집단에 적용(일반화)하기 위해 분모를 변경한 것입니다.

표본이 모집단의 특성과 얼마나 일치하는지 측정한 수치를 **표본오차**sampling error (표본 추출 오류)라고 합니다. 표본오차는 기본적으로 표본 통계와 모집단 매개변수 값의 차이를 의미합니다. 표본오차가 높을수록 표본 추출의 정밀도가 떨어지고, 표본에서 발견된 특성이 모집단에서도 발견될 것이라고 결론을 내리기가 더욱 어려워집니다. 또한 분포에 대한 변동성의 측정치가 있듯이, 표본 측정치와 모집단 측정치 사이에 발생하는 차이의 변동성에 대한 측정값이 있습니다. 이것은 종종 표준오차라고 불리며 기본적으로 점수 간 차이의 표준편차에 해당합니다. 또한 표본이 모집단을 대표하는 경우에도 표본에서 데이터를 수집하는 임의의 특성으로 인해 표본오차가 일부 발생합니다. 여러분의 표본오차는 크기가 작기를 바랍니다.

표본의 특성이 모집단의 특성과 최대한 일치하도록 모집단에서 표본을 선택해야 합니다. 목표는 표본을 최대한 모집단과 같게 만드는 것입니다. 둘 사이의 유사성이 보장될 경우 얻을 수 있는 가장 중요한 결론은 표본을 기반으로 한 연구 결과가 모집단으로 일반화될 수 있다는 것입니다. 표본이 모집단을 정확하게 대표할 때 연구 결과는 높은 수준의 일반화 가능성을 갖는 것으로 인식됩니다.

높은 수준의 일반화 가능성은 훌륭한 연구가 갖춰야 할 중요한 요소입니다. 이는 연구에 투입된 시간과 노력(및 비용)의 결과로, 연구 결과를 연구 참가자 이외의 사람들에게도 적용할 수 있다는 것을 의미하기 때문입니다.

'큰big 규모'와 '대표성representative'을 동일시하는 경우가 많습니다. 그러나 큰 표본을 갖는 것보다 정확한 대표성을 지닌 표본을 갖는 것이 더 중요합니다(사람들은 종종 규모가 큰 것이 더 낫다고 생각하지만 이는 추수감사절에나 해당되는 이야기입니다). 표본의 크기가 크면 매우 인상적이지만 이 표본이 더 큰 모집단을 대표하지 않는다면 이 표본을 바탕으로 한 연구는 별 가치를 지니지 못합니다.

귀무가설

자, 우리는 한 모집단에서 추출된 참가자들로 이루어진 표본을 갖고 있습니다. 이제 연구가설을 검정하기 위해 먼저 **귀무가설**null hypothesis을 설정합니다.

귀무가설은 작고 재미있는 생물체입니다. 만약 귀무가설이 말을 할 수 있는 존재라면 "나는 여러분이 연구하고 있는 변수들 사이에 아무런 관계가 없다고 주장합니다."라고 말할 것입니다. 즉, 귀무가설은 다양한 사회·행동과학 논문들에서 발췌한, 다음과 같은 '관련 없음(또는 차이 없음)'에 대한 서술입니다.

- ABC 기억 검사에서 9학년의 평균 점수와 12학년의 평균 점수 간에는 *차이가 없다.*
- 고령자의 사회 활동을 장려하기 위한 지역사회 기반 장기요양보호제도가 고령자의 사회 활동에 미치는 효과는 가정 내 장기요양보호제도가 미치는 효과와 *별 차이가 없다.*
- 반응 시간과 문제 해결 능력 사이에는 아무런 *관련이 없다.*
- 학교 관련 활동에서 자녀에게 제공하는 지원 금액을 비교할 때 백인 가정과 흑인 가정 사이에는 *차이가 없다.*

위 4개의 귀무가설은 공통적으로 2개 이상의 것이 서로 같거나 관련이 없다는 진술을 하고 있습니다.

귀무가설의 목적

귀무가설의 기본 목적은 무엇인가요? 귀무가설은 연구의 실제 결과를 측정할 수 있는 시작점이자 기준점 역할을 합니다. 각각의 목적을 자세히 살펴보겠습니다.

첫째, 귀무가설은 다른 정보가 없는 경우 사실로 받아들여지는 상태이기 때문에, 출발점으로 사용됩니다. 예를 들어, 위에서 언급한 첫 번째 귀무가설을 살펴보겠습니다.

ABC 기억 검사에서 9학년의 평균 점수와
12학년의 평균 점수 간에는 차이가 없다.

9학년과 12학년의 기억력에 대해 아무것도 모른다고 가정한다면, 두 집단 간에 기억력에 차이가 있다는 주장을 믿을 이유는 없습니다. 맞습니까? 이 변수들(9학년과 12학년의 검사 점수)의 관계에 대해 아무것도 모른다면, 여러분이 할 수 있는 최선은 추측입니다. 확률적으로 따져보는 것입니다. 한 집단이 다른 집단보다 우수한 성적을 올릴 수 있는 이유를 추측할 수도 있지만, (사실보다 우선하는) 선험적인 증거가 없는 경우, 두 변수가 같다고 가정하는 것 외에 어떤 선택을 할 수 있을까요?

집단(또는 변수) 간 차이(또는 관계)가 없다는 것을 선언하며 연구를 시작하는 것은 질문에 대하여 답을 구하는 가설 검정 방법의 전형적인 특징입니다. 다시 말해, 집단 간에 차이가 있다는 것을 증명할 때까지는 아무런 차이가 없다고 가정해야 합니다. 그리고 두 집단 사이에 아무런 차이가 없거나 전혀 관계가 없다는 진술은 귀무가설이 무엇인지를 정확히 말해줍니다. 이 같은 귀무가설에 대한 진술은 (과학계의 일원으로서) 우리가 가설 검정이 어떻게 결론지어질지에 대해 어떤 편견도 없는 상태에서 출발하고 있음을 보증합니다.

또한 이 두 집단 사이에 차이가 있다면, 이 집단 간 어떤 변수의 차이는 바로 우연chance에 의한 것이라고 가정해야 합니다. 다른 정보가 없을 때, 우연은 항상 두 집단 간 또는 변수 간의 관계에서 관찰된 차이에 대해 제시할 수 있는 가장 가능성이 높고 매력적인 설명입니다. 우연은 우리가 설명할 수 없는 것을 설명합니다. 여러분은 우연을 슬롯머신에서 5,000달러의 잭팟을 터트리는 확률로만 생각했을 수도 있지만, 통계에서 우연은 변수들 간 관계의 '참된' 본질을 이해하기 어렵게 만드는 그 밖의 모든 '것들'을 말합니다.

예를 들어, 축구 선수 집단과 풋볼 선수 집단을 모아 놓고 그들의 달리기 속도를 비교한 후, 축구 또는 풋볼 경기가 선수를 더 빠르게 달리도록 만든다고 생각할 수 있습니다. 그러나 이러한 달리기 속도의 차이를 설명할 수 있는, 우리가 모르는 다른 요인들이 있을 수 있습니다. 어떤 축구 선수가 더 연습을 많이 하는지, 어떤 풋볼 선수들의 체력이 더 강한지, 두 집단에 속한 선수들 모두 추가 훈련을 받았는지 여부를 누가 알 수 있습니까?

심지어 그 선수들의 달리기 속도를 측정하는 방법과 관련해 우연히 차이가 발생할 수도 있습니다. 결함이 있는 스톱워치로 속도를 측정했거나 바람이 많이 부는 날 속도를 측정했다면, 실제 달리기 속도와 관련 없는 요인 때문에 차이가 발생할 수 있습니다. 따라서 훌륭한 연구자로서 우리가 할 일은 다음과 같습니다. 우선 관찰된 차이를 설명할 수 있는 우연한 요소들을 제거하고, 의도적인 훈련이나 영양 식단 프로그램과 같이 집단 간 달리기 속도 차이를 설명할 수 있는 다른 요소를 파악하여 그것이 달리기 속도에 어떤 영향을 미치는지 확인하는 것입니다.

중요한 점은 집단 간 차이점을 발견했는데 그 차이가 훈련으로 인한 것이 아니라면 우연히 발생했다고 밖에 생각할 수 없다는 것입니다. 한편, 우연이 어느 정도 오류와 같다고 생각하는 것이 연구에 도움이 될 수도 있습니다. 오류의 원인을 통제할 수 있다면, 결과에 대해 명확하게 설명할 가능성도 커집니다.

둘째, 귀무가설은 관측된 결과를 비교하여 그 차이가 다른 요인에 기인한 것인지를 확인하기 위한 기준점benchmark을 제공합니다. 귀무가설은 집단 간에 관찰된 차이가 우연(귀무가설이 생긴 이유이자 귀무가설이 주장하는 내용)으로 인해 발생한 것이라고 볼 수 있는 범위를 정의하는 데 도움이 됩니다. 이 범위를 벗어나면, 그 차이는 우연으로 인해 발생한 것이 아닙니다(앞의 훈련에 대한 예와 같이 일부 변수를 조작했기 때문일 수도 있습니다).

대부분의 연구 조사에는 묵시적인 귀무가설이 존재하며, 연구 보고서나 논문에서 명확하게 제시된 귀무가설을 보지 못할 수도 있습니다. 그 대신 여러분은 명확하게 서술된 연구가설을 보게 될 것입니다. 이제 연구가설에 대해 살펴봅시다.

연구가설

귀무가설은 변수 사이에 관계(또는 차이)가 없다는 진술이지만, **연구가설**research hypothesis은 변수 사이에 어떤 관계(또는 차이)가 존재한다는 확실한 진술입니다. 예를 들어, 앞서 언급한 각각의 귀무가설에 상응하는 연구가설은 다음과 같습니다. 하나의 귀무가설에 대해서는 하나 이상의 연구가설이 있을 수 있습니다.

- ABC 기억 검사에서 9학년의 평균 점수와 12학년의 평균 점수에는 *차이가 있다.*
- 고령자의 사회 활동을 장려하기 위한 지역사회 기반 장기요양보호제도의 효과와 가정 내 장기요양보호제도가 미치는 효과 사이에는 *차이가 있다.*
- 반응 시간과 문제 해결 능력 사이에는 *관련이 있다.*
- 학교 관련 활동에서 자녀에게 제공하는 지원 금액을 비교할 때 백인 가정과 흑인 가정 간에는 *차이가 있다.*

위 4개의 연구가설에는 공통점이 하나 있습니다. 모두 '다름'에 대한 서술을 포함하고 있다는 점입니다. 이 연구가설들은 귀무가설이 가정하는 변수 간 동등함이 아닌 변수 사이에 어떤 관계(두 집단 간 차이)가 있음을 사실로 가정하고 있습니다.

이 다름(차이)의 본질은 두 가지 형태, 즉 방향성directional 연구가설 또는 비방향성nondirectional 연구가설의 형태를 지닐 수 있습니다. 만약 연구가설이 ('~와 차이가 있다'와 같이) 차이의 방향을 제시하지 않는 형태라면, 가설은 비방향성 연구가설입니다. 연구가설이 ('이상' 또는 '미만' 과 같이) 차이에 대한 방향을 제시하는 형태라면, 연구가설은 방향성 연구가설입니다.

비방향성 연구가설

비방향성 연구가설nondirectional research hypothesis은 집단 간의 차이를 반영하지만, 차이의 방향은 명시되지 않습니다. 예를 들어봅시다.

ABC 기억 검사에서 9학년의 평균 점수와
12학년의 평균 점수에는 차이가 있다.

위 연구가설은 두 집단 간 차이의 방향이 명시되지 않는다는 점에서 비방향성 연구가설입니다. 즉, 차이가 있다고 명시하기 때문에 연구가설이지만, 그 차이의 방향에 대해서는 언급하지 않기 때문에 방향성이 없습니다.

위와 같은 비방향성 연구가설은 다음 방정식으로 나타낼 수 있습니다.

$$H_1 : \overline{X}_9 \neq \overline{X}_{12} \tag{9.1}$$

여기서

- H_1은 여러 연구가설 중 첫 번째 연구가설을 뜻합니다.
- $\overline{X}_9$는 9학년 표본의 평균 기억 검사 점수입니다.
- $\overline{X}_{12}$는 12학년 표본의 평균 기억 검사 점수입니다.
- $\neq$는 '같지 않음'을 의미합니다.

방향성 연구가설

방향성 연구가설directional research hypothesis은 집단 간 차이를 반영하며, 차이의 방향이 명시되어 있습니다. 예를 들어봅시다.

ABC 기억 검사에서 12학년의 평균 점수가
9학년의 평균 점수보다 더 높을 것이다.

위 연구가설은 두 집단 간 차이의 방향이 명시되었다는 점에서 방향성 연구가설입니다. 단지 차이가 있다고 서술한 것에서 그치지 않고 한 변수가 다른 변수보다 큰 것으로 가정되었습니다.

방향성 가설의 두 가지 예는 다음과 같습니다.

- A가 B보다 크다 (A > B).
- B가 A보다 크다 (A < B).

둘 다 차이를 말하고 있습니다(보다 크거나 작음). 앞에 나온 예와 같이 12학년 학생들이 9학년 학생들보다 점수가 더 높다고 가정하는 경우 다음과 같은 방정식으로 나타낼 수 있습니다.

$$H_1 : \overline{X}_{12} > \overline{X}_9 \tag{9.2}$$

여기서

- H_1는 여러 연구가설 중 첫 번째 연구가설을 뜻합니다.
- $\overline{X}_9$는 9학년 표본의 평균 기억 검사 점수입니다.
- $\overline{X}_{12}$는 12학년 표본의 평균 기억 검사 점수입니다.
- >는 '크다'를 의미합니다.

연구가설의 목적은 무엇일까요? 연구가설은 연구 과정에서 직접 검정되는 중요한 단계입니다. 이 가설 검정의 결과는 우연히 차이가 발생한 경우에 대한 비교 대상이 됩니다. 연구자는 이 두 가지(우연한 차이 vs 요인에 의한 차이) 중 어떤 것이 두 집단의 차이에 대한 더 매력적인 설명이 될 수 있는지를 비교합니다.

방향성 연구가설과 비방향성 연구가설을 다루는 또 다른 방법은 **단측검정**one-tailed test과 **양측검정**two-tailed test에 대해 이야기하는 것입니다. 방향성 가설을 반영한 단측검정은 집단 A가 집단 B보다 높은 점수를 받을 것이라는 가설과 같이 특정 방향의 차이를 가정합니다. 비방향성 가설을 반영하는 양측검정은 차이를 가정하지만, 특별한 방향을 가정하지는 않습니다. 이 두 개념 간의 구분은 다른 가설 유형(단측 및 양측)을 검정하고 귀무가설을 기각하거나, 기각하지 않을 확률 수준을 확립하는 데 있어서 중요합니다. 이 내용은 10장(z-검정)과 11장(t-검정)에서 자세히 설명합니다.

[표 9-1]은 네 가지 귀무가설과 이에 대응되는 방향성 및 비방향성 연구가설을 보여 줍니다.

표 9-1 귀무가설과 대응되는 연구가설

귀무가설	비방향성 연구가설	방향성 연구가설
ABC 기억 검사에서 9학년 평균 점수와 12학년 평균 점수에는 차이가 없다.	ABC 기억 검사에서 9학년 평균 점수와 12학년 평균 점수에는 차이가 있을 것이다.	ABC 기억 검사에서 12학년 평균 점수는 9학년 평균 점수보다 클 것이다.
고령자의 사회 활동을 장려하기 위한 지역사회 기반 장기요양보호제도가 고령자의 사회 활동에 미치는 효과는 가정 내 장기요양보호제도가 고령자의 사회 활동에 미치는 효과와 별 차이가 없다.	고령자의 사회 활동을 장려하기 위한 지역사회 기반 장기요양보호제도가 고령자의 사회 활동에 미치는 효과는 가정 내 장기요양보호제도가 고령자의 사회 활동에 미치는 효과 사이에는 차이가 있을 것이다.	고령자의 사회 활동을 장려하기 위한 지역사회 기반 장기요양보호제도가 고령자의 사회 활동에 미치는 효과는 가정 내 장기요양보호제도가 고령자의 사회 활동에 미치는 효과보다 클 것이다.
반응 속도와 문제 해결 능력에는 아무런 관련이 없다.	반응 속도와 문제 해결 능력 간에는 관련이 있다.	반응 속도와 문제 해결 능력 간에는 양의 관계가 있다.
자녀에게 제공하는 학교 관련 활동 지원 금액은 백인 가정과 흑인 가정 사이에 차이가 없다.	자녀에게 제공하는 학교 관련 활동지원 금액은 백인 가정과 흑인 가정 사이에 차이가 있다.	백인 가정에서 자녀에게 제공하는 학교 관련 활동 지원 금액은 흑인 가정에서 자녀에게 제공하는 학교 관련 활동 지원 금액보다 클 것이다.

귀무가설과 연구가설의 차이점

귀무가설은 '동일함'에 대해 서술하고 연구가설은 '같지 않음(차이)'에 대해 서술한다는 점 외에도, 이 두 가지 유형의 가설은 여러 측면에서 중요한 차이점을 지니고 있습니다.

첫째, 방금 말한 것처럼 귀무가설은 변수들 사이에 관계가 없다(동일하다)고 주장하는 반면, 연구가설은 변수들 사이에 관계가 있다(다르다)고 주장한다는 점에서 서로 다릅니다. 이것이 가장 큰 차이점입니다.

둘째, 귀무가설은 항상 모집단을 언급하는 반면, 연구가설은 항상 표본에 대해 이야기합니다. 우리는 표본보다 훨씬 더 큰 모집단에서 참가자를 선택합니다. 그런 다음 표본의 결과를 모집단으로 다시 일반화하려고 합니다. 여러분은 표본과 같이 작은 것에서 모집단과 같이 큰 것으로 확장해나가는 것을 귀납 과정process of induction이라고 한다는 것을 알고 있을 것입니다.

셋째, 모집단 전체를 직접 검정할 수 없으므로(다시 말하지만, 비실용적이며 비경제적이고 불가능할 수도 있습니다), 어떤 변수에 대하여 '표본들 사이에는 실제 차이가 없다'라고 100% 확실하게 말할 수는 없습니다. 오히려 표본을 기반으로 하는 연구가설의 검정 결과로부터 간접적으로 추론해야 합니다. 따라서 귀무가설은 간접적으로 검정되고, 연구가설은 직접적으로 검정됩니다.

넷째, 귀무가설은 등호(=)로 쓰는 반면, 연구가설은 같지 않음(≠), 큼(>), 작음(<)으로 작성됩니다.

다섯째, 귀무가설의 변수는 그리스 문자 μ(뮤)로 표시되는 반면, 연구가설의 변수는 $\overline{X}$ (X바)로 표시됩니다. 예를 들어, 9학년 학생의 평균 점수가 12학년 학생의 평균 점수와 같다고 가정한 귀무가설은 다음과 같이 나타납니다.

$$H_0 : \mu_9 = \mu_{12} \tag{9.3}$$

여기서

- H_0는 귀무가설을 뜻합니다.
- μ_9는 9학년 모집단의 평균 기억 검사 점수입니다.
- μ_{12}는 12학년 모집단의 평균 기억 검사 점수입니다.

12학년 표본에 대한 평균 점수가 9학년 표본의 평균 점수보다 높다는 연구가설은 식 (9.2)에 나와 있습니다.

여섯째, 귀무가설은 직접 검정할 수 없으므로 이 가설은 암묵적인implied 가설입니다. 그러나 연구가설은 명백히 제시되어 있습니다. 따라서 연구 논문에 귀무가설이 언급된 것은 거의 찾아볼 수 없지만, 연구가설(기호 또는 단어로 표시)은 거의 항상 볼 수 있습니다.

어떻게 하면 좋은 가설을 만들 수 있나요?

여러분은 이제 가설이 학습을 통한 추측educated guess임을 알게 되었습니다. 가설은 앞으로 배우게 될 더 많은 내용의 출발점이 될 것입니다. 일반적인 추측과 마찬가지로, 어떤 추측은 다른 추측보다 처음부터 나을 수 있습니다. 여러분이 답을 찾고자 하는 질문을 제기해야 한다는 점과 여러분이 제시한 가설이 원래 제기한 질문으로부터 도출된 직접적인 확장판이라는 것을 반드시 기억해야 합니다. 이 질문은 여러분의 개인적인 관심과 동기, 이전에 수행된 연구를 반영합니다. 이를 염두에 두고 연구 논문에서 읽은 가설이나 여러분이 직접 만든 가설이 수용 가능한 것인지를 판단할 때 사용할 수 있는 기준들을 살펴봅시다.

좋은 가설을 위한 기준을 보여주기 위해, 야근하는 부모를 위한 자녀 방과 후 프로그램의 효과를 조사하는 연구를 예로 들겠습니다. 다음은 잘 표현된 가설입니다.

방과 후 프로그램에 자녀를 등록시킨 부모들은
그렇지 않은 부모들보다 1년 동안 결근 일수가 더 적고,
일에 대해 보다 긍정적인 태도(업무 태도 설문으로 측정)를 갖게 될 것이다.

다음은 기준들입니다.

첫째, 좋은 가설은 질문 형식이 아니라 선언 형식으로 표현됩니다. 가설은 명확하고 강력하게 서술될 때 가장 효과적입니다. 위의 예에서도 연구자는 '이러이러한 부모가 회사에서 더 나은 직원일까?'라고 마음 속으로 질문했을지는 모르지만 질문 형식으로 표현하지 않았습니다.

둘째, 좋은 가설은 변수 간의 예상되는 관계를 가정합니다. 예를 들어, 위에 제시된 가설은 자녀의 방과 후 프로그램, 일에 대한 부모의 태도, 결근 비율 간의 관계를 명확하게 설명합니다. 이 변수는 방과 후 프로그램 등록이 다른 요인(결근율 및 직장에 대한 태도)에 영향을 미치는지 확인하기 위해 검정되고 있습니다.

여기서 '예상되는'이라는 단어에 주목하세요. 예상되는 관계를 미리 정의하는 것은 나중에 발견될지도 모를 어떤 (매혹적이지만 결코 생산적이지 않은) 관계를 찾지 않도록 하기 위해서입니다. 만약 이런 우발적인 접근법을 사용하면 어떤 결론에 도달하기는 하겠지만, 이 연구가 어디서 시작됐는지 알 수 없기 때문에 어디서 끝내야 할지도 알 수가 없습니다.

셋째, 가설은 자신이 근거로 삼은 이론이나 이전 연구들을 반영합니다. 앞에서 살펴봤듯이, 과학자들이 거둔 업적이 전적으로 그들의 노력에 의해 이뤄진 것이라고는 말할 수 없습니다. 그들의 성취는 그들보다 앞에 존재했고, 향후 연구를 위한 기틀을 마련했던 다른 연구자들의 노력에 바탕을 두고 있기 때문입니다. 좋은 가설은 기존의 연구 문헌 및 이론과 실질적인 연관성을 지니고 있습니다. 위의 예에서, 이전 연구 문헌을 통해 자녀가 구조화된 환경에서 돌봄을 받고 있을 때 부모는 보다 안정감을 느끼고, 직장에서 더 생산적으로 일할 수 있다는 것을 알게 되었다고 가정해봅시다. 이러한 배경지식이 있으면, 방과 후 프로그램이 부모가 필요로 하는 자녀를 위한 안전한 환경을 제공하므로 자녀가 집에 안전하게 도착했는지 여부를 알아내기 위해 수시로 문자 메시지를 보내는 대신, 마음 놓고 일에 집중할 수 있게 될 것이라는 가설을 세울 수 있습니다.

넷째, 가설은 간략하고 요점이 있어야 합니다. 따라서 변수 사이의 관계를 선언적 형식으로 설명하고 최대한 직접적이고 명시적인 가설을 만들어야 합니다. 가설의 요점이 명확할수록 다른 사람들(예를 들어, 석사·박사 학위 논문위원회)이 여러분의 연구 논문을 읽고 가설과 중요한 변수가 무엇인지를 정확하고 쉽게 이해할 수 있습니다. 실제로 연구 논문을 읽고 평가할 때, 대부분 연구의 일반적인 목적과 연구가 진행되는 과정을 알아보기 위해 우선 가설을 찾아서 읽습니다. 좋은 가설은 이 두 가지에 대한 정보를 알려줍니다.

다섯째, 좋은 가설은 검정 가능한 가설이며, 검정 가능한 가설은 측정할 수 있는 변수를 포함합니다. 이것은 가설에 반영된 연구 질문의 의도를 실제로 수행할 수 있다는 것을 의미합니다. 여러분은 표본 가설을 통해 자녀를 방과 후 프로그램에 등록한 부모와 그렇지 않은 부모 간에 중요한 차이가 있음을 알 수 있습니다. 그런 다음, 태도 및 결근 일수와 같은 것들을 측정할 것입니다. 이 변수들은 모두 합리적인 요인입니다. 업무 태도(허구적인 개념이지만 아이디어는 얻을 수 있을 것입니다)는 설문조사를 통해 측정되며, 결근 일수(직장에 출근하지 않은 날의 수)도 기록이 용이하며 명확합니다. '자녀를 방과 후 프로그램에 등록시키는 부모가 자기 일에 대해 더 나은 기분을 갖게 될 것이다'라고 가설을 세운다면 얼마나 측정하기 어려울지 생각해보세요. 같은 결과를 얻을 수도 있지만, '더 나은 기분'과 같이 단어가 갖는 애매한 특성을 고려하면 결과를 해석하기가 더 어려울 수 있습니다.

요약하면 가설은

- 선언적 형식declarative form으로 기술되어야 합니다.
- 변수들 사이의 관계를 정해야 합니다.
- 기반으로 하는 이론이나 문헌을 반영해야 합니다.
- 간략하고 요점이 명확해야 합니다.
- 검정할 수 있어야 합니다.

어떤 가설이 이 다섯 가지 기준을 모두 충족할 때, 여러분은 그 가설이 도출된 연구 질문을 정확하게 검정하기 위한 연구를 계속해도 된다고 판단할 수 있습니다.

낚시 여행 접근법fishing-trip approach을 사용한다면 여러분은 낚싯줄을 던져서 걸리는 모든 것을 잡게 됩니다. 관심사가 무엇이든 상관없이, 데이터 수집 방법이 합리적인 과학적 조사인지 여부와 관계없이 가능한 한 많은 데이터를 수집합니다. 산탄총 비유shotgun analogy를 사용하자면, 총을 장전하고 움직이는 모든 것을 향해 총을 쏘면 무언가를 맞히기 마련입니다. 문제는 여러분이 맞힌 것은 원하는 것이 아닐 수도 있고, 더 나쁜 것은 원하는 것을 놓칠 수도 있다는 것입니다. 최악의 경우, 여러분이 무언가를 맞혔다는 사실을 모를 수도 있습니다. 훌륭한 연구자는 아무거나 잡지 않습니다. 그들은 특정한 결과를 원합니다. 그리고 그 특정한 결과를 얻기 위해서 연구자들은 명확하고 강력하며 쉽게 이해할 수 있는 연구 질문과 가설을 준비합니다.

실생활의 통계학

여러분은 과학적 연구의 세계에서 과학적 방법과 귀무가설 및 연구가설을 사용하는 것이 당연하다고 생각할 수 있습니다. 글쎄요, 잘못된 생각일 수도 있습니다. 지난 몇 년 동안 연구 논문지에 실린 일부 논문들이 제기한 우려 사항을 소개합니다. 아직은 아무도 가설을 검정할 수 있는 최고의 방법으로서 과학적 방법을 포기하려 하지 않지만 그 방법이 언제까지나 최고의 방법이 될지는 의문을 가져볼 만합니다.

- 캔자스 주립 대학의 월터 슘Walter Schumm 박사는 표본 크기, 통계적 검정력, 귀무가설의 입증 불가성, 실제 무작위 할당의 어려움 및 기타 설계 문제 등을 들어 귀무가설 검정과 관련된 여러 이슈를 강조하였습니다. 이 논문에서는 의학적·정신적·심리적 연구에서 수행된 연구들을 예로 듭니다. 슘 박사의 연구에서 가장 주목할 내용은 논문 결과에 효과 크기effect size를 항상 보고하도록 권장한 것입니다. 다음 참고 문헌을 확인해보세요. (효과 크기에 대해서는 12장에서 다룹니다.)

  Schumm, W. (2010). Statistical requirements for properly investigating a null hypothesis. Psychological Reports, 107(3), 953-971.

- 하워드 와이너Howard Wainer와 다니엘 로빈슨Daniel Robinson은 이러한 비판에서 한 걸음 더 나아가, 전통적인 방법을 사용하는 것은 합리적이지만 중요성 검정과 결과 해석에 대한 수정modification 견해는 현대 과학에 도움이 될 것이라고 제안하였습니다. 이들은 연구 결과를 평가하려면 (12장에서 논의할 효과 크기와 같은) 다른 도

구를 사용해야 한다고 주장합니다. 다음 참고 문헌을 확인해보세요.

Wainer, H. & Robinson, D. H. (2003). 귀무가설 유의미성 검정의 실무 설계(Shaping up the practice of null hypothesis significance testing. Educational Researcher), 32, 22-30.

- 〈죽지 않는 이론들의 광대한 무덤 : 귀무가설에 대한 심리학의 기피와 출판의 왜곡〉이라는 흥미로운 연구가 있습니다. 이 연구에서 크리스토퍼 퍼거슨Christopher Ferguson과 모리츠 힌Moritz Heene은 귀무가설(집단 간 차이 없음)이 채택된 결과를 담은 논문이 상당수 논문지에서 출판을 거부당하는 현상에 대해 실질적인 문제를 제기합니다. 이들은 이러한 연구 결과가 출판되지 않으면 거짓 이론들에 대한 연구가 이뤄질 수 없으며, 이러한 연구의 진실성이 절대 검정될 수 없다고 주장합니다. 그러면 과학의 복제 가능성replicability[3](과학의 전 과정에서 매우 중요한 측면)이 손상됩니다. 이에 대한 자세한 내용은 다음 참고 문헌을 통해 확인할 수 있습니다.

  Ferguson, C. J., & Heene, M. (2012). 죽지 않는 이론들의 광대한 무덤 : 귀무가설에 대한 심리학의 기피와 출판의 왜곡(A vast graveyard of undead theories: Publication bias and psychological science's aversion to the null). Perspectives on Psychological Science, 7, 555-561.

세 가지 예시를 통해, 과학에 흑백논리처럼 하나의 절대적인 올바른 방법과 잘못된 방법이 존재하는 것은 아니라는 점을 알기 바랍니다. 과학은 목적과 방법, 잠재적인 결과가 항상 변하는 유기적이고 역동적인 과정입니다.

이 장의 요약

모든 과학적 연구의 핵심 구성 요소는 가설이며 여러 유형의 가설(귀무가설과 연구가설)은 연구 목적에 따라 제기된 질문에 대해 답을 구하기 위한 계획을 세우는 데 도움이 됩니다. 귀무가설은 연구의 시작점과 기준점을 제공하며, 연구자는 연구가설의 채택 여부를 평가할 때 귀무가설을 비교 대상으로서 사용합니다. 이제 귀무가설을 실제로 어떻게 검정할 수 있는지 알아봅시다.

3 (옮긴이) 과학은 한 연구자의 연구 결과를 다른 연구자들이 복제(재현)하여 그 결과를 검정하는 것에서 시작됩니다.

연습할 시간입니다!

1. 도서관에서 (실제 데이터가 포함된) 관심 분야의 실증적 연구 논문 다섯 편을 선택하세요. 각각에 대해 다음 질문들에 대한 답을 적어보세요.

(a) (암묵적이거나 명시적으로 서술된) 귀무가설은 무엇입니까?

(b) (암묵적이거나 명시적으로 서술된) 연구가설은 무엇입니까?

(c) 가설이 명확히 언급되거나 함축되어 있지 않은 논문은 무엇입니까? 그 논문을 확인하고 연구가설을 쓸 수 있는지 확인하세요.

2. 도서관에서 여러분이 관심 있는 분야의 연구 논문 두 편을 골라 그 연구에 사용된 표본에 대해 간단히 설명하고, 표본이 모집단에서 어떻게 선택되었는지 서술하세요. 연구자가 표본을 선택하는 과정이 적절했는지를 판단하는 내용이 반드시 들어가야 합니다. 또한 그렇게 판단한 이유도 설명할 수 있어야 합니다.

3. 다음과 같은 연구 문제에 대해 귀무가설, 방향성 연구가설, 비방향성 연구가설을 각각 하나씩 제시하세요.

(a) 집중력이 수업 시간의 일탈 행동에 미치는 영향은 무엇입니까?

(b) 결혼 생활의 질과 배우자의 형제자매 간 관계의 특성 사이에는 어떤 관계가 존재합니까?

(c) 섭식 장애를 치료하는 가장 좋은 방법은 무엇입니까?

4. [연습문제 1]에서 여러분이 찾은 다섯 개의 가설에 대해, 좋은 가설의 다섯 가지 기준을 사용하여 평가해보세요.

5. 잘못 서술되거나 모호한 연구가설을 사용하면 어떤 문제가 생길 수 있습니까?

6. 귀무가설은 무엇이며, 귀무가설의 중요한 목적은 무엇입니까? 연구가설과 어떻게 다릅니까?

7. 연구가설의 맥락에서 우연chance이란 무엇인가요? 실험 과정에서 발생하는 우연에 대하여 어떻게 대처할 수 있습니까?

8. 왜 귀무가설은 변수들 사이에 아무 관계도 없다고 가정합니까?

10

확률은 무엇이며 확률이 중요한 이유는 무엇일까요?

이 장에서 배울 내용

- ☑ 확률 이해하기 & 확률이 왜 통계를 이해하는 바탕이 되는지 이해하기
- ☑ 정규곡선(종 모양 곡선)의 특성 적용하기
- ☑ z 점수의 계산과 해석 및 그 중요성 이해하기

왜 확률인가요?

통계 수업이라고 생각했는데 웬 확률이냐고 생각할지 모르겠네요. 이 장에서 곧 배우겠지만, 확률에 관한 공부는 정규곡선의 기초가 되며(추후에는 그 이상을 배우게 됩니다), 추론통계의 기초가 됩니다. 왜 그럴까요?

첫째, 정규곡선은 가능한 결과(예를 들어, 시험에서 특정 점수를 얻거나 동전 뒤집기에서 앞면이 나올 확률)와 관련된 확률을 이해할 수 있는 근거를 제공합니다.

둘째, 확률에 관한 연구는 특정 결과가 '사실이다[1]'라고 자신 있게 말할 수 있는 확신의 정도(**신뢰수준** degree of confidence)를 결정하는 기초입니다. 예를 들어, 매주 3시간 수영 연습에 참여한 집단 A와 수영 연습에 참여하지 않은 집단 B를 비교해봅시다. 우리는 집단 A의 체력 측정 결과가 집단 B의 결과와 다르다는 것을 알지만, 그 차이가 수영 연습 때문인지 또는 다른 이유 때문인지 어떻게 알 수 있을까요? 우리는 확

1 더 정확히 말하면, 그러한 결과가 단지 우연으로 인해 발생하지 않아야 합니다.

률 연구가 제공하는 도구를 사용하여 두 집단의 체력의 차이가 연습으로 인한 것인지, (우연 등) 다른 요인에 의한 것인지 판단할 수 있는 정확한 수학적 가능도(**우도** likelihood)를 계산할 수 있습니다.

우리는 앞서 가설에 대해 공부하는 귀중한 시간을 보냈습니다. 귀무가설과 연구가설에 대한 이해에 확률의 기초에 대한 이해가 더해지면, 연구가설에서 서술한 특정 결과가 발생할 가능성이 얼마인지에 대해 논의할 준비가 됩니다.

정규곡선(종 모양 곡선)

정규곡선이란 무엇일까요? **정규곡선**[2]은 세 가지 특성을 지닌 점수 분포의 시각적 표현입니다. 각 특성은 [그림 10-1]에 나와 있습니다.

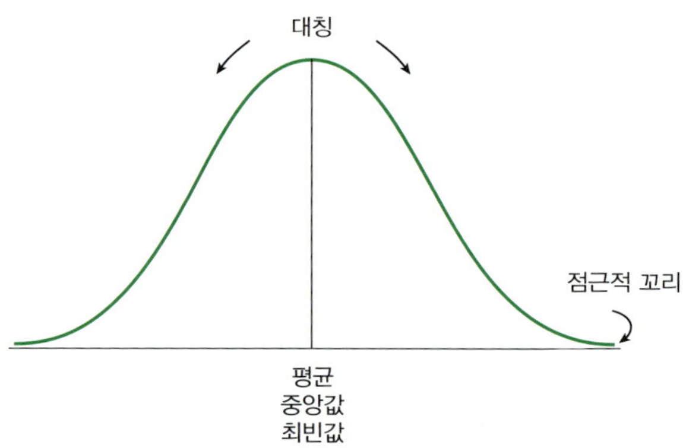

그림 10-1 정규곡선

정규곡선은 평균, 중앙값, 최빈값이 모두 같은 점수 분포distribution of values를 나타냅니다. 4장에서 중앙값과 평균이 다르면 분포가 한 방향으로 기울게 된다고 배운 것을 기억할 것입니다. 정규곡선은 기울어져 있지 않습니다. (단 하나의) 멋진 언덕이 있고 그 언덕은 중앙에 있습니다.

둘째, 정규곡선은 평균에 대해 완벽하게 대칭입니다. 중심선을 따라 곡선을 절반으로 접으면 서로 완벽하게 맞을 것입니다. 양쪽 모양이 똑같습니다. 곡선의 절반은 다른 절반을 거울에 비춘 이미지와 같습니다.

2 정규곡선은 종 모양 곡선 또는 종 곡선(bell-shaped curve)이라고도 합니다.

셋째, 정규곡선의 꼬리는 **점근적**asymptotic 입니다. 단어가 좀 어렵죠? 선이 가로축에 가까워지지만, 이론적으로는 선이 음의 무한대에서 양의 무한대로 뻗으므로 x축과 절대로 맞닿지 않는다는 의미입니다. 나중에 배우겠지만, 이런 특징이 왜 중요할지 한 번 생각해보세요. 왜냐하면 이 같은 특징은 확률과 관련된 모든 내용의 기초가 되기 때문입니다.

이런 특징들 때문에 정규곡선을 **종 모양 곡선**bell-shaped curve 이라고도 부릅니다.

정규곡선의 꼬리가 수평 또는 x축에 접근하지만 어째서 결코 닿지 않는 걸까요? 이렇게 생각해봅시다. 1cm 간격으로 연필 두 개를 놓은 다음 0.5cm 간격으로 좁혀지게 연필을 놓습니다. 이어서 더 가깝게(1/4cm 간격으로) 놓고, 한 번 더 가깝게(1/8cm 간격으로) 놓습니다. 이런 식으로 두 연필은 지속적으로 가까워집니다, 그렇죠? 그러나 두 연필은 절대로 닿지 않을 것입니다. 곡선의 꼬리도 마찬가지입니다. 곡선의 꼬리는 x축에 천천히 접근하지만, 실제로는 결코 닿을 수 없습니다.

이러한 특징이 왜 중요한가요? 이 장의 뒷부분에서 배우겠지만, 곡선의 꼬리가 절대로 x축에 닿지 않는다는 사실은 매우 극단적(곡선의 왼쪽이나 오른쪽 꼬리 부분)인 점수를 얻을 가능성이 매우 낮다는 것을 의미합니다. 만약 곡선의 꼬리 부분이 x축에 닿는다면, 매우 극단적인 점수를 얻을 가능성은 존재하지 않습니다.

저기요! 그건 정규곡선이 아니에요!

여러분이 다음과 같은 질문을 하길 바랍니다. "분포가 정규곡선이나 종 모양이 아닌 점수 집합이 많이 있습니다. 그렇지 않나요?" 이에 대한 대답은 "네, 그렇습니다."입니다.

하지만 30개 이상의 관측값으로 구성된 대규모의 데이터 집합을 다루고, 모집단으로부터 반복해서 표본 데이터 세트를 추출하면, 정규곡선 모양과 매우 비슷해집니다. 이것은 매우 중요한 사실입니다. 왜냐하면, 표본에 대한 결론을 바탕으로 모집단에 대해 추론할 때 우리가 하는 일 중 많은 부분이 모집단에서 추출한 표본이 정규분포를 갖고 있다고 가정하기 때문입니다.

그리고 이 세상에서 벌어지는 수많은 현상도 대개는 정규적이라 할 수 있는 분포를 나타냅니다. 즉, 일반인의 IQ와 신장(키) 분포를 나타낸 [그림 10-2]에서 볼 수 있듯이 분포 중간에 많은 사건이나 상황이 발생하지만, 곡선의 양쪽 끝에는 상대적으로 적은 경우의 수가 존재합니다.

그림을 보면, 아주 영리한 사람도 거의 없고 지적으로나 인지적으로 아주 모자란 사람도 거의 없습니다. 정중앙에 가장 많은 사람이 있고, 곡선의 꼬리 쪽으로 갈수록 사람들 수는 점점 적어집니다. 마찬가지로, 상대적으로 키가 큰 사람들과 작은 사람들은 적고 대다수가 가운데 부분에 속합니다. 이 두 가지 예에서 지적 능력과 키의 분포는 정규 분포와 비슷합니다.

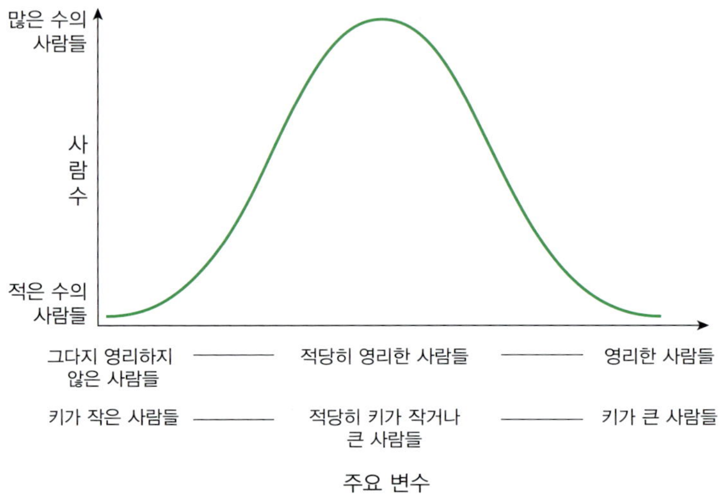

그림 10-2 점수는 어떻게 분포되는가?

결과적으로 정규곡선의 극단에 나타나는 경향이 있는 사건은 발생 확률이 더 낮습니다. 따라서 우리가 미처 알지 못하는 어떤 사람의 키가 매우 크거나 매우 작을 확률이 그다지 높지 않다고 자신 있게 말할 수 있습니다. 한 사람의 키가 평균이거나 중간 정도일 확률이 꽤 높다는 것도 알고 있습니다. 정규곡선의 중간에 발생하는 경향이 있는 사건은 극단적인 사건보다 발생 확률이 더 높습니다. 키, 몸무게, 지능, 힘, 스마트폰에 설치된 어플리케이션의 개수, 소장하고 있는 액션 피규어의 개수 등이 이에 해당합니다.

정규곡선에 대한 추가 내용

우리는 앞에서 곡선이 정규형이나 종 모양이 되는 세 가지 주요 특성을 살펴보았습니다. 여기에 추가로 알아야 할 내용이 있습니다. [그림 10-3]의 곡선을 살펴보세요.

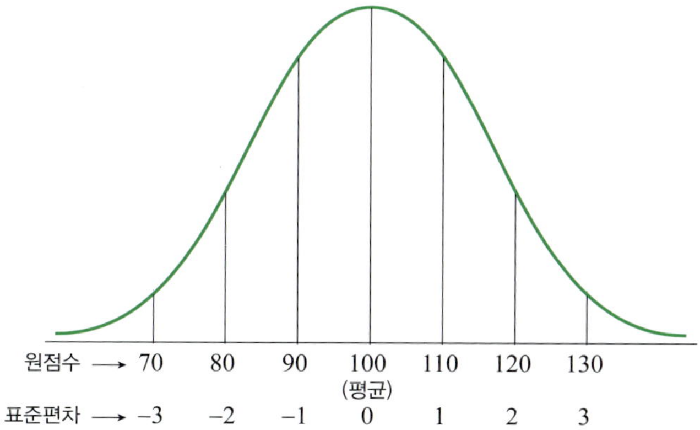

그림 10-3 표준편차로 구분된 정규곡선

이 그림에서 평균은 100이고 표준편차는 10인 정규곡선을 볼 수 있습니다. 이 분포에 대해 평균으로부터 표준편차의 거리를 x축에 추가했습니다. 점수 분포를 나타내는 x축에는 분포에 속한 점수가 10의 간격으로 70에서 130까지 표시되어 있고, 간격이 1인 표준편차 값도 나타나 있습니다. 100과 10이라는 숫자는 임의로 만든 숫자이니, 왜 그런 값이 나왔는지 고민하지 마세요.

곡선의 각 세로선은 곡선을 구역으로 나누고, 각 구역은 특정 점수 구간으로 묶입니다. 예를 들어, 평균 100의 오른쪽 첫 번째 구역은 100에서 110까지이며, 평균으로부터 1 표준편차를 나타냅니다.

그리고 원점수(70, 80, 90, 100, 110, 120, 130) 아래에 해당 표준편차(−3, −2, −1, 0, +1, +2, +3)가 있습니다. 이 예에서 각 표준편차는 10입니다. 따라서 평균으로부터 1 표준편차는 100에 10을 더한 110입니다. 그리 어렵지 않죠?

이 내용을 확대해서 적용하면, 평균이 100이고 표준편차가 10인 정규분포에서 점수는 70에서 130, 표준편차는 -3에서 +3까지 나타난 방식을 이해할 수 있을 것입니다.

정규분포, 평균, 표준편차에 대해 항상 참이 되는 놀라운 사실이 있습니다. (평균값이나 표준편차 값에 상관없이) 어떤 점수 분포라도 점수들이 정규적으로 분포되어 있다면, 점수들은 평균으로부터 -3에서 +3 표준편차 사이에 거의 100% 존재합니다. 이는 모든 정규분포에 해당하기 때문에 매우 중요합니다. (평균값이나 표준편찻값에 상관없이) 모든 정규분포에 이 규칙이 적용되기 때문에, 우리는 분포들을 서로 비교할 수 있습니다. 이 내용은 나중에 다시 설명하겠습니다.

이를 바탕으로 논의를 좀 더 확장해보겠습니다. 점수 분포가 정규형이라면 x축의 서로 다른 점들 사이, 예를 들어 평균과 1 표준편차 사이에 특정 비율의 사례가 들어갑니다. 즉, 평균과 평균으로부터 +1 표준편차(110) 사이의 분포에 전체 사례의 약 34%(정확히 34.13%)가 존재하게 됩니다. 이 비율은 언제나 참입니다.

조금 더 나아가볼까요? [그림 10-4]를 보세요. 여기 평균은 100이고 표준편차는 10인 정규곡선이 있습니다. 평균과 표준편차로 나뉜 구역에 속한 백분율을 볼 수 있습니다.

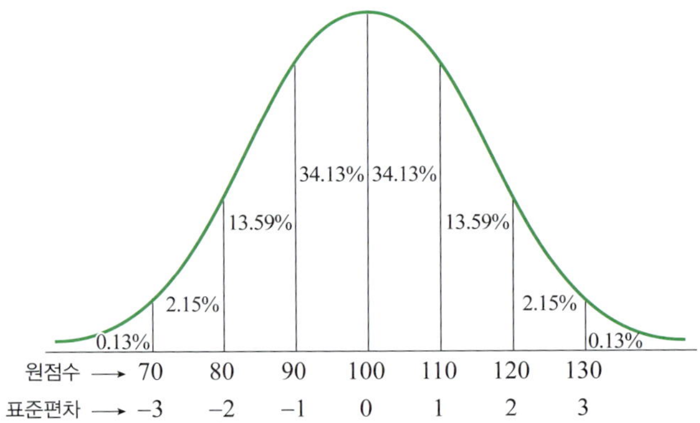

그림 10-4 정규곡선에서 각 구역의 분포

결론은 다음과 같습니다.

○○○ 사이의 거리는	○○○을 포함하고 ….	(평균이 100이고 표준편차가 10인 경우) 포함되는 점수들은 ○○○입니다
평균과 +1 표준편차	곡선의 모든 경우의 34.13%	100부터 110까지
+1 표준편차와 +2 표준편차	곡선의 모든 경우의 13.59%	110부터 120까지
+2 표준편차와 +3 표준편차	곡선의 모든 경우의 2.15%	120부터 130까지
+3 표준편차와 그 이상	곡선의 모든 경우의 0.13%	130 이상

정규곡선의 어느 절반에 포함된 모든 값(%)을 더하면 얼마가 될까요? 맞습니다, 50%입니다. 정규곡선상의 평균과 곡선 오른쪽에 위치한 가장 큰 점수 사이의 거리는 모든 점수의 50%를 포함합니다. 정규곡선은 중심축을 기준으로 대칭이기 때문에 두 반쪽을 합치면 100%를 나타냅니다. 어렵지 않지만 중요하기 때문에 짚고 넘어갑니다.

이제 동일한 논리를 100점 평균의 왼쪽에 있는 점수로 확장합시다.

○○○ 사이의 거리는	○○○ 을 포함하고 ….	(평균이 100이고 표준편차가 10인 경우) 포함되는 점수들은 ○○○ 입니다
평균과 −1 표준편차	곡선의 모든 경우의 34.13%	90부터 100까지
−1 표준편차와 −2 표준편차	곡선의 모든 경우의 13.59%	80부터 90까지
−2 표준편차와 −3 표준편차	곡선의 모든 경우의 2.15%	70부터 80까지
−3 표준편차와 그 이하	곡선의 모든 경우의 0.13%	70 미만

여기서는 평균이 100이고 표준편차는 10인 특정 예제의 표본 값들만 사용되고 있다는 것을 명심하세요. 모든 분포가 평균 100과 표준편차 10을 갖는 것은 아닙니다. 사실, 대부분은 그렇지 않습니다.

위의 내용들은 꽤 명쾌합니다. 34.13%와 13.59%와 같은 값이 평균이나 표준편차의 실제 값과 절대적으로 무관하다는 점을 고려할 때 특히 그렇습니다. 이 값들은 분포 안에 있는 점수 값이나 평균 또는 표준편차 값과 상관없이 곡선의 모양 때문에 나타나는 수치입니다. 실제로 널판지 조각에 정규곡선을 그리고 해당 곡선을 따라 평균과 +1 표준편차 사이의 영역을 잘라낸 다음 무게를 측정하면, 정규곡선 널빤지에서 정확히 34.13%에 해당하는 무게를 갖고 있을 것입니다(직접 확인해보세요. 사실입니다).

이러한 사실은 위의 예에서 분포에 속한 모든 점수의 약 68%(34.13%의 두 배)가 원점수 값 90과 110 사이에 존재하고 있음을 의미합니다. 그럼 나머지 32%는 어떻게 된 거죠? 좋은 질문입니다. 그 절반(16% 또는 13.59%+2.15%+0.13%)은 평균보다 1 표준편차 위로 떨어져 있고, 나머지 절반은 평균보다 1 표준편차 아래에 있습니다. 곡선의 기울기가 작아지고 평균에서 멀어질수록 영역의 면적도 줄어들기 때문에, 어떤 점수가 분포의 극단보다는 중간 부근에 존재할 가능성이 더 크다는 것은 그리 놀라운 사실이 아닙니다. 이것이 정규곡선은 가운데에 언덕이 있고 어떤 쪽으로도 기울지 않은 이유입니다. 또한 평균에서 멀리 떨어진 점수는 평균에 가까운 점수보다 발생할 확률이 낮은 이유이기도 합니다.

우리가 좋아하는 표준점수 : z 점수

여러분은 분포가 중심경향과 변동성에 따라 달라진다는 점을 이미 여러 차례 읽었습니다.

그런데 통계를 사용해 연구 활동을 진행할 때 각각 다른 척도로 측정되어 다른 분포에 속한 측정값의 통계량을 서로 비교해야만 하는 경우가 있습니다. 그러한 비교를 하려면 일종의 표준이 필요합니다.

표준점수standard scores라는 개념을 소개합니다. 표준점수는 표준편차 단위로 표준화된 점수이기 때문에 서로 다른 분포에 속한 값들을 비교할 수 있습니다. 예를 들어, 평균이 50이고 표준편차가 10인 분포에서 표준점수 1은 평균이 100이고 표준편차가 5인 분포에서 표준점수 1과 같다는 것을 의미합니다. 둘 다 표준점수 1을 나타내며 각각의 평균으로부터 같은 거리만큼 떨어져 있습니다. 또한 우리는 정규곡선에 대한 지식을 활용하여, 평균으로부터 1 표준편차에 해당하는 값의 발생 확률을 계산할 수 있습니다. 이 내용은 이 장의 뒷부분에서 다룰 것입니다.

여러 유형의 표준점수가 있지만 통계 조사에서 가장 자주 볼 수 있는 점수는 z 점수라고 부르는 표준점수입니다. 이는 원점수와 평균 간의 차이를 표준편차로 나눈 값으로, 식 (10.1)과 같습니다.

$$z = \frac{(X - \overline{X})}{s} \qquad (10.1)$$

여기서

- z는 표준점수입니다.
- X는 개별적인 점수입니다.
- $\overline{X}$는 분포의 평균입니다.
- s는 분포의 표준편차입니다.

예를 들어, 평균이 100, 원점수가 110, 표준편차가 10인 경우의 z 점수 계산법은 식 (10.2)에서 확인할 수 있습니다.

$$z = \frac{(110 - 100)}{10} = 1.0 \qquad (10.2)$$

z 점수를 알고 있다면, z 점수로부터 원점수를 계산하는 것도 쉽습니다. 여러분은 원점수, 평균, 표준편차를 이용하여 z 점수를 계산하는 공식을 이미 알고 있습니다. 반대로 z 점수와 평균 및 표준편차 값을 알고 있다면, 원점수는 얼마입니까? 간단합니다. 방정식 $X = (z \times s) + \overline{X}$를 사용하세요. 이 방정식을 사용하면 z 점수를 구하는 방정식으로 쉽게 바꿀 수 있고 필요하면 다시 되돌릴 수 있습니다.

예를 들어, 평균이 50이고 표준편차가 5인 분포에서 z 점수가 -0.5인 경우 원점수 $X = (-0.5 \times 5) + 50$, 즉 47.5입니다.

식 (10.1)에서 볼 수 있듯이, 평균과 표준편차로 각각 $\overline{X}$와 s를 사용합니다. 일부 통계 서적이나 수업에서 모집단 평균은 그리스 문자 뮤(μ로 표시)를 사용하며 표준편차는 그리스 문자 시그마(σ로 표시)를 사용합니다. 어떤 표기를 언제 사용해야 하는지 엄격하게 정할 수 있지만, 이 책에서는 로마자를 사용할 것입니다.

통계 용어	모집단(그리스어)	표본(로마자)
평균	μ	$\overline{X}$
표준편차	σ	s

다음 데이터는 평균이 12이고 표준편차가 2인 분포의 표본 10개 점수에 대한 원점수와 z 점수를 보여줍니다. 원점수가 평균보다 크면 해당 z 점수는 양의 값이 되고 평균보다 작으면 음의 값이 됩니다. 예를 들어, 원점수 15의 z 점수는 +1.5이고, 원점수 8의 z 점수는 -2입니다. 물론 평균과 같은 원점수 12는 (평균과의 거리가 0이기 때문에) z 점수가 0입니다.

X	$X-\overline{X}$	z 점수
12	0	0.0
15	3	1.5
11	−1	−0.5
13	1	0.5
8	−4	−2.0
14	2	1.0
12	0	0.0
13	1	0.5
12	0	0.0
10	−2	−1.0

아래 내용은 간단한 복습으로서, z 점수의 몇 가지 특징을 설명합니다.

첫째, 평균보다 작은 점수(예를 들어 8과 10)는 음의 z 점수를 가지며 평균보다 큰 점수(예를 들어 13과 14)는 양의 z 점수를 갖습니다.

둘째, 양의 z 점수는 항상 평균의 오른쪽에 위치하고 분포의 위쪽 절반에 있습니다. 음의 z 점수는 항상 평균의 왼쪽에 위치하고 분포의 아래쪽 절반에 있습니다.

셋째, 평균으로부터 1 표준편차만큼 떨어져 있는 점수는 해당 점수가 평균보다 1 z 점수만큼 높음을 의미합니다. 분포들 사이의 점수를 비교할 때 z 점수와 표준편차는 같습니다. 즉, z 점수는 단순히 평균으로부터 떨어진 표준편차의 수입니다.

마지막으로, 서로 다른 분포에 대한 z 점수를 비교할 수 있습니다. 이 사실은 매우 중요합니다. 위의 표와 비슷한 또 다른 표가 있습니다. 이 10개의 점수는 평균이 59점, 표준편차가 14.5점인 100개의 점수에서 추출된 표본입니다.

원점수	$X-\bar{X}$	z 점수
67	8	0.55
54	−5	−0.34
65	6	0.41
33	−26	−1.79
56	−3	−0.21
76	17	1.17
65	6	0.41
33	−26	−1.79
48	−11	−0.76
76	17	1.17

앞서 살펴본 첫 번째 분포에서 평균이 12이고 표준편차가 2인 경우, 원점수 12.8의 z 점수는 +0.4이므로 원점수 12.8은 평균으로부터 0.4 표준편차만큼 떨어져 있습니다. 평균이 59이고 표준편차가 14.5인 두 번째 분포에서 원점수 64.2의 z 점수도 +0.4가 됩니다. 기적이 일어난 걸까요? 아닙니다. z 점수가 다양한 데이터나 다양한 분포에 속한 점수를 서로 비교하는 데 큰 도움이 된다는 사실을 말해주는 좋은 예입니다. 또한 [그림 10-4]에서 표준편차 0과 1이 표시된 곳에 z 점수도 동일하게 위치합니다.

원점수 12.8과 64.8은 (서로 상대적으로) 평균으로부터 같은 거리만큼 떨어져 있습니다. 이렇듯 원점수가 표준점수로 표시되면 해당 분포의 상대적 위치를 고려해 각 값을 서로 직접 비교할 수 있습니다. 이는 결과를 비교할 수 있는 아주 훌륭한 방법이며, 집단 간 성과를 비교할 때 및 공정한 경쟁의 장을 만드는 데에도 도움이 됩니다.

z 점수의 의미

특정 z 점수는 원점수와 분포 상 x축 위의 특정 위치, 이 두 가지를 모두 나타냅니다. 그리고 z 점수(예를 들어 +2 또는 −2.6)가 커질수록 그 값은 평균에서 멀어집니다.

우리는 x축을 따라 특정 지점 사이에 속하는 면적의 비율을 이미 알고 있기 때문에 (+1 표준편차와 평균 사이는 34%, +1 표준편차와 +2 표준편차 사이는 약 14%), 다음과 같은 진술도 가능합니다.

- 모든 점수의 84%가 +1의 z 점수 아래 존재합니다(평균 아래 50%, 평균과 +1 z 점수 사이의 34%).
- 모든 점수의 16%가 +1의 z 점수 위에 존재합니다(정규곡선 아래의 총면적이 100%이고 점수의 84%가 +1 z 점수 이하가 되기 때문).

이 두 진술에 대해 잠시 생각해봅시다.

우리가 말하려는 것은 정규분포에서 곡선의 다른 영역들은 서로 다른 값의 표준편차 또는 z 점수로 둘러싸인다는 것입니다. 좋습니다, 이 비율 또는 영역을 통해 특정 점수의 발생 확률을 쉽게 알아낼 수 있습니다. 예를 들어, 다음은 우리가 제기할 수 있는 가장 커다란 질문 중 하나입니다.

평균이 100이고 표준편차가 10인 분포에서
어떤 점수가 110점 이상이 될 확률은 얼마입니까?

정답은? 100분의 16, 즉 16%입니다. 이것을 어떻게 알아냈죠?

먼저, 해당 z 점수를 계산합니다. z 점수는 +1((110 − 100) / 10)입니다. 그런 다음 우리가 이미 알고 있는 지식을 종합해보면([그림 10-4] 참조), z 점수 +1은 분포상 모든 점수 중 84%(50% + 34%)가 속하는 x축 위치를 나타냅니다. 이 위치 이상은 점수의 16% 또는 0.16의 확률입니다. 다시 말해, 우리는 평균과 위 또는 아래의 1, 2, 3 표준편차 사이의 영역(또는 확률)을 이미 알고 있으므로, 어떤 z 점수의 값이 발생할 확률을 쉽게 알아낼 수 있습니다.

우리가 방금 살펴본 방법은 +1, +2, +3 등의 z 점수들에 대해서는 문제가 없습니다. 하지만 z 점수가 +2와 같은 정수가 아닌 1.23 또는 -2.01이라면 어떻게 해야 합니까? 우리는 보다 정확한 방법을 찾아야 합니다.

어떻게 해야 할까요? 간단히 배운 미적분을 곡선에 적용하여 x축을 따라 가능한 모든 지점에서 그 아래 영역을 계산하거나, [부록 B]의 [표 B.1](정규분포표)을 사용하세요(두 번째 방법을 더 추천합니다). 이 표는 특정 z 점수에 해당하는 곡선 아래 영역 또는 확률 값들의 목록입니다(가장 극단적인 값은 제외됩니다).

[표 B.1]에는 두 개의 열이 있습니다. z 점수로 표시된 첫 번째 열은 계산된 z 점수입니다. 두 번째 열인 평균과 z 점수 사이의 영역은 두 점수 사이에 포함된 곡선 아래를 나타내는 정확한 영역입니다.

예를 들어, 여러분이 평균과 z 점수 1 사이의 영역을 알고 싶다면 z 점수로 표시된 열에서 1.00 값을 찾고 두 번째 열을 가로질러 읽으면 평균과 z 점수 사이의 영역인 34.13을 찾을 수 있습니다. 이 값을 앞에서 본 적 있지 않나요?

[표 B.1](정규분포표)에 +1과 같이 + 또는 − 부호가 없는 이유는 무엇일까요? 곡선이 대칭이므로 z 점수의 값이 양수인지 음수인지는 중요하지 않습니다. 어떤 방향이든 평균과 1 표준편차 값 사이의 영역은 항상 34.13%입니다.

다음 단계입니다. z 점수가 1.38인 경우 해당 z 점수와 관련된 확률을 알고 싶다고 가정해보겠습니다. 평균과 z 점수 1.38 사이의 면적 비율을 [표 B.1]에서 확인하면 z 점수 1.38에 해당하는 영역은 41.62입니다. 이는 분포에서 모든 사례의 41%가 z 점수 0과 1.38 사이에 있고, 약 92%(50%+41.62%)가 z 점수 1.38 이하에 존재한다는 것을 나타냅니다. 우리는 어떤 원점수도 사용하지 않고 이 예제를 해결했다는 사실을 기억해야 합니다. [표 B.1]만 있으면 원점수가 필요하지 않습니다.

하지만 늘 평균과 특정 z 점수 사이의 영역 넓이만 궁금한 건 아닙니다. 두 z 점수(둘 다 평균이 아님) 사이의 영역은 어떻게 계산할까요? 예를 들어, 어떤 점수가 1.5와 2.5 z 점수 사이에 존재할 확률을 의미하는 1.5 z 점수와 2.5 z 점수 사이의 영역을 알고 싶다면 어떻게 계산할까요? 표를 어떻게 활용하면 좋을까요? 간단합니다.

각 z 점수가 포함된 영역의 해당 면적을 구한 다음, 한 면적에서 다른 면적을 뺍니다. [그림 10-5]와 같이 그림을 그리면 도움이 됩니다.

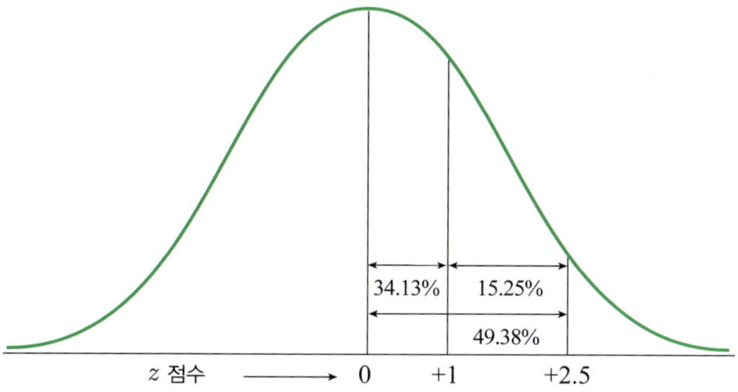

그림 10-5 그림을 사용하여 두 z 점수 사이의 면적 계산

평균 100과 표준편차가 10인 분포에서 110과 125의 원점수들 사이의 영역을 알고 싶다고 가정해봅시다. 다음과 같은 단계는 거쳐 계산합니다.

1. 원점수 110에 대한 z 점수를 계산합니다. (110 − 100) / 10 = +1
2. 원점수 125에 대한 z 점수를 계산합니다. (125 − 100) / 10 = +2.5
3. 정규분포표를 사용하여 평균과 z 점수 +1 사이의 영역을 찾습니다. 34.13%입니다.
4. 정규분포표를 사용하여 평균과 z 점수 +2.5 사이의 면적을 계산하면 49.38%입니다.
5. 둘 사이의 차이를 알아야 하므로 큰 값에서 작은 값을 빼세요. 49.38 − 34.13 = 15.25%. [그림 10-5]는 이를 하나의 그림으로 명확히 보여줍니다.

좋습니다. 이제 우리는 특정 점수가 다른 점수와 비교해서 어디에 위치하는지를 파악하여 그 점수의 발생 확률을 정확히 알 수 있다고 확신할 수 있게 되었습니다. 이 예에서 +1의 z 점수와 +2.5의 z 점수 사이에서 사건이 발생할 확률은 약 15%입니다.

또 다른 예를 들어봅시다. 평균이 100이고 표준편차가 10인 일련의 점수 집합에서 원점수 117의 z 점수는 1.7입니다. 이 z 점수에 해당하는 곡선 아래 영역은 95.54%(50%+45.54%)입니다. 즉, 음의 무한대 값과 1.7 사이에서 어떤 점수가 발생할 확률은 95.54%(100의 95.5 또는 0.955)입니다.

표준점수에 대해 두 가지를 기억하세요.

첫째, 우리는 여기서 z 점수에 초점을 맞췄지만 다른 유형의 표준점수도 있습니다. 예를 들어, t 점수는 z 점수에 10을 곱하고 50을 더하여 계산되는 표준점수입니다. t 점수의 장점 중 하나는 음의 값이 거의 없다는 것입니다. z 점수와 마찬가지로 t 점수를 사용하면 다른 분포들의 표준점수와 비교할 수 있습니다.

둘째, 표준점수는 표준화 점수와 완전히 다른 개념입니다. 표준화 점수는 미리 정의된 평균 및 표준편차를 가진 분포에서 도출되는 점수입니다. 표준화 점수는 같은 평균과 표준편차가 사용되는 점수들을 쉽게 비교할 수 있도록 SAT(미국 대학수학능력시험)와 GRE(미국 대학원 입학 시험)와 같은 시험에서 사용됩니다.

z 점수의 진정한 의미

통계의 핵심은 결과에 대한 확률을 예측할 수 있다는 것입니다. 이 장에서 지금까지 이야기하고 배운 것에서 한 걸음 더 나아간다면, 우리는 어떤 사건이 발생할 확률을 결정할 수 있습니다. 그리고 그 사건이 우연과 유사한 빈도로 발생하는지, 우연보다 더 높은 확률로 발생하는지, 우연보다 더 적은 확률로 발생하는지를 판단하기 위해 몇 가지 기준을 사용합니다. 연구가설은 예상되는 사건에 대한 진술을 제시하고, 우리는 통계 도구를 사용하여 그 사건의 발생 가능성을 평가합니다.

이것은 통계가 무엇인가에 대한 매우 간략한 설명이지만 그 정도면 충분합니다. 그럼 앞에서 이야기한 내용을 다음의 예시를 바탕으로 살펴보겠습니다.

평생 친구인 믿음직한 길동이가 동전을 주며, 그 동전이 '공정한' 것인지 아닌지를 판단해 달라고 요청합니다. 공정한 동전은 10번 던지면 앞면과 뒷면이 각각 5번씩 나와야 합니다. 우리는 앞면이 5번(또는 뒷면이 5번) 나오길 기대할 것입니다. 왜냐하면 동전 던지기에서 앞면이나 뒷면이 나올 확률은 반반(0.5)이기 때문입니다. 10번의 독립적인 던지기(동전을 1번 던졌을 때 다음 던지기의 결과에 영향을 미치지 않는다는 것을 의미)에서 앞면이 5번 나와야 합니다. 이제 문제는 앞면이 몇 번이나 나와야, 사람들이 이 동전을 공정하지 않고 조작된 것으로 판단할 것인가 하는 것입니다.

우리가 사용할 공정성 기준은, 이 동전을 10번 던져서 5% 미만으로 앞면이 나온다면 동전이 조작되었다고 말하고 길동이를 경찰에 신고하는 것입니다. 이 5%는 통계학자들이 사용하는 표준으로, 사건의 확률(앞면이 나온 횟수 또는 시험 점수 또는 두 집단의 평균 점수의 차이)이 극단적인 경우에 대한 기준입니다(극단적인 값은 모든 발생 가능한 경우의 5% 미만으로 정의합니다). 5% 미만이 나오는 경우는 매우 드문 결과, 이 경우라면 불공정한 결과일 수 있습니다.

다시 동전에 대한 예로 돌아가 보겠습니다.

가능한 결과는 두 가지(앞면 또는 뒷면)이고, 동전을 10번 던지기 때문에 경우의 수는 2^{10}, 즉 1,024가 됩니다. 예를 들어 앞면 9번-뒷면 1번, 앞면 7번-뒷면 3번, 앞면 10번-뒷면 0번 등이 나올 수 있겠죠. 우연히 혼자 동전을 10번 던졌을 때 기대할 수 있는 앞면이 나올 횟수의 분포는 다음과 같습니다. 예를 들어, 10번 던져서 앞면이 6번 나올 확률은 약 21%(0.21)입니다.

앞면이 나올 횟수	확률
0	0.00
1	0.01
2	0.04
3	0.12
4	0.21
5	0.25
6	0.21
7	0.12
8	0.04
9	0.01
10	0.00

이제 결정할 시간입니다. 동전이 조작되거나 공정하지 않다고 결론을 내리려면 10번의 동전 던지기에서 앞면이 몇 번 나와야 할까요?

이 논의의 앞부분에서 지적했듯이, 모든 훌륭한 통계학자들처럼 우리도 공정의 기준을 5%로 정의할 것입니다. 관찰된 결과(모든 경우의 결과)의 확률이 5% 미만이라면, 이 사건이 발생하는 경우가 너무 드물기 때문에 우연히 일어난 것이 아니라 어떤 다른 이유 때문에 일어났다고 결론지을 것입니다. '우연이 아닌 다른 이유'는 바로 동전이 조작된 것입니다.

앞의 표를 보면 앞면이 나올 횟수가 8~10번인 경우는 모두 5% 미만의 확률을 보여줍니다. 따라서 10번의 동전 던지기에서 앞면이 8~10번 나온다면 이 동전은 조작되었다는 결론에 이릅니다. 앞면이 0~2번만 나오는 동전도 마찬가지입니다.

z 점수에 대해서도 동일한 논리가 적용됩니다. 결과가 우연이 아닌 다른 어떤 요인에 기인한다고 말할 수 있는 z 점수가 얼마나 극단적인 값일지 생각해보았나요? [부록 B]의 정규분포표를 보면 z 점수 1.65에 대한 곡선 아래의 면적이 약 45%인 것을 볼 수 있습니다. 곡선의 다른 쪽 영역인 50%를 여기에 추가하면 95%가 됩니다. x축에서 그 지점보다 높은 영역은 단지 5%입니다. 1.65 이상의 z 점수를 갖는 모든 점수는 발생 가능성이 매우 낮은 경우에 속합니다. 마찬가지로 z 점수 -1.65 미만은 전체 면적의 5%, -1.65 이상은 전체 면적의 95%가 됩니다.

가설 검정과 z 점수 : 첫 번째 단계

방금 설명한 내용을 요약하면, 모든 사건에는 그와 관련된 확률값이 존재한다는 것입니다. 우리는 그 확률값을 사용하여 사건이 발생할 확률이 얼마나 낮은지에 대한 결정을 내립니다. 예를 들어, 동전을 10번 던져서 앞면과 뒷면이 각각 1번씩만 나오는 경우는 매우 드뭅니다. 또한 어떤 사건이 100번 중 5번(5%)만 발생하는 경우는 일어날 수 있는 모든 다른 사건에 비해 상대적으로 발생 가능성이 매우 낮다고 여깁니다.

이는 연구가설과 관련된 대부분의 결과와 같습니다. 9장에서 배운 귀무가설은 집단(또는 변수) 간에 차이가 없으며 차이가 발생하지 않을 확률이 100%라고 주장합니다. 우리는 귀무가설이라는 갑옷에서 그 틈새를 찾아보려 합니다.

다시 말해, 연구가설의 검정을 통해 발생한 사건의 가능성이 다소 극단적인 경우, 연구가설은 귀무가설보다 더 타당한 주장에 해당합니다. 따라서 극단적인(5% 미만인 확률의) z 점수가 발생했다면 이 극단적인 점수는 우연히 발생한 것이 아니라, 특별한 처치나 특별한 관계 때문에 발생한 것입니다. 다음 장에서 이 부분에 대해 훨씬 더 자세하게 설명할 것입니다.

R을 사용하여 z 점수 계산하기

손으로 z 점수를 계산하는 방법을 배웠으니 이제 R로 식 (10.1)을 계산하는 작업을 수행하겠습니다.[3] 그러면 시간을 조금 절약할 수 있을 것입니다.

R을 이용하여 다음 표의 첫 번째 열에 표시된 데이터 세트에 대한 z 점수를 얻으려면 다음 단계를 진행하세요.[4]

1. 원점수로 구성된 벡터를 만듭니다.

```
> rawScores <- c(67, 54, 65, 33, 56, 76, 65, 33, 48, 76)
>
```

2. 원점수의 평균을 계산합니다.

```
> rsMean <- mean(rawScores)
> rsMean
[1] 57.3
>
```

평균을 계산하고 저장한 후, 다음 줄에 `rsMean`[5]을 입력하여 R에게 평균을 보여 달라고 요청했습니다. 이 경우, 평균은 57.3입니다.

3. 원점수의 표준편차를 계산합니다.

```
> rsSD <-sd (rawScores)
> rsSD
[1] 15.60662
>
```

3 이 주제에 대한 R 튜토리얼 비디오를 보려면 edge.sagepub.com/salkindshaw를 방문하세요.

4 (옮긴이) R 실습에 사용된 데이터가 이 장의 두 번째 표와 같음에도 불구하고 z 점수는 다릅니다. 그 이유는 이 장의 두 번째 표는 100개의 데이터에서 추출한 10개 데이터로, 평균 59, 표준편차 14.5를 사용했습니다. 그리고 R 실습에서는 10개 원점수의 평균 57.3과 표준편차 15.60662를 사용했기 때문입니다.

5 `rsMean`은 raw scores mean(원점수 평균)의 약칭입니다.

평균과 마찬가지로 R에 원점수의 표준편차를 표시하도록 요청했습니다. R은 우리가 rsSD에 저장한 15.60662 값을 반환했습니다. 이 z 점수를 손으로 계산하는 경우, 표에 나온 것과 같은 결과를 얻으려면 소수점 이하 네 자리 이상의 수를 유지해야 합니다. 최종 답변에 도달할 때까지 반올림하지 마세요!

4. 각 행에 대해 z를 계산합니다.

```
> zScores <- (rawScores - rsMean) / rsSD
> zScores
[1] 0.62153102 -0.21144870 0.49338029 -1.55703132 -0.08329797 1.198209
[7] 28 0.49338029 -1.55703132 -0.59590087 1.19820928
>
```

이 마지막 단계에서는 식 (10.1)에 평균 및 표준편차와 벡터를 입력했습니다. 숫자 10개로 구성된 벡터(rawScore와 rsMean)의 각 숫자들에 대해 R은 같은 계산을 10번 반복해서 수행했습니다. 바로 이게 R을 사용했을 때 좋은 점입니다. 다음 표는 z 점수를 소수점 둘째 자리로 반올림한 결과입니다. 이 숫자로 다른 작업을 수행할 계획이 없으므로 소수점 두 자리 이상을 유지할 필요가 없습니다.

원점수	z 점수
67	0.62
54	−0.21
65	0.49
33	−1.56
56	−0.08
76	1.20
65	0.49
33	−1.56
48	−0.60
76	1.20

다른 다양한 R 함수들처럼 반올림 함수도 존재합니다! z 점수를 계산하기 위해 scale이라는 함수를 사용해봅시다.

```
> getZ <- scale (rawScores)
> getZ
            [,1]
[1,]  0.62153102
[2,] -0.21144870
[3,]  0.49338029
[4,] -1.55703132
[5,] -0.08329797
[6,]  1.19820928
[7,]  0.49338029
[8,] -1.55703132
[9,] -0.59590087
[10,] 1.19820928
attr (, "scaled:center")
[1] 57.3
attr (, "scaled:scale")
[1] 15.60662
>
```

우리는 첫 단계에서 만든 벡터 rawScores를 사용하여 scale 함수가 z 점수를 반환하도록 요청했습니다. 이 함수에서 R은 소수점 아래 8자리까지 반환했습니다. 이 함수를 만든 사람은 그만큼의 숫자를 보여주고 싶었기 때문입니다. 또한 원점수의 평균 57.3과 표준편차 15.60662도 확인하세요.

---

scaled:center 및 scaled:scale이라는 항목이 보이나요? scaled:center는 각 값을 평균으로 조정하라는 의미입니다. 원점수 벡터 rawScore의 각 항목에서 평균(rsMean)을 빼는 경우 원점수에 대한 새로운 평균은 0이 됩니다. 새로운 점수로 벡터를 구성합니다.

```
> rawScores - rsMean
[1] 9.7 -3.3 7.7 -24.3 -1.3 18.7 7.7 -24.3 -9.3 18.7
>
```

원래 가장 작은 숫자는 33이고 가장 큰 숫자는 76이며, 범위는 43이었습니다. 각 값에서 57.3을 빼면 가장 작은 숫자는 −24.3이 되고 가장 큰 숫자는 18.7이 되며 범위는 여전히 43입니다. 즉, scale:center의 의미는 원점수 벡터의 각 값에서 평균 57.3을 빼라는 뜻입니다. scale 함수에 다른 숫자를 사용하도록 지시하지 않는 한, scale 함수는 평균을 사용합니다.

scale:scale은 벡터의 각 값을 표준편차로 나눕니다. 본질적으로 scale은 z 점수를 계산해줍니다.

뚱뚱하고 홀쭉한 빈도 분포

이쯤 되면, 여러분은 분포들이 다양한 방식으로 나타날 수 있음을 명확히 깨달았을 것입니다. 실제로 분포는 평균·중앙값·최빈값 같은 평균값average value, 범위·분산·표준편차 같은 변동성variability, 왜도skewness, 첨도kurtosis의 네 가지 요인에 따라 달라질 수 있습니다. 마지막 두 요인은 새로 나온 용어인데, 각각의 형태를 보면서 그 개념을 설명하겠습니다. 네 가지 개념의 특징을 살펴보고 이를 시각적으로 표현해봅시다.

평균값

다시 중심경향에 대한 측정으로 돌아왔습니다. [그림 10-6]에서 세 가지 분포가 평균값 측면에서 어떻게 다른지 볼 수 있습니다. 분포 C의 평균은 분포 B의 평균보다 크고, 분포 B의 평균은 분포 A의 평균보다 크다는 점에 주목하세요.

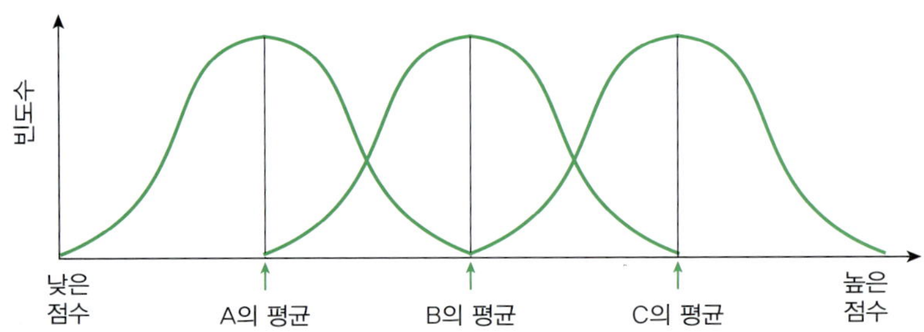

그림 10-6 평균값에 따라 달라지는 분포

변동성

[그림 10-7]에서 평균값은 같지만 변동성이 다른 3개의 분포를 볼 수 있습니다. 분포 A의 변동성은 분포 B의 변동성보다 적고, 분포 B의 변동성은 분포 C의 변동성보다 적습니다. 다시 말해, 분포 C가 3개의 분포 중 가장 큰 변동성을 갖고 분포 A의 변동성이 가장 작습니다.

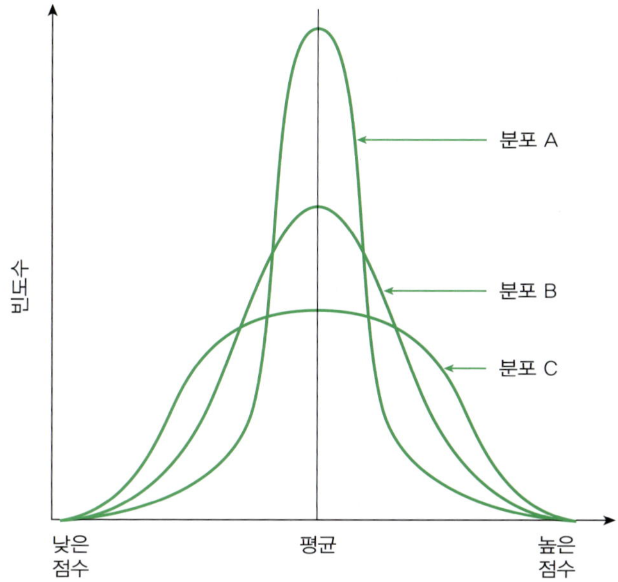

그림 10-7 변동성에 따라 달라지는 분포

왜도(비대칭도)

왜도skewness는 분포의 비대칭도 또는 한쪽으로 치우쳐진 정도를 나타내는 척도입니다. 즉 분포의 한쪽 '꼬리tail'가 반대쪽보다 길다는 것을 의미합니다.

예를 들어, [그림 10-8]에서 분포 A의 오른쪽 꼬리는 왼쪽 꼬리보다 길며, 이는 분포의 최상단에서 발생 빈도가 더 적음을 반영합니다. 이것은 정적 비대칭positively skewed 분포입니다. 시험이 매우 어려운 경우에 나타나는 분포로서 소수의 사람들이 상대적으로 높은 점수를 받고 학생들 대부분의 점수가 상대적으로 낮게 나타난 것을 의미합니다.

이에 반해, 분포 C의 오른쪽 꼬리는 왼쪽 꼬리보다 짧으며, 분포의 최상위에서 더 많은 빈도수가 발생했다는 것을 보여줍니다. 이것은 부적 비대칭negatively skewed 분포이며 시험이 쉬웠던 경우에 해당합니다. 즉, 높은 점수의 빈도수가 높고 낮은 점수가 상대적으로 적습니다.

분포 B는 대칭입니다. 양쪽 꼬리의 길이가 똑같고 왜도가 없습니다.

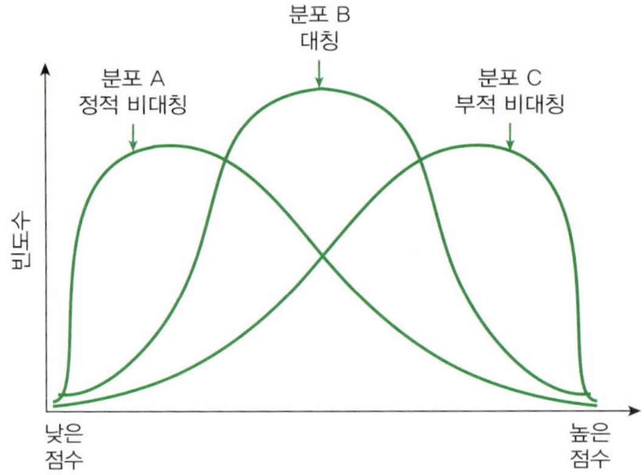

그림 10-8 왜도에 따라 분포가 달라지는 정도

첨도

의학적 용어처럼 보이지만, 분포들이 서로 어떻게 다른지를 구분할 수 있는 네 가지 기준 중 마지막 기준입니다. **첨도**kurtosis는 분포의 형태가 평평하거나 길쭉한 것과 관련이 있으며, 이 특성을 설명하는 데 사용되는 용어들은 서로 상대적인 개념입니다. 예를 들어, **평성**platykurtic이라는 용어는 정규분포(종 모양의 분포)에 비해 상대적으로 평평한 분포를 의미합니다. **급첨**leptokurtic이라는 용어는 정규분포에 비해 비교적 높이 솟은 분포를 의미합니다. [그림 10-9]에서 분포 A는 분포 B와 비교하여 평성platykurtic한 형태를 보입니다. 분포 C는 분포 B와 비교하여 급첨한 형태를 보입니다. [그림 10-9]는 [그림 10-7]과 비슷해 보입니다. 예를 들어, 평성 분포는 그렇지 않은 분포보다 상대적으로 더 퍼져있습니다. 이와 비슷하게, 급첨 분포는 다른 분포보다 변동성이 적고 덜 퍼져있습니다.

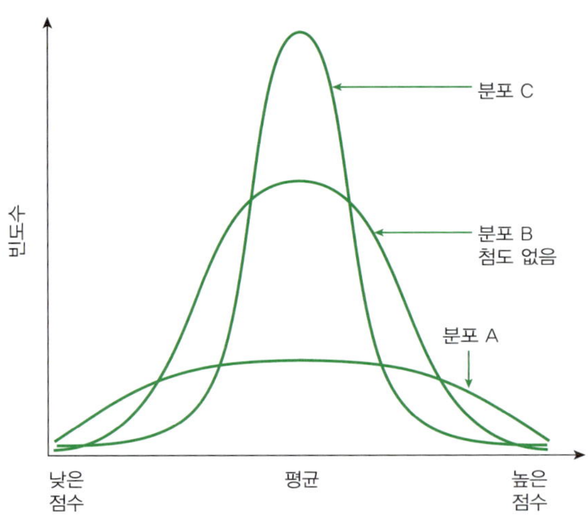

그림 10-9 첨도에 따라 분포가 달라지는 정도

왜도와 첨도는 '저 분포는 부적 비대칭이다'라는 표현에서 알 수 있듯이 분포가 얼마나 치우치고 뾰족한지 설명하는 용도로 주로 사용되지만, 그 정도를 수치화한 수학적 지표도 존재합니다. 왜도는 평균으로부터 중앙값을 뺀 값입니다. 예를 들어, 분포의 평균이 100이고 중앙값이 95라면, 왜도는 100 − 95 = 5이고, 분포는 정적 비대칭이 됩니다. 분포의 평균이 85이고 중앙값이 90이라면 왜도 값은 85 − 90 = −5이며 분포는 부적 비대칭 상태가 됩니다.

분포의 표준편차를 사용해 왜도 지표를 서로 비교할 수 있게 하는 더욱 정교한 수식이 있습니다. 식 (10.3)을 보세요.

$$Sk = \frac{3(\overline{X} - M)}{s} \tag{10.3}$$

여기서

- Sk는 피어슨Pearson[6]의 왜도 측정치입니다.
- $\overline{X}$는 평균입니다.
- M은 중앙값입니다.
- s는 표본의 표준편차입니다.

예를 들어보겠습니다. 분포 A의 평균은 100, 중앙값은 105, 표준편차는 10입니다. 분포 B의 평균은 120, 중앙값은 116, 표준편차는 10입니다. 피어슨의 공식을 사용하면 분포 A의 왜도는 -1.5이며, 분포 B의 왜도는 1.2입니다. 분포 A는 부적 비대칭이며, 분포 B는 정적 비대칭입니다. 한편, 기울어진 방향에 관계없이 분포 A는 분포 B보다 더욱 기울어졌습니다.

이제 첨도에 대해 이야기해보겠습니다. 첨도는 다음과 같은 멋진 공식을 사용하여 계산할 수 있습니다.

$$K = \frac{\dfrac{\sum(X - \overline{X})^4}{n}}{s^4} - 3 \tag{10.4}$$

6 7장에서 배운, 상관계수를 만든 사람의 이름입니다.

여기서

- K = 첨도 측정
- $\sum$ = 합
- X = 개별 점수
- $\overline{X}$ = 표본의 평균
- s = 표본 표준편차
- n = 표본 크기

이 수식은 기본적으로 일련의 점수가 얼마나 평평하거나 뾰족한지를 보여주는 매우 복잡한 공식입니다. 각 점수가 동일하면 분자가 0이고 $K=0$이며, 왜도가 없음을 나타냅니다. 분포가 정규분포mesokurtic일 경우 K는 0입니다. 개별 점수(수식에서 X로 표시)가 평균과 크게 다르고 변동성이 많은 경우, 곡선이 상당히 평평할 수 있습니다.

그렇다면 데이터 세트가 기울거나(왜도) 뾰족한(첨도) 정도를 왜 알아야 할까요? 모든 것은 z 점수의 확률과 정규곡선으로 되돌아갑니다. [그림 10-4]를 보면 34.13%의 점수가 0과 1 표준편차 사이에 있고 13.59%의 점수가 1과 2 표준편차 사이에 있어야 하며, 2.28%(50% − 34.14% − 13.59%)는 1 표준편차에서 양의 무한대(+∞)에 존재하는 확률로 나타났습니다. 수집하거나 검사할 데이터 세트가 완벽하게 정규적이지는 않지만 거의 정규적인 것으로 예상할 수 있습니다. 데이터가 대략 정규적이면 [표 B.1]을 사용하여 z에 대한 확률을 찾을 수 있습니다. 그러나 데이터가 너무 한쪽으로 치우치거나($Sk<2$ 또는 $Sk>2$), 너무뾰족한 형태(급첨, $K>7$)라면 결과에 대한 확신을 품고 [표 B.1]을 사용할 수 없습니다.

실생활의 통계학

소아 비만에 대해 알아보겠습니다.

여러분은 소아 비만에 관한 다양한 우려에 대해 들어보았을 것입니다. 연구자들은 신체 활동을 통한 소아 비만의 감소 가능성을 조사했습니다. 이것이 z 점수와 어떤 관련이 있을까요? z 점수는 그들이 진행한 연구의 중요한 결과물이자 종속변수 중 하나로, 평균 체질량 지수(BMI) z 점수는 3.24이고 SD는 0.49였습니다.

이 연구에 참가한 어린이는 일주일 동안 스포츠 캠프에 참가하도록 초청받았으며, 캠프가 끝나고 나서 지역 스포츠 클럽의 코치가 6개월 동안 정해진 활동에 대한 도움을 주었습니다. 연구자들은 참가 어린이들의 체중, 신장, 체성분, 생활 습관을 참여한 날과 12개월 지난 후 한 번씩 측정했습니다. 결과는 어떨까요? 연구자들의 개입(스포츠 활동)을 받은 어린이는 BMI의 z 점수가 유의미하게 감소했습니다.

체중이나 신장과 같은 원점수가 아닌 z 점수가 사용된 이유는 무엇일까요? 서로 비교되는 아이들의 점수 분포가 다르기 때문입니다. BMI 표는 성별과 나이에 따라 다르기 때문에 아이들마다 점수 분포가 다 다릅니다. 따라서 표준점수를 사용하여 그러한 분포의 차이(적어도 점수들의 변동성에서 오는 차이)를 제거하는 것입니다.

더 자세한 내용이 궁금하다면, 아래의 자료를 온라인으로 검색하거나 도서관에서 찾아보세요.

Nowicka, P., Lanke, J., Pietrobelli, A., Apitzsch, E., & Flodmark, C. (2009). 아동 비만 치료법으로서 스포츠 캠프 참가와 지역 스포츠 클럽의 6개월 지원(Sports camp with six months of support from a local sports club as a treatment for childhood obesity). Scandinavian Journal of Public Health, 37, 793-800.

이 장의 요약

z 점수를 알아내고 표본 데이터에서 발생할 가능성을 예측할 수 있다는 것은 추론의 전체 개념을 이해하는 첫걸음이자 중요한 기술입니다. 테스트 점수 또는 집단 간의 차이가 얼마나 될지 알게 되면, 우연과 기대할 수 있는 확률을 서로 비교한 후 정보에 입각한 의사 결정을 내릴 수 있습니다. 5부를 시작할 때 차이에 대한 질문을 검정하는 특정한 예제들에 이 모델을 적용할 것입니다.

연습할 시간입니다!

1. 정규곡선의 특징은 무엇입니까? 어떤 인간 행동, 기질 또는 특성이 정상적으로 분포되어 있다고 생각할 수 있습니까? 그러한 것들이 정규적으로 분포될 수 있다고 생각하는 이유는 무엇입니까?

2. 표준점수를 계산하기 위해 필요한 세 가지 정보는 무엇입니까?

3. z 점수 같은 표준점수를 사용하면 서로 다른 표본을 비교할 수 있습니다. 왜 그런가요?

4. z 점수가 표준점수인 이유는 무엇인가요? 표준점수를 사용하면 어째서 다른 분포의 점수를 서로 비교할 수 있습니까?

5. 일련의 테스트 점수의 평균은 50이고 표준편차는 5입니다. 원점수가 55인 경우 해당 z 점수는 +1입니다. 표준편차가 절반 또는 2.5일 때 z 점수는 얼마입니까? 이 예에서, 일련의 점수에서 변동량을 줄이는 효과가 표준점수에 미치는 영향은 무엇이며, 이 효과가 왜 중요한가요? (원점수가 모두 같은 경우와 같이 다른 모든 것이 동일한 경우)

6. 다음 표에서 빈칸을 채우세요. 평균은 74.13이고 표준편차는 9.98입니다.

원점수	z 점수
68.0	?
?	−1.6
82.0	?
?	1.8
69.0	?
?	−0.5
85.0	?
?	1.7
72.0	?

7. 다음 점수 세트에 대해 표준점수를 계산하세요. R을 사용하여 쉽게 계산하고, 손으로 같은 계산을 수행하세요(R을 사용할 때처럼 쉽지는 않지만 일단 익숙해지면 쉽게 풀 수 있습니다). 차이점이 있습니까?

18	27
19	22
15	34
20	29
25	40
31	33
17	21
35	

8. 다음 질문은 평균이 75, 표준편차가 6.38인 점수 분포를 전제로 합니다. 필요하다면 간단한 그림으로 표현하세요.

(a) 점수가 70점과 80점 사이에 있을 확률은 얼마입니까?

(b) 점수가 80점을 넘을 확률은 얼마입니까?

(c) 점수가 81점과 83점 사이에 있을 확률은 얼마입니까?

(d) 점수가 원점수 63보다 낮을 확률은 얼마입니까?

9. 다음 상황에 대한 분포가 부적 비대칭인지, 정적 비대칭인지, 아니면 전혀 치우쳐 있지 않은지 식별하고 왜 그렇게 답했는지 설명하세요.

(a) 수직 낙하 종목에서 높은 점수를 받은 엘리트 선수 그룹

(b) 모든 학생이 같은 점수를 받은 이상한 시험

(c) 가장 어려운 맞춤법 시험을 본 뒤 성적을 확인한 3학년 학생들은 눈물을 흘렸고, 부모들은 불만을 제기함

10. 길동이는 체력 증명서를 받기 위해 체력 검사에서 상위 10%의 점수를 받아야 합니다. 길동이가 속한 반의 평균은 78이고 표준편차는 5.5입니다. 이 귀한 증명서를 얻는 데 필요한 원점수는 얼마입니까?

11. 프로그램이 끝날 무렵 5가지 시험을 통해 회원을 평가하는 프로그램을 여러분이 책임지고 있다고 상상해보세요. 단순히 성과 척도로 5개 시험 점수의 평균을 계산하는 것보다 개인별 시험에 대한 z 점수를 계산하고 평균을 측정하는 것이 더 타당한 이유는 무엇입니까?

12. 다음 중 누가 더 뛰어난 학생입니까? 이 질문에 답하는 데 필요한 정보는 다음과 같습니다.

과목	수학	독해
학급 평균	81	87
학급 표준편차	2	10

원점수			
	수학 점수	독해 점수	평균 점수
동훈	85	88	86.5
광일	87	81	84.0

z 점수			
	수학 점수	독해 점수	평균 점수
동훈	______	______	______
광일	______	______	______

13. 흥미로운 보너스 문제가 있습니다. 알다시피, 정규곡선의 특징 중 하나는 꼬리가 x축에 결코 닿지 않는다는 것입니다. 왜 그런지 설명하세요.

PART 05

유의미한 차이, 추론통계 사용하기

"걔네들, 제곱의 합에 대해 얘기하고 있어."

여러분, 여기까지 무사히 잘 따라왔고 아직도 팔팔하네요! 자신을 칭찬해주세요. 이제 여러분은 기술통계descriptive statistics가 무엇인지, 결과에 관한 판단을 내리는 데 우연chance이 어떤 영향을 미치는지, 결과가 우연으로 발생했는지, 아니면 어떤 처치treatment 때문에 발생했는지에 대해 잘 이해했을 것입니다.

여러분은 사회과학 및 행동과학 연구에서 가설hypothesis을 수립하고 그 기능을 이해하는 전문가가 되었습니다. 이제 본격적인 학습을 시작할 시간입니다. PART 05에서 여러분이 배우게 될 내용이 무엇인지를 알아봅시다. 무엇보다도 지금까지 여러분이 쏟은 노력은 곧 응용 문제를 푸는 과정에서 빛을 발하게 될 것입니다!

PART 05에서는 특정 유형의 연구 질문에 대한 답을 얻기 위해 특정 유형의 통계를 이해하고 적용하는 방법을 중점적으로 다룹니다. 그리고 가장 보편적인 통계검정들을 다룰 것입니다. 그리고 PART 06에서는 정규분포가 아닌 경우에 유용한, 보다 세심한 통계검정도 배울 것입니다.

우선 유의성significance의 개념에 대해 간략히 논의하고, 추론검정inferential test을 수행하는 과정을 살펴봅시다. 그런 다음 구체적인 검정의 예를 살펴보면서 많은 문제를 직접 풀어보게 될 것입니다. 자, 시작해봅시다.

11

대단히 유의미하다! 무슨 의미일까요?

이 장에서 배울 내용

- 유의성의 정의와 중요성
- 제1종 오류와 제2종 오류의 중요성과 차이
- 추론통계의 작동 원리
- 목적에 맞는 적절한 통계검정 방법을 선택하는 방법

유의성의 정의

통계를 배우기 시작한 학생들에게 **통계적 유의성**statistical significance이라는 개념은 아마도 그 어떤 용어나 개념보다도 혼란스럽게 느껴질 것입니다. 그러나 어려워할 필요 없습니다. 유의성이 매우 중요한 개념이기는 하지만, 비교적 간단하며 기초 통계학 수업을 듣는 사람이라면 누구나 이해할 수 있는 개념이기 때문입니다.

핵심 개념을 설명하기 위해 듀켓E. Duckett과 리처드M. Richards가 수행한 연구인 '편모 가정의 여성 취업과 청소년의 일상 경험[1]'을 예로 들어보겠습니다. 이 두 명의 저자는 편모 가정의 여성 취업 상태를 파악하기 위해 5학년에서 9학년까지의 학생 436명의 태도를 조사했습니다. 수십 년 전에 행해진 연구지만, 이 장의 핵심 주제를 설명하기에는 완벽한 예입니다.

1 1989년에 캔자스시티에서 열린 아동 발달 연구학회에서 발표된 논문입니다.

특히, 두 연구자는 일하는 어머니와 함께 사는 청소년과 일하지 않는 어머니와 함께 사는 청소년의 어머니가 일하는 것에 대한 태도 사이에 차이가 있는지 조사했습니다. 그 외의 다른 몇 가지 요인도 함께 살펴보았지만, 여기서는 두 집단에만 집중하겠습니다. 그리고 두 집단 간 차이에 대한 논의에 '유의성'이라는 개념을 하나 더 추가해봅시다. 그러면 가설은 다음과 같습니다.

어머니가 일하는 청소년과 어머니가 일하지 않는 청소년의 정서 상태를 측정한 결과 어머니의 취업에 대한 태도에 유의미한 차이가 있다.

여기서 **유의미**significance라는 단어가 뜻하는 바는 두 집단의 태도 차이가 나타나는 것이 우연에 의한 것이 아니라 어떤 요인에 의해 체계적으로 영향을 받기 때문이라는 것입니다. 이 예에서 영향을 미치는 요인은 어머니의 취업 여부입니다. 여기서는 집단 간의 차이를 설명할 수 있는 다른 모든 요소가 통제되었다고 가정합니다. 따라서 청소년의 태도 차이를 설명할 수 있는 유일한 요인은 어머니가 일하는지 여부입니다. 그렇죠? 다 끝났냐고요? 아직 아닙니다.

우리가 완벽하다면...

세상에 완벽한 것은 없으므로, 우리가 확인한 요인들factors만이 집단 간 측정값의 차이를 낳는다는 확신에 대해 어느 정도 예외가 생길 수 있다는 여지를 남겨둬야 합니다. 즉, 두 집단 내 청소년들의 태도의 차이가 어머니의 취업 여부 때문이라고 확신하더라도, 절대적으로 100% 확실하게, 논쟁의 여지없이(무슨 느낌인지 알겠죠?) 장담할 수는 없습니다. 아무리 작더라도 틀릴 가능성은 항상 존재합니다. 아리스토텔레스는 "시인은 개연성 없는 가능성보다는 개연성 있는 불가능성을 더 선호해야 한다."라고 말했습니다. 그의 말이 옳았습니다. 아무리 작은 가능성이라도 언제든 생길 수 있습니다.

(10장에서 설명한) 정규곡선의 꼬리가 x축에 절대로 닿지 않는다는 점근선의 개념은 이 장의 논의와 직접적인 관련이 있습니다. 만약 꼬리가 x축에 닿는다면, 어떤 매우 극단적인 사건이 꼬리 근처에서 발생할 확률은 절대적으로 0입니다. 그러나 실제로 꼬리는 x축에 절대로 닿지 않기 때문에, 어떤 사건은 발생할 가능성이 아무리 작아도 발생할 수 있습니다.

왜 그럴까요? 여러 이유가 있습니다. 예를 들어, 단순히 실수가 있었을 수도 있습니다. 어쩌면 이 실험에서 청소년 태도의 차이는 어머니가 일하는가 여부에 기인한 것이 아니라 실수로 빠트린 설명되지 않은 다른 요인에 기인했을 수 있습니다. 예를 들어, 연구에 참여한 몇몇 학생들이 지역 내 여성 직장인 모임에 참석하여 관련 연설을 들었을 수 있습니다. 한 집단은 대부분 남성 청소년이었고 다른 집단은 대부분 여성 청소년이었다면 어떨까요? 그런 상황도 차이를 일으킨 원인이 될 수 있습니다. 만약 여러분이 뛰어난 연구자로서 과제를 수행한다면 그러한 차이를 설명할 수 있겠지만, 그렇게 할 수 없는 상황도 항상 존재합니다. 유능한 연구자로서, 여러분은 이러한 가능성을 고려해야 합니다.

그럼 어떻게 해야 할까요? (방금 살펴본 집단 간 차이에 대한 예시와 같이) 가설 검정을 포함하는 대부분의 과학적 연구에는 통제할 수 없는 일정 수준의 오류가 있을 수 있습니다. 이것은 앞서 여러 장에서 이야기해 온 우연적 요인입니다. 수용할 수 있는 우연 또는 위험 수준은 **유의수준**significance level이라는 단어로 표현됩니다(아무리 강한 사람이라도 두려움을 느끼는 단어죠).

좀 더 쉽고 간단히 정의하면, 유의수준이란 실험에서 관찰된 결과가 처리 또는 검정 대상 자체(이 예에서는 어머니의 취업 여부)에서 기인한다고 100% 확신하지 못하는 상황과 관련된 위험입니다. 여러분이 읽은 논문에 '유의미한 결과가 0.05 수준(연구 논문에서는 $p < 0.05$라는 전문적인 형태로 표현됨)에서 발생했다.'라고 기술되어 있다면 이 문장은 20번 중 1번(0.05 또는 5%) 정도는 결괏값의 차이가 가설(어머니의 취업 여부) 때문이 아니라 어떤 알려지지 않은 이유 때문에 발생했다는 의미입니다. 따라서 여러분이 할 일은 관찰된 차이를 설명할 수 있는 다른 요인들을 제거함으로써 유의수준을 가능한 많이 줄이는 것입니다. 가능성을 완전히 없앨 수는 없으므로(모든 잠재 요인을 통제할 수 없기 때문에), 어느 정도 수준의 가능성을 남겨두고 이에 대한 단서와 함께 연구 결과를 제시해야 합니다.

요약하면, 연구자는 자신이 허용할 수 있는 수준의 위험을 정의합니다. 만약 어떤 결과가 그러한 위험 수준 내에서 발생하면, "이 결과는 우연히 발생할 수 없습니다. 다른 요인이 작용하고 있습니다."라고 말하는 것입니다. 이 경우, 연구자는 귀무가설(차이 없음을 서술)이 관찰된 결과에 대한 가장 매력적인 설명이 아님을 알고 있습니다. 이보다는 연구가설(차이 있음을 서술)이 선호됩니다.

다른 예를 살펴보겠습니다. 이 예는 가상으로 만든 것입니다.

한 연구자가 유치원 프로그램에 참여한 아동과 참여하지 않은 아동의 학업 성취도 차이가 존재하는지를 알아보려고 합니다. 귀무가설은 성취도를 측정할 때 두 집단의 학업 성취도가 서로 동일하게 나타난다는 것입니다. 연구가설은 유치원 프로그램에 참여한 아동 집단의 평균 점수가 그렇지 않은 아동 집단의 평균 점수보다 높다는 것입니다.

훌륭한 연구자로서 여러분의 임무는 두 집단 간에 존재하는 차이가 다른 요소나 요소들의 조합 때문이 아니라 오직 유치원 경험의 효과 때문이라는 것을 보여주는 것입니다(완벽하게 설명할 수 있는 사람은 없으니 최선을 다하면 됩니다). 다양한 통계 기법을 통해 부모 교육의 영향, 가족의 자녀 수 등과 같은 잠재적인 설명변수들이 모두 제거되면, 학업 성취도의 차이를 설명할 수 있는 유일한 요인은 유치원 경험 그 자체의 효과입니다.

하지만 여러분은 이 결과를 절대적으로 확신할 수 있나요? 아니죠. 그럴 수 없습니다. 왜 그럴까요? 먼저, 여러분이 검정하고 있는 표본이 모든 면에서 모집단의 특성을 반영하고 있는지 확신할 수 없기 때문입니다. 그리고 표본이 모집단을 완벽하게 대표할지라도 실험을 설계할 때 부주의하게 놓친, 결과에 영향을 줄 수 있는 다른 영향이 항상 존재할 수 있습니다. 항상 오류(우연의 또 다른 표현이라고 할 수 있죠)의 가능성이 존재합니다.

테스트 점수의 차이가 처치(유치원 프로그램 참여 여부)의 차이에서 기인한다고 결론을 내림으로써 연구자는 어느 정도의 위험을 감수하게 됩니다. 이 위험의 정도가 바로 연구자가 수용하고자 하는 통계적 유의수준이 됩니다.

통계적 유의성statistical significance이란 귀무가설이 실제로 사실이더라도 이를 기각함으로써 수용하고자 하는 위험의 정도입니다. 앞의 예에서 귀무가설은 두 표본 집단 간에 차이가 없음을 나타냅니다(귀무가설은 '차이 없음'에 대한 서술임을 기억하세요). 그러나 데이터를 분석하는 과정에서 차이점을 발견했습니다. 즉, 지금까지 수집한 자료를 보니 집단 구성이 성취도 점수에 영향을 미치는 것 같습니다. 그러나 실제로는 차이가 없을 수도 있습니다. 실제로는 차이가 없는데, 사실인 귀무가설을 기각reject하고 연구가설을 채택accept한다면 오류가 발생할 것입니다. 연구자가 이러한 유형의 오류(또는 유의수준)를 받아들이는 위험을 제1종 오류type I error라고 표현합니다. 이에 대해서는 곧 다시 설명하겠습니다.

따라서 다음 과정은 우리의 찾아낸 차이의 원인이 오류로 인한 것인지, 아니면 실제 차이를 나타내는지 여부를 검정하는 일련의 단계를 개발하는 것입니다.

세상에서 가장 중요한 표 (이번 학기 동안만)

핵심 내용을 요약해봅시다. 귀무가설은 참일 수도, 거짓일 수도 있습니다. 집단 간에 차이점이 없을 수도 있지만, 반대로 두 집단 간의 차이와 같은 불일치가 실제로 존재할 수도 있습니다. 그러나 귀무가설은 직접 검정할 수 없기 때문에, 실제 상태가 어떤지는 절대 알 수가 없다는 점을 기억하세요(귀무가설은 모집단에만 적용되며 앞서 이야기한 여러 가지 이유 때문에 모집단은 직접 검정할 수 없습니다).

그리고 멋진 통계학자로서 여러분은 귀무가설을 기각하거나 채택할 수 있습니다. 그렇겠죠? 네 가지 조건이 [표 11-1]에 나타나 있습니다. 각각의 내용을 살펴봅시다.

[표 11-1]의 4개 칸에는 귀무가설의 본질(사실인지 여부)과 여러분의 결정(귀무가설을 채택하거나 기각) 사이의 관계가 서술되어 있습니다. 보다시피 귀무가설은 참 또는 거짓이 될 수 있으며 기각되거나 채택될 수 있습니다.

이 표를 이해하는 데 있어 가장 중요한 점은 연구자가 귀무가설의 본질과 집단 간에 차이가 실제로 존재하는지 여부를 절대로 알 수 없다는 점입니다. 왜 그럴까요? 귀무가설이 대표하는 모집단은 직접 검정되지 않기 때문입니다. 왜 그럴까요? 모집단을 직접 검정하는 것은 비현실적이기 때문입니다. 그리고 이것이 바로 추론통계가 존재하는 이유입니다.

표 11-1 여러 종류의 오류

		여러분의 결정	
		귀무가설 채택	귀무가설 기각
귀무가설의 본질	귀무가설이 참인 경우	☺ 딩동댕, 여러분은 참인 귀무가설을 채택하였고, 실제로 집단 간 차이는 존재하지 않습니다.	☹ 이런, 제1종 오류(type I error)를 범하셨군요. 여러분은 참인 귀무가설을 기각했고, 집단 간 차이는 실제로 존재하지 않습니다. 제1종 오류는 그리스 문자 알파(α)로 표기합니다.
	귀무가설이 거짓인 경우	☹ 아이고, 제2종 오류(type II error)를 범하셨군요. 여러분은 거짓인 귀무가설을 채택하였고, 집단 간 차이는 실제로 존재합니다. 제2종 오류는 그리스 문자 베타(β)로 표기합니다.	☺ 잘했습니다. 여러분은 거짓인 귀무가설을 기각하였고, 집단 간 차이는 실제로 존재합니다. 이를 검정력(power) 또는 $1-\beta$라고 부릅니다.

- ☺ : [표 11-1]의 첫 번째 칸은 귀무가설이 실제로 참(집단 간에 차이점이 없음)인 상황을 나타내고 연구자는 이를 수용하는 올바른 결정을 내렸습니다. 여기에 문제는 없습니다. 이 예에서 연구 결과는 두 집단의 아동 간에 차이가 없다는 것을 보여줄 것이며, 차이가 없다는 귀무가설을 채택함으로써 올바른 결론을 내렸습니다.
- ☹ : 안타깝습니다. [표 11-1]의 두 번째 칸은 심각한 오류를 나타냅니다. 귀무가설이 사실(차이점이 없음)인데, 이를 기각했습니다. 실제로는 두 집단의 아동 사이에 차이점이 없지만, 거기에 차이가 있다고 결론을 내린 것입니다. 그리고 이것은 유의수준으로도 알려진 **제1종 오류**type I error α라는 명백한 오류입니다.
- ☹ : 이럴 수가. 또 다른 유형의 오류가 발생했습니다. [표 11-1]의 세 번째 칸에 서술된 상황도 심각한 오류를 나타냅니다. 여기서는 거짓인 귀무가설(실제로 차이가 있음)을 채택했습니다. 이 경우 실제로 두 집단의 아동 간에 차이가 있는데도 차이가 없다고 결론을 내린 것입니다. 이것을 **제2종 오류**type II error β라고 합니다.
- ☺ : [표 11-1]의 마지막 칸은 귀무가설이 거짓인 경우 연구자가 이를 기각함으로써 정확한 결정을 내린 상황을 나타냅니다. 여기에는 아무런 문제가 없습니다. 두 집단의 아동 간에 차이가 있음을 나타내며, 집단 간 차이가 없다고 말하는 귀무가설을 기각함으로써 올바른 결론을 내렸습니다.

왜 귀무가설을 기각하는 데 실패했다고 표현할까요? 왜 귀무가설을 채택했다고 표현하지 못할까요? 기억하세요. 귀무가설은 모집단에 관한 것이며, 가설을 검정하는 이유는 모집단을 직접 측정할 수 없기 때문입니다. 미국 50개 주의 데이터를 기반으로 수행하는 일부 정치과학과 경제학 연구라면 단지 표본만 설명하면 됩니다. 표본으로부터 모집단을 추론할 필요가 없습니다. 그러나 우리는 표본으로부터 모집단을 추론하기 때문에 표본에서 일어나는 일에 대한 증거만 수집할 수 있습니다. 우리는 모집단의 진정한 본질을 결코 모릅니다. 차이가 있다는 이론에 대한 증거를 수집하여 검정, 또 검정, 그리고 다시 검정만 할 수 있습니다. 귀무가설을 기각하지 못한다는 것은 우리가 귀무가설을 기각할 증거를 충분히 갖고 있지 않다는 의미입니다. 적어도 지금 우리가 수집한 데이터로는 그렇다는 뜻입니다.

제1종 오류 다시 보기

제1종 오류를 나타내는 [표 11-1]의 두 번째 칸을 중점적으로 살펴보겠습니다. 여기서는 제1종 오류가 논의의 중심이기 때문입니다.

제1종 오류 또는 유의수준은 귀무가설에 대한 검정에서 연구자가 감수하고자 하는 위험을 정의하는 특정 값들과 관련되어 있습니다. 일반적인 유의수준은 0.01과 0.05

사이에서 정해집니다.

예를 들어, 유의수준이 0.01이라면 귀무가설에 대한 검정에서 귀무가설이 참이지만 연구자가 귀무가설을 기각하여, 실제로 집단 간 차이가 없지만 집단 간 차이가 있다고 결론 내릴 확률(위험을 감수할 수준)이 1%입니다.

유의수준이 0.05라면 귀무가설에 대한 검정에서 귀무가설이 참이지만, 이를 기각하고 실제로 집단 간 차이가 전혀 없음에도 차이가 존재한다는 결론을 내릴 확률이 5%입니다. 유의수준은 귀무가설에 대한 독립검정과 관련이 있다는 점에 주목하세요. 따라서 '귀무가설에 대한 100번의 검사에서 5번, 즉 5%의 오류만 발생할 것'이라고 말하는 것은 적절하지 않은 표현입니다.

연구 보고서에서 통계적 유의성은 '$p < 0.05$'로 표시되며, 이는 이러한 결과를 관찰할 확률이 0.05 미만이라고 이해하면 됩니다. 비록, 통계검정의 요약 부분에서만 사용하지만, 대부분의 보고서 또는 연구에서는 '0.05 수준에서 유의미하다.'라고 단순하게 표현하기도 합니다. 가능하다면, 통계검정과 관련된 정확한 p 값을 보고하고, 통계검정을 수행한 다음이 아닌, 통계검정 방법을 정할 때, 유의수준을 정하기 바랍니다.

통계 분석을 수행할 수 있는 R과 같이 강력한 소프트웨어가 도입되면서 더 이상 '$p < 0.05$' 또는 '$p < 0.01$'과 같은 구문의 부정확성에 대한 걱정은 할 필요가 없어졌습니다. 예를 들어, $p < 0.05$는 0.000에서 0.049999 사이의 모든 값을 의미합니다. 하지만 소프트웨어는 0.013 또는 0.158과 같이 제1종 오류를 범할 위험에 대해 정확한 확률값을 제공합니다.

연구 논문에서 '$p < 0.05$'라는 구문을 볼 때 p 값은 0.00에서 0.049999999999…(무슨 뜻인지 알겠죠?) 사이의 어떤 값이 됩니다. 마찬가지로 '$p > 0.05$' 또는 '$p = n.s.$(not significant, 유의미하지 않음)'로 표시되면, 귀무가설을 기각할 확률이 0.05를 초과하고 실제로는 0.0500001에서 1.00 사이의 값이 될 수 있음을 의미합니다. 따라서 정확한 확률값을 알면 우리가 감수할 위험의 수준을 보다 정확하게 측정할 수 있기 때문에 훨씬 편리한 것입니다.

그런데 p 값이 정확히 0.05인 경우에는 어떻게 해야 할까요? 자, 원칙대로 하고자 한다면 결론은 유의하지 않습니다. 결과는 통계적으로 유의하거나 또는 유의하지 않습니다. 즉, p 값이 0.04999999999면 유의미하고, p 값이 0.05면 유의미하지 않습니다. 만약, R이나 다른 프로그램에서 0.05가 나온다면, 소수점 이하 자릿수를 늘려보세요. 실제로는 0.04999999999일 수 있습니다.

앞서 설명한 바와 같이, 제1종 오류와 함께 범할 수 있는 또 다른 종류의 오류가 있습니다. [표 11-1]의 세 번째 칸에 나타난 제2종 오류입니다. 제2종 오류는 여러분이 실수로 거짓인 귀무가설을 채택할 때 발생합니다. 예를 들어, 표본에 의해 대표되는 모집단 간 차이가 존재할 수 있지만, 여러분이 실수로 차이가 없다고 결론을 내리는 경우입니다.

어떤 결과의 유의성significance에 대해 말할 때, 여러분은 검정력power이라는 단어를 듣게 될 것입니다. 검정력은 통계검정이 거짓인 귀무가설을 얼마나 잘 탐지하고 기각할 수 있는지와 관련된 개념입니다. 이 값은 1에서 제2종 오류 값을 뺀 값, 즉 $1-\beta$로 계산됩니다. 보다 강력한 검정은 덜 강력한 검정보다 항상 바람직합니다. 왜냐하면 보다 강력한 검정을 통해 무엇이 거짓이고 그렇지 않은지를 확실히 알 수 있기 때문입니다. 강력한 검정 방법들은 8장에서 논의한 두 가지 바람직한 속성, 즉 높은 타당도와 신뢰도를 갖고 있습니다.

이상적으로는 제1종 오류와 제2종 오류를 최소화하고 싶겠지만 그렇게 하는 것이 항상 쉽지는 않으며 통제가 어려울 때도 있습니다. 연구자는 제1종 오류 수준 또는 감수하고자 하는 위험의 양을 완전히 제어할 수 있습니다(사실 그 수준을 연구자가 설정했기 때문입니다). 제2종 오류는 직접 통제할 수 없지만, 표본 크기와 같은 요인과 관련이 있습니다. 제2종 오류는 표본의 크기에 특히 민감합니다. 표본의 크기가 커지면 제2종 오류가 감소합니다. 즉, 표본 크기를 늘림으로써 표본의 특성을 모집단의 특성과 보다 가깝게 일치시키면 거짓인 귀무가설을 채택할 확률이 줄어듭니다.

통계적 유의성 vs 의미 있음

실험 결과가 실제로 통계적으로 유의하다statistically significant는 사실을 발견하는 것은 매우 흥미로운 상황입니다. 여러분은 이미 통계적 유의성이 의미하는 바를 잘 알고 있습니다. 즉, 연구는 매우 성공적이었고 귀무가설은 관찰된 결과에 대해 적절한 설명이 아닙니다. 이제 실험 설계 및 기타 고려 사항들이 잘 정리되면, 통계적으로 유의미한 결과는 분명히 여러분이 몸 담은 분야의 연구 분야에서 처음으로 의미 있는 기여를 하게 될 것입니다. 그러나 통계적 유의성을 나타내는 값과 중요성이나 유의미함은 균형 있게 다루어져야 합니다.

예를 들어, 규모가 매우 큰 표본(예 : 10,000)으로 추출된 문맹인 성인들을 두 집단으로 나눈다고 가정합시다. 한 집단은 교실 수업을 통해 읽기에 대해 집중적으로 교육을 받고, 다른 집단은 컴퓨터를 사용하여 교육을 받습니다. 교실에서 교육을 받은 집단 1은 독해력 시험에서 75.6이라는 평균 점수를 받았으며, 컴퓨터를 사용하여 학습한 집단 2는 75.7라는 평균 점수를 받았습니다. 두 집단의 분산 양은 거의 동일합니다. 보다시피, 점수 차이는 1점의 1/10(75.6 대 75.7)이지만 독립적인 평균 간의 유의성에 대한 t-검정을 실시했을 때, 결과는 0.01 수준에서 통계적으로 유의미했습니다. 이는 우리의 분석 대상인 변수(여기서는 독해력 시험 점수)와 관련하여, 컴퓨터 수업이 교실 수업보다 효과적임을 나타냅니다.[2]

평균 점수 0.1점의 차이는 통계적으로 유의미하지만, 과연 이 결론이 중요한 의미를 지닐까요? 시험 점수가 소폭 향상됐다면 프로그램에 300,000달러를 지원할 만한 충분한 근거가 될 수 있을까요? 아니면 통계적으로는 유의미하더라도 이 차이는 무시할 수 있을 정도로 작은 것일까요?

앞에서 살펴본 사례와 기타 수많은 잠재적 사례에 대한 고려를 바탕으로 통계적 유의성의 중요성에 대해 내릴 수 있는 몇 가지 결론이 있습니다.

- 통계적 유의성은 연구 결과의 유의성에 의미를 부여하는 타당한 개념적 근거를 갖지 않으면 별다른 의미를 지니지 못합니다.
- 통계적 유의성은 그것이 발생하는 맥락을 벗어나서 독립적으로 해석할 수 없습니다. 예를 들어, 여러분이 교육감이라면 유급된 학생의 표준 시험 점수가 0.5점 오른다는 통계적 유의성을 가진 연구 결과 때문에, 1학년 학생을 유급시키겠습니까?
- 통계적 유의성은 개념으로서 중요하지만, 그 자체가 최종 목적은 아니며 과학 연구의 유일한 목표가 되어서는 안 됩니다. 이것은 우리가 가설을 증명하기보다 가설을 세우는 것으로 연구를 시작하는 이유입니다. 여러분의 연구가 올바르게 설계되었다면, 차이가 없는 연구 결과 자체도 중요한 사실을 제공할 수 있습니다. 특정 치료법이 효과가 없다면, 이것 또한 다른 사람들이 알아야 할 중요한 정보입니다. 연구가 잘 설계된 경우, 여러분은 처리의 효과가 없었던 이유를 밝혀야 하며, 다른 연구자들은 여러분이 제공한 소중한 정보를 참고하여 후속 연구를 설계할 수 있습니다.

2 t-검정은 13장과 14장에서 설명합니다.

연구자들은 연구 논문에서 통계적 유의성에 대해 다양한 방식으로 보고합니다. 어떤 연구자들은 (무엇이 중요하다면 통계적으로도 그렇다고 가정하면서) '유의하다 significant'라고 표현하거나 '통계적으로 의미가 있다 statistically significant'라고 표현합니다. 그러나 결과와 관련된 확률이 0.051 또는 0.053인 경우 결과가 '미미하게 유의미하다 marginally significant'라는 문구를 사용하며, 0.10 이하의 값도 결과에 포함시키는 연구자들도 있습니다. 무엇이 옳을까요? 가장 좋은 방법은 미리 설정된 임계값인 0.05를 지키는 것이며, '결과가 미미하게 유의미하다'라는 표현을 사용하지 않는 것입니다. 그러나 우리가 이 장의 후반부와 다음 장에서 자세하게 논의할 신뢰구간 및 효과 크기에 대한 자세한 내용을 보고서에 추가할 수도 있습니다. 이러한 추가 정보는 연구 결과를 이해하는 데 매우 중요한 맥락을 제공합니다.

거의 모든 학문 분야에 '중요한 차이'와 '유의미한 차이'를 나타내는 '다른' 용어가 있지만, 일반적으로 같은 요소에 대한 기술적 표현으로 간주됩니다. 예를 들어, 건강관리 전문가는 방정식에서 의미 있는 부분을 표현할 때 '의미'라는 단어보다는 '임상적 중요성'이란 용어를 사용합니다. 둘 다 같은 뜻입니다. 단지 결과가 발생하는 배경에 따라 다른 용어를 사용할 뿐입니다.

'게재 편견 publication bias'에 대해 들어본 적이 있나요? 게재 편견이란 유의수준 0.05라는 값이 논문 게재 여부를 판단할 때 신중하게 고려하는 유일한 기준으로 사용된다는 의미입니다. 정확히 0.05가 아니면 실패라는 의미는 아니지만, 과거부터 지금까지 일부 논문 편집 위원회는 0.05 또는 0.01과 같은 유의수준을 옳은 연구의 판단 기준으로 사용하고 있습니다. 그러한 유의수준에 도달하지 못한 연구 결과는 중요하지도 않고, 의미도 없다고 판단하는 이들도 있습니다. 학계 전체가 일관성을 유지해야 할 필요성은 있습니다. 그러나 R과 같은 멋진 통계 도구를 사용하면, 어떤 의미 있는 연구 결과가 0.05와 같은 모 아니면 도 식의 기준에 따라 논의되기도 전에 사장되는 문제를 막고, 연구 결과와 관련된 정확한 확률을 파악할 수 있습니다. 모든 증거를 바탕으로 여러분의 마음을 결정하세요. 더욱 정교해지세요.

추론통계를 소개합니다

기술통계 descriptive statistics는 평균, 분산, 표준편차와 같이 표본의 특성을 설명(기술, 記述)하는 데 사용되지만, 추론통계 inferential statistics는 표본의 특성을 기반으로 모집단을 추측하는 데 사용됩니다.

이 책의 앞부분에서 우리는 좋은 과학 연구의 특징을 말할 때 표본은 모집단을 대표하도록 선택한다는 점을 강조했습니다. 이러한 과정은 표본을 사용하여 수행한 검정 및 실험 결과를 바탕으로 작은 표본에서 큰 모집단에 대한 정보를 추론하기 때문에 추론적인 과정이 됩니다. 추론검정에 대한 논의를 시작하기 전에 추론적 기법이 작동하는 논리를 살펴보겠습니다.

추론의 원리

다음은 추론 과정이 어떻게 작동하는지를 보여주는 일반적인 과정입니다. 여기서는 앞에서 살펴본 어머니의 취업에 대한 청소년의 태도를 예로 활용하겠습니다. 다음은 발생 가능한 사건들의 순서입니다.

1. 연구자는 일하는 어머니와 함께 사는 청소년과 일하지 않는 어머니와 함께 사는 청소년을 대표하는 표본을 선택합니다. 이들은 표본이 모집단을 대표하는 것과 동일한 방식으로 선택됩니다.
2. 각 청소년의 태도를 평가하기 위해 설문을 실시합니다. 몇 가지 통계검정을 통해 집단의 평균 점수를 계산하고 비교할 수 있습니다.
3. 점수 차이가 우연한 결과인지(어머니의 취업이 아닌 다른 요인이 그 차이를 초래했는지) 또는 두 집단 간 차이가 '참'이며 통계적으로 유의한지(어머니의 취업 때문에 차이가 발생했는지)에 대한 결론을 내립니다.
4. 표본이 추출된 모집단 내에서 어머니의 취업과 청소년들의 태도 사이의 관계에 대해 결론을 내립니다. 즉, 표본 데이터를 분석한 결과를 바탕으로 모든 청소년을 의미하는 모집단에 대한 추론이 이루어집니다.

적합한 검정을 선택하는 방법

앞의 단계를 살펴보고 나면, "집단 간의 차이가 존재하는지 여부를 판단하는 데 적합한 통계검정 방법은 어떻게 선택하나요?"라는 질문을 하게 됩니다. 물론, 수많은 종류의 검정 방법이 존재합니다. 여러분은 언제, 어떤 유형의 검정 방법을 사용할지 결정해야 합니다.

검정 방법을 선택하는 가장 좋은 방법은 스스로 이 분야에서 많은 과목을 수강하고, 다양한 연구에 참여해 숙련된 통계학자가 되는 것입니다. 경험보다 나은 선생님은 없습니다. 실제로 현실에서 검정 도구를 활용할 기회가 없다면, 어떤 통계검정 방법을 언제 사용할지 판단하는 것은 불가능합니다. 여러분은 이 수업을 선택한 덕분에, 이러한 도구를 어떻게 활용하는지 배우고 있습니다.

학습 목적을 달성하고 통계검정을 제대로 공부하기 위해서, [그림 11-1]과 같이 작고 예쁜 순서도(일명 치트시트)를 만들었습니다. 올바른 통계검정 방법을 선택하는 것이 완전히 자동으로 이뤄질 수는 없기 때문에 여러분이 현재 진행하는 작업에 대한 이해가 어느 정도 필요하지만, 이 순서도는 확실히 좋은 출발점이 되어줄 겁니다.

혹시라도 [그림 11-1]을 보고 검정 방법 선택과 관련된 고민이 끝났다고 생각하지 마세요. 순서도는 여러분이 고민을 시작하는 것을 돕는 보조 수단에 불과합니다.

반드시 기억해야 할 내용이 있습니다! 우리는 방금 적절한 통계검정 방법을 선택하는 것이 그렇게 쉬운 일은 아니라고 이야기했습니다. 그리고 이 선택 방법을 배우기 가장 좋은 방법은 실제로 해보는 것입니다. 즉, 연습을 해보고 때로는 더 많은 통계 과정을 이수해야 한다는 것을 의미합니다. 다음에 제시할 순서도는 간단하고 유용하지만 주의해서 활용해야 합니다. 적절한 통계검정 방법에 관한 결정을 내릴 때, 교수님이나 이러한 문제를 이미 경험하여 여러분보다 더 전문성을 갖춘 다른 사람들에게 확인을 받으세요.

순서도 사용법

1. 여러분이 통계에 대해 전혀 모르고(정확한 상태 묘사죠), 이 유의성 검정들이 무엇인지만 조금 알고 있다고 가정합시다. 여러분은 어떤 검정 방법을 언제 사용해야 할지는 전혀 모르는 상태입니다.

2. 순서도의 맨 위에 있는 질문에 답하세요.

3. 순서도의 끝에 도달할 때까지 각 질문에 답하며 진행하세요. 끝에 마주친 검정 방법이 여러분이 사용해야 하는 통계 방법입니다. 검정 방법을 선택하는 일은 로켓 과학[3]이 아닙니다. 이 책에서 앞으로 진행할 연습을 통해 신뢰할 수 있는 적절한 검정 방법을 신속하게 선택할 수 있게 될 것입니다. PART 05에서 배우게 될 각 장은 [그림 11-1]과 같은 순서도로 시작하며, 여러분은 이를 통해 적합한 검정 방법을 선택할 수 있는 상세한 단계들을 확인하게 될 것입니다.

3 (옮긴이) 아주 어려운 내용을 강조할 때 사용하는 예입니다.

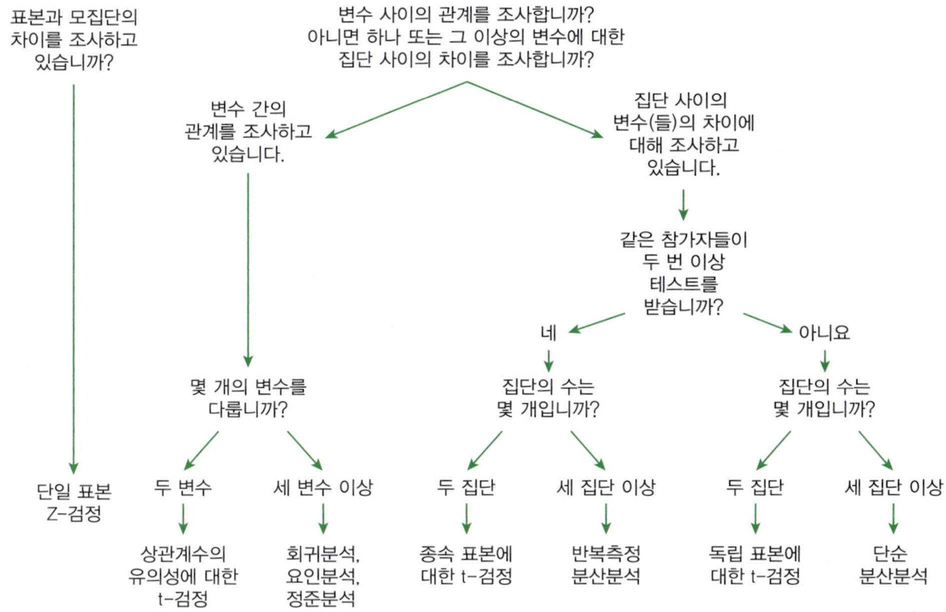

그림 11-1 어떤 검정 방법을 사용할지 결정하도록 도와주는 빠른 접근법 *항상 정답은 아님

[그림 11-1]의 순서도에 모든 종류의 검정 방법이 다 들어가 있을까요? 아닙니다. 수백 가지 검정 방법 중 가장 자주 사용되는 유형만 다룬 것입니다(이 검정 방법은 뒤에서 대부분 논의할 것입니다). 여러분이 속한 분야에서 진행되는 연구에 익숙해진다면, 이러한 검정 방법을 다시 만나게 될 것입니다.

유의성 검정을 소개합니다

추론통계의 가장 중요한 기능은 표본에 대한 정보를 기반으로 모집단에 대한 결정을 내리는 것입니다. 이 작업을 수행하기 위해 활용하는 가장 유용한 도구들 중 하나는 제기하는 질문의 성격과 귀무가설의 형태에 따라 다양한 유형의 상황에 적용될 수 있는 통계적 유의성 검정입니다.

예를 들어, 남학생들이 어떤 시험에서 여학생들과 큰 점수 차이를 보이는지와 같이 두 집단 간의 차이점을 알아보고 싶나요? 혹은 가족 내 자녀의 수와 지능검사 점수처럼 두 변수 사이의 관계를 조사하고 싶나요? 두 예는 서로 다른 접근법이 필요하지만, 두 가지 모두 통계적 유의성 검정을 활용하여 귀무가설을 검정하게 됩니다.

유의성 검정의 작동 방법 : 계획

유의성 검정은 귀무가설의 각 유형이 특정 유형의 통계와 관련되어 있다는 사실을 기반으로 합니다. 그리고 각 통계는 표본에서 얻은 데이터와 비교할 수 있는 특수한 분포와 연관되어 있습니다. 표본의 특성과 검정 분포 특성 간의 비교를 통해 표본 특성이 우연히 발생한 것과 다른지 여부를 판단할 수 있습니다.

다음은 귀무가설에 통계적 검정을 적용하는 일반적인 단계입니다. 이 단계들은 PART 05에 나오는 각 장의 모형으로 사용됩니다.

1. 귀무가설을 진술합니다.

귀무가설은 균등(같음)에 관한 진술입니다. 기억하고 있나요? 귀무가설은 판단할 수 있는 다른 정보가 주어지지 않는다면 '사실(참)'인 상태입니다.

2. 귀무가설과 관련된 위험 수준(유의수준 또는 제1종 오류)을 설정합니다.

어떤 연구가설도 어느 정도 잘못된 판단을 내릴 수 있는 위험을 내포하고 있습니다. 이 오류 값이 작을수록(예 : 0.01과 0.05) 사실인 귀무가설을 기각하는 것에 대해 여러분이 감수해야 할 위험이 줄어듭니다. 변수 사이의 '진정한' 관계를 알지 못하므로 어떤 가설의 검정도 이러한 위험에서 자유로울 수 없습니다. 제1종 오류 수준은 0.01 또는 0.05로 설정하는 것이 일반적이라는 것을 기억하세요. 거의 모든 R 함수는 정확한 수준을 알려줍니다.

3. 적절한 검정통계를 선택합니다.

각 귀무가설은 특정 검정통계와 관련이 있습니다. 여러분은 이 책에서 어떤 통계 유형이 어떤 유형의 연구 질문과 관련이 있는지를 배우게 됩니다.

4. 검정통계량을 계산합니다.

검정통계량 test statistic value (획득된 값이라고도 함)은 특정한 검정통계의 결과입니다. 예를 들어, 두 집단의 평균 차이의 유의성에 대한 검정통계, 0과 상관계수의 차이의 유의성에 대한 검정통계, 두 비율 간 차이의 유의성에 대한 검정통계 등이 있습니다. 여러분은 실제로 검정통계를 계산하고 수치 값을 제시하게 됩니다.

5. 특정 통계에 대한 적절한 임계값 표를 사용하여 귀무가설을 기각하는 데 필요한 값을 결정합니다.

각 검정통계(표본의 크기와 여러분이 기꺼이 감수해야 하는 위험도 포함)는 그와 관련된 임계값critical value을 갖고 있습니다. 이는 귀무가설이 실제로 사실일 경우, 검정통계가 갖게 될 것이라 예상되는 값입니다.

6. **검정통계량(획득된 값)과 임계값을 비교합니다.**
중요한 단계입니다. 여기서는 검정통계에서 얻은 값(계산한 값)과 오로지 우연히 얻게 될 것으로 예상되는 값(임계값)을 비교합니다.

7. **검정통계량이 임계값보다 더 크다면, 귀무가설을 기각합니다.**
즉, 우연이 반영된 귀무가설의 '차이가 없다'라는 균등성 서술은 발견된 차이에 대한 가장 매력적인 설명이 아니라는 의미입니다. 바로 여기서 추론 방법의 매력이 빛을 발합니다. 검정통계량이 우연히 차이가 발생하는 경우보다 더 극단적인 경우일 때[4]만, 여러분이 얻은 모든 차이는 우연에 의한 것이 아니며, 귀무가설에서 명시된 균등성이 여러분이 발견한 차이점에 대한 가장 매력적인 설명이 아니라는 결론을 내릴 수 있습니다. 대신, 이러한 차이점은 처리로 인해 발생해야 합니다. 만약 두 값이 같은 경우는 어떻게 해야 할까요?(안 그래도 이 질문을 하려던 참이었죠?) 이 경우 차이는 우연 때문에 발생한 것입니다.

8. **검정통계량이 임계값을 초과하지 않는다면 귀무가설이 가장 좋은 설명입니다.**
여러분이 얻은 차이가 (처치와 같은) 우연 이외의 것 때문에 생겼다는 점을 증명할 수 없다면, 그 차이는 우연이나 통제할 수 없는 기타 요인 때문이어야 합니다. 즉, 귀무가설이 가장 좋은 설명입니다.

여기 백 마디 말보다 더 효과적인 그림이 있습니다

[그림 11-2]는 우리가 방금 살펴본 8단계 과정을 나타냅니다. 이것은 검정통계량과 임계값을 비교할 때 수행되는 과정을 시각적으로 표현한 것입니다. 이 예에서 유의수준은 0.05 또는 5%로 설정되어 있습니다. 하지만 0.01 또는 1%로 설정할 수도 있습니다. 분포의 오른쪽 꼬리 부분에 5%가 있다는 것은 우리가 단측검정(방향이 중요함)을 수행하고 있음을 의미합니다. 만약, 5%가 양쪽 꼬리 부분에 균등하게 있으면 양측검정을 해야 합니다(방향은 중요하지 않습니다).

4 검정통계의 결과가 우연한 변동의 결과가 아님을 의미합니다.

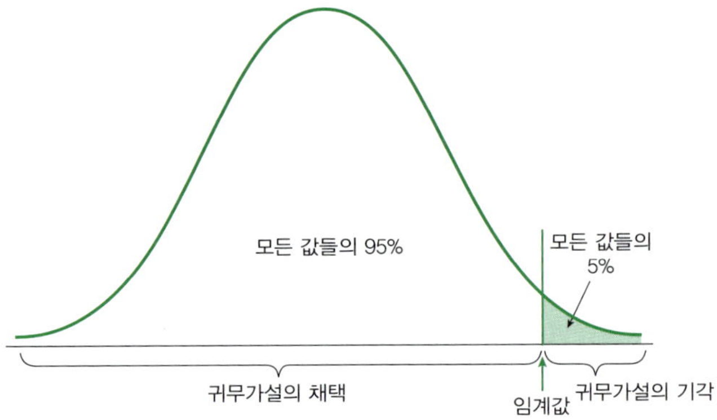

그림 11-2 검정통계량과 임계값 비교를 통한 귀무가설의 기각 및 채택에 대한 의사 결정

[그림 11-2]를 볼 때 다음 사항에 유의하세요.

- 전체 곡선은 두 집단 간 차이 또는 상관계수의 유의성과 같은 특정 귀무가설에 근거한 모든 가능한 결과를 나타냅니다.
- 임계값은 얻은 결과(검정통계량)가 우연한 것이 아니라 다른 요인 때문이라고 결론 내릴 정도로 우연히 발생할 가능성이 매우 희박하다고 판단되는 지점입니다. 이 예시에서 '희박'한 발생 확률이란 5% 미만이라고 정의합니다.
- 획득된 값(검정통계량)을 나타내는 결과가 임계값의 왼쪽에 위치하면(극단적이지는 않음), 우리는 귀무가설이 관찰된 차이에 대한 가장 매력적인 설명이라고 결론을 내립니다. 즉, 획득된 값(검정통계량)은 우연으로 인해 발생했다고 기대되는 영역(곡선 아래 영역의 95%)에 해당됩니다.
- 획득된 값(검정통계량)이 임계값의 오른쪽에 위치하면(극단적인 경우), 연구가설이 관찰된 차이에 대한 가장 매력적인 설명이라고 결론 내릴 수 있습니다. 즉, 획득된 값(검정통계량)은 우연이 아닌 다른 이유로 인해 발생할 수 있다고 기대할 수 있는 영역(곡선 아래 영역의 5%)에 속합니다.

신뢰구간 : 더욱 큰 확신 갖기

우리는 이제 확률이 결과와 관련될 수 있음을 알았습니다. 이것이 9장과 10장에서 다룬 주제였습니다. 이제 우리는 동일한 내용을 약간 다른 방식으로 설명하고 신뢰구간이라고 불리는 새로운 개념을 소개할 것입니다.

신뢰구간confidence interval, c.i은 주어진 표본 값(또는 모집단 매개변수를 나타내는 표본통계)을 바탕으로 우리가 생각할 수 있는 모집단 값(또는 모집단 매개변수)의 범위를 최대한 정확히 추정한 결과입니다. 학군 내 모든 3학년 학생들 중 20명의 맞춤법 시험 평균 점수를 알고 있다고 가정해보세요. 모집단 평균이 특정한 2개의 점수 사이에 존재할 것이라는 데 대해 얼마나 확신할 수 있습니까? 95% 신뢰구간은 그 범위를 맞힐 확률이 95%임을 의미합니다.

정규곡선에서 95% 신뢰구간을 찾는 단계를 살펴보겠습니다.

1. 정규곡선 아래 영역에 대해서는 [부록 B]의 [표 B.1]을 보세요.

2. 95% 신뢰구간을 얻으려면 95를 2로 나누어서 해당 신뢰구간의 상반부에 대한 평균과 z 값 사이의 면적을 찾으세요. 그러면 47.5가 됩니다.

3. 숫자 47.5에 대해 '평균과 z 값 사이의 면적'이라고 표시된 열을 찾으세요. 해당 항목을 찾으면 왼쪽 열의 z 점수를 확인하세요. 1.96이어야 합니다.

z 점수는 정규곡선의 위쪽 절반에 대해 1.96이고 정규곡선의 아래쪽 절반에 대해서는 −1.96입니다. 이 두 숫자 사이의 곡선 아래 면적은 95%입니다. 이제 이 숫자를 사용하여 95% 신뢰구간을 계산할 수 있습니다. 99% 신뢰구간을 얻으려면 이러한 단계를 어떻게 변경하면 될까요? 이 단계를 따르면 ±2.56 z 점수에 대한 답을 찾을 수 있습니다.

실제 숫자를 통해 살펴봅시다.

6학년 전체 학생 중 100명을 무작위로 뽑은 표본에서 평균 맞춤법 점수가 (총 80단어 중) 64이고 표준편차가 5라고 가정해봅시다. 6학년 학생 전체 모집단의 평균 맞춤법 점수 평균을 예측할 때 우리는 어느 정도의 신뢰도를 가질 수 있습니까?

95% 신뢰구간은 다음과 같습니다.

$$64 \pm 1.96(5)$$

즉 54.2에서 73.8 사이의 범위이므로, 모든 6학년 학생의 맞춤법 점수에 대한 모집단 평균이 두 점수 사이에 있음을 95% 확신할 수 있습니다.

더 큰 확신을 갖고 싶습니까? 99% 신뢰구간은 다음과 같이 계산됩니다.

$$64 \pm 2.56(5)$$

이것은 51.2에서 76.8까지의 범위이므로 모집단 평균이 이 두 점수 사이에 있다고 99% 확신할 수 있습니다.

어떤 사람은 신뢰구간을 계산하기 위해 평균의 표준오차를 사용합니다. 표준편차 또는 평균의 표준오차 중 어떤 것을 사용해도 옳다는 것을 기억해두세요. 교수님이 원하는 것을 확인하세요. 그런데 표준오차는 무엇일까요? 자세한 내용을 알고 싶다면 바로 뒤에 나오는 글을 읽으세요.

우리는 표준편차를 사용하여 신뢰구간을 계산했지만, 평균의 표준오차standard error of the mean, SEM[5] 를 사용하여 신뢰구간을 계산하는 사람들도 많습니다. 평균의 표준오차는 이론적으로 모집단에서 선택될 수 있는 모든 표본 평균의 표준편차입니다. 평균의 표준편차와 표준오차 둘 다 특정 '참' 지점(실제 평균과 실제 변동량)에 대한 '오류'라는 것을 기억하세요. 평균의 표준오차를 사용하는 것이 좀 더 복잡하지만, 신뢰구간을 계산하고 이해할 수 있는 또 하나의 방법입니다.

여러분이 맞는 예상을 할 확률이 높아질수록(예 : 95%에서 99%로), 신뢰구간 자체가 넓어지는 이유는 무엇인가요? 더 넓은 신뢰구간의 범위(95% 신뢰구간의 경우 73.8－54.2＝19.6이고 99% 신뢰구간의 경우 76.8－51.2＝25.6)는 가능한 결과를 더 많이 포함하기 때문입니다. 따라서 여러분은 더 큰 확신을 할 수 있게 되는 것입니다. 하! 멋지지 않습니까?

5 12장을 참조하세요.

실생활의 통계학

서로 다른 학문 분야들이 연계될 때, 서로에게서 무언가를 배울 수 있다는 것은 정말 흥미롭습니다. 그리고 이런 일이 더 자주 일어나지 않는 것은 안타깝습니다. 새롭고 오래된 것이 공존하는 환경에서 전통적인 아이디어와 혁신적인 아이디어를 함께 사용할 수 있는 환경을 조성하기 위해 학제 간 연구가 필수적인 이유 중 하나입니다.

이와 같은 학제 간 논의가 마취 관련 의학 저널에서 있었습니다. 논의의 핵심은 통계적 유의성과 임상적 유의성 간의 상대적 장점에 대한 것이었습니다. 티모시 홀Timothy Houle과 데이비드 스텀프David Stump 박사는 얼마나 많은 수의 대규모 임상 시험이 집단 간 미묘한 차이를 통해 높은 수준의 통계적 유의성을 얻었는지를 지적합니다(우리가 어른들에게 읽기를 가르치는 상황을 가정한 예에서 설명했던 것처럼). 이 경우, 통계적으로 유의미한 결과는 임상적으로 관련이 없습니다. 그러나 저자들은 적절한 마케팅을 통해 의심스러운 임상적 유의성의 결과를 이용하여 수십억 달러의 수익을 낼 수 있다고 지적했습니다. 이것은 정말로 주의해야 될 사항입니다. 결과의 유의성이 정말 의미 있는지와 관련된 몇 가지 훌륭한 교훈이 있습니다. 어떻게 하면 알 수 있나요? 연구 맥락과 결과의 내용을 살펴보세요.

더 자세한 내용이 궁금하다면, 아래의 자료를 온라인으로 검색하거나 도서관에서 찾아보세요.

Houle, T. T., & Stump, D. A. (2008). 통계적 유의성 대 임상적 유의성(Statistical significance versus clinical significance). Seminars in Cardiothoracic and Vascular Anesthesia, 1, 5–6.

이 장의 요약

이제 여러분은 유의성 개념이 어떻게 작동하는지 정확히 알게 되었습니다. 이제 해야 할 일은 이 개념을 다양한 연구 문제에 적용해보는 일입니다. 이것이 바로 우리가 PART 05 전체에 걸쳐 계속 다룰 내용입니다.

연습할 시간입니다!

1. 유의성이 연구 및 추론통계의 활용에 중요한 구성 요소가 되는 이유는 무엇입니까?

2. 통계적 유의성이란 무슨 뜻입니까?

3. 임계값이 의미하는 것은 무엇입니까?

4. 의사 결정을 위해 다음 정보와 0.05의 유의수준을 설정하면 귀무가설을 기각하거나 기각할 의사가 있습니까? 여러분이 내린 결론에 대해 설명하세요.

(a) 사람들이 듣는 음악의 유형과 범죄 성향 사이에 관계가 없다는 귀무가설 ($p < 0.05$)

(b) 커피 소비량과 평균 학점 사이에 관계가 없다는 귀무가설 ($p = 0.62$)

(c) 근무 시간과 업무 만족도 사이에 부정적인 관계가 존재한다는 연구가설 ($p = 0.51$)

5. 다음 진술에서 발견할 수 있는 문제점은 무엇입니까?

(a) 제1종 오류가 0.05라는 것은 100번에 걸친 연구가설 검정 중 5번은 실제로 참인 귀무가설을 기각한다는 것을 의미한다.

(b) 제1종 오류율을 0으로 설정할 수 있다.

(c) 제1종 오류율이 작을수록 결과가 좋다.

6. 다른 모든 조건은 동일하다는 가정하에, 연구가설이 0.05가 아닌 0.01의 유의수준에서 검정될 경우, 왜 유의미한 결과를 발견하기가 더 어려울까요?

7. 귀무가설을 '채택했다'가 아니라 '기각하는 데 실패했다'라고 표현해야 하는 이유는 무엇입니까?

8. 유의성 significance 과 유의미성 meaningfulness 의 차이는 무엇입니까?

9. 유의성과 유의미성의 차이에 대한 토론과 관련된 탐구가 있습니다.

(a) 통계적으로 중요하고 의미 있는 결과의 예를 들어보세요.

(b) 이제 통계적으로 중요하지만 의미가 없는 결과의 예를 들어보세요.

10. 우연성 chance 이 연구가설의 중요성을 검정하는 것과 무슨 관련이 있습니까?

11. [그림 11-2]에는 곡선의 오른쪽 부분에 초록색 영역이 있습니다.

(a) 이 부분은 무엇을 나타냅니까?

(b) 초록색 영역이 곡선 아래에서 더 많은 부분을 차지한다면, 이것은 무슨 의미입니까?

12

외로운 사람을 위한 단일 표본 z-검정

이 장에서 배울 내용

- 단일 표본에 대한 z-검정을 사용하는 것이 바람직한 경우
- 관찰된 z 값을 계산하는 방법
- z 값 해석하기
- z 값의 의미 이해하기
- 효과 크기와 해석 방법 이해하기

단일 표본 z-검정을 소개합니다

수면 부족은 신경과민에서 피로에 이르기까지 많은 문제를 일으킬 수 있으며 심하면 죽음에 이르게 할 수도 있습니다. 의사들이 왜 환자에게 충분한 수면을 권하는지 이해할 수 있을 것입니다. 이 이야기는 병에 걸렸거나 수면이 주는 치유력과 자생력이 필요한 사람들에게 특히 중요합니다.

조셉 카페렐리Joseph Cappelleri 박사와 그의 동료들은 수면 장애를 측정하는 척도로서 의학 결과 연구Medical Outcomes Study, MOS 수면 척도의 유용성을 평가하기 위해 섬유근육통 질환 환자의 수면 장애를 연구했습니다.[1] 처리 집단과 대조 집단을 서로 비교한 분석을 포함하여 다양한 분석이 이루어졌지만, 그 중 중점적으로 살펴볼 분석은

1 Cappelleri, J. C., Bushmakin, A. G., McDermott, A. M., Sadosky, A. B., Petrie, C. D., & Martin, S. (2009). 섬유 근육통 환자들의 수면 질을 측정하는 단일 척도의 정신력 측정 특성(Psychometric properties of a single-item scale to assess sleep quality among individuals with fibromyalgia). Health and Quality of Life Outcomes, 7, 766-770.

참가자의 MOS 점수와 전국 MOS 표준점수 간의 비교입니다. 표본의 점수(이 연구에서는 참여자들의 MOS 점수)와 모집단의 점수(표준점수) 사이의 비교는 단일 표본 z-검정을 사용합니다. 연구 결과는 어땠을까요? 참여자들의 MOS 수면 척도 점수는 통계적으로 유의했습니다($p < 0.001$). 즉, 표본 평균과 모집단 평균이 동일하다는 귀무가설은 기각될 수 있습니다.

왜 단일 표본 z-검정을 사용할까요? 카페렐리 박사와 동료들은 표본 값이 동일한 측정치를 사용하여 수집된 모집단(국가)의 값과 다른지를 확인하고 싶었습니다. 이들은 결과적으로 표본 통계를 모집단 매개변수와 비교하고 표본이 모집단을 대표했는지 여부를 확인하였습니다.

핵심 원리 알아보기

11장에서 소개한 [그림 11-1]의 순서도를 사용하여 적절한 검정통계인 **단일 표본 z-검정** one-sample z test을 선택하는 방법은 다음과 같습니다.

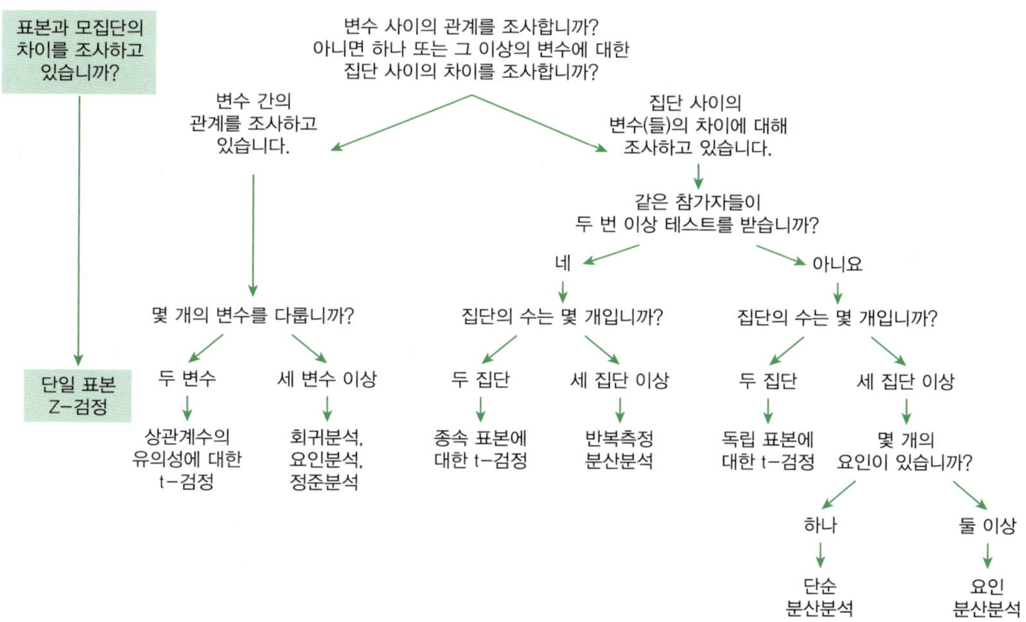

그림 12-1 단일 표본 z-검정이 올바른 검정통계인지 판단하기

[그림 12-1]에 강조 표시된 일련의 단계를 따라가세요. 지금은 매우 쉽게 느껴질 것입니다(늘 그런 건 아닙니다). 왜냐하면 이 내용은 PART 05 전체를 통틀어 유일하

게 단 하나의 집단만을 가정한 추론 절차이기 때문입니다. 그리고 이 장에서 언급될 많은 내용은 여러분이 다시 10장으로 돌아가 표준점수에 대한 내용을 복습하는 데 도움이 됩니다.

1. 우리는 하나의 표본과 모집단의 차이점을 살펴보고 있습니다.

2. 검정되는 집단의 수는 하나뿐입니다.

3. 적절한 검정통계는 단일 표본 z-검정입니다.

검정통계량 계산하기

단일 표본 z-검정값을 계산하는 데 사용하는 공식은 식 (12.1)에 나와 있습니다. 지금 우리는 표본 평균이 모집단 평균에 속하는지 또는 모집단 평균을 나타내는지 여부를 검정한다는 것을 기억하세요. 표본 평균($\overline{X}$)과 모집단 평균(μ)의 차이는 z 값에 대한 분자를 구성합니다. 분모(오차 항)는 평균의 표준오차Standard Error of Mean, SEM로 불리며, 이는 모집단으로부터 추출 가능한 모든 표본 평균을 선택하는 것과 관련된 모든 가변성을 고려할 때, 우리가 우연히 기대할 수 있는 값입니다. 이 평균의 표준오차(핵심 용어는 표준입니다)를 사용하여 결과의 확률에 관한 결정을 내리려면 (11장에서 본 것처럼) z 점수표를 사용해야 합니다.

$$z = \frac{\overline{X} - \mu}{SEM} \qquad (12.1)$$

여기서

- $\overline{X}$는 표본의 평균입니다.
- μ는 모집단의 평균입니다.
- SEM은 평균의 표준오차입니다.

식 (12.1)에 들어갈 평균의 표준오차를 계산하려면 다음 수식을 사용하세요.

$$SEM = \frac{\sigma}{\sqrt{n}} \qquad (12.2)$$

여기서

- σ는 모집단의 표준편차입니다.
- n은 표본의 크기입니다.

평균의 표준오차는 모집단에서 선택된 모든 가능한 평균들의 표준편차입니다. 가능한 모든 평균을 계산하는 것이 불가능하다고 가정할 때 우리가 생각해낼 수 있는 최선의 추정치입니다. 만약 표본 선택이 완벽하다면 표본과 모집단 평균의 차이는 0이 될 것입니다. 그렇겠죠? 반면, 모집단에서 표본 추출이 (무작위로 그리고 대표적으로) 정확하게 수행되지 않는다면, 이 표본들의 표준편차는 엄청나게 커지겠죠? 그렇습니다. 따라서 아무리 노력해도 완벽한 표본을 선택하는 것은 불가능한 것처럼 보입니다. 항상 약간의 오차가 있습니다. 평균의 표준오차는 모든 평균값들로 구성된 전체 모집단에 대한 값을 반영합니다. 이것이 평균의 표준오차입니다. 다른 측정값에 대해서도 표준오차가 있을 수 있습니다(실제로 그렇습니다).

예를 살펴봅시다

맥도날드 박사는 자신이 가르치는 지구과학 수업의 학생들이 (좋은 의미로) 특별하다고 생각합니다. 그는 현재 자신이 가르치는 학급의 평균 점수가 지난 20년간 그의 지구과학 수업을 들은 수많은 학생들의 평균 점수의 범위에 속하는지 여부를 알고 싶어 합니다. 그동안 맥도날드 박사는 기록을 잘 해두었기 때문에 현재 36명의 학생 집단과 과거부터 현재에 이르는 1,000명의 수강생 집단 모두에 대한 평균 및 표준편차를 알고 있습니다. 그가 가진 데이터는 다음과 같습니다.

	크기	평균	표준편차
표본	36	100	5
모집단	1,000	99	2.5

다음은 이미 너무도 친숙한 z-검정 통계량의 계산 과정입니다.

1. 귀무가설 및 연구가설을 진술합니다.

귀무가설은 표본 평균이 모집단 평균과 같다고 서술합니다. 귀무가설이 기각되지 않는 경우, 표본은 모집단을 나타냅니다. 연구가설이 채택되고, 귀무가설이 기각되면 표본 평균은 모집단 평균과 다릅니다.

귀무가설은 다음과 같습니다.

$$H_0 : \overline{X} = \mu \tag{12.3}$$

연구가설은 다음과 같습니다.

$$H_1 : \overline{X} \neq \mu \tag{12.4}$$

2. 귀무가설과 관련된 위험 수준(유의수준 또는 제1종 오류)을 설정합니다.

위험 수준 또는 제1종 오류 수준 또는 유의수준(또 다른 이름 있나요?)은 0.05입니다. 그러나 이것은 전적으로 연구자의 재량에 달려 있습니다.

3. 적절한 검정통계를 선택합니다.

[그림 12-1]의 순서도를 사용하여 적절한 검정 방법으로서 단일 표본 z-검정을 결정했습니다.

4. 검정통계량(획득된 값)을 계산합니다.

이제 값을 공식에 대입하여 계산해야 합니다. 식 (12.1)은 z 값을 구하는 공식입니다. 먼저, 값들을 식 (12.5)의 SEM 공식에 대입한 다음 식 (12.6)의 z 값 공식에 대입합니다. 앞의 표를 이용하여 이 모든 데이터를 얻었습니다. 값을 대입하면 다음과 같은 결과가 나타납니다.

$$SEM = \frac{5-2.5}{\sqrt{36}} = \frac{2.5}{6} = 0.4167 \tag{12.5}$$

$$Z = \frac{100-99}{0.41667} = 2.40 \tag{12.6}$$

평균의 표준오차(SEM)를 계산한 후 소수점 4자리로 반올림합니다(항상 최소 4자리를 유지하거나 반올림한 값을 계산에 사용). 맥도날드 박사의 데이터를 고려할 때 표본 평균을 이 모집단 평균과 비교하기 위한 z 값은 2.40입니다.

5. 특정 통계에 대한 적절한 임계값 표를 사용하여 귀무가설을 기각하는 데 필요한 값을 결정합니다.

이제 [부록 B]의 [표 B.1]로 이동합니다. 여기에는 귀무가설의 기각에 대한 임계값인 특정 z 값과 관련된 확률을 나열되어 있습니다. 이것은 우리가 11장에서 여러 예제를 통해 공부한 내용입니다.

우리는 [표 B.1]의 값을 이용해서 만약 두 평균이 서로에게 속하는지 여부를 우연에 의한 값 (표에 있는 임계값)과 관찰된 값을 비교함으로서 알 수 있습니다.

11장에서 우리는 +1.96의 z 값이 0.025의 확률과 관련되어 있음을 배웠습니다.

표본 평균이 모집단 평균보다 크거나 작을 수 있다고 생각하면, 분포의 양 끝(값의 범위는 ±1.96)과 0.05의 제1종 오류율을 고려해야 합니다.

6. 검정통계량(획득된 값)과 임계값을 비교합니다.

계산된 z 값은 2.38입니다. 따라서 36명의 참가자가 포함된 표본에 대해 0.05 수준에서 귀무가설을 검정하기 위한 임계값은 ±1.96입니다. 이 값은 표본 평균과 모집단 평균의 차이가 발생하는 이유에 대해 우연이 가장 매력적인 설명이 되는 경계선입니다. 어느 방향으로든 이 임계값을 초과하는 값(연구가설은 비방향적이며, 양측검정임을 기억하세요)이 발생한다는 것은 표본과 모집단의 평균이 차이가 나는 이유에 대해 설명을 제시해야 한다는 것을 의미합니다.

7. 결정할 시간입니다.

획득된 값(2.38)이 임계값보다 극단적인 경우([그림 11-2]를 기억하세요) 귀무가설을 채택할 수 없습니다. 획득된 값이 임계값을 초과하지 않으면 귀무가설이 가장 매력적인 설명입니다. 이 문제에서는 획득된 값(2.38)이 임계값(1.96)을 초과하므로, 맥도날드 박사의 학생 36명으로 구성된 표본의 수업 평균이 이전에 박사가 가르친 학생들 1,000명의 평균과 다르다고 할 수 있습니다. 만약 획득된 값이 1.96보다 작았다면 우리는 현재 학생들의 성적과 지난 20년간 시험을 치른 학생들 1,000명의 시험 성적 차이가 없다고 결론을 내렸을 것입니다. 이 경우, 36명의 학생들은 이전 1,000명과 본질적으로 같은 수준의 학습 성과를 지녔을 것입니다.

8. 마지막 단계입니다.

왜 이 집단의 학생들은 이전 1,000명의 학생들과 다른가요? 이들이 이전 학생들보다 더 똑똑하다는 맥도날드 박사의 생각은 옳을 수 있지만, 기술 활용 능력의 향상, 높은 수준의 동기부여, 혹은 부지런한 성향 등과 같은 요인의 영향이 있을 수 있습니다. 이 모든 질문들은 다음 기회에 검증해 보도록 하겠습니다.

그렇다면 $z = 2.40$, $p < 0.05$는 어떻게 해석해야 할까요?

- z는 사용된 검정통계를 나타냅니다.
- 2.40은 획득된 값(검정통계량)으로 이 장의 앞부분에 제시한 공식을 사용하여 계산할 수 있습니다.
- $p < 0.05$은 귀무가설에 대한 검정에서 표본 평균과 모집단 평균이 다를 확률이 5% 미만임을 나타냅니다.

R을 사용하여 z-검정 수행하기

이제 두 가지 방법으로 R을 사용할 것입니다.[2] 먼저 R을 계산기로 사용하여 표본을 벡터에 입력한 다음 숫자를 식 (12.1)에 입력합니다. 그런 다음, 내장함수를 사용하여 z 통계와 관련된 p를 구합니다.

단일 표본 z-검정을 사용하여 표본이 평균 점수 $\mu=13$, 표준편차 $\sigma=3$을 갖는 모집단과 다른지를 평가합니다. 귀무가설은 표본과 모집단의 평균에 차이가 없다는 것이며 연구가설은 차이가 있다고 말합니다. 전체 표본은 다음과 같습니다.

12	15
9	16
7	8
10	9
11	12

1. 벡터에 데이터를 입력합니다.

2. 평균의 표준오차(SEM)를 계산합니다.

3. z-검정 통계량을 계산합니다.

4. z-검정 통계 확률을 구합니다.

1. 위에 나온 숫자로 벡터를 만들어봅시다.

```
> sampleScores <- c (12, 9, 7, 10, 11, 15, 16, 8, 9, 12)
>
```

2 이 주제에 대한 R 튜토리얼 비디오를 보려면 edge.sagepub.com/salkindshaw를 방문하세요.

2. 모집단의 표준편차가 3이며 표본의 크기가 10임을 알고 있습니다. 식 (12.2)를 사용하여 SEM을 계산하고 결과를 확인하세요.

```
> sem <-3 / sqrt (10)
> sem
[1] 0.9486833
>
```

제곱근 함수인 sqrt()를 사용하여 SEM에 대한 값으로 0.9486833을 구했습니다.

3. 모집단 평균은 13입니다. SEM, 모집단 평균, 표본 평균을 식 (12.1)에 대입하여 z 값을 구하고 결과를 확인하세요.

```
> zStat <- (mean(sampleScores) - 13) / sem
> zStat
[1] -2.213594
>
```

z-검정 통계량은 -2.213594입니다. 표본 평균이 모집단 평균보다 작기 때문에 통계량은 음수입니다.

4. 정규분포가 대칭이므로 z=-2.213594의 확률은 z=2.213594의 확률과 같습니다. 정규분포가 대칭인 특성, 표본과 모집단 평균이 다르다(하나가 다른 하나보다 크거나 작다가 아님에 주의하세요)는 가설을 고려하면 R에서 얻는 확률을 두 배로 늘려야 합니다.

```
> pnorm (abs(zStat))
[1] 0.9865717
>
```

이 R 구문이 시작점입니다. z-검정 통계량의 절댓값에 대한 절대 확률을 요구함으로써 zStat=|−2.213594|이 될 확률이 98.66%임을 알았습니다. 이는 2.213594와 평균 사이의 면적이 48.66%임을 의미합니다. 우리는 평균 아래의 면적이 50%라

는 것을 알고 있습니다. 따라서 합하면 98.66%(50+48.66)가 됩니다. 이것은 [표 B.1]에서 얻을 수 있는 것과 같은 정보이지만 우리의 주된 관심사는 아닙니다. 우리는 z 값 또는 그 이상의 값을 얻을 확률을 알고 싶습니다. 이것을 구하기 위해 R 구문을 변경해봅시다.

```
> 1 - pnorm(abs(zStat))
[1] 0.01342835
>
```

우리는 이제 z 값이 2.213594와 같거나 이보다 더 큰 값을 얻을 확률을 알고 있습니다. 그러나 −2.213594 이하의 작은 것은 어떻게 계산할 수 있습니까? 쉽습니다! 값을 두 배로 늘리세요.

```
> (1 - pnorm(abs(zStat))) * 2
[1] 0.0268567
>
```

사전에 결정된 $\alpha=0.05$와 z 점수가 0.05보다 작을 확률을 사용하여 표본 평균이 모집단 평균과 다를 확률이 0.0268567과 같음을 알게 되었습니다. 이제 이 정보를 이용해서 어떤 결과를 보고할 수 있나요?

$z=-2.21$, $p=0.03$(정확히는 0.0268567)을 바탕으로, 우리는 표본 평균과 모집단 평균이 같다는 귀무가설을 기각하고 연구가설을 채택합니다.

특수 효과 : 그 차이를 믿을 수 있나요?

이제 완전히 새로운 개념인 효과 크기에 대해 살펴보겠습니다. 또한 추론통계검정 분석을 더욱 재미있고 가치 있게 만드는 데 효과 크기를 어떻게 사용하는지도 살펴보겠습니다.

일반적으로 다양한 추론 도구를 사용하여 표본과 모집단의 차이, 표본 간의 차이를 찾을 수 있지만 핵심 질문은 그 차이가 통계적으로 유의한가에 그치는 게 아니라 의미가 있는지 여부입니다. 이는 각 집단을 대표하는 분포 사이에 충분한 차이가 있는지와 여러분이 검정한 차이가 실제로 존재하는 차이인지를 판단해야 한다는 의미입니다.

자, 효과 크기의 세계에 오신 것을 환영합니다.

효과 크기 effect size는 두 집단이 서로 얼마나 다른지를 나타내는 척도입니다. 차이가 얼마나 큰지 판단할 뿐만 아니라 처치treatment의 규모까지 측정하는 척도입니다. 이는 '크다는 게 대체 얼마나 큰 걸 말하는 거야?'라고 물어보는 것과 비슷합니다. 효과 크기를 계산하는 것이 흥미로운 이유는 표본 크기를 (직접적으로) 고려하지 않기 때문입니다. 효과 크기를 계산하고 그에 관한 판단을 내리는 것은 유의미한 결과를 이해하는 것에 대해 완전히 새로운 관점을 제공합니다. 효과 크기가 흥미로운 이유는 또 있습니다. 여러 다른 추론검정에서 유효 크기를 계산하기 위해 (앞의 여러 장들을 통해 보게 되겠지만) 다른 공식을 사용하지만, 평균 차이를 말할 때는 동일한 메트릭[3]을 사용하여 효과 크기를 계산한다는 점입니다. 눈금자나 줄자를 사용하여 크기가 다른 두 목재를 측정하는 것과 같습니다.

예를 들어, 맥도날드 박사의 지구과학 시험 데이터를 살펴봅시다. 평균과 표준편차가 제시되어 있습니다.

	크기	평균	표준편차
표본	36	100	5.0
모집단	1,000	99	2.5

단일 표본 z-검정의 효과 크기에 대한 코헨Cohen의 d를 계산하는 공식은 다음과 같습니다.

$$d = \frac{\overline{X}_1 - \mu}{\sigma} \tag{12.7}$$

여기서

- X는 표본 평균입니다.
- μ는 모집단 평균입니다.
- σ는 모집단 표준편차입니다.

3 코헨Cohen의 d라고 하며 곧 설명할 것입니다.

이 공식은 z-검정 통계량 수식인 식 (12.1)과 거의 비슷합니다. 차이점은 분모입니다. 효과 크기를 계산할 때 표본 크기는 조정하지 않습니다. 따라서 표본 크기가 10, 100, 1,000 또는 그 이상이 되더라도 이 예의 효과 크기는 동일하게 유지됩니다.

식 (12.7)에 맥도날드 박사의 데이터 값을 대입하면 다음과 같습니다.

$$d = \frac{100 - 99}{2.5} = 0.4$$

우리는 이전 계산에서 얻은 z 점수 2.40이 유의하다는 것을 알고 있습니다. 이는 실제로 맥도날드 박사 수업의 평균 성적이 모집단의 평균 성적과 다르다는 것을 의미합니다. 효과 크기(0.4)를 계산했으므로, 이제 효과 크기와 관련하여 통계적으로 유의한 결과가 무엇을 의미하는지 살펴보겠습니다.

효과 크기 이해하기

효과 크기의 전문가 중 한 사람인 제이콥 코헨Jacob Cohen은 이 주제에 대해 가장 영향력 있고 중요한 논문들을 저술했습니다. 코헨은 연구자들에게 변수 간의 차이와 관계에 대한 다양한 질문을 탐구하기 위해 적절한 효과 크기를 찾아내는 방법을 소개하는 책도 출판했습니다. 이 책은 연구자들에게 매우 중요하고 영향력 있는 책입니다(여러분의 선생님도 이 책을 구매했을 겁니다). 그가 제시한 방법을 알아봅시다. 또한 이 책에서는 효과 크기의 차이를 이해할 수 있도록 다양한 크기의 효과 크기가 무엇을 나타내는지에 대한 지침도 제공합니다.

앞의 예에서 효과 크기는 0.4였습니다. 이 값이 의미하는 건 뭘까요? 코헨과 동료들은 효과 크기 값이 작은지, 중간 정도인지, 큰지를 판단하는 기준을 정립했습니다. 이들은 다음과 같은 기준을 사용했습니다.

- 작은 효과 크기의 범위는 0에서 0.2까지입니다.
- 중간 효과 크기의 범위는 0.2에서 0.5까지입니다.
- 큰 효과 크기의 범위는 0.5 이상의 모든 값입니다.

앞의 예에서 효과 크기 0.4는 중간 정도의 효과 크기로 분류됩니다. 그러나 이것이 정말로 뜻하는 것은 무엇일까요?

효과 크기는 한 집단과 다른 집단 간의 상대적 관계에 대한 정보를 제공합니다. 예를 들어, 효과 크기가 0이면 두 집단 모두 매우 유사하고 전체적으로 겹치는 경향이 있습니다. 즉, 두 점수 분포들 사이에는 차이가 없습니다. 효과 크기 1은 두 집단이 약 45% 겹치는 것을 의미합니다(공통점이 꽤 많죠). 예상했겠지만, 효과 크기가 증가할수록 두 집단 간에 겹치는 부분이 감소합니다.

제이콥 코헨의 저서 《행동과학을 위한 통계 분석(Statistical Power Analysis for Behavioral Sciences)》(Routledge 출판, 최신판 1988년 발행)은 1967년에 처음 출판되었습니다. 이 책에서 소개하는 일반적인 정보 이상의 내용을 배우고 싶은 사람이라면 반드시 읽어야 할 필독서입니다. 이 책은 다양한 표와 기법을 활용하여 통계적으로 유의한 결과가 모든 것을 설명하지는 못한다는 사실을 설명하고 있습니다. 효과 크기를 알아야 온전한 통계적 결론을 내릴 수 있습니다.

코헨의 d는 원래의 점수가 실제 세계에서 거의 의미가 없는 경우 특히 유용한 효과 크기 유형입니다. 코헨의 d는 차이의 통계적 유의성뿐 아니라 그 차이가 얼마나 의미 있는지 알려주는 표준화된 측정값입니다. 여러분이 갖고 있는 숫자가 실제로 지출한 금액이라면 어떨까요? 코헨의 d를 계산하면 독자에게 더 의미 있는 것을 제공할 수 있을까요? 아마 그렇지 않을 겁니다. 독자는 아마도 지출 금액의 평균 차이에 관심이 있을 것입니다. 그리고 이것이 실제로 효과 크기를 계산하는 이유입니다. 즉, 독자에게 연구 결과가 더욱 의미 있도록 하는 데 있습니다.

실생활의 통계학

최근 의사에게 진료를 받은 적이 있나요? 검사 결과에 대한 설명을 들었나요? 전자 의료 기록 추세에 대해 들어봤나요? 다음에 소개하는 연구에서, 노엘 브루어Noel Brewer와 동료들은 의료 검진 결과를 보고하는 데 사용하는 표와 막대그래프의 유용성을 비교했습니다.

연구자들은 참가자가 막대그래프를 활용하면 표를 읽는 것보다 정보를 이해하는 데 필요한 시간이 줄어든다는 사실을 z-검정을 통해 발견했습니다. 연구자들은 이 차이가 중요한 정보를 전달하는 막대그래프의 우수한 성능에 기인한다고 지적합니다(6장에서 막대그래프와 같은 그림이 표에 나온 수천 개의 단어보다 훨씬 더 가치가 있다고 강조했던 점을 떠올려보세요). 그리고 예상한 대로 참가자에게 두 가지 형태로 정보를 제공할 때, 막대그래프를 사용한 경험이 있는 사람은 막대그래프를 선호했고, 표를 사용했던 사람도 막대그래프가 유용하다고 판단했습니다. 다음에 의사가 진찰하며 표를 보여준다면, 그 결과를 막대그래프로 보고 싶다고 말하세요. 이것이야말로 실생활에서 접할 수 있는 응용 통계입니다.

더 자세한 내용이 궁금하다면, 아래의 자료를 온라인으로 검색하거나 도서관에서 찾아보세요.

Brewer, N. T., Gilkey, M. B., Lillie, S. E., Hesse, B. W., & Sheridan, S. L. (2012). 표 아니면 막대 그래프? 전자 의료 기록에서의 실험 결과 소개(Tables or bar graphs? Presenting test results in electronic medical records). Medical Decision Making, 32, 545-553.

패키지	함수	내용
BSDA	z.test	p 값을 포함한 z-검정 결과, 가설(여기서는 연구가설을 의미), 95% 신뢰구간 및 표본 평균

```
> z.test(x = sampleScores, mu = 13, sigma.x = 3)
 One-sample z-Test
data: sampleScores
z = -2.2136, p-value = 0.02686
alternative hypothesis: true mean is not equal to 13
95 percent confidence interval:
   9.040615 12.759385
sample estimates:
mean of x
     10.9
>
```

이 장의 요약

단일 표본 z-검정은 추론통계검정의 간단한 예이므로 이번 장은 이 검정의 기능 및 적용 방법을 설명하는 것으로 첫 발을 뗐습니다. 아주 좋은 소식이 있습니다. 더 복잡한 분석 도구로 넘어갈 때 우리가 취하는 단계 대부분이 여기서 본 것과 같다는 것입니다. 실제로 다음 장에서 다룰 내용은 여기서 다룬 z-검정을 확장한 것입니다. 매우 일반적인 추론통계검정인 2개의 서로 다른 집단의 평균 차이에 대한 t-검정으로 넘어갑시다.

연습할 시간입니다!

1. 단일 표본 z-검정을 사용하는 것이 적절한 때는 언제입니까?

2. z-검정에서 z는 무엇입니까? 단순 z 점수 또는 표준점수와 유사한 점은 무엇인가요?

3. 다음 상황에 대한 연구가설을 작성하세요.

(a) 길동이는 초콜릿만 먹는 식이요법을 하는 중년 남성 집단의 체중 감소가 초콜릿만 먹는 식이요법을 하는 중년 남성 전체의 모집단을 대표하는지 알고 싶습니다.

(b) 보건복지부는 지난 독감 유행 기간 중 시민 1,000명당 독감 발병 비율이 지난 50년 동안의 비율과 유사한지 비교해야 합니다.

(c) 길동이는 아파트 여러 채의 주인입니다. 그는 작년에 받은 아파트 월세가 지난 20년간 받은 월세를 대표하지 못한다고 거의 확신합니다.

4. 총 학생수가 500명인 한 학군에서 지난번 독감 유행 기간 동안 발생한 독감환자 보고 건수는 일주일에 약 15건이었습니다. 이 학군이 속한 시 전체의 평균 보고 건수는 16건이었고 표준편차는 15.1이었습니다. 이 학군에 속한 학생들은 시 전체의 학생들만큼 감기에 걸렸나요? 직접 계산해 보세요.

5. Super Bo 전문점 세 곳에서 일하는 야간 근무 직원들은 약 3시간 동안 약 500개의 제품을 적재합니다. 이 비율을 다른 97개 매장에서 3시간 동안 평균 496개의 제품을 적재하는 것과 비교하면 어떤가요? 세 지점의 직원이 '평균보다 일을 더 잘하고' 있나요? 필요한 정보는 다음과 같습니다.

	크기	평균 적재 제품 수	표준편차
전문점	3	500	12.56
모든 지점	100	496	22.13

6. 한 연구 조사에서, 특정 약물을 투여했을 때 처치 집단의 증상이 어느 정도 완화되는지 전체 모집단의 반응과 비교하는 조사를 진행했습니다. 연구가설을 검정한 결과, z-검정 통계량은 1.67로 나타났습니다. 연구자들은 어떤 결론을 내릴 수 있나요? (힌트 : 제1종 오류율 또는 유의수준은 명시되어 있지 않습니다.) 제시된 내용들로 무엇을 할 수 있나요?

7. 밀만Millman 골프 그룹은 뛰어난 아마추어 골퍼로 구성되어 있습니다. 이들은 프로로 전향할 준비가 되었을까요? 관련 데이터는 다음과 같습니다. (힌트 : 골프에서는 점수가 낮을수록 좋은 결과를 의미합니다!)

	크기	평균 점수	표준편차
밀만(Millman) 그룹	9	82	2.6
프로 골퍼	500	71	3.1

8. 완구를 판매하는 T&K의 2015년 월간 판매량은 다음과 같습니다. 2016년 평균 판매량 (31,456달러, σ=3,287달러)은 2015년의 월간 판매량과 크게 다른가요? 코헨의 d는 어떻게 나오나요? 2015년과 2016년 판매량의 평균 차이는 어떤가요? 어느 것이 더 이해하기 쉬운가요?

2015년 판매량	
1월	34,518
2월	29,540
3월	34,889
4월	26,764
5월	31,429
6월	29,962
7월	31,084
8월	30,506
9월	28,546
10월	29,560
11월	29,304
12월	25,852

13

둘을 위한 t(ea) : 다른 집단 간의 평균 차이 검정

이 장에서 배울 내용

- ☑ 독립 평균에 대한 t-검정 사용하는 것이 바람직한 경우
- ☑ 관찰된 t 값을 계산하는 방법
- ☑ t 값을 해석하고, 의미 이해하기
- ☑ 독립 평균에 대한 t-검정의 효과 크기 계산하기

독립 표본 t-검정을 소개합니다

여러분은 세상을 어떻게 탐색하나요? 한 곳에서 다른 곳으로 여행할 때, 특히 많은 사람이 스마트폰에서 지도 앱을 사용하여 길을 찾는 세상에서 무엇을 알 수 있나요?

호주 시드니에 있는 뉴사우스웨일스 대학University of New South Wales, UNSW의 아이다 아프루즈Aida Afrooz와 동료들은 이 주제에 대한 연구를 진행했습니다. 연구자들은 54명의 실험 참가자들에게 지도를 사용하여 UNSW의 캠퍼스에서 미리 정의된 경로를 탐색하게 했고, 통제 조건 하에 있는 또 다른 54명은 같은 경로를 가고 있는 누군가를 따라가도록 설계하여 무작위 대조 실험randomized controlled trial을 진행했습니다. 통제 집단에 속한 참가자에게는 지도를 한 번만 보여주었고, 주변 환경에 주의를 기울이도록 지시했습니다. 참가자 연령은 17~58세 사이이고 평균 나이는 23.9세(표준편차 = 7.07)였으며 모두 캠퍼스 지리에 익숙했습니다. 지도를 보고 경로를 탐색하는 사람들은 능동적인 집단으로, 경로에서 다른 사람을 따르는 사람들은 수동적 집단으로 불렸습니다.

참가자들은 경로에서 본 것에 대해 질문하는 설문지를 받았는데, 이는 기억력을 테스트하는 장면 인식 검사입니다. 이 검사에서 캠퍼스 안의 27개 장면과 다른 시드니 지역의 27개 장면을 보여주었습니다. 능동적 집단은 수동적 집단보다 높은 기억력 검사 점수를 받았는데, 이는 능동적 집단이 수동적 집단보다 캠퍼스에서 더 많은 장면을 기억했음을 나타냅니다($t_{(96)}=2.00$, $p=0.04$).

이 모든 상황이 의미하는 건 뭘까요?

독립 표본의 평균을 구할 때 t-검정을 사용한 이유는 뭘까요? 아프루즈와 동료들은 서로 독립적인 두 집단 간에 하나 이상인 변수의 평균 점수에 차이가 있는지 궁금했습니다. 독립적이라는 말은 두 집단이 어떤 식으로든 서로 관련이 없음을 의미합니다. 연구에서 각 참가자는 한 번만 검사를 받았습니다. 연구자들은 독립 표본의 평균을 구하기 위해 t-검정을 적용하였고, 결과 변수(기억력 검사 점수)에 대해서 두 집단 간의 차이가 0.05 유의수준 이하의 확률(또는 p 값)로 유의하다는 결론에 도달했습니다. 이처럼 유의수준이 작다는 것은 두 그룹 간의 점수 차이가 참가자가 속한 집단 이외의 다른 요인(이 경우 참가자의 국적, 문화 또는 민족성)에 영향을 받을 가능성이 거의 없음을 의미합니다.[1]

핵심 원리 알아보기

[그림 13-1]은 11장에서 소개한 순서도입니다. 이 순서도를 활용하여 적절한 검정통계로 독립 평균에 대한 t-검정을 선택하는 방법은 다음과 같습니다. [그림 13-1]에서 강조 표시된 단계를 따르세요.

1. 지도를 사용하는 능동적인 사람(집단 1)과 타인을 따라가는 수동적인 사람(집단 2)의 차이점을 탐구하고 있습니다.
2. 참가자는 한 번만 검사합니다.
3. 두 집단이 있습니다.
4. 적절한 검정통계는 독립 표본 t-검정입니다.

1 Afrooz, A., White, D., & Parolin, B. (2018). 길찾기에서 환경에 대한 능동적 탐색과 수동적 탐색이 기억력에 미치는 영향 (Effects of active and passive exploration of the built environment on memory during wayfinding). Applied Geography, 101, 68-74.

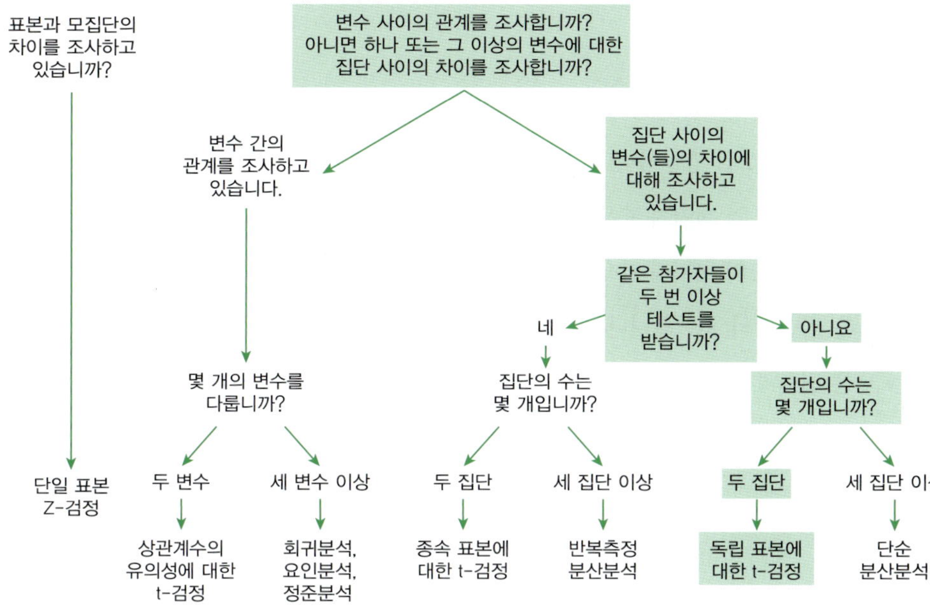

그림 13-1 독립 표본 t-검정이 적절한 검정 통계인지 판단하기

앞에서 언급했듯이 통계검정 방법은 수백 가지가 있습니다. 이 책에서는 하나의 표본을 사용하는 추론통계를 검정하는 방법으로 단일 표본 z-검정을 다루었습니다(12장 참조). 단일 표본 t-검정도 있는데, 이는 같은 표본의 어떤 평균 점수를 다른 평균 점수와 비교하는 방식이며, 때로 해당 표본의 평균 점수는 단일 표본 z-검정과 마찬가지로 모집단 평균입니다. 모집단의 표준편차를 모르는 경우 단일 표본 t-검정을 사용해야 합니다. 이 경우 표본의 표준편차를 대신 사용합니다. 순서도에 따라 단일 표본 z-검정 또는 단일 표본 t-검정을 사용하여 동일한 가설을 검정할 수 있으며, 다른 값과 표(정규곡선을 사용하는 [표 B.1]이 아닌 [표 B.2]의 t 테이블)를 사용하더라도 유사한 결론에 도달할 수 있습니다.

검정통계량 계산하기

독립 평균에 대한 t-검정에서 t 값을 계산하기 위한 공식은 식 (13.1)에 나와 있습니다. 평균의 차이는 분자가 되고, 두 집단 각각의 분산이 분모가 됩니다.

$$t = \frac{\overline{X}_1 - \overline{X}_2}{\sqrt{\left[\frac{(n_1 - 1)s_1^2 + (n_2 - 1)s_2^2}{n_1 + n_2 - 2}\right]\left[\frac{n_1 + n_2}{n_1 n_2}\right]}} \tag{13.1}$$

여기서

- $\overline{X}_1$은 집단 1의 평균입니다.
- $\overline{X}_2$는 집단 2의 평균입니다.
- n_1은 집단 1의 참가자 수입니다.
- n_2는 집단 2의 참가자 수입니다.
- s_1^2은 집단 1의 분산입니다.
- s_2^2은 집단 1의 분산입니다.

이전에 본 공식보다 더 큰 공식이지만, 새로운 내용은 전혀 없습니다. 올바른 값을 입력하기만 하면 됩니다.

예제를 살펴봅시다

다음은 알츠하이머 환자가 일상적인 업무 순서를 기억하도록 돕기 위해 고안된 프로그램에서 환자가 기억한 단어의 수를 나타내는 데이터입니다. 집단 1의 참가자들은 영상 자료를 활용한 강의를 수강하였고, 집단 2의 참가자들은 영상을 보며 동시에 해당 내용을 여러 번 입으로 되뇌라는 지시를 받았습니다. 이 데이터를 사용하여 순서대로 검정통계량을 계산해보겠습니다.

집단 1			집단 2		
7	5	5	5	3	4
3	4	7	4	2	3
3	6	1	4	5	2
2	10	9	5	4	7
3	10	2	5	4	6
8	5	5	7	6	2
8	1	2	8	7	8
5	1	12	8	7	9
8	4	15	9	5	7
5	3	4	8	6	6

다음은 이미 친숙한 t-검정통계량의 8단계 계산 과정입니다.

1. 귀무가설 및 연구가설을 진술합니다.

식 (13.2)에 표시된 바와 같이 귀무가설은 집단 1과 집단 2의 평균 간에 차이가 없다고 말합니다. 연구 목적을 반영한 식 (13.3)의 연구가설은 두 집단의 평균 간에 차이가 있다고 주장합니다. 연구가설은 차이를 가정하지만 특정 방향을 표현하지 않기 때문에 양측(two-tailed)이고 비방향성입니다.

$$H_0 : \mu_1 = \mu_2 \tag{13.2}$$

연구가설은 다음과 같습니다.

$$H_1 : \overline{X}_1 \neq \overline{X}_2 \tag{13.3}$$

2. 귀무가설과 관련된 위험 수준(유의수준 또는 제1종 오류)을 설정합니다.

위험 수준 또는 제1종 오류 수준 또는 유의수준(또 다른 이름 있나요?)은 0.05입니다. 이 값은 연구자가 결정합니다.

3. 적절한 검정통계를 선택합니다.

[그림 13-1]의 순서도를 사용하여 이 연구에 적절한 검정 기법이 독립 표본(또는 평균)에 대한 t-검정이라는 결론을 얻었습니다. 집단이 서로 독립적이기 때문에 종속 평균dependent means에 대한 t-검정을 사용할 수 없습니다(통계 공부를 시작한 지 얼마 안 된 학생들이 하는 일반적인 실수이죠).

4. 검정통계량(획득된 값)을 계산합니다.

이제 값을 공식에 대입하여 계산할 수 있습니다. 식 (13.1)은 t 값을 구하는 공식입니다. 어떤 숫자들을 대입해야 하는지 쉽게 이해할 수 있도록 아래에 다시 보여드립니다.

$$t = \frac{\overline{X}_1 - \overline{X}_2}{\sqrt{\left[\frac{(n_1 - 1)s_1^2 + (n_2 - 1)s_2^2}{n_1 + n_2 - 2}\right]\left[\frac{n_1 + n_2}{n_1 n_2}\right]}} \tag{13.4}$$

값을 식 (13.4)에 대입하면 다음과 같은 방정식이 됩니다(여러분은 이미 평균과 표준편차를 계산했습니다).

$$t = \frac{5.43 - 5.53}{\sqrt{\left[\frac{(30-1)3.42^2 + (30-1)2.06^2}{30+30-2}\right]\left[\frac{30+30}{30 \times 30}\right]}}$$

숫자를 대입하면 식 (13.5)에서 최종값인 -0.1371이 됩니다. 이 값은 −0.14로 반올림됩니다. 더 큰 값(집단 2의 평균 5.53)을 더 작은 값(집단 1의 평균, 5.43)에서 뺐으므로 값은 음수가 됩니다.

하지만 검증이 비방향성이고 '두 집단 간의 차이가 존재한다'는 가설이기 때문에, 그 차이의 부호(+ 또는 −)는 의미가 없다는 것을 기억하세요. 즉, 부호는 무시해도 됩니다!

$$t = \frac{-0.1}{\sqrt{\left[\frac{339.2 + 123.06}{58}\right]\left[\frac{60}{900}\right]}} = -0.14 \tag{13.5}$$

비방향성 검정을 논의할 때, t 값이 |t|와 같이 절댓값으로 표현되고 값의 부호가 모두 무시된 것을 볼 수 있습니다. 여러분을 가르치는 교수님은 단방향성 검정에서 부호가 의미 있음을 강조하기 위해 t 값을 부호와 함께 표현할 수도 있지만, 비방향성 검증에서는 부호가 아무런 의미가 없습니다. 게다가 연구가설이 비방향성인 경우 t 분포가 정규곡선과 마찬가지로 대칭이기 때문에 부호를 무시할 수 있습니다. 교수님은 기호가 단방향성 검정과 관련 있음을 강조하기 위해 기호로 통계를 표현할 수도 있습니다.

5. 특정 통계에 대한 적절한 임계값 표를 사용하여 귀무가설을 기각하는 데 필요한 값을 결정합니다.

[부록 B]의 [표 B.2]는 t−검정의 임계값을 보여줍니다. 우리는 이 분포를 사용하여 우연히 얻을 수 있는 값(표 값 또는 임계값)과 관찰한 값(획득된 값)을 비교해 두 개의 독립 평균이 서로 다른지를 확인할 수 있습니다.

첫 번째 작업은 **자유도**degrees of freedom, df를 결정하는 것입니다. 자유도는 표본 크기와 비슷합니다. 독립 표본 t−검정의 경우 자유도는 $n_1 - 1 + n_2 - 1$, 즉 $n_1 + n_2 - 2$입니다. 따라서 각 집단에 대해 두 표본의 크기를 더하고 2를 뺍니다. 이 예에서는 30+30−2=58이 됩니다. 이 값은 이 검정 통계에 대한 자유도 값이며, 다른 검정 통계에서는 자유도가 달라질 수 있습니다.

자유도의 개념은 어떤 통계검정을 사용하는지와 관계없이 동일합니다. 그러나 특정 검정의 자유도 계산 방식은 통계 책마다, 강사마다 다를 수 있습니다. 각 검정을 다룰 때마다 가장 일반적인 자유도 계산 방법을 따라가면서 설명하겠습니다. 독립 표본 t-검정의 경우 올바른 자유도는 $n_1 - 1 + n_2 - 1$로 계산합니다.

자유도 값 58, 연구자가 감수할 수 있는 위험 수준(앞서 0.05로 정의됨), 양측검정(연구가설에 대한 방향이 없음)을 이용하면 t-검정표에서 임계값을 찾을 수 있습니다. 0.05 수준에서 양측검정에 대한 자유도가 58인 경우 귀무가설을 거부하는 데 필요한 값은…. 이럴 수가!! 표에 자유도 값 58이 없습니다! 어떻게 해야 하죠?

만약, 55에 해당하는 값을 선택하면 실제 값보다 작은 값을 사용한다는 점에서 보수적인 계산이 됩니다(표 값 또는 임계값이 더 클 것입니다). 자유도가 60(58에 가장 가까움)인 경우를 보면, 모집단의 크기에 더 가깝지만 60이 58보다 크기 때문에 조금 더 과감한 접근 계산이 됩니다. 이런 상황에서 어떤 결정을 내려야 할지에 대해 통계학자마다 의견이 다르지만, 여기서는 실제 표본 크기에 가장 가까운 값인 60을 사용하겠습니다. 따라서 유의수준 0.5에서 자유도 58의 귀무가설을 기각하는 데 필요한 값은 2.004입니다.

6. 검정통계량(획득된 값)과 임계값을 비교합니다.

획득된 값은 −0.14이며, (집단 1과 집단 2가 같다는) 귀무가설을 기각하기 위한 임계값은 2.004입니다. 2.004의 임계값은 각 집단에 참가자가 30명이 있고 연구자가 0.05의 위험을 감수할 수 있는 상황에서, 우연히 두 집단 간에 관찰된 차이에 대해 가장 타당한 설명일 때의 값을 나타냅니다.

7. & 8. 결정할 시간입니다!

획득된 값이 임계값보다 극단적인 경우([그림 11-2]를 떠올리세요), 귀무가설은 기각됩니다. 획득된 값이 임계값을 초과하지 않으면 귀무가설이 가장 매력적인 설명입니다. 이 예에서 획득된 값(−0.14)은 임계값(2.004)을 초과하지 않습니다. 따라서 집단 1과 집단 2의 차이가 우연이 아닌 다른 요인에 의해 발생했다고 할 만큼 극단적이지 않습니다. 만약 획득된 값이 2.004보다 크다면 이는 동전 던지기에서 10번 던졌을 때 극단적으로 8번, 9번, 10번 앞면이 나오는 것 같은 경우의 값을 나타냅니다. 이런 경우는 너무 드물어서, 우연히 발생한 사건이 아닌 다른 무엇인가가 개입되었을 것이라고 결론 내립니다. 동전의 경우에는 동전이 조작되었기 때문일 것입니다. 이 예에서라면 노인들에게 기억력을 높이는 더 좋은 방법이 있음을 뜻합니다.

그렇다면 두 집단 간의 차이가 작은 이유는 무엇 때문이라고 말할 수 있나요? 우리가 배운 내용을 활용한다면 이는 표본추출 오차나 반올림 오차 또는 참가자들 점수의 단순 변동성 때문이라고 말할 수 있습니다. 중요한 건 그 차이가 특정 집단이나 다른 경험이 있는 사람의 점수를 더 높이는 어떤 특별한 요인에 기인하지 않는다고 확신하는 겁니다(물론, 100% 확신하는 것은 불가능합니다).

그렇다면 $t_{(58)}=-0.14$, $p>0.05$는 어떻게 해석해야 할까요?

- t는 사용된 검정통계를 나타냅니다.
- 58은 자유도 값입니다.
- −0.14는 이 장의 앞부분에서 설명한 공식을 사용하여 계산된 값(검정통계량)입니다.
- $p>0.05$는 귀무가설, 즉 학습 방식의 차이로 인해 두 집단의 평균이 달라지지 않을 확률이 5%보다 크다는 의미입니다. $p>0.05$는 p=n.s(유의미한 차이 없음, not siginificant)로 표현될 수 있습니다. 또한 R을 사용하는 경우 정확한 p 값으로 표현된다는 점을 기억하세요.

효과 크기와 t-검정

12장에서 효과 크기는 두 집단이 서로 어떻게 다른지를 나타내는 척도이며, 처리 규모를 나타내는 척도라고 배웠습니다. "크기가 얼마나 큰가?"에 대한 척도입니다.

효과 크기를 계산할 때, 특히 흥미로운 점은 표본 크기가 고려되지 않는다는 것입니다. 효과 크기를 계산하고 판단하면 완전히 새로운 차원에서 중요한 결과를 이해할 수 있습니다.

다음 예를 봅시다. 연구자는 지역사회에서 후원하는 서비스(예 : 카드 게임, 견학 등)에 참여하는 것이 노인의 삶의 질(1에서 10까지 평가)을 높이는지 알고 싶습니다. 연구자는 6개월 동안 처리 작업(지역사회 활동 참여)을 수행하고 지역 서비스를 받은 집단과 지역 서비스를 받지 않은 집단의 삶의 질을 측정했습니다. 각 그룹은 80세 이상의 노인 참가자 50명으로 구성되어 있습니다.

	지역 서비스 안 받음	지역 서비스 받음
평균	6.90	7.46
표준편차	1.03	1.53

그리고 결과는 그 차이가 0.034 수준에서 중요하다는 결론을 얻었다고 생각해봅시다($p < 0.05$, 맞죠?). 두 집단 사이에 유의미한 차이가 있지만, 과연 그 차이의 크기도 유의미한가요?

효과 크기 계산 및 이해하기

12장에서 제시한 것처럼 효과 크기를 계산하는 가장 직접적이고 간단한 방법은 평균 간의 차이를 표준편차 중 하나로 나누는 것입니다. 하지만 이 방법은 집단 간의 표준편차(및 분산)가 서로 같고 집단의 크기가 같다고 가정할 때 유효합니다.

이 예에서는 식 (13.6)을 따릅니다.

$$ES = \frac{\overline{X}_1 - \overline{X}_2}{\sqrt{\left[\frac{s_1^2 + s_2^2}{2}\right]}} \tag{13.6}$$

여기서

- ES는 효과 크기입니다.
- $\overline{X}_1$은 집단 1의 평균입니다.
- $\overline{X}_2$는 집단 2의 평균입니다.
- s_1^2은 집단 1에 대한 분산입니다.
- s_2^2은 집단 2의 분산입니다.

따라서 이 예에서는

$$ES = \frac{7.46 - 6.90}{\sqrt{\left[\frac{1.03^2 + 1.53^2}{2}\right]}} = \frac{0.56}{\sqrt{1.70}} = 0.43 \tag{13.7}$$

효과 크기가 0.43입니다.

12장에서 살펴본 효과 크기 가이드라인에 0.43의 효과 크기가 중간으로 분류되어 있습니다. 두 평균의 차이가 통계적으로 유의미할 뿐만 아니라, 효과 크기도 무시할 수 없다는 점에서 두 평균의 차이는 의미가 있다고 결론을 내릴 수 있습니다. 실제로 평균은 0.43 표준편차만큼 떨어져 있습니다. 이제 결과를 해석할 때 얼마나 의미 있는 결과를 얻을 수 있는지는 연구 질문의 맥락을 포함해 여러 요인에 따라 달라집니다.

효과 크기에 대해 더욱 확실하게 알고 싶나요? 같은 규모의 집단들에 대해서는 방금 제시한 것처럼 간단한 방법으로 계산할 수 있습니다. 더 일반화된 효과 크기 수식은 앞에서 본 *ES* 방정식의 분모에 합산된 분산을 사용하며, 집단의 크기가 같지 않으면 합산된 분산이 필요합니다. 합산된 표준편차는 집단 1의 표준편차와 집단 2의 표준편차의 평균으로, 각 집단의 크기에 따라 기여하는 분산의 양을 조정합니다. 수식은 다음과 같습니다.

$$ES = \frac{\overline{X_1} - \overline{X_2}}{\sqrt{\left[\frac{(n_1 - 1)s_1^2 + (n_2 - 1)s_2^2}{n_1 + n_2 - 2}\right]}} \tag{13.8}$$

여기서

- ES는 효과 크기입니다.
- $\overline{X}_1$은 집단 1의 평균입니다.
- $\overline{X}_2$는 집단 2의 평균입니다.
- s_1^2은 집단 1의 분산입니다.
- s_2^2은 집단 2의 분산입니다.
- n_1은 집단 1의 크기입니다.
- n_2는 집단 2의 크기입니다.

식 (13.8)이 왠지 익숙하지 않나요? 그러기를 바랍니다. 이 수식은 독립 표본 t 통계량에 대한 식 (13.1)과 매우 비슷합니다. 두 수식이 다른 점은 분모입니다. 제곱근 기호 안의 두 집단의 크기를 더한 다음 두 집단의 크기의 곱으로 나눈 부분($(n_1 + n_2)/n_1n_2$)이 빠졌습니다. 이 부분이 빠진 이유는 표본 크기가 고려되지 않기 때문입니다. 그렇습니다, 표본 크기는 수식의 일부분이지만, 오직 분산과 관련이 있으며 각 표본 집단이 기여하는 분산의 양에 비례해서 제어할 수 있습니다.

효과 크기 계산기

웹 사이트 https://www.uccs.edu/~lbecker/에 접속해보세요. 콜로라도 대학 University of Colorado의 통계학자인 리 베커Lee Becker 박사는 효과 크기 계산기를 개발했습니다. 또는 http://www.psychometrica.de/effect_size.html에서 볼프강 렌하르트Wolfgang Lenhard와 알렉산드라 렌하르트Alexandra Lenhard 박사가 개발한 효과 크기 계산기를 사용해보세요. 이 계산기를 사용해 값을 입력한 후 [Compute] 버튼을 클릭하기만 하면 [그림 13-2]와 같이 프로그램이 자동으로 효과 크기를 계산할 수 있습니다.

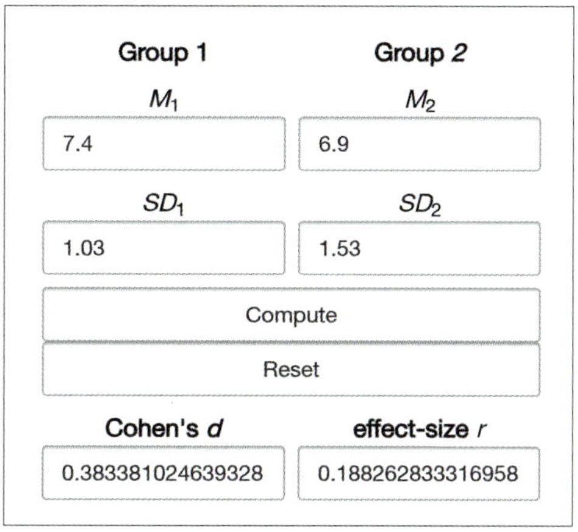

그림 13-2 효과 크기 계산기

R을 사용하여 t-검정 수행하기

R은 추론통계검정을 수행할 준비가 되어 있습니다. 방금 논의한 내용을 수행하고 결과를 해석하는 방법은 다음과 같습니다. 13장 데이터 세트1(ch13ds1.csv)을 사용합니다. 데이터를 검토하면 집단변수(집단 1 또는 집단 2)가 1열에 있고 변수(MemoryTest)가 2열에 있는 것을 확인할 수 있습니다.

1. 데이터 세트를 가져오고 가져온 내용을 확인합니다.

2. t-검정을 실행합니다.

RStudio가 제공하는 대화상자를 통해, [File]-[Import]-[CSV] 메뉴를 사용하여 데이터를 가져옵니다. RStudio는 데이터를 가져오고 방금 읽어 들인 데이터를 View 분할 창에 표시합니다. 집단은 첫 번째 열에 있고 변수 `MemoryTest`는 두 번째 열에 있습니다. 또 다른 옵션은 다음과 같은 R 구문을 사용하여 파일을 가져오는 것입니다.

```
> ch13ds1 <- read.csv(file.choose())
> view(ch13ds1)
>
```

다음 구문을 사용하여 t-검정을 실행합니다.

```
> t.test(MemoryTest ~ Group, data = ch13ds1, var.equal = TRUE)
```

여기서,

- MemoryTest ~ Group : MemoryTest는 그룹 전체에서 비교하는 점수이며, Group 열에서 처리 그룹에 대해 1, 통제 그룹에 대해 2로 표시됩니다.
- data = ch13ds1 : 데이터가 포함된 R 객체입니다.
- var.equal = TRUE : t.test() 함수에 두 집단의 분산이 동일하다는 것을 알려줍니다. 아래에서 자세히 설명할 중요한 가정입니다.

t.test() 함수의 결과는 다음과 같습니다.

```
 Two Sample t-test
data: MemoryTest by Group
t = -0.1371, df = 58, p-value = 0.8914
alternative hypothesis: true difference in means is not equal to 0
95 percent confidence interval:
-1.560009  1.360009
sample estimates:
mean in group 1   mean in group 2
       5.433333          5.533333
```

이 출력 결과는 독립 표본 t-검정을 수행했다는 것과 사용된 데이터에 대해 알려줍니다. $t=-0.1371$, $df=58$, $p=0.8914$는 각각 t, 자유도, 정확한 p 값입니다. 계산을 직접 수행하고 [표 B.2]를 사용하여 임계값을 구할 때, 우리가 알고 있는 정보는 단지 $p>0.05$였습니다. 이제 결과를 얻을 확률이 0.89라는 것을 알았습니다. 신뢰구간은 11장에서 언급한 신뢰구간과 비슷하지만, 이 95% 신뢰구간은 평균 차이 0.1(식 (13.5)의 분자)을 포함하고 있으며 표본 크기에 맞게 조정되었습니다. 마지막 부분은 각 집단의 평균으로 식 (13.4)에 사용한 값과 같지만, 수식을 사용했던 예에서는 소수점 이하 두 자리까지 표시했습니다.

간단한 R 구문을 사용해서, 우리는 손으로 계산하는 것과 같은 결과를 얻었습니다. 이처럼 R은 매우 편리합니다. 그러나 그 과정에서 우리는 새로운 것을 배웠고 그 내용은 기억력 검사의 분산과 관련이 있습니다. 우리는 분산이 같다고 가정했습니다. 분산이 같지 않아도 결과가 같을까요?

짧게 답하자면 '아니요'입니다. 귀무가설의 기각에 사용하는 [표 B.2]의 t 값은 분산이 집단 간에 같지 않으면 유효하지 않습니다. 먼저 boxplot이라는 함수를 사용하여 점수를 살펴보겠습니다. 이 함수의 결과는 상자처럼 보이는 그림입니다! 이 재미있는 그림을 만드는 데 사용되는 통계를 살펴볼 수 있도록 결과를 memory라는 객체에 저장하겠습니다.

```
> memory <- boxplot(MemoryTest ~ Group, data = ch13ds1,
+      main = "Memory Test Scores",
+    xlab = "Groups", ylab = "Scores")
> memory$stats
     [,1] [,2]
[1,]    1  2.0
[2,]    3  4.0
[3,]    5  5.5
[4,]    8  7.0
[5,]   15  9.0
attr(,"class")
      1
"integer"
>
```

boxplot() 함수를 사용해서 상자 그림을 생성합니다. 이 함수에 대해 이야기해봅시다.

- memory <- : 객체 메모리에 함수 출력을 저장합니다.
- boxplot : 함수 이름
- MemoryTest ~ Group : 종속변수인 MemoryTest를 집단별로 구분합니다.
- data = ch13ds1 : 함수에 사용된 데이터 세트
- main = "Memory Test Scores" : boxplot의 제목
- xlab = "Group" : x축 레이블
- ylab = "Scores" : y축 레이블

그런 다음 데이터에서 생성된 통계를 보고 상자 그림을 만드는 데 사용된 숫자를 확인할 수 있었습니다. memory$stats를 사용하여 이 숫자들을 표시했습니다.

집단 1에서 데이터의 하한을 나타내는 하단선은 1에 그려집니다. 집단 2에 대한 하단선은 2입니다. 이 숫자는 [1,]로 표시되는 행에 있습니다. 다음 행은 첫 번째 사분위수(25%)를 나타내며 상자 그리기를 시작하는 데 사용됩니다. 세 번째 행은 중앙값이고, 네 번째 행은 세 번째 사분위수(75%)입니다. 따라서 데이터의 중간 50%가 상자 자체로 표시됩니다. 데이터의 상한인 상단선은 [5,]에 표시됩니다. 이 숫자를 [그림 13-3]의 상자 그림과 비교해보세요.

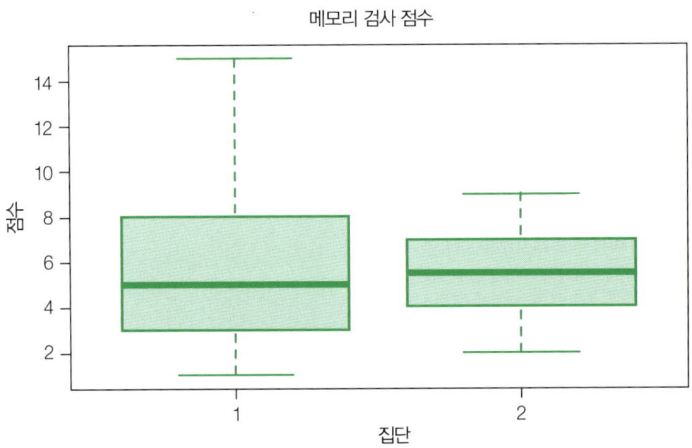

그림 13-3 그룹별 기억력 점수 분포를 보여주는 상자 그림

상자 그림으로 두 집단의 분산이 얼마나 다른지 알 수 있지만, 많이 달라 보이나요? 글쎄요. 답을 하는 데 도움을 주는 통계가 있습니다! 이 통계를 **Levene의 검정**이라고 합니다. 전체 공식을 살펴보거나 설명하지 않고, 통계가 우리에게 말하는 것에 초점을 맞추어 그 결과를 사용해서 집단 차이를 올바르게 검정하겠습니다.

R로 돌아가, leveneTest( )라는 함수를 사용하기 위해서 먼저 car 라이브러리를 추가합니다.

```
> library(car)
>
```

다음으로 leveneTest( ) 함수를 사용합니다. 함수 내에서 집단이 요인(범주형 변수)이라고 R에게 알려줍니다. 이 검정의 귀무가설은 '두 집단의 분산의 크기가 같다'이고 연구가설은 '두 집단의 분산의 크기가 서로 다르다'입니다. 또한 훌륭한 통계학자로서 우리는 귀무가설을 기각할 시점을 미리 결정해야 합니다. 이 검정에서는 $p < 0.05$를 사용하여 귀무가설을 기각해야 한다는 것을 알려줍니다.

```
> leveneTest(MemoryTest ~ as.factor(Group), data = ch13ds1)
Levene's Test for Homogeneity of Variance (center = median)
      Df  F value    Pr(>F)
group  1   3.3429   0.07264.
      58
---
Signif. codes: 0 '***' 0.001 '**' 0.01 '*' 0.05 '.' 0.1 ' ' 1
>
```

이 경우 Levene의 검정 결과는 $F_{(1, 58)} = 3.34$, $p = 0.07$입니다. Levene의 검정에 대한 p 값은 0.05보다 크므로 귀무가설을 기각하지 못하며(두 집단의 분산의 크기가 같다), 위에서 했던 것처럼 기억력 검사 점수를 정확하게 비교할 수 있습니다.

귀무가설을 기각하면 어떻게 되나요? 지금까지 잘 따라왔다면 `var.equal = TRUE` 없이 t-검정을 실행하세요. 다음 결과에서 무엇이 바뀌었습니까? 그리고 무엇이 같나요?

```
> t.test(MemoryTest ~ Group, data = ch13ds1)
     Welch Two Sample t-test
data: MemoryTest by Group
t = -0.1371, df = 47.635, p-value = 0.8915
alternative hypothesis: true difference in means is not equal to 0
95 percent confidence interval:
 -1.566803  1.366803
sample estimates:
mean in group 1   mean in group 2
       5.433333          5.533333
>
```

가장 먼저 주목해야 할 것은 검정 제목이 "Two Sample t-test"에서 "Welch Two Sample t-test"로 바뀌었다는 것입니다. R에서 무슨 일이 일어나고 있는지 알아보겠습니다.

```
>? t.test
>
```

오른쪽 하단 패널에 [그림 13-4]와 유사한 `t.test()` 함수에 대한 도움말이 표시됩니다.

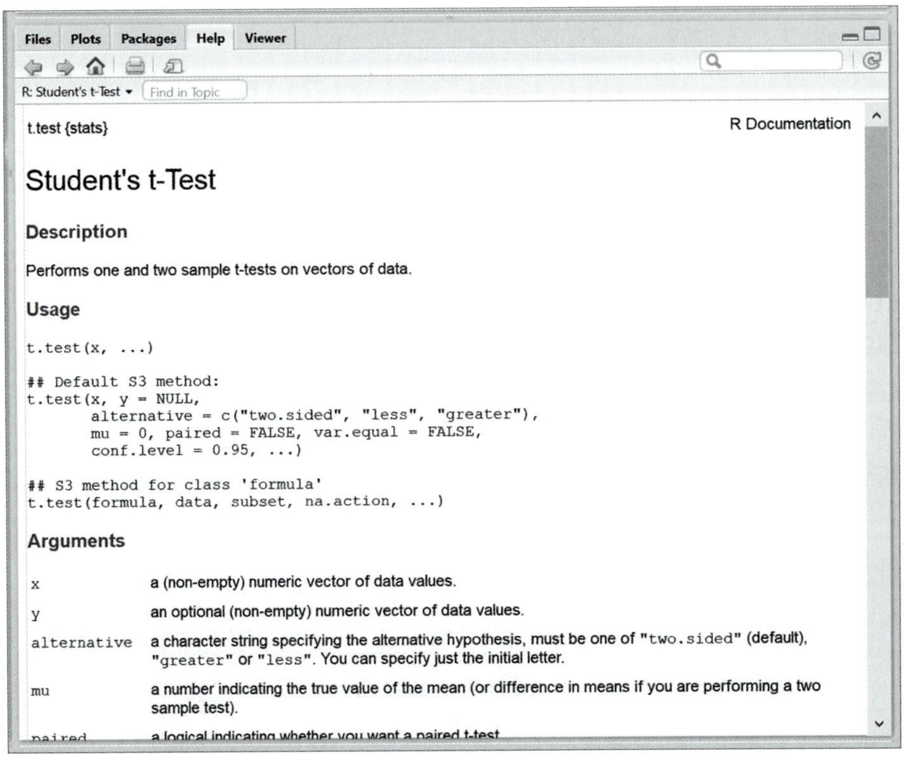

그림 13-4 `t.test()` 함수에 대한 도움말 정보

도움말 창에서 `var.equal`에 대한 설명을 보기 위해, 아래 쪽으로 스크롤하면 도움말 본문에 "두 분산을 동일한 것으로 취급할지 여부를 나타내는 논리 변수(a logical variable indicating whether to treat the two variances as being equa)"가 표시됩니다. TRUE이면 합산된 분산이 분산을 추정하는 데 사용됩니다. 그렇지 않으면 Welch(또는 Satterthwaite) 근삿값이 자유도로 사용됩니다. R 구문에서 `var.equal = TRUE`를 제거하면, 함수는 분산이 같지 않다고 가정하고 정규 t-검정에서 Welch의 t-검정으로 전환합니다. 그래서 이게 무슨 뜻인가요?

실제로 바뀐 것은 출력에서 df 열의 숫자였습니다. df=58이 df=47.635로 바뀌었습니다. 두 집단 간의 분산이 실제로 다르다면 [표 B.2]의 일반적인 자유도와 임계값을 사용할 수 없습니다. 자유도를 조정하지 않고 귀무가설을 기각하기로 결정하면 제1종 오류가 발생할 수 있습니다. 또는 귀무가설을 기각하지 않으면 제2종 오류가 발생할 수 있습니다.

이 예에서는 분산이 같다고 가정했을 때와 똑같은 결정을 내렸지만, 다음에는 운이 좋지 않을 수도 있습니다!

실생활의 통계학

준비성을 기르는 데 보이스카우트나 걸스카우트 활동만큼 좋은 활동은 없습니다. 하지만 미리 준비하는 자세를 가르칠 수 있는 가장 좋은 방법은 무엇일까요? 터키 키리칼레 대학Kirikkale University의 세르칸 셀릭Serkan Celik은 응급처치에 대한 온라인 교육과 대면face-to-face 교육을 서로 비교하고 두 교육 방식의 효과성을 검정하는 연구를 진행했습니다. 흥미롭게도, 같은 강사가 진행한 두 교육에서 강의 종료 후 온라인 수업은 더 높은 교육 효과를 보였습니다. 셀릭은 어떤 통계 기법을 활용했을까요? 물론 독립 t-검정입니다. 그는 사전 및 사후 검사 점수 간에 차이가 있다는 것을 알게 되었습니다.

더 자세한 내용이 궁금하다면, 아래의 자료를 온라인으로 검색하거나 도서관에서 찾아보세요.

Celik, S. (2013). 응급처치 교육 방법의 효과 비교 연구(A media comparison study on first aid instruction). Health Education Journal, 72, 95-101.

이 장의 요약

t-검정을 이해하는 것은 실제로 통계검정을 수행하고 실용적 관점에서 통계적 유의성의 문제를 이해하기 위한 첫 단계입니다. 다음 내용으로 넘어가기 전에 이 장의 내용을 충분히 숙지하세요. 그리고 몇 가지 공식들을 이용해 직접 계산할 수 있는지 확인해보세요. 다음 장에서는 동일한 검정의 다른 형태를 다룹니다. 다만, 두 개의 독립 집단에서 하나의 측정치를 얻는 게 아니라 한 집단의 참가자들에게서 두 번에 걸쳐 측정치를 얻습니다.

연습할 시간입니다!

1. 13장 데이터 세트2(ch13ds2.csv)를 사용하여, 수업 시간에 남학생이 여학생보다 더 자주 손을 든다는 연구가설을 0.05 유의수준에서 검정합니다. 계산기를 사용하여 손으로 이 문제를 풀어보세요. 연구가설에 대해 여러분이 내린 결론은 무엇입니까? 문제를 풀기에 앞서 단측검정인지 양측검정인지 여부를 먼저 결정하세요.

2. [연습문제 1]과 같은 데이터를 사용하여 0.01의 유의수준에서 연구가설을 검정하여, 남학생과 여학생이 수업 시간 중 손을 든 횟수에 차이가 있는지 검정하세요. 계산기를 사용하여 직접 이 문제를 풀어보세요. 이 연구가설에 대해 여러분이 내린 결론은 무엇입니까? [연습문제 1]과 같은 데이터를 사용하지만 연구가설은 다릅니다(하나는 방향성이 있고 다른 하나는 방향성이 없음). 결과는 어떻게 다릅니까? 그 이유는 무엇입니까?

3. 결과를 제대로 계산할 수 있는지 알아보기 위해 조금 복잡하지만 손으로 연습해봅시다. 다음 정보를 사용하여 t-검정 통계량을 손으로 계산하세요.

(a) $X_1=62$, $X_2=60$, $n_1=10$, $n_2=10$, $s_1=2.45$, $s_2=3.16$

(b) $X_1=158$, $X_2=157.4$, $n_1=22$, $n_2=26$, $s_1=2.06$, $s_2=2.59$

(c) $X_1=200$, $X_2=198$, $n_1=17$, $n_2=17$, $s_1=2.45$, $s_2=2.35$

4. [연습문제 3]에서 얻은 결과와 0.05의 유의수준을 사용했을 때, 각 결과와 관련된 양측검정의 임계값은 무엇입니까? 귀무가설이 기각됩니까?

5. 다음 데이터와 R을 사용하여, 두 개별 집단에 대한 재택 치료와 방문 치료가 똑같이 효과적인지에 대해 간단히 한 문단으로 작성하세요. 데이터는 다음과 같습니다. 결과 변수는 1-10의 척도로, 치료 후 불안 수준을 나타냅니다.

재택 치료	방문 치료
3	7
4	6
1	7
1	8
1	7
3	6
3	6
6	6
5	4
1	2
4	5
5	4
4	3
4	6
3	7
6	5
7	4
7	3
7	8
8	7

6. 13장 데이터 세트3(ch13ds3.csv)을 사용하여 도시 거주자와 농촌 거주자가 총기 규제에 대해 같은 태도를 갖고 있다는 귀무가설을 검정합니다. R을 사용하여 이 문제에 대한 분석을 완료하세요.

7. 여기 좋은 생각이 하나 있습니다. 공공 보건 연구원 L 박사는 새 자동차 구매자에게 어린이 안전 카시트를 제공하는 것이 부모가 자녀를 보호하기 위한 다른 조치(예 : 더욱 안전하게 운전함, 가정 보호 등)를 취하는 인센티브로 작용한다는 가설을 검정했습니다. L 박사는 카시트를 받은 부모와 그렇지 않은 부모의 자동차와 가정에서 발생하는 모든 안전한 행동을 세었습니다. 결과는 어떠했을까요? 0.013 수준에서 큰 차이가 있었습니다. 다른 연구자인 R 박사도 정확히 같은 연구를 수행했습니다. 이때 모든 것이 L 박사가 수행한 연구와 동일(예 : 동일한 유형의 표본, 동일한 결과 측정, 동일한 카시트 등)하다고 가정합시다. R 박사의 결과는 0.051 수준에서 유의미했습니다. 누구의 결과를 더 신뢰해야 하고 왜 그래야합니까?

8. 다음과 같이 두 집단을 비교하는 세 가지 실험을 했을 때, 평균은 정확히 같지만 표준편차는 상당히 다릅니다. 식 (13.6)을 사용하여 효과 크기를 계산하고, 이 효과 크기가 변동성 변화의 함수로 바뀌는 이유에 대해 설명하세요.

실험 1	집단 1 평균	78.6	효과 크기 ______
	집단 2 평균	73.4	
	집단 1 표준편차	2.0	
	집단 2 표준편차	1.8	
실험 2	집단 1 평균	78.6	효과 크기 ______
	집단 2 평균	73.4	
	집단 1 표준편차	4.0	
	집단 2 표준편차	5.0	
실험 3	집단 1 평균	78.6	효과 크기 ______
	집단 2 평균	73.4	
	집단 1 표준편차	8.0	
	집단 2 표준편차	8.0	

9. R과 13장 데이터 세트4(ch13ds4.csv)를 사용하여, 4학년인 두 집단의 맞춤법 점수에 평균의 차이가 없다는 귀무가설을 검정합니다. 여러분의 결론은 무엇입니까?

10. 다음 질문에 대해 두 가지 분석을 수행해야 합니다. 13장 데이터 세트5(ch13ds5.csv)를 사용하여 테스트 변수(named socre)에서 두 집단 간의 차이에 대한 t-검정 통계량을 계산합니다. 그런 다음 13장 데이터 세트6(ch13ds6.csv)을 사용하여 동일하게 수행하세요. 각 집단의 평균 점수가 같더라도 두 t 값 사이에 차이가 있습니다. 이 차이의 원인은 무엇이며, 왜 같은 크기의 표본을 가진 데이터의 t 값이 달라졌나요?

11. (가상의) 흥미로운 상황이 있습니다. 적성검사에서 한 집단의 평균 점수는 89.5이고 또 다른 집단의 평균 점수는 89.2입니다. 두 집단의 표본 크기는 약 1,500이며 평균의 차이는 크지만 효과 크기는 매우 작습니다(1이라고 합시다). 의미 있는 효과 크기 없이 두 집단 간에 통계적으로 유의한 차이가 있을 수 있다는 사실에서 무엇을 알 수 있습니까?

14

다시, 둘을 위한 t(ea) : 연관된 두 집단의 평균 차이 검정

이 장에서 배울 내용

- ☑ 종속 평균에 대한 t-검정을 사용하는 것이 바람직한 경우
- ☑ 관찰된 t 값을 계산하는 방법
- ☑ t 값의 의미 이해하기
- ☑ 종속 평균에 대한 t-검정의 효과 크기 계산하기

종속 표본 t-검정을 소개합니다

미국의 고령화로 미국에서는 매년 치매 환자를 위한 건강 문제와 서비스에 대해 많은 연구가 진행되고 있습니다. 필립 사우어Philip Sauer, 조안 포프마-로이Joan Fopma-Loy, 제니퍼 키니Jennifer Kinney, 엘리자베스 로콘Elizabeth Lokon은 예술 프로그램 두 개를 비교하는 연구를 설계했습니다. 즉, 전통적인 시각 예술 프로그램과 학생 자원 봉사자와 짝을 이뤄 참가자의 예술 창작을 장려하고 지원하는 예술 프로그램(예술을 통해 마음 열기)입니다.

모든 프로그램 참가자는 치매 진단을 받았으며, 가족과 간병인이 연구에 동의했습니다. 10명의 참가자는 두 종류의 예술 프로그램에 참여하였으며 신시내티 웰빙 측정 도구Greater Cincinnati Chapter Well-Being Observation Tool를 사용하여 참가자의 사회적 관심, 참여, 즐거움, 이탈, 부정적인 영향, 슬픔, 혼란에 대해 평가했습니다. 연구진은 예술을 통한 마음 열기 프로그램의 등급을 전통적인 시각 예술 활동 프로그램의 등급

과 비교한 8개의 대응 표본에 대해 0.05의 유의수준에서 t-검정을 설계했으며 참여(t(9)=2.98, p=0.016), 즐거움(t(9)=2.74, p=0.023), 이탈(t(9)=2.50, p=0.034) 영역에서 유의미한 차이를 관찰했습니다.

그렇다면 왜 종속 평균 t-검정인가요? 종속 평균에 대한 t-검정은 같은 주제에 대해 단일 집단에 속한 대상이 두 가지 다른 조건에서 연구되고 있음을 나타냅니다.

이 예에서, 조건은 실험 시작 전과 실험 후입니다. 치매를 앓는 동일 참가자가 전통적인 시각 예술 프로그램과 예술을 통해 마음 열기 프로그램에 참여했기 때문에 종속 평균에 대한 t-검정이 사용되었습니다.

앞에서 언급한 결과에서 알 수 있듯이 참여, 즐거움, 이탈에 대한 점수에는 차이가 있었습니다. 사회적 관심(1.97), 부정적인 영향(1.52), 슬픔(-1.41), 혼동(-0.43)은 상대적으로 작은 t 값을 가졌고, 귀무가설을 기각할 수 있는 영역을 벗어나기에 충분하지 않았습니다.

다시 말해, 이 차이가 우연이 아닌 다른 것으로 인해 발생했다고 말하기에는 차이가 너무 작습니다. 이 작은 차이는 아마도 집단 내에서 발생한 표본 추출 오류나 변동성 때문일 수 있습니다.[1]

핵심 원리 알아보기

순서도를 사용하여 적절한 검정 통계인 종속 평균에 대한 t-검정을 선택하는 방법은 다음과 같습니다. [그림 14-1]에서 강조 표시된 단계를 따르세요.

1. 사전 테스트와 사후 테스트에서 참가자들의 점수 차이가 연구의 핵심입니다.
2. 참가자는 두 번 이상 시험을 봅니다.
3. 점수 집단은 두 개 존재합니다.
4. 적절한 검정통계는 종속 평균에 대한 t-검정입니다.

1 Sauer, P. E., Fopma-Loy, J., Kinney, J. M., & Lokom, E. (2016). 치매환자를 위한 개인 중심 시각 예술 활동과 전통적 시각 예술 활동 효과의 비교(It makes me feel like myself": Person-centered versus traditional visual arts activities for people with dementia). Dementia, 15(5), 895-912

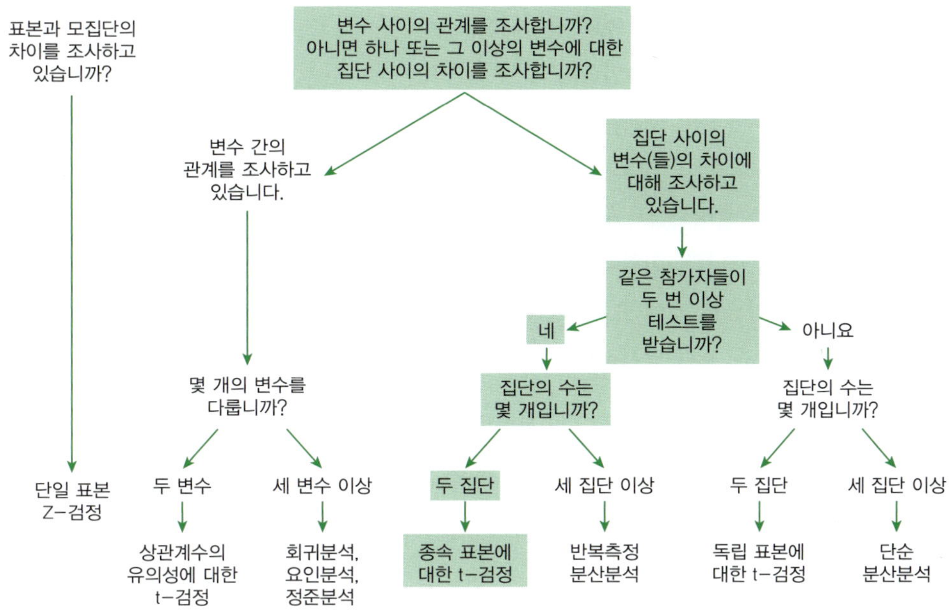

그림 14-1 종속 표본 t-검정이 적절한 검정통계인지 판단하기

통계학자들은 종속 t-검정을 반복측정repeated measure이라고 부르기도 합니다. 측정이 시간이나 조건 또는 몇몇 요인에 대해 반복되기도 하고 동시에 같은 사람, 장소, 사물 등 여러 경우에 대해서 반복되기 때문입니다.

검정통계량 계산하기

종속 평균에 대한 t-검정은 각 집단의 평균을 비교하고 점수 간의 차이에 초점을 둡니다. 식 (14.1)에서 볼 수 있듯이 두 검정 간 차이의 합은 분자가 되고 이는 집단 간의 차이를 반영합니다.

$$t = \frac{\sum D}{\sqrt{\frac{n\sum D^2 - (\sum D)^2}{n-1}}} \tag{14.1}$$

여기서

- D는 시점 1에서 시점 2까지의 각 개인 점수의 차이입니다.
- $\sum D$는 집단 간 모든 차이의 합입니다.

- $\sum D^2$은 집단 간 제곱 차이의 합입니다.
- n은 관측치 쌍pair의 수입니다.

수식에서 분자에 숫자(D) 하나만 들어 있는 게 보이나요? 평균 차이를 검정하는 식 (12.1)과 식 (13.1)에서는 한 평균에서 다른 평균을 뺍니다. 여기서는 점수 차이가 0이 아닌지 알고 싶기 때문에 분자의 다른 평균값을 0으로 두는데 이것을 식 (14.1)에 표시하지 않은 겁니다. 식 (14.1)을 변형한 것이 식 (14.2)입니다. 식 (14.2)는 검정하는 내용을 보다 명시적으로 보여줍니다.

$$t = \frac{\sum D - 0}{\sqrt{\frac{n\sum D^2 - (\sum D)^2}{n-1}}} \tag{14.2}$$

이제 종속 표본 t-검정의 t 값을 계산하는 방법을 설명하는 데 사용하는 몇 가지 데이터를 보게 될 겁니다. 다음은 t 값을 계산하는 방법을 보여주는 데이터입니다. 앞에 나온 예에서와 마찬가지로 사전 테스트와 사후 테스트가 존재합니다. 아래 표에 나온 수치는 독서 프로그램 시행 전후에 어린이들이 받은 점수라고 가정합니다.

사전 테스트	사후 테스트	차이	차이의 제곱
3	7	4	16
5	8	3	9
4	6	2	4
6	7	1	1
5	8	3	9
5	9	4	16
4	6	2	4
5	6	1	1
3	7	4	16
6	8	2	4
7	8	1	1
8	7	–1	1
7	9	2	4
6	10	4	16
7	9	2	4
8	9	1	1
8	8	0	0

	사전 테스트	사후 테스트	차이	차이의 제곱
	9	8	−1	1
	9	4	−5	25
	8	4	−4	16
	7	5	−2	4
	7	6	−1	1
	6	9	3	9
	7	8	1	1
	8	12	4	16
합계	158	188	30	180
평균	6.32	7.52	1.2	7.2

다음은 너무나 익숙한 t-검정 통계의 8단계 계산 과정입니다.

1. 귀무가설 및 연구가설을 진술합니다.

귀무가설은 독해 성취도에 대한 사전 테스트 점수와 사후 테스트 점수 간에 차이가 없다고 말합니다. 연구가설은 사후 테스트 점수가 사전 테스트 점수보다 높을 것이라고 가정하기 때문에 단측검정이고 방향성입니다.

귀무가설은 다음과 같습니다.

$$H_0 : \mu_{\text{사후테스트}} = \mu_{\text{사전테스트}} \qquad (14.3)$$

연구가설은 다음과 같습니다.

$$H_1 : \overline{X}_{\text{사후테스트}} > \overline{X}_{\text{사전테스트}} \qquad (14.4)$$

2. 귀무가설과 관련된 위험 수준(유의수준 또는 제1종 오류)을 설정합니다.

위험 수준 또는 제1종 오류 수준 또는 유의수준은 0.05입니다. 이 값은 연구자가 결정합니다.

3. 적절한 검정통계를 선택합니다.

[그림 11-1]의 순서도를 활용하여 적절한 검정 기법이 종속 표본 t-검정이라는 결론을 얻었습니다. 집단이 서로 독립적이지 않기 때문에 독립 표본 t-검정은 적합하지 않습니다. 사실 이 집단은 다수 집단이 아닌 동일한 참가자들의 두 점수

집단입니다. 집단은 서로 종속되어 있습니다. 종속 표본에 대한 t-검정의 다른 명칭은 대응 표본paired samples t-검정 또는 상관 표본correlated samples t-검정입니다. 17장에서 이 두 점수 집합(사전 테스트와 사후 테스트) 간 상관관계의 유의성 검정과 여기서 계산하는 t 값 사이에 매우 밀접한 관계가 있음을 배우게 될 것입니다.

4. 검정통계량(획득된 값)을 계산합니다.

이제 값을 대입하고 계산해봅시다. t 값을 계산하는 공식은 앞에 나와 있습니다. 이 예제의 값을 수식에 대입하면 식 (14.5)를 얻게 됩니다(우리는 이미 사전 테스트와 사후 테스트 점수에 대한 평균과 표준편차를 계산했습니다).

$$t = \frac{30}{\sqrt{\frac{(25 \times 180) - 30^2}{25 - 1}}} \qquad (14.5)$$

숫자를 대입하면 다음 식을 얻게 됩니다. t 값은 2.45입니다. 사전 테스트 평균 점수는 6.32였으며 사후 테스트 결과는 7.52였습니다.

$$t = \frac{30}{\sqrt{150}} = 2.45 \qquad (14.6)$$

5. 특정 통계에 대한 적절한 임계값 표를 사용하여 귀무가설을 기각하는 데 필요한 값을 결정합니다.

이제 t-검정의 임계값을 나열한 [부록 B]의 [표 B.2]에서 귀무가설을 기각하기 위한 임계값을 찾습니다.

첫 번째로 해야 할 일은 자유도(df)를 결정하는 것입니다. 이 자유도는 표본 크기와 비슷합니다. 이 검정 통계의 경우 자유도는 $n-1$이며 n은 관측치 쌍의 수, 즉 25 − 1 = 24입니다. 이 값은 이 검정 통계에 대한 자유도이며 다른 통계량에 대한 자유도는 다를 수 있습니다.

이 자유도 값(24), 연구자가 감수할 수 있는 위험 수준(0.05로 정의), 단측검정(사후 테스트 점수는 사전 테스트 점수보다 크다는 연구가설의 방향이 있음)을 바탕으로, 귀무가설을 기각하기 위한 t 값은 1.711이라는 것을 알 수 있습니다.

6. 검정통계량(획득된 값)과 임계값을 비교합니다.

획득된 값은 귀무가설을 기각하는 데 필요한 임계값보다 큰 2.45입니다.

7. & 8. 결정할 시간입니다!

획득된 값이 임계값보다 극단적인 경우 귀무가설을 채택할 수 없습니다. 획득된 값이 임계값을 초과하지 않으면 귀무가설이 가장 매력적인 설명입니다. 예에서는 획득된 값이 임계값을 초과합니다. 우연이 아닌 다른 요인으로 인해 사전 테스트와 사후 테스트 점수에 차이가 발생했다고 말할 수 있습니다. 실험이 올바르게 수행되었다면 결과에 영향을 미친 요인은 무엇인가요? 간단합니다. 일일 책읽기 프로그램을 도입했기 때문입니다. 우리는 점수 차이가 특정 요인 때문에 발생했다는 것을 압니다. 사전 테스트 집단과 사후 테스트 집단 간의 차이점은 우연히 발생할 수 없으며, 특정한 처리(일일 책읽기 프로그램)로 인해 발생한 것입니다.

그렇다면 $t_{(24)}=2.45$, $p < 0.05$는 어떻게 해석해야 할까요?

- t는 사용된 검정통계를 나타냅니다.
- 24는 자유도입니다.
- 2.45는 이 장의 앞부분에서 설명한 공식을 사용하여 계산한 값입니다.
- $p < 0.05$는 사후 테스트 점수의 평균이 우연으로 인해 사전 테스트 점수의 평균보다 더 클 확률이 5% 미만임을 나타냅니다. 차이를 만든 다른 요인이 존재합니다. 연구가설이 귀무가설보다 더 타당하다고 판단할 수 있는 기준으로 0.05를 설정했기 때문에, 여기서 우리는 두 가지 점수 집합 간에 유의미한 차이가 존재한다고 결론 내릴 수 있습니다. 이것이 차이점입니다.

R을 사용하여 t-검정 수행하기

R은 이러한 추론통계검정을 수행할 준비가 되어 있습니다.[2] 방금 수행한 작업을 R에서 수행하고 결과를 이해하는 방법은 다음과 같습니다. 앞에 나온 예에서 사용한 14장 데이터 세트1(ch14ds1.csv)을 사용하겠습니다. 이 예를 두 가지 방법으로 살펴보려고 합니다. 먼저 R을 멋진 계산기로 사용하여 수동으로 문제를 해결합니다. 다음으로 R 함수를 사용하여 신속하게 답변을 얻어냅니다.

2 이 주제에 대한 R 튜토리얼 비디오를 보려면 edge.sagepub.com/salkindshaw를 방문하세요.

1. 데이터를 R로 가져와서 객체 이름을 ch14ds1로 지정합니다. 사전 테스트 및 사후 테스트 점수를 위한 별도의 열이 있는지 확인하세요. 독립 표본에 대한 t-검정과 달리 식별할 집단이 없습니다.

2. 차이 값들로 구성된 벡터를 만듭니다.

3. 차이의 제곱 값들로 구성된 벡터를 만듭니다.

4. 수식에서 차이 값들의 평균 및 표준편차를 사용합니다.

읽어 들인 데이터를 확인하는 것으로 시작합니다.

```
> ch14ds1 <- read.csv(file.choose())
> View(ch14ds1)
>
```

RStudio의 환경 창에서 객체 25개의 행과 2개의 변수가 포함되어 있음을 확인할 수 있습니다. 그렇죠? 이제 사전 테스트 점수와 사후 테스트 점수의 차이를 계산해 봅시다.

```
> ch14ds1$D <- ch14ds1$Posttest - ch14ds1$Pretest
> ch14ds1$Dsq <- ch14ds1$D^2
>
```

객체를 다시 보면, 4개의 숫자 열과 앞에 나온 숫자 표와 매우 유사한 표가 보입니다. 빠진 게 뭔가요? 각 열의 합계와 평균이 들어 있는 맨 아래 두 행이 없습니다. 식 (14.1)을 보면 실제로는 차이(D)의 합과 차이의 제곱(D^2)의 합만 필요합니다. 먼저 계산해봅시다.

```
> sumD <- sum(ch14ds1$D)
> sumD
[1] 30
>
```

앞에 나온 표와 R이 반환한 결과를 비교하면, 차이의 합($\Sigma D=30$)에 대해 같은 답을 얻은 것을 알 수 있습니다. 이 값은 수식의 분자와 분모에 사용됩니다. 이제 D2의 경우를 보겠습니다.

```
> sumDsq <- sum(ch14ds1$Dsq)
> sumDsq
[1] 180
>
```

예상했겠지만, $\Sigma D^2=180$이라는 값을 얻었습니다. 이 숫자를 공식에 연결하면 다음과 같습니다.

```
> tStat <- sumD/sqrt((25*sumDsq - sumD^2)/(25 - 1))
> tStat
[1] 2.44949
>
```

역시 [부록 B]의 [표 B.2]에서 검정을 위한 임계값을 찾을 수 있습니다. 임계값은 여전히 1.711입니다. 또는 다음과 같이 $t=2.44949$와 관련된 정확한 p 값을 R에 요청할 수 있습니다.

```
> pt(tStat, df = 24, lower = FALSE)
[1] 0.0109915
>
```

$t_{24}=2.45$, $p=0.01$인 단측검정의 경우, 우리가 시행한 어떤 개입intervention이 기억력 점수를 증가시켜 개입 전 기억력 점수와 개입 후 기억력 점수의 차이가 없다는 귀무가설을 기각할 수 있습니다.

이제 R을 사용해서 지름길로 가보겠습니다!

```
> t.test(ch14ds1$Posttest, ch14ds1$Pretest, paired = TRUE, alternative
= "greater")

 Paired t-test
```

```
data: ch14ds1$Posttest and ch14ds1$Pretest
t = 2.4495, df = 24, p-value = 0.01099
alternative hypothesis: true difference in means is
greater than 0
95 percent confidence interval:
0.3618424     Inf
sample estimates:
mean of the differences
                    1.2
>
```

먼저 t.test() 함수에서 사용한 옵션에 관해 이야기하겠습니다.

- ch14ds1 $ Posttest : 데이터에서 사후 테스트 점수의 벡터입니다. 우리는 함수가 사후 테스트 점수에서 사전 테스트 점수를 빼길 원하므로 이것을 먼저 나열합니다.
- ch14ds1 $ Pretest : 데이터에서 사전 테스트 점수의 벡터
- paired = TRUE : 사전 테스트 및 사후 테스트 점수는 같은 사람의 것임(독립적이지 않음)을 나타냅니다. 이것은 종속 표본 t-검정에 대한 공식을 사용하도록 지시합니다.
- alternative = "greater" : 첫 번째 벡터가 두 번째 벡터보다 큽니다. 이 옵션은 사후 테스트 점수가 사전 테스트 점수보다 클 것이라고 말했기 때문에 단측검정 결과를 제공했습니다. 양측검정을 실행하는 경우(점수가 다르지만 크거나 작은지 여부를 모르는 경우)이 옵션을 해제할 수 있습니다.

출력된 결과를 보면 R은 실행된 검정(종속 표본 t-검정), 사용된 데이터, 자유도를 가진 t-검정 결과, p 값을 알려줍니다. 또한 실제 평균의 차이가 0보다 크다는 연구가설을 알려줍니다. 그런 다음 단측검정의 차이 점수에 대한 95% 신뢰구간이 이어집니다. 마지막으로 두 점수 사이의 평균 차이를 알려줍니다.

t.test() 함수에서 사전 테스트 벡터를 먼저 넣으면 어떻게 될까요? 그렇게 했는데 첫 번째 변수의 평균이 두 번째 변수의 평균보다 작은 경우, t 값이 음수입니다(이 경우 t 값은 2.449 대신 −2.449가 됨). 결과를 해석할 때는 연구가설을 염두에 두는 것이 좋습니다.

재미 삼아 약간 주의할 점을 알려드립니다. 때로 연구자들은 모든 관련 특성(나이, 성별, 사회 계층, 공격성, 운동 속도, 아이스크림 선호도 등)에 매우 밀접하게 일치하는 두 명의 참가자에게서 실제로 두 가지 측정치(일반적으로 동일한 참가자에 해당)를 수집할 때 종속 표본 t-검정을 사용합니다. 또한, 연구자는 이 검정을 사용하여 형제자매, 부모-자식, 연인과 같은 쌍을 서로 비교합니다. 이 경우를 보면 참가자가 다르지만 서로 대응하기 때문에 종속으로 간주합니다. 방금 종속이라는 단어의 의미와 종속이 적용되는 상황에 대한 미세조정fine-tuning을 진행했습니다.

믿거나 말거나, 이 책의 저자나 현재 여러분의 교수님이 대학원생이었을 당시에는 거대한 메인 프레임 컴퓨터만 존재했으며 오늘날 데스크톱 컴퓨터에서 볼 수 있는 놀라운 결과는 상상할 수 없었습니다. 다시 말해, 그 당시 통계 수업은 모두 수작업으로 진행되었습니다. 수작업으로 얻을 수 있는 가장 큰 이점은 과정을 더 잘 이해할 수 있다는 점입니다. 둘째, 컴퓨터의 도움을 받지 않아도 분석할 수 있습니다. 따라서 컴퓨터가 여러분에게 필요한 것을 계산해주지 않는다면, 창의력을 발휘하세요. 임계값을 계산하기 위한 기본 공식을 알고 있고 적절한 표를 갖고 있다면 여러분은 문제를 해결할 수 있습니다.

종속 표본 t-검정의 효과 크기

이번 수식은 점수가 서로 연관되어 있기 때문에 식 (13.6), 식 (13.7)과 약간 다릅니다. 앞에 나온 예에서, 개인이 사후 테스트에서 얼마나 좋은 점수를 얻는가는 사전 테스트 점수와 관련이 있습니다. 점수 간의 해당 관련성을 제거하지 않으면 효과 크기는 원래보다 작아집니다.

$$ES = \frac{\overline{X}_{사후} - \overline{X}_{사전}}{\sqrt{s^2_{사후} + s^2_{사전} - (2 \times r \times s_{사후} \times s_{사전})}} \tag{14.7}$$

모든 숫자를 수식에 대입하기 전에 R에서 숫자 몇 개를 더 계산하겠습니다. 특히, 사전 및 사후 테스트 점수 간의 상관관계와 함께 사전 및 사후 테스트 표준편차가 필요합니다.

사전 테스트 및 사후 테스트 점수의 표준편차부터 구해보겠습니다.

```
> sd(ch14ds1$Pretest)
[1] 1.725302
> sd(ch14ds1$Posttest)
[1] 1.828478
>
```

다음으로, 독해력 점수에 대한 사전 테스트 점수와 사후 테스트 점수의 상관관계를 알아야 합니다. 그 계산을 수행하기 전에 [그림 14-2]에 나온 것처럼 두 변수의 산점도를 살펴보겠습니다.

```
> plot(ch14ds1$Pretest, ch14ds1$Posttest,
+    xlab = "Pretest", ylab = "Posttest",
+    main = "Pretest and Posttest Reading Achievement Scores")
>
```

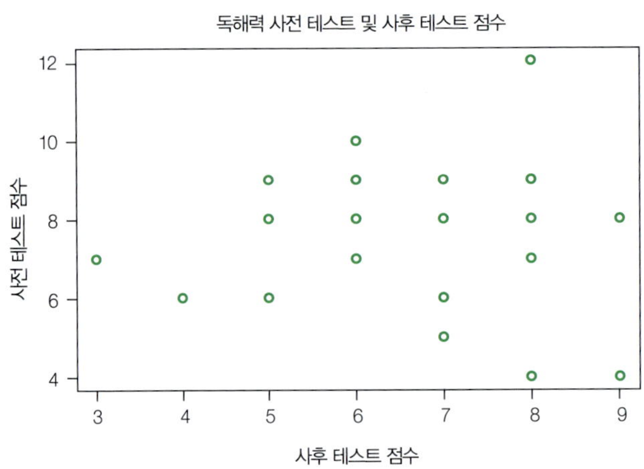

그림 14-2 사전-사후 테스트 점수의 산점도

그림에서 점이 흩어진 모양을 보면, 두 변수가 관련되어 있는지 알기가 매우 어렵습니다. 상관계수를 계산해봅시다.

```
> cor(ch14ds1$Pretest, ch14ds1$Posttest)
[1] 0.05071834
>
```

결과가 확실히 설명해줍니다. 사전–사후 독해력 점수 간의 상관계수는 0.05입니다. 7장의 [표 7–5]에 근거하면 상관관계는 약하다고 할 수 있습니다. 그러나 효과 크기를 계산하기 위해 이 숫자를 사용할 것입니다.

이제 수식에 모든 숫자를 대입하겠습니다.

$$ES = \frac{7.52 - 6.32}{\sqrt{1.8285^2 + 1.7253^2 - (2 \times 0.05072 \times 1.8285 \times 1.7253)}} = 0.49 \qquad (14.8)$$

12장에서 살펴본 코헨의 지침에 따르면, 이 분석의 효과 크기는 중간입니다. 그 차이는 중요할 뿐만 아니라 실질적인 차이의 크기입니다. 또한 연구 맥락에서 볼 때도 충분히 의미가 있습니다.

실생활의 통계학

여러분이나 여러분 부모님은 어쩌면 자녀 양육과 노인 부양을 동시에 수행해야 하는 소위 '낀' 세대일 수 있습니다. 이러한 인구 고령화는 노인에 대한 평가와 이를 위해 통계적 도구를 사용하는 것이 점점 중요해지고 있음을 의미합니다.

이 연구의 목적은 태국 노인의 일상생활 속 습관이 그들의 삶의 만족도에 영향을 끼치는지를 알아보는 것입니다. 자신의 삶이 만족스럽거나 만족스럽지 않다고 인식하는 노인 73쌍을 대상으로 삶에 대한 만족도 검사를 진행했고, 만족도 점수가 85% 이상인 사람들은 만족한 삶을 살아가고 있는 것으로 판단하였습니다. 양측 종속 t–검정(표본들이 일치했기 때문에 연구자들은 쌍으로 묶인 참가자를 동일한 참가자로 간주함)을 사용하여 일상생활의 전반 및 각 영역의 평균 점수의 차이를 조사했습니다. 삶의 만족도가 높은 노인 집단은 만족도가 낮은 노인 집단에 비해 일상생활 습관에서 유의하게 높은 점수를 받았습니다. 가장 흥미로운 질문 중 하나는 이러한 결과가 다른 표본이나 다른 문화권의 노인들에게 어떻게 적용될 수 있는지에 대한 것입니다.

더 자세한 내용이 궁금하다면, 아래의 자료를 온라인으로 검색하거나 도서관에서 찾아보세요.

Othaganont, P., Sinthuvorakan, C., & Jensupakarn, P. (2002). 삶의 만족도가 높은 태국 노인들의 일상생활 습관(Daily living practice of the life-satisfied Thai elderly). Journal of Transcultural Nursing, 13, 24–29.

이 장의 요약

지금까지 평균을 사용하여 두 표본 집단의 차이를 검정하는 통계 기법을 배웠습니다. 여러분은 독립 집단(13장)과 종속 집단(14장)의 데이터를 비교하는 방법에 대한 학습을 마쳤습니다. 이제는 독립 여부와 상관없이 3개 이상의 집단을 다루는 또 다른 유의성 검정으로 나아갑니다. 분산분석이라고 불리는 이 기법은 매우 강력하고 널리 쓰이며, 통계 전쟁에서 유용한 도구가 될 것입니다!

연습할 시간입니다!

1. 독립 표본 검정과 종속 표본 검정의 차이는 무엇이며, 각각 언제 사용하는 것이 적절합니까?

2. 다음 예에서 독립 표본 t-검정과 종속 표본 t-검정 중 어떤 검정을 수행할 것인지 결정하세요.

(a) 두 집단이 발목 염좌에 대해 다른 수준의 치료를 받았습니다. 어떤 치료가 더 효과적인지 알고 싶습니다.

(b) 한 간호학 연구자는 추가로 재택 간호를 받은 환자가 일반 재택 간호를 받은 다른 환자보다 회복 속도가 더 빠른지 알고 싶습니다.

(c) 사춘기 소년 집단은 대인 관계 기술에 대한 상담을 받은 후, 이러한 상담이 가족의 화목함 정도에 영향을 주는지를 알아보기 위해 9월과 5월에 검사를 받았습니다.

(d) 한 집단의 성인 남성 집단에는 고혈압을 줄이기 위한 지침이 제공된 반면, 다른 집단에는 아무런 지침을 주지 않았습니다.

(e) 운동 프로그램에 참여한 남성들은 6개월에 걸쳐 두 차례 심장 건강을 측정하는 검사를 받았습니다.

3. 14장 데이터 세트2(ch14ds2.csv)를 사용하여 t 값을 계산하고, 25개 지역구에서 재활용 프로그램의 효과로 종이 사용량에 변화가 있었는지에 대한 결론을 서술하세요(힌트 : 전과 후는 처리 수준입니다). 0.01 유의수준에서 가설을 검정하세요.

4. 다음 데이터를 사용하여 학년 초에 청소년들과 상담하는 것이 이들의 다문화 청소년에 대한 관용적 태도 함양에 긍정적인 영향을 미치는지 확인하세요. 평가는 상담 직전에 한 번, 상담 한 지 6개월이 지난 후에 한 번 이루어졌습니다. 상담 프로그램은 효과적이었습니까? 결과 변수는 타인을 관용하는 태도에 대한 검사 점수이며 점수 범위는 0~50입니다. 점수가 높을 수록 관용도가 큽니다. R이나 다른 응용 프로그램을 사용해 분석해보세요!

상담 전	상담 후
45	46
46	44
32	47
34	42
33	45
21	32
23	36
41	43
27	24
38	41
41	38
47	31
41	22
32	36
22	36
34	27
36	41
19	44
23	32
22	32

5. 14장 데이터 세트3(ch14ds3.csv)에 대한 t 값을 계산합니다. 이어서 사회 복지 서비스가 개입된 후, 서비스 센터 이용에 대해 1~15의 척도로 측정한 가족 만족도에 차이가 있는지 기술하세요. R을 사용하여 이 문제를 풀고 결과에 대한 정확한 확률을 보고하세요. 효과 크기도 함께 보고하세요.

6. 이 연습문제는 손으로 계산하세요. 유명한 제과 업체는 사람들이 바삭한 크래커를 좋아하는지, 아니면 고소한 크래커를 좋아하는지 알고 싶어 합니다. 소비자는 각 유형의 크래커를 시식한 후, 1~10의 척도로 선호도를 표시하였습니다. 소비자는 어떤 크래커를 좋아하나요?

바삭한 크래커에 대한 선호도	고소한 크래커에 대한 선호도
9	4
3	7
1	6
6	8
5	7
7	7
8	8
3	6
10	7
3	8
5	9
2	8
9	7
6	3
2	6
5	7
8	6
1	5
6	5
3	6

7. 14장 데이터 세트4(ch14ds4.csv)를 살펴보세요. 스트레스와 근무 교대 시간은 밀접한 상관관계가 있나요? (스트레스 점수가 높을수록 근로자가 느끼는 스트레스가 더 큼)

8. 14장 데이터 세트5(ch14ds5.csv)는 두 집단에 대해 봄과 가을에 측정한 운동(역기 들기) 데이터입니다. 결과 변수는 1~10의 척도로 측정한 골밀도입니다(점수가 높을수록 골밀도가 높음). 역기 들기가 효과가 있습니까? 효과 크기는 얼마입니까?

15

세 집단 이상인가요? 분산분석을 사용하세요

이 장에서 배울 내용

- ☑ 분산분석을 언제 사용하면 좋을지 결정하기
- ☑ F-검정통계를 계산하고 해석하기
- ☑ R을 사용하여 분산분석 계산하기
- ☑ 일원분산분석의 효과 크기 계산하기

분산분석을 소개합니다

심리학이 적용되는 새로운 분야 중 하나는 스포츠 심리학입니다. 스포츠 심리학은 주로 성과 향상에 중점을 두고 있지만, 스포츠의 다양한 측면에도 세심한 주의를 기울입니다. 그중 하나는 성공적인 운동선수가 되는 데 필요한 심리적 기술입니다. 이 주제를 염두에 두고, 매리어스 구다스Marious Goudas, 이아니스 테오도라키스Yiannis Theodorakis, 조지어스 카라모살리디스Georgios Karamousalidis는 스포츠 대처 능력 검사지Athletic Coping Skills inventory의 유용성을 검정했습니다.

이들은 스포츠 경력이 경기 대처 기술(즉 스포츠 대처 능력 검사지에서 얻은 점수)과 관련이 있다는 가설을 검증하기 위해 **분산분석**analysis of variance, ANOVA을 이용했습니다. ANOVA로 3개 이상의 집단을 검정하였으며, 이 집단들의 평균 성적을 비교했습니다. 세부적으로는 6년 이하의 경력을 지닌 선수는 집단 1로, 7~10년의 경력을 지닌 선수는 집단 2로, 10년을 초과하는 경력을 지닌 선수는 집단 3으로 분류했습니다.

ANOVA에 대한 검정통계는 F-검정[1]이며, 이 연구에서는 $F_{(2,110)} = 13.08$, $p < 0.01$이라는 결과를 얻었습니다. 스포츠 대처 능력의 하위 척도인 압박감 해소에서 세 집단의 평균 점수는 서로 다르게 나타났습니다. 즉, 검사 점수의 차이는 우연으로 발생하기보다는 선수의 경력 차이에서 비롯되었습니다.[2]

핵심 원리 알아보기

다음은 [그림 15-1]의 순서도를 사용하여 ANOVA를 적절한 검정통계로 선택하는 방법입니다. 강조 표시된 단계를 따라가 보세요.

1. 다른 집단 간 점수 차이(이 경우에는 선수들의 최고 점수 간의 차이)를 검정하고 있습니다.
2. 선수들은 검사를 단 한 번 받습니다.
3. 3개의 집단(6년 이하, 7~10년, 10년 이상의 경력)이 존재합니다. 우리는 단일 요인의 서로 다른 수준에 관심이 있습니다.
4. 적절한 검정통계는 단순 분산분석(ANOVA)입니다.

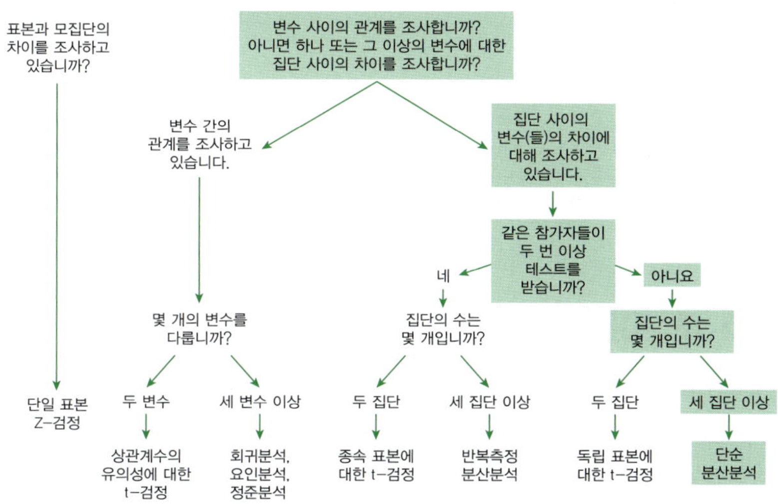

그림 15-1 분산분석(ANOVA)이 적절한 검정 통계인지 판단하기

---

1 이 통계를 만든 R. A. Fisher의 이름을 따서 지어진 명칭입니다.

2 Goudas, M., Theodorakis, Y., & Karamousalidis, G. (1998). 농구에서의 심리 기술 : 그리스식 스포츠 대처 기술 검사지의 발달에 대한 예비 연구(Psychological skills in basketball: Preliminary study for development of a Greek form of the Athletic Coping Skills Inventory)-28. Perceptual and Motor Skills, 86, 59-65.

다양한 종류의 ANOVA

ANOVA에는 다양한 종류가 있습니다. 가장 간단한 유형이자 이 장에서 중점적으로 다룰 유형은 **일원분산분석** one-way analysis of variance 입니다. 일원분산분석은 하나의 요인 또는 처리변수(예 : 집단 구성원)가 분석 대상이 되고, 이 요인 내에 세 가지 이상의 수준이 존재하는 경우에 해당합니다. 종속변수의 차이로 인한 분산이 (a) 집단 내 개인 간 차이로 인한 분산과 (b) 집단 간 차이로 인한 분산으로 구분되기 때문에 분산분석으로 불립니다. 그리고 이 두 가지 유형의 분산을 서로 비교합니다. 집단 간 분산은 집단에 대한 처리에 의해 발생하는 반면, 집단 내 분산은 각 집단의 개인 간 차이로 인한 것입니다.

실제로, ANOVA는 여러 면에서 t-검정과 유사합니다(두 집단에 대한 분산분석은 사실상 t-검정과 같습니다). 둘 다 검정 과정에서 평균 간의 차이를 계산합니다. 그러나 ANOVA에는 3개 이상의 평균이 존재합니다.

예를 들어 주당 5, 10, 20시간 동안 유치원에 다니는 것이 언어 발달에 미치는 영향을 조사하는 중이라고 가정해봅시다. 주당 유치원 교육 시간별 집단은 처리변수 treatment variable, 즉 집단 편성 요인 grouping factor 입니다. 그리고 언어 발달은 종속변수, 즉 결과에 해당합니다. 다음과 같이 실험 설계는 단일 범주형 변수(유치원 교육 시간)에 대해 세 가지 수준으로 표시됩니다. R에서와 마찬가지로, 편의상 이 범주형 변수를 요인이라고 부릅니다.

집단 1 (주당 5시간)	집단 2 (주당 10시간)	집단 3 (주당 20시간)
언어 발달 시험 점수	언어 발달 시험 점수	언어 발달 시험 점수

F-검정통계 계산하기

일원 ANOVA는 하나의 요인 또는 차원에서 3개 이상인 집단의 평균 차이를 검정하는 작업입니다. 예를 들어, 네 집단(20, 25, 30, 35세)의 사람들이 지닌 사립학교의 공적 지원에 대한 태도 차이를 알고 싶을 수 있습니다. 아니면 다른 학년(2, 4, 6, 8, 10학년)으로 구성된 다섯 집단에 속한 아동들의 학부모 학교 활동 참여도의 차이 여부에 관심이 있을 수 있습니다. 어떤 분석이든

- 오직 하나의 차원이나 처리[treatment]가 있고,
- 집단 편성 요인 내에 세 가지 이상의 수준이 존재하며,
- 평균 점수로 집단 간의 차이를 비교한다면,

일원 ANOVA가 사용되어야 합니다.

식 (15.1)은 집단 간에 전반적인 차이가 있다는 가설을 검증하는 데 필요한 검정통계인 F 값의 계산 공식입니다. 이 수준에서는 간단하지만, 이전 장에서 공부한 다른 검정통계보다 조금 더 복잡한 계산에 해당합니다.

$$F = \frac{\text{평균제곱}_{\text{집단 간}}}{\text{평균제곱}_{\text{집단 내}}} \tag{15.1}$$

여기서

- $\text{평균제곱}_{\text{집단 간}}$은 집단 간 분산입니다.
- $\text{평균제곱}_{\text{집단 내}}$는 집단 내 분산입니다.

이 수식에 숨어 있는 논리는 다음과 같습니다. 만약 각 집단 내에 변동성이 전혀 존재하지 않는다면(모든 점수가 똑같다면), 집단 간 변동성은 의미가 있을 겁니다. 그렇죠? 아마 그럴 겁니다. 비율로 표현된 ANOVA 수식은 (집단이 형성되면서 발생한) 집단 간 변동성의 양을 (우연이나 오류로 인해 발생한) 집단 내 변동성의 양과 비교합니다. 만약 이 비율이 1이라면, 집단 내 변동성의 양과 집단 간 변동성의 양은 같다는 뜻이며, 집단 간 발생한 어떤 차이도 유의미하지 않습니다. 집단 간 평균 차이(비율의 분자값)가 커질수록 F 값도 함께 커집니다. F 값이 증가함에 따라, 모든 F 값들의 분포가 더욱 극대화되고, 이는 우연보다는 다른 무언가로 인해 발생하는 것입니다. 휴~

다음은 F 값을 계산하는 방법을 설명하기 위해 사용한 몇 가지 데이터와 예비 계산 결과입니다. 세 집단의 유치원생들이 있고 각 집단의 유치원 참여 시간이 서로 다르다고 가정합시다. 다음 표에는 유치원생들의 언어 점수가 나타나 있습니다.

집단 1	집단 2	집단 3
87	87	89
86	85	91
76	99	96
56	85	87
78	79	89
98	81	90
77	82	89
66	78	96
75	85	96
67	91	93

다음은 매우 익숙한 F-검정 통계의 8단계 계산 과정입니다.

1. 귀무가설 및 연구가설을 진술합니다.

식 (15.2)에 표시된 귀무가설은 세 가지 다른 집단의 평균 간에 차이가 없다고 말합니다. F-검정으로도 불리는 ANOVA(F-통계 또는 F-비율을 도출하기 때문이죠)는 집단 간의 전반적인 차이를 구합니다.

이 검정은 집단 1과 집단 2의 차이와 같은 이원(pairwise) 비교를 하지 않습니다. 이원 비교를 하려면 다른 기법을 사용해야 하며, 이에 대해서는 이 장의 뒷부분에서 설명합니다.

귀무가설은 다음과 같습니다.

$$H_0 : \mu_1 = \mu_2 = \mu_3 \tag{15.2}$$

연구가설은 t-검정 때만큼 간단하지 않습니다. 우리는 이제 세 개 이상의 평균을 가지고 있으며 연구가설은 모든 평균이 동일하지 않다고 주장합니다. 우리는 세 개의 평균이 모두 다른지, 또는 $\overline{X}_1$이 단지 $\overline{X}_2$와 $\overline{X}_3$과 다른지 알 수 없습니다. 모든 F-검정은 무방향성이므로 평균의 차이에 대해 가정하는 방향이 없다는 점에 주의하세요.

2. 귀무가설과 관련된 위험 수준(유의수준 또는 제1종 오류 수준)을 설정합니다.

위험 수준 또는 제1종 오류 수준 또는 유의수준은 0.05입니다. 다시 말하지만, 이 값은 연구자가 결정합니다.

3. 적절한 검정통계를 선택합니다.

[그림 15-1]의 순서도를 사용하여 적절한 검정 기법이 단순 ANOVA라는 결론을 얻었습니다.

4. 검정통계량(획득된 값)을 계산합니다.

이제 값을 활용해 계산할 수 있습니다. 계산해야 할 값들이 매우 많습니다.

- F 비율은 집단 간 변동성 대 집단 내 변동성 간의 비율입니다. 이 값을 계산하기 위해 먼저 집단 간 변동성과 집단 내 변동성 및 총 변동성 각각의 제곱에 대한 합계를 계산해야 합니다.
- 집단 간between group 제곱합sum of square은 모든 점수의 평균과 각 집단 점수의 평균 간 차이의 합을 제곱한 것과 같습니다. 이것은 각 집단의 평균이 전체 평균과 얼마나 다른지를 알려줍니다.
- 집단 내within group 제곱합sum of square은 집단 내 개별 점수와 각 집단의 평균 간 차이를 합한 후 제곱한 것과 같습니다. 이것은 집단 내 개별 점수가 그 집단의 평균과 얼마나 다른지를 알려줍니다.
- 제곱의 총합total sum of square은 집단 간 제곱의 합과 집단 내 제곱의 합을 더한 값과 같습니다.

자, 이 값들을 계산해봅시다.

지금까지는 단측검정과 양측검정에 대해 이야기했습니다. ANOVA와 관련해서는 이러한 내용이 적용되지 않습니다. 처리 요인과 관련해 두 가지 이상의 수준이 검정되고 있고, 따라서 F-검정은 옴니버스 검정[3]이기 때문에, 특정 차이의 방향성이란 말은 의미가 없습니다.

3 평균의 전반적인 차이를 검정하기 때문에 옴니버스 검정(omnibus test)이라고도 합니다.

[그림 15-2]는 집단 간, 집단 내 제곱합과 총 제곱합을 산출하는 데 필요한 모든 계산과 함께 앞에 나온 연습 데이터를 보여줍니다.

집단 1	테스트 값 X	X^2	집단 2	테스트 값 X	X^2	집단 3	테스트 값 X	X^2
1	87	7,569	2	87	7,569	3	89	7,921
1	86	7,396	2	85	7,225	3	91	8,281
1	76	5,776	2	99	9,801	3	96	9,216
1	56	3,136	2	85	7,225	3	87	7,569
1	78	6,084	2	79	6,241	3	89	7,921
1	98	9,604	2	81	6,561	3	90	8,100
1	77	5,929	2	82	6,724	3	89	7,921
1	66	4,356	2	78	6,084	3	96	9,216
1	75	5,625	2	85	7,225	3	96	9,216
1	67	4,489	2	91	8,281	3	93	8,649
n	10		n	10		n	10	
ΣX	766		ΣX	852		ΣX	916	
$\bar{X}$	76.60		$\bar{X}$	85.20		$\bar{X}$	91.60	
$\Sigma(X^2)$	59,964		$\Sigma(X^2)$	72,936		$\Sigma(X^2)$	84,010	
$\frac{(\Sigma X)^2}{n}$	58,675.60		$\frac{(\Sigma X)^2}{n}$	72,590.40		$\frac{(\Sigma X)^2}{n}$	83,905.60	
							N	30.00
							$\Sigma\Sigma X$	2,534.00
							$\frac{(\Sigma\Sigma X)^2}{N}$	214,038.53
							$\Sigma\Sigma(X^2)$	216,910.00
							$\frac{\Sigma(\Sigma X)^2}{n}$	215,171.60

그림 15-2 일원 ANOVA에서 중요한 수치 계산하기

먼저, 확장된 표에 나온 내용을 살펴보겠습니다. 왼쪽 아래부터 시작합시다.

- n은 각 집단의 참가자 수입니다(예 : 10).
- ΣX는 각 집단의 점수 합계입니다(예 : 766).
- $\bar{X}$는 각 집단의 평균입니다(예 : 76.60).

- $\sum(X^2)$은 각 점수 제곱의 합입니다(예 : 59,964).
- $\frac{(\sum X)^2}{n}$은 각 집단의 점수의 합을 제곱한 다음 집단의 크기로 나눈 것입니다(예 : 58,675.60).

이제 맨 오른쪽 아래를 봅니다.

- N은 전체 참가자 수입니다(예 : 30명).
- $\sum\sum X$은 집단 전체의 모든 점수의 합계입니다(예 : 2,534.00).
- $\frac{(\sum\sum X)^2}{N}$은 집단에 대한 모든 점수의 합을 제곱한 후 N으로 나눈 값입니다(예 : 214,038.53).
- $\sum\sum(X^2)$은 집단 전체 점수의 제곱값의 합계의 합계입니다(예 : 216,910).
- $\frac{\sum(\sum X)^2}{n}$은 각 집단의 점수를 제곱하고 이를 합한 후 n으로 나눈 값입니다(예 : 215,171.60).

여기까지 정말 수많은 계산을 했습니다. 고지가 멀지 않았습니다. 이제, 각 변동성의 종류별 제곱합을 계산합니다. 계산은 다음과 같습니다.

집단 간 제곱합	$\frac{(\sum X)^2}{n} - \frac{\sum(\sum X)^2}{n}$ 또는 215,171.60 − 214,038.53	1,133.07
집단 내 제곱합	$\sum\sum(X^2) - \frac{\sum(\sum X)^2}{n}$ 또는 216,910 − 215,171.60	1,738.40
제곱의 총합	$\sum\sum(X^2) - \frac{\sum(\sum X)^2}{n}$ 또는 216,910 − 214,038.53	2,871.47

그다음 우리는 평균 제곱합mean of sum of squares을 계산해야 합니다. 이는 단순히 제곱 합계의 평균입니다. 이 값들은 최종적으로 가장 중요한 F−비율을 계산하기 위해 필요한 분산 추정치입니다. 각각의 제곱합을 적절한 자유도(df)로 나눔으로써 이 값을 구합니다. 자유도는 표본 또는 집단 크기의 근사치임을 기억하세요.

ANOVA에는 두 세트의 자유도가 필요합니다. 집단 간 추정값은 $k-1$이며, 여기서 k는 집단 수와 같습니다(이 경우 3개의 집단이 있으므로 자유도는 2입니다). 집단 내 추정값을 구하려면 $N-k$가 필요합니다(N은 전체 표본의 크기). 즉, 자유도는 30 − 3 또는 27입니다. 그리고 F−비율은 집단 간 차이로 인한 평균 제곱합과 집단 내 차이로 인한 평균 제곱합의 비율 즉, 566.54/64.39 = 8.799입니다.

$$F_{(2,27)} = \frac{566.54}{64.39} = 8.799 \tag{15.3}$$

이것이 우리가 구한 F 값입니다.

다음은 F-비율을 계산하는 데 사용한 분산 추정의 **출처표**source table입니다. 대부분의 F-검정에 대한 표가 연구 저널과 보고서에서 다음과 같은 방식으로 표시됩니다.

변동성 종류	제곱합	df	평균 제곱합	*F*
집단 간	1,133.07	2	566.54	8.799
집단 내	1,738.40	27	64.39	
총합	2,871.47	29		

F-비율 하나를 구하려면 정말 많은 계산을 해야 하네요! 그러나 앞서 말했듯이, 최소한 한 번은 이러한 과정에 따라 직접 손으로 계산해봐야 합니다. 그래야 숫자들이 어떻게 도출되었고, 도출된 숫자들이 무엇을 의미하는지에 대해 통찰력을 얻을 수 있습니다.

이미 t-검정에 대해 알고 있기 때문에 t 값(두 집단의 평균 차이를 검정하는 데 사용)과 F 값(셋 이상의 집단 간 차이를 검정하는 데 사용)이 어떤 관련이 있는지 궁금할 수 있습니다. 흥미롭게도 두 집단에 대한 F 값은 두 집단에 대한 t 값의 제곱 또는 과 같습니다. 그리고 그 값이 동일하기 때문에 t 값, F 값과 관련된 p 값도 동일합니다! 괜찮은 퀴즈 문제 아닌가요? 또한 한 통계량을 알고 있고 다른 통계량을 구해야 할 때도 유용합니다.

5. 특정 통계에 대한 적절한 임계값 표를 사용하여 귀무가설을 기각하는 데 필요한 값을 결정합니다.

획득된 값과 임계값을 비교해야 합니다. 이제 우리는 [부록 B]의 [표 B.3]에 있는 F-검정 임계값을 나열한 표를 살펴봐야 합니다. 첫 번째 할 일은 분자의 자유도를 결정하는 것입니다. 여기서는 $k-1$, 즉 $3-1=2$입니다. 이어서 분모의 자유도를 결정합니다. 여기서는 $N-k$, 즉 $30-3=27$입니다. 이 두 개의 값은 $F_{(2,27)}$로 함께 표시됩니다.

획득된 값이 8.80이므로 $F_{(2,27)}=8.80$입니다. 분자가 자유도 2([표 B.3]의 열로 표시)이고 분모가 자유도 27([표 B.3]의 행으로 표시)인 0.05 수준의 임계값은

3.36입니다. 따라서 0.05 수준에서 자유도 2와 27이 있는 세 집단의 평균 중에 서 옴니버스 검정에 대해 귀무가설을 기각하는 데 필요한 값은 3.36입니다.

6. 검정통계량(획득된 값)과 임계값을 비교합니다.

획득된 값은 8.80이며, 0.05 수준에서 귀무가설을 기각(세 집단이 서로 다르다는 것을 의미 - 차이가 어디에 있는지에 상관없음)하기 위한 임계값은 3.36입니다.

7. & 8. 결정의 순간입니다!

획득된 값이 임계값보다 극단적인 경우 귀무가설을 채택할 수 없습니다. 획득된 값이 임계값을 초과하지 않으면 귀무가설이 가장 매력적인 설명입니다. 이 경우 획득된 값이 임계값을 초과합니다. 즉, 세 집단 간의 차이가 우연에 의한 것이 아니라고 말하기에 충분한 값입니다. 실험이 올바르게 수행되었다면 결과에 영향을 미칠 수 있는 요인들은 무엇인가요? 그렇습니다. 유치원생들이 유치원에 머문 시간입니다. 우리는 집단 간의 차이가 우연히 발생할 수 없고 처리(유치원 시간의 차이)라는 특별한 요인 때문에 발생했다는 것을 알고 있습니다.

그렇다면 $F_{(2,27)}=8.80$, $p<0.05$는 어떻게 해석해야 할까요?

- F는 사용된 검정통계를 나타냅니다.
- 2와 27은 각각 집단 간, 집단 내 추정치에 대한 자유도입니다.
- 8.80은 이 장의 앞부분에서 설명한 식 (15.1)을 사용하여 계산된 값입니다.
- $p<0.05$는 각 집단의 언어 평균 점수에서 특정 조치가 아닌 우연으로 인해 차이가 발생할 확률이 5% 미만임을 나타냅니다. 연구가설이 귀무가설보다 더욱 설득력 있다고 판단할 수 있는 기준값을 0.05로 정했기 때문에, 세 집단의 점수 집합 간에 유의한 차이가 있다고 결론을 내릴 수 있습니다.

이 시나리오를 상상해보세요. 여러분은 광고 회사에 근무하는 우수 연구자며 포장 색상이 매출에 영향을 미치는지 확인하고 싶습니다. 유의수준 0.05에서 검정해보기로 결정했습니다. 따라서 100% 흑백, 25% 컬러, 50% 컬러, 75% 컬러, 100% 컬러의 5가지 색상 수준으로 인쇄된 안내 책자를 준비했습니다.

이제 ANOVA를 사용하여 판매량에 차이가 있음을 확인하고자 합니다. 그러나 ANOVA는 옴니버스 검정(5개 평균을 동시에 검정)이므로 판매량의 유의미한 차이의 원인이 어디에 있는지는 알 수 없습니다. 그래서 한 번에 두 집단(예 : 25% 컬러와 75% 컬러)을 가져와서 서로 검정합니다.

실제로, 여러분은 2개의 안내 책자를 묶은 각 조합을 검정합니다. 그럴 듯하죠? 아닙니다!

여러분은 다중 t-검정을 수행하고 있으며, 수행하는 검정 횟수에 따라 (0.05로 설정한) 제1종 오류율이 상승합니다. 10가지 가능한 비교가 있으며(흑백과 25%, 흑백과 50%, 흑백과 75% 등) 실제 제1종 오류율은 다음과 같습니다.

$$1-(1-\alpha)^k \tag{15.4}$$

여기서

- α는 제1종 오류율이며, 이 예에서는 0.05입니다.
- k는 비교 횟수입니다.

따라서 0.05 대신 각각의 비교가 검정되는 실제 오류율은 다음과 같습니다.

$$1-(1-0.05)^{10}=0.40 \qquad (!!!!)$$

이 값은 0.05와 큰 차이가 있습니다. 따라서 40%의 확률로 귀무가설을 기각할 수 있습니다.

R을 사용하여 F 값 계산하기

F-비율을 손으로 계산하는 건 어렵지 않으며, 단지 시간이 많이 걸릴 뿐입니다.[4] 그게 전부입니다. 컴퓨터를 사용하면 계산상의 오류가 생기지 않기 때문에 훨씬 쉽고 정확합니다. 직접 수식으로 계산하여 값을 확인하는 것은 중요한 기술이고, 계산 과정의 이면에 있는 개념을 이해하는 데 도움이 되기 때문에 계산 과정을 보는 걸 즐겨야 합니다. 또한 R과 같은 도구와 aov() 함수를 사용할 수 있다는 사실도 기뻐해야 합니다.

우리는 15장 데이터 세트 1(ch15ds1.csv, 앞의 유치원 예에서 사용한 것과 동일한 데이터)에 있는 데이터를 사용할 것입니다.

1. 데이터를 읽어 들인 다음 View() 함수를 불러옵니다. 집단에 대한 열이 있고 해당 열에 세 개의 집단이 표시되어 있는지 확인합니다.

```
> ch15ds1 <- read.csv(file.choose())
> View(ch15ds1)
>
```

4 이 주제에 대한 R 튜토리얼 비디오를 보려면 edge.sagepub.com/salkindshaw를 방문하세요.

RStudio는 [그림 15-3]과 같은 표를 보여줍니다. 오른쪽에 있는 스크롤 막대를 사용하여, 10시간과 20시간에 대한 집단을 보려면 아래로 스크롤하세요. 여러분이 잘 따라 하고 있다면, 컴퓨터에서 매우 비슷한 결과를 볼 수 있습니다.

	Group	Language.Score
1	5 Hours	87
2	5 Hours	86
3	5 Hours	76
4	5 Hours	56
5	5 Hours	78
6	5 Hours	98
7	5 Hours	77
8	5 Hours	66
9	5 Hours	75
10	5 Hours	67
11	10 Hours	87
12	10 Hours	85
13	10 Hours	99
14	10 Hours	85
15	10 Hours	79
16	10 Hours	81

그림 15-3 R 객체 ch15ds1 데이터 세트의 처음 15행 보기

2. 각 집단에 대한 기술통계를 확인해봅시다. 이 단계를 수행하기 위해 psych 라이브러리에 포함된 `describeBy()` 함수를 사용할 것입니다. 먼저, R에게 이에 대해 알려야 합니다. 5장에서 `describe()` 함수를 살펴보았지만 패키지를 설치하지 않았을 수 있으므로 설치부터 시작하겠습니다.

```
> install.packages("psych")
>
```

3. 패키지를 설치한 후, 패키지 사용을 위해 다음과 같이 입력합니다.

```
> library(psych)
>
```

4. 이제 `describeBy()` 함수를 사용하여 기술통계량(평균, 표준편차 등)을 제공할 변수와 집단(요인) 변수의 이름을 다음과 같이 제공합니다.

```
> describeBy(ch15ds1$Language.Score, group = ch15ds1$Group)
Descriptive statistics by group
group: 10 Hours
  vars  n mean   sd median trimmed  mad min max range skew kurtosis   se
X1    1 10 85.2  6.2     85   84.38 5.19  78  99    21 0.89    -0.15 1.96
-------------------------------------------------------------
group: 20 Hours
  vars  n mean   sd median trimmed  mad min max range skew kurtosis   se
X1    1 10 91.6 3.41   90.5   91.62 2.97  87  96     9 0.26    -1.72 1.08
-------------------------------------------------------------
group: 5 Hours
  vars  n mean    sd median trimmed   mad min max range skew kurtosis   se
X1    1 10 76.6 11.96   76.5    76.5 14.08  56  98    42 0.05     -0.9 3.78
>
```

각 집단의 평균이 다른 것 같군요. 이는 세 집단 평균이 전부 같지 않을 때 볼 수 있는 경우입니다. 또한 각 집단에 10개의 관측치(n=10)가 있음을 알 수 있습니다.

5. 분산분석을 실행하세요!

```
> m1 <- aov(Language.Score ~ Group, data = ch15ds1)
>
```

aov( ) 함수를 사용했습니다. 각 구문의 의미는 다음과 같습니다.

- m1 : 결과를 저장하는 객체의 이름
- <- : 대입 기호
- aov : 함수 이름
- Language.Score : 종속변수의 이름
- ~ : '무엇에 의해 예측된다'라는 의미의 기호
- Group : 집단변수
- data = ch15ds1 : 데이터 객체의 이름

지금까지 진행한 내용을 종합해보면, 우리는 R에게 Group에 의해 예측되는 변수 Language.Score에 대해 aov( ) 함수를 실행하라고 지시하였습니다. 그 변수는

ch15ds1 객체에서 찾을 수 있습니다. 또한 이 결과를 m1에 저장하라고 R에게 명령했습니다.

결과를 확인하기 위해, summary() 함수를 살펴보겠습니다.

```
> summary(m1)
            Df  Sum Sq  Mean Sq  F value    Pr(>F)
Group        2    1133    566.5    8.799  0.00114 **
Residuals   27    1738     64.4
---
Signif. codes: 0 '***' 0.001 '**' 0.01 '*' 0.05 '.' 0.1 ' ' 1
>
```

앞에 나온 예의 출처표와 유사하게 R은 자유도(Df), 제곱합(Sum Sq), 평균 제곱합(Mean Sq), F 값, 해당 p 값(.00114)을 반환하였습니다. 이 출력 결과를 통해 $F_{(2,27)}=8.80$, $p=0.001$임을 알 수 있습니다.

우리는 3장에서 summary() 함수를 살펴보았습니다. 3장에서는 summary() 함수를 데이터프레임에 대해 사용했으므로 R은 데이터프레임의 각 데이터 열에 대한 요약 통계치를 제공했습니다. 이번에는 summary() 함수를 aov() 함수의 결과에 사용하고 있습니다. R은 통계 계산의 요약 결과를 요청하고 있음을 인식하고, 이에 따라 기능을 변경합니다. summary() 함수는 이렇게 똑똑합니다! 이 예에서는 통계와 함께 사용되므로 Pr(>F) 아래의 p 값과 함께 출처표와 비슷해 보이는 표를 얻었습니다. 정확하게 재현하지는 않지만 Group 및 Residual Sum Sq 값을 추가하여 Total 행 값을 계산할 수 있습니다.

이 가설은 0.05 수준에서 검정되었음을 기억하기 바랍니다. R은 결과에 대한 정확한 확률인 0.001을 제공합니다. 이것은 p 값보다 훨씬 정확하며, 이 예의 경우 >0.05와 비교할 때 발생하지 않을 확률을 정확히 알고 있습니다.

일원분산분석의 효과 크기

이전 장에서는 코헨의 d를 사용하여 효과 크기를 측정하였습니다. ANOVA에 코헨의 d를 사용할 수도 있지만, 그럴 경우 집단 쌍에 대해 각각 계산해야 합니다. 이제,

방향을 바꾸어 에타 제곱(η^2)이라는 값을 사용해 효과 크기를 측정하겠습니다. 이 효과 크기는 모든 집단에 대해 한 번에 적용됩니다. 코헨의 d와 마찬가지로, η^2도 효과 크기가 얼마나 큰지를 나타내는 척도를 갖고 있습니다.

- 작은 효과 크기는 약 0.01입니다.
- 중간 효과 크기는 약 0.06입니다.
- 큰 효과 크기는 약 0.14입니다.

이제 실제 효과 크기를 계산해봅시다. η^2을 계산하는 식은 다음과 같습니다.

$$\eta^2 = \frac{SS_{\text{집단 내}}}{SS_{\text{총합}}} = \frac{\text{제곱합}_{\text{집단 내}}}{\text{제곱합}_{\text{총합}} + \text{제곱합}_{\text{잔차}}} \tag{15.5}$$

R을 사용하거나 직접 계산하여 만든 출처표에서 식에 대입할 정보를 얻을 수 있습니다. 물론, R은 총 제곱합($SS_{\text{총합}}$)을 제공하지 않지만, 집단 내 제곱합($SS_{\text{집단 내}}$)과 잔차 제곱합($SS_{\text{잔차}}$)을 합하여 총 제곱합을 구할 수 있습니다. 또다른 까다로운 점은 R이 해당 이름으로 $SS_{\text{집단 내}}$라고 이름 붙이지 않는다는 것입니다. 대신, 집단변수의 이름을 사용합니다.

앞에서 사용한 세 집단의 예에서 $SS_{\text{집단 내}}$는 1,133이고 $SS_{\text{잔차}}$는 1,738이므로 $SS_{\text{총합}}$은 2,871입니다. 계산은 다음과 같습니다.

$$\eta^2 = \frac{1,133}{1,133 + 1,738} = \frac{1,133}{2,871} = 0.39$$

η^2에 대한 효과 크기 척도에 따르면 0.39는 큰 효과를 미칩니다. 효과 크기는 대부분의 검정통계량에서처럼 F-비율을 평가하는 데 도움이 되는 훌륭한 도구입니다.

차이를 나타내는 원인은 어디에 있습니까?

좋습니다, 여러분은 분산분석을 실행했고, 3개 또는 그 이상인 집단의 평균 사이에 전체적인 차이가 있음을 알고 있습니다. 그런데 그 차이는 어디서 기인합니까?

여러분은 이미 다중 t-검정을 수행하지 않는다는 것을 알고 있습니다. 집단 간 차이가 어디에 있는지를 알기 위해 **사후**post hoc **분석** 또는 **사후 비교**를 수행해야 하며, [그림 15-1]에 따라 ANOVA가 올바른 검정으로 판단되면 이 검정을 실행할지를 결정해야 합니다. 사후 분석을 통해 각 평균을 다른 평균과 비교하고 차이가 있는 집단을 확인해야 하며, 이 과정에서 가장 중요한 점은 각 비교에 대한 제1종 오류율이 사후 분석을 계획하기 전에 설정한 수준으로 통제되어야 한다는 것입니다. 이러한 비교를 수행하는 방법에는 여러 가지가 있는데, 그중 하나가 투키의 HSD Tukey's honestly significant difference 검정입니다. 투키의 HSD는 단일 검정에서 각 쌍을 비교하며, 결과는 ANOVA의 F-검정이 통계적으로 유의한 경우에만 검사해야 합니다.

사후 테스트를 실행하기 전에 세 집단의 언어 점수에 대한 상자 그림을 살펴보겠습니다. [그림 15-4]에서 확인할 수 있는 내용을 바탕으로, 모든 평균 쌍을 비교하는 사후 테스트에서 결과가 어떻게 될 거라고 생각합니까?

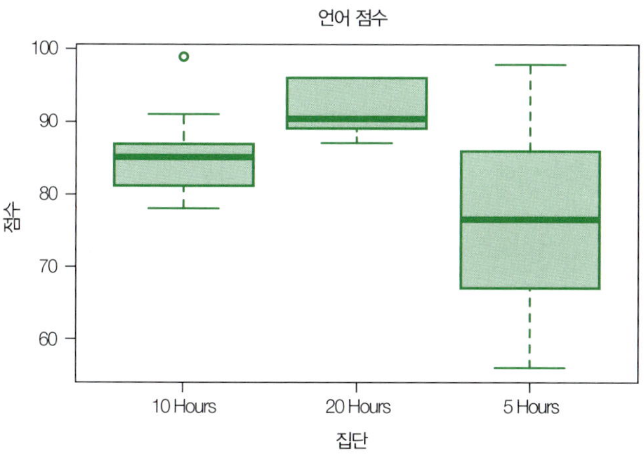

그림 15-4 집단별 언어 점수에 대한 상자 그림

R을 사용하여 사후 분석을 수행하기 위해 `TukeyHSD( )` 함수를 사용합니다. 함수에 필요한 것은 ANOVA 실행 결과입니다. 기본적으로 통계적 유의성을 위해 p 값 0.05와 일치되도록 신뢰수준은 95%를 유지합니다.

```
> TukeyHSD(m1)
Tukey multiple comparisons of means
95% family-wise confidence level
Fit: aov(formula = Language.Score ~ Group, data = ch15ds1)
$`Group`
                     diff        lwr        upr     p adj
20 Hours-10 Hours     6.4  -2.497288 15.2972884 0.1941234
5 Hours-10 Hours     -8.6 -17.497288  0.2972884 0.0596448
5 Hours-20 Hours    -15.0 -23.897288 -6.1027116 0.0007780
>
```

이 출력 결과는 무엇을 알려줍니까? 먼저 통계검정 이름, 신뢰구간, 원래의 ANOVA 명령이 표시됩니다. 다음으로 평균 차이에 대한 결과가 표시됩니다. 첫 번째 행에서는 20시간 집단과 10시간 집단을 비교합니다. 두 집단의 평균 차이는 6.4이며 $p=0.19$, 평균의 95% 신뢰구간(CI)은 [−2.50, 15.30]입니다. 이 결과를 어떻게 해석해야 할까요? 우리는 평균 차이가 0과 다른지 알고 싶습니다. 95% 신뢰구간에 0이 포함되어 있습니다. 즉, 평균 차이 6.4는 0과 통계적으로 다르지 않습니다. 이 결과를 어떻게 더 공식적으로 보고할 수 있을까요? 다음과 같습니다. "10시간 집단과 20시간 집단 간 미취학 아동의 언어 점수에 차이가 없습니다($\overline{X}_{20,10}=6.4$, 95% CI[−2.50,15.30], $p=0.19$)."

5시간 집단과 10시간 집단을 비교하는 두 번째 행을 보면 집단의 평균이 다르지 않다는 결론을 내릴 수 있습니다. 그러나 세 번째 행은 다릅니다. 이 경우 5시간 집단과 20시간 집단의 차이는 평균 −15.0점, $p=0.0007780$입니다. 신뢰구간은 [−23.90, −6.10]이며 0을 포함하지 않습니다. $p=0.0007780$은 0.05보다 훨씬 작습니다. 어떤 결론을 내릴 수 있습니까? 미취학 아동의 경우 5시간 집단과 20시간 집단의 언어 점수에는 차이가 있으며, 5시간 참석하는 미취학 아동은 20시간 참석한 아동들보다 언어 점수가 15.0점 낮습니다($\overline{X}_{20,5}=15.0$, 95% CI[−23.90,−6.10], $p<0.001$).

실생활의 통계학

서로 다른 분야가 융합해 다양한 질문에 답을 제공하는 모습은 얼마나 흥미롭습니까! 〈음악과 의학(Music and Medicine)〉이라는 학술지를 한번 보면 이러한 재미를 느낄 수 있습니다. 학술지의 저자들은 연주가들이 느끼는 불안감을 조사한 연구에서, 5명의 성악가와 4명의 플루트 연주자의 각성 수준을 테스트했습니다. 또한 5점의 리커트Likert 척도를 사용하여 피험자의 긴장감을 평가했습니다.

모든 연주자는 콘서트처럼 청중이 있는 무대와 리허설처럼 청중이 없는 무대에서 각각 쉬운 작품과 어려운 작품을 연주했습니다. 연구자들은 네 가지 다른 조건(쉬운 곡/리허설, 어려운 곡/리허설, 쉬운 곡/콘서트, 어려운 곡/콘서트)에 걸쳐 상당한 차이가 나타난 심박수(HR) 및 심박수 변동성(HRV)을 측정하는 일원분산분석을 사용했습니다. 요인들을 조사할 때, 연주자들의 나이, 성별, 또는 악기(성악/플루트)에 차이는 없었습니다.

더 자세한 내용이 궁금하다면, 아래의 자료를 온라인으로 검색하거나 도서관에서 찾아보세요.

Harmat, L., & Theorell, T. (2010). 성악 및 플루트 연주에서 나타난 심박수의 변동성(Heart rate variability during singing and flute playing). Music and Medicine, 2, 10-17.

이 장의 요약

분산분석은 이 책에서 배우는 모든 추론검정 중 가장 복잡합니다. 직접 손으로 계산하려면 오랫동안 집중해야 합니다. R을 사용한다 해도 평균의 전반적인 차이만 검정하고, 특정 집단 간의 차이에 대한 정보는 제공하지 않는다는 것에 유의하기 바랍니다. 여러분이 계속해서 사후 분석을 수행하기로 선택하면 강력한 도구를 사용하여 모든 작업을 완료하게 됩니다. 다음 장에서 평균들의 차이를 검정하는 도구를 하나 더 배우게 될 것입니다. 바로 요인 분산분석입니다. ANOVA의 궁극적 목표인 요인 분산분석은 두 개 이상의 요인을 포함할 수 있지만, 우리는 두 개의 요인만 사용할 것이며, R을 통해 요인 분산분석 방법을 살펴볼 것입니다.

연습할 시간입니다!

1. 분산분석을 한 쌍의 평균 간 차이를 검정할 때 사용하는 것보다 더 적절한 경우는 언제입니까?

2. 여러분이 F 값, p 값, 임계값을 기준으로 귀무가설을 기각할 수 있다면, 여러분은 다른 집단의 평균에 대해 무엇을 알고 있습니까?

3. 다음 표를 사용하여 일원분산분석(one-way ANOVA)의 세 가지 예, 이원분산분석(two-factor ANOVA)의 두 가지 예, 삼원분산분석(three-factor ANOVA)의 한 가지 예를 들어보세요. 제시한 예를 참고하여, 아래 표의 빈칸에 예를 적어보세요. 집단변수와 검정변수가 무엇인지를 확인하세요.

설계	집단변수(들)	검정변수
일원분산분석	4가지 수준의 연습 시간 - 2, 4, 6, 8시간	타이핑 정확도
일원분산분석		
일원분산분석		
일원분산분석		
이원분산분석		
이원분산분석		
삼원분산분석		

4. 15장 데이터 세트2(ch15ds2.csv)와 R을 이용하여 수영 선수의 주당 평균 연습 시간(15시간 미만, 15~25시간, 25시간 이상)의 세 가지 수준을 비교하기 위해 F 값을 계산합니다. 종속 (결과)변수는 100미터 자유형 수영 기록입니다. 연습 시간에 따라 결과에 차이가 있나요? 각 집단별 평균값을 얻기 위해 옵션을 사용하세요.

5. 15장 데이터 세트3(ch15ds3.csv)은 직원의 근무 방식에 따라 받는 스트레스가 다른지에 대해 관심 있는 연구자가 수집했습니다. 집단 1은 오전/낮 교대 근무, 집단 2는 낮/저녁 교대 근무, 집단 3은 야간 근무를 합니다. 귀무가설은 '집단 간 스트레스의 양에 차이가 없다'입니다. R을 사용하여 연구가설을 검정하고 결론을 내리세요.

6. 국수 회사는 소비자가 가장 선호하는 면의 두께(1~5, 1이 가장 만족스러움)를 알기 위해 설문 조사를 했습니다. 데이터는 15장 데이터 세트4(ch15ds4.csv)입니다. 유의미한 차이($F(2,57) = 19.398$, $p < 0.001$)가 있으며 얇은 국수가 가장 좋다는 결론에 도달했습니다. 그런데 얇은 국수와 중간 두께의 국수, 얇은 국수와 가장 두꺼운 국수, 그리고 중간 두께의 국수와 가장 두꺼운 국수 간의 선호도의 차이는 어느 정도입니까? 사후 분석을 통해 확인하세요!

7. F-비율이 유의미한 경우에만 사후 분석을 수행하는 것이 적절한 이유는 무엇인가요?

16

요인 두 개는 너무 많아요

이 장에서 배울 내용

- ☑ 둘 이상의 요인이 있을 때 분산분석 사용하기
- ☑ 주효과 및 상호작용 효과 이해하기
- ☑ R을 사용해 요인 분산분석 계산하기
- ☑ 요인 분산분석에 대한 효과 크기 계산하기

요인 분산분석을 소개합니다

사람들이 의사결정을 내리는 과정은 수십 년 동안 심리학자들을 매료시켰습니다. 그리고 이에 기반한 연구 결과는 광고, 사업, 기획 심지어 신학과 같은 광범위한 분야에 적용되었습니다. 밀티아디스 프로이오스Miltiadis Proios와 조지 도가니스George Doganis는 (다양한 환경에서) 연구 참여자들이 의사결정 과정에 적극적으로 참여한 경험이 있는지, 나이가 도덕적 추론에 어떻게 영향을 미칠 수 있는지를 조사했습니다.[1]

이 표본은 총 148명의 운동경기 심판들(축구 심판 56명, 농구 심판 55명, 핸드볼 심판 37명)로 구성되었습니다. 연령은 17세에서 50세 사이였고, 성별은 중요 변수로 간주되지 않았습니다. 전체 표본 중 약 8%는 사회, 정치, 운동 환경에서 적극적으로 의사결정 과정에 참여한 경험이 없었습니다. 약 53%는 적극적이었지만 온전히 참여하지는 못했습니다. 약 39%는 활동적인 동시에 해당 조직 내에서 내려진 결정에 완전히 참여했습니다.

1 Proios, M., & Doganis, G. (2003). 심판의 적극적인 의사결정 참여 경험 및 연령이 도덕적 추론 및 목표 지향에 미치는 영향(Experiences from active membership and participation in decision-making processes and age in moral reasoning and goal orientation of referees). Perceptual and Motor Skills, 96, 113-126.

연구자들은 이원(다변량) 분산분석(two-way ANOVA)을 사용해 심판의 연령 및 의사결정 과정의 참여 경험 간 상호작용이 도덕적 추론 및 목표 지향에 영향을 미친다는 것을 밝혀냈습니다. 연구자들은 왜 이원분산분석을 사용했을까요? 간단합니다. 두 가지 독립 요인이 존재하기 때문입니다. 첫 번째 요인은 심판의 경험 수준이었고 두 번째 요인은 나이였습니다. 이원분산분석은 두 가지 이상의 요인을 탐색하는 데 사용되는 **요인 설계**factorial design로, 더 복잡한 유형의 분산분석입니다. 여기서는 다른 분산분석 절차와 마찬가지로 다음과 같은 검정을 시행합니다.

- 나이에 대한 주효과 검정main effect
- 의사결정 참여 경험에 대한 주효과 검정main effect
- 나이와 경험 사이의 상호작용 검정interaction effect (이 연구에서는 유의미한 것으로 판명됨)

2개 이상의 요인 또는 독립변수independent variable를 검정할 때, 연구자가 각 요인의 개별 효과(주효과main effect)는 물론 상호작용이라고 불리는 두 요인의 동시 작용 효과를 볼 수 있다는 점에서 분산분석은 매우 유용합니다. 이 상호작용 효과interaction effect에 대해서는 이 장의 뒷부분에서 더 자세히 설명합니다.

핵심 원리 알아보기

다음은 [그림 15-1]의 순서도를 사용하여 ANOVA를 적절한 검정 통계로 선택하는 방법입니다(이번에는 둘 이상의 요인이 있습니다). 강조 표시된 단계를 따라가보세요.

1. 우리는 다른 집단의 점수 차이를 검정하고 있습니다. 이 예에서는 집단이 나이와 경험 수준에 따라 나뉩니다.
2. 참가자는 두 번 이상 검사를 받지 않습니다.
3. 우리는 3개 이상의 집단을 다루고 있습니다.
4. 우리는 2개 이상의 요인 또는 독립변수를 다루고 있습니다.
5. 적절한 검정통계는 요인 분산분석(요인 ANOVA)입니다.

15장과 마찬가지로 ANOVA가 올바른 기법(3개 이상의 집단이나 독립변수 수준 간의 차이 검정)이라고 판단하지만, 요인이 2개 이상이므로 요인 ANOVA가 올바른 선택입니다.

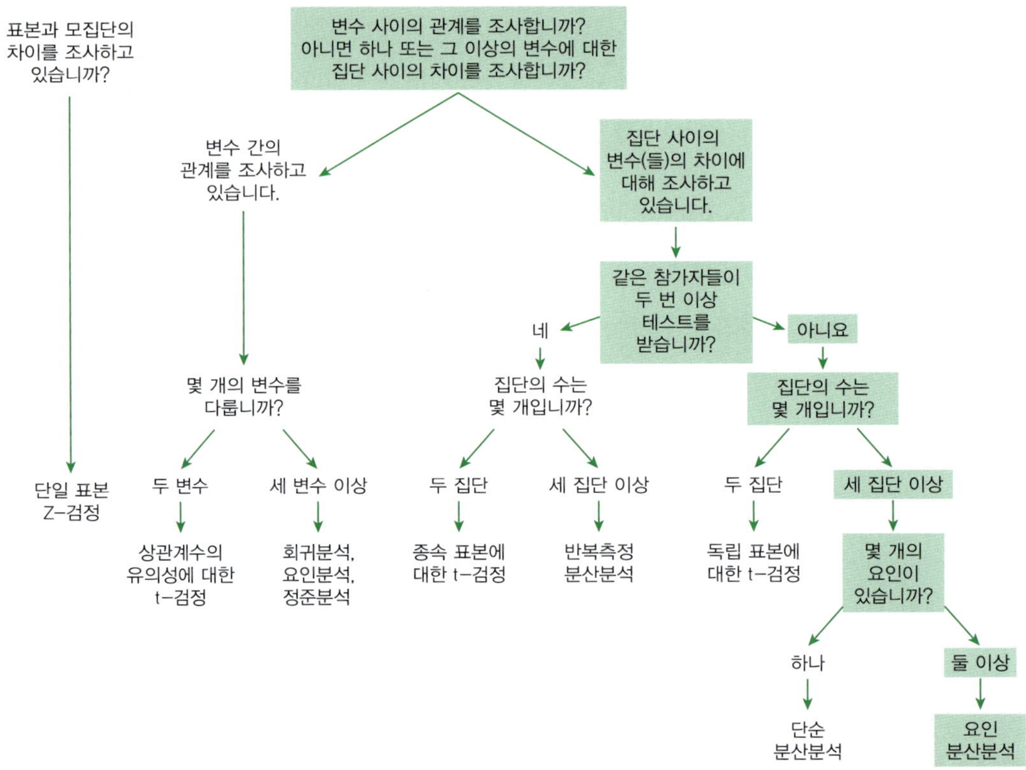

그림 16-1 요인 분산분석(요인 ANOVA)이 적절한 검정 통계인지 판단하기

새로운 종류의 ANOVA

여러분은 이미 첫 번째 종류의 ANOVA, 즉 15장에서 다룬 일원분산분석을 학습했습니다. 일원분산분석에서는 하나의 요인 또는 처리변수(예 : 집단 구성원)가 분석되며 이 요인 또는 처리변수에 대하여 3개 이상의 집단 또는 수준이 존재합니다.

이제 우리는 둘 이상의 요인(또는 처리변수)을 동시에 탐구할 수 있도록 전반적인 분석 수준을 한 단계 높였습니다. 이를 **요인 분산분석**factorial aanalysis of variance이라고 합니다.

성별(남성, 여성)과 치료 방법(고강도, 저강도 운동)의 두 가지 요인과 결과 변수(체중 감량 점수)를 포함하는 간단한 예를 살펴보겠습니다. 실험 설계는 다음과 같습니다.

		운동	
		고강도	저강도
성별	남성		
	여성		

그런 다음 주효과와 상호작용효과가 어떤지 살펴볼 것입니다. 여기서는 간단히 기본 원리를 학습하고, 보다 세부적인 데이터 분석은 이 장의 뒷부분에서 다룹니다. 지금은 그냥 보면서 학습하세요. 결과에 통계치에 대한 정확한 확률이 나오지만, 우리는 귀무가설을 기각하는 기준으로 0.05를 사용합니다.

다음과 같은 세 가지 질문에 대해 요인 분산분석으로 답할 수 있습니다.

1. 운동 강도 수준에 따라 체중 감량에 차이가 있습니까? 각 참여자는 고강도 운동과 저강도 운동에 다 참여한다는 것을 기억하세요.
2. 성별에 따라 체중 감량 정도에 차이가 있습니까?
3. 운동 강도 수준에 따른 효과가 남성과 여성이 다른가요?

질문 1과 질문 2는 주효과에 관해 묻는 것이고, 질문 3은 두 요인 사이의 상호작용에 대해 묻는 것입니다.

효과의 모든 것

분산분석의 주요 작업은 셋 이상의 집단 간 차이를 검정하는 것입니다. 단일 요인과 관련된 결과를 **주효과**main effect라고 합니다. 두 요인의 영향을 같이 다루는 것이 **상호작용 효과**interaction effect입니다.

출발점 : 상호작용 효과

이 예에서는 한 집단이 5명으로 구성된 4개의 집단으로, 총 20명이 실험 대상자입니다. 분석 결과는 다음과 같습니다. 15장에서 소개한 출처표와 비슷한 형식입니다.

표 16-1 종속변수(체중 감량)에 대한 피실험자 간 효과 검정

출처	제곱 합	자유도(df)	평균 제곱	*F* 값	유의값(Sig.)
절편	86,329.8	1	86,329.8	19,845.93	0.000
운동 강도	1.8	1	1.8	0.42	0.529
성별	2,000.0	1	2,000.0	459.77	0.000
운동 강도 × 성별	0.8	1	0.8	0.18	0.674
잔차	69.6	16	4.35		

좋습니다. 운동 강도와 성별(운동 강도 × 성별)이 체중 감량에 미치는 영향인 상호작용 효과부터 시작하겠습니다. 표에서 '운동 강도 × 성별' 행을 보면 $F_{(1,16)}=0.18$, $p=0.67$입니다. 따라서 운동 강도와 성별은 상호작용하지 않으며, 귀무가설을 기각할 수 없습니다. 성별과 운동 강도를 모두 고려하면, 집단 간 체중 감량에 대한 차이는 없습니다. 이제 상호작용하지 않을 때의 운동 강도와 성별에 대한 효과로 넘어갑시다.

주요 이벤트 : 요인 분산분석의 주효과

데이터 분석으로 단일 요인 수준 간의 차이가 밝혀지면 주효과가 있다고 이야기합니다. 이 예에서는 한 집단에 5명씩, 4개의 그룹에 총 20명의 참가자가 있습니다. 분석 결과는 다음과 같습니다. 15장에서 소개한 출처표와 비슷한 형식입니다.

표 16-2 종속변수(체중감량)에 대한 피실험자 간 효과 검정

출처	제곱 합	자유도(df)	평균 제곱	*F* 값	유의값(Sig.)
절편	86,329.8	1	86,329.8	19,845.93	0.000
운동 강도	1.8	1	1.8	0.42	0.529
성별	2,000.0	1	2,000	459.77	0.000
운동 강도 × 성별	0.8	1	0.8	0.18	0.674
잔차	69.6	16	4.35		

강조 표시된 출처 열과 유의값 열에 주목하세요. 앞서 언급했듯이, 운동 강도와 성별의 두 가지 주 요인 사이에는 상호작용이 없습니다($F_{(1,16)}=0.8$, $p=0.67$). 그리고 성별에 대한 주효과가 있고($F_{(1,16)}=2{,}000$, $p<0.001$), 처치(운동 강도)에 대한 주효과는 없습니다($F_{(1,16)}=1.8$, $p=0.53$). 따라서 체중 감량에 대해서는 운동 강도와 성별 사이에 상호작용이 없습니다. 다시 말하자면, 체중 감량 결과는 성별에 따른 처치(운동 강도)에 따라 달라지지 않습니다. 운동 강도는 체중 감량과 별 관계가 없지만, 성별은 체중 감량에 영향을 미쳤습니다.

다른 행

절편은 요인을 추가하기 전의 평균 체중 감소를 나타냅니다. 잔차는 F에 대한 계산식에서 분모를 구성하는 집단 내 오차 분산을 나타냅니다. R은 기본적으로 이 두 행을 제공하지만 여기서는 따로 해석하지 않습니다.

집단별 평균 그리기

여러분이 이 값들의 평균을 그리면 [그림 16-2]와 같이 나타납니다.

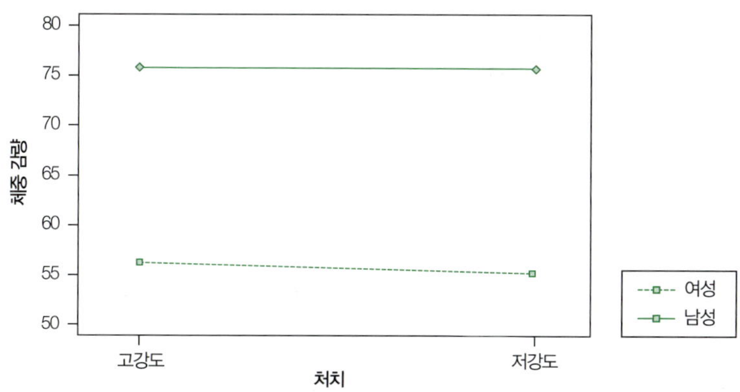

그림 16-2 처치에 따른 남성과 여성의 평균 체중 감량

체중 감량 축에서 남성과 여성 사이의 거리 차이가 큰 것을 볼 수 있지만(평균 점수는 모든 남성의 경우 75.7, 모든 여성의 경우 55.7), 처치 축의 경우 고강도와 저강도 사이의 차이가 거의 없음을 알 수 있습니다(고강도 처치의 평균 체중은 66.0이고 저강도 처치의 평균 체중은 65.4입니다). 물론 이것은 분산분석이며 집단 내 변동성이 중요하지만, 이 예에서는 성별과 같은 한 요인 내의 집단(남성, 여성) 간 차이

를 볼 수 있습니다. [그림 16-2]가 제공하는 또 다른 정보는 두 선이 서로 평행하다는 점입니다. 이는 평균이 같은 방향으로 변하므로 상호작용이 없음을 의미합니다.

우리가 방금 어떤 과정을 거쳤는지 이해되나요? 전체 모형의 중요성을 확인한 후 가장 복잡한 부분부터 먼저 살펴보고 이어서 더 간단한 부분을 살펴보았습니다. 상호작용이 통계적으로 유의하면 상호작용이 그림을 흐리게 하므로 주효과를 해석할 수 없습니다. 그러나 상호작용이 통계적으로 유의하지 않으면 문제없이 주효과를 해석할 수 있습니다. 그래서 상호작용이 유의하지 않은 경우를 먼저 살펴본 것입니다.

더욱 흥미로운 상호작용 효과

[표 16-3]은 체중 감량에 대한 처치 및 성별의 영향을 조사한 또 다른 연구 결과를 보여줍니다. 이 경우 집단별로 10명씩 4개 집단, 총 40명이 참여하였습니다. 앞의 예와 마찬가지로 처치와 성별 간 상호작용도 검정했습니다. 체중 감량에 대해 처치와 성별 간 상호작용 효과가 있습니다($F_{(1,36)}=1{,}050.63$, $p=0.004$), 이는 매우 흥미로운 결과입니다. 실제로, 처치가 여성과 남성의 체중 감량에 미치는 영향이 서로 다르다는 것인데, 이처럼 두 가지 조건을 동시에 충족하는 경우 매우 중요합니다.

표 16-3 종속변수(체중 감량)에 대한 피실험자 간 효과 검정

출처	제곱 합	자유도(df)	평균 제곱	*F* 값	유의값(Sig.)
절편	218,892.025	1	218,892.025	2,017.39	0.000
운동 강도	262.225	1	265.225	2.44	0.127
성별	207.025	1	207.025	1.91	0.175
운동 강도 × 성별	1,050.625	1	1,050.625	9.68	0.004
잔차	3,906.100	36	108.503		

[그림 16-3]은 4개의 집단 각각에 대한 평균이 어떻게 다른지 보여줍니다. [그림 16-2]와 달리 선들은 평행이 아닙니다.

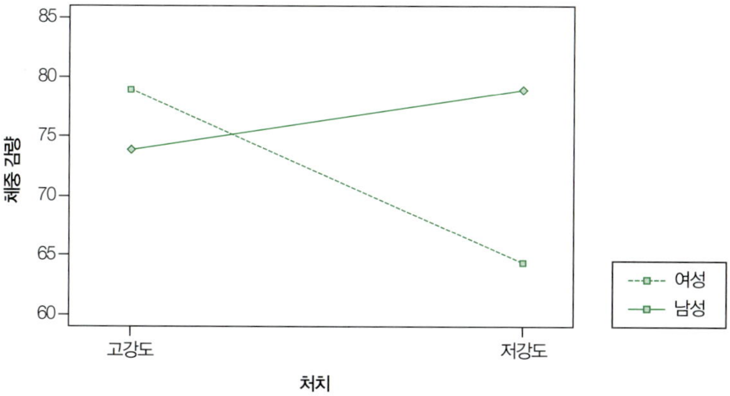

그림 16-3 남성과 여성의 처치에 따른 평균 체중 감량

이 그림이 실제로 의미하는 바는 다음과 같습니다.

	남성	여성
고강도	73.70	79.40
저강도	78.80	64.00

이 데이터로 무엇을 알 수 있나요? 해석은 매우 간단합니다. 우리는 다음과 같은 내용을 알 수 있고, 현명한 여러분은 이것이 앞에 나온 세 가지 질문에 대한 답임을 알 수 있습니다.

1. 처치와 성별 사이에 명확한 상호작용이 있습니다. 즉, 고강도 운동 조건에서는 여성이 남성보다 체중 감소가 더 크고, 저강도 운동 조건에서는 남성의 체중 감소가 여성보다 더 큽니다.
2. 처치의 주효과에 대한 결과를 해석할 수 없습니다.
3. 성별의 주효과에 대한 결과를 해석할 수 없습니다.

실제로, 상호작용 효과의 크기(또는 상호작용 효과 없음)를 보는 가장 쉬운 방법 중 하나는 [그림 16-3]과 같이 평균에 대한 그림을 그리는 것입니다. 물론 선이 [그림 16-3]처럼 항상 극적으로 교차하는 것은 아니며 그래프의 모양은 x축 변수에 따라 달라집니다. 그렇다 해도 평균을 그림으로 나타내는 것은 주효과와 상호작용 효과을 파악할 수 있는 유일한 방법입니다.

이 장에서 지금까지 배운 내용은 모두 매우 놀라운 것들입니다. 만약 이 장을 읽은 적이 없거나 읽었다 해도 내용을 이해하지 못했다면, 남성과 여성의 평균 체중에 대한 간단한 t-검정을 한 다음, 고강도 운동과 저강도 운동에 참가한 사람의 평균 체중에 대한 또 다른 t-검정을 했을 때 아무것도 발견하지 못했을 겁니다. 그러나 주 요인 사이의 상호작용에 대한 개념을 사용하면, 알아차리지 못할 뻔했던 차이 효과가 있음을 알 수 있습니다. 사실 조금만 신경 쓴다면, 상호작용 효과는 요인 분산분석에서 가장 흥미로운 결과입니다.

분산에 대한 가정

우리는 13장에서 t-검정 결과를 살펴보았고, 두 집단의 분산이 같은지 여부를 확인해야 했습니다. 분산이 같지 않으면 R 구문을 변경하여 Welch's t-통계량을 요청했습니다. t-검정과 마찬가지로 분산분석은 모든 집단의 분산이 같다고 가정합니다. 운 좋게도 t-검정 시나리오와 마찬가지로 Levene의 검정을 사용하여 각 집단의 분산이 같은지(등분산)를 평가할 수 있습니다. 아래의 R 단계에서 이 등분산 가정을 확인합니다.

R을 사용하여 F-비율 계산하기

바뀐 게 있습니다. 앞부분에서는 각 검정 기법을 다룰 때 계산기를 사용하여 손으로 계산하는 방법과 R의 통계 분석 패키지를 사용하는 방법에 대한 예를 제공했습니다.[2] 요인 분산분석을 다루는 이번 장에서는 R만 사용하여 분석을 설명합니다. 계산기를 사용하여 요인 분산분석을 하는 것은 더 이상 지적인 도전이 아니며 고된 작업일 수 있습니다. 따라서 요인 분산분석에서는 직접 계산하지 않고 R을 이용해 중요한 값을 계산하며 해석에 더 많은 시간을 할애할 것입니다.

여기서는 중요한 상호작용이 있음을 나타내는 16장 데이터 세트1(ch16ds1.csv)을 사용합니다.

2 이 주제에 대한 R 튜토리얼 비디오를 보려면 edge.sagepub.com/salkindshaw를 방문하세요.

처치	고강도	고강도	저강도	저강도
성별	남성	여성	남성	여성
	76	65	88	65
	78	90	76	67
	76	65	76	67
	76	90	76	87
	76	65	56	78
	74	90	76	56
	74	90	76	54
	76	79	98	56
	76	70	88	54
	55	90	78	56

다음은 F-검정 통계량을 계산하기 위한 단계입니다. 여기서는 '유명한 8단계'를 볼 수 없습니다. 왜냐하면 손으로 계산하지 않고 컴퓨터만 사용하는 첫 번째이자 유일한 장이기 때문입니다. 앞에서 말했듯이 손으로 요인 분산분석을 계산하는 것은 현 수준의 통계 수업에서는 지나치게 노동집약적입니다.

1. 귀무가설 및 연구가설을 진술합니다.

두 요인에 대한 평균 간 차이가 없고 상호작용이 없음을 나타내는 세 개의 귀무가설이 있습니다(식 16.1a, 16.1b, 16.1c).

먼저 처치에 대하여 :

$$H_0 : \mu_{\text{고강도}} = \mu_{\text{저강도}} \tag{16.1a}$$

그 다음으로 성별에 대하여 :

$$H_0 : \mu_{\text{남성}} = \mu_{\text{여성}} \tag{16.1b}$$

마지막으로 처치와 성별 사이의 상호작용에 대하여 :

$$H_0 : \mu_{\text{고강도, 남성}} = \mu_{\text{고강도, 여성}} = \mu_{\text{저강도, 남성}} = \mu_{\text{저강도, 여성}} \tag{16.1c}$$

식 (16.2a)와 식 (16.2b)에 표시된 연구가설은 집단 간 평균 차이가 있다는 것입니다.

먼저 처치에 대하여:

$$H_0 : \overline{X}_{고강도} \neq \overline{X}_{저강도} \tag{16.2a}$$

그 다음 성별에 대하여:

$$H_0 : \overline{X}_{남성} \neq \overline{X}_{여성} \tag{16.2b}$$

처치와 성별 사이의 상호작용에 대한 연구가설은 간단한 표현 방식이 없으므로 문장으로 표현해야 합니다. 처치와 성별의 교차에 의해 만들어진 네 집단의 평균이 모두 같은 것은 아닙니다.

2. 귀무가설과 관련된 위험 수준(유의수준 또는 제1종 오류)을 설정합니다.

위험 수준 또는 제1종 오류 또는 유의수준은 0.05입니다. R 분석은 정확한 p 값을 제공하겠지만, 유의수준은 전적으로 연구자가 결정합니다.

3. 적절한 검정통계를 선택합니다.

[그림 16-1]에 표시된 순서도를 사용하여 적절한 검정이 요인 분산분석임을 확인합니다.

4. 검정통계량(획득된 값)을 계산합니다.

R을 사용하여 요인 분산분석을 수행하는 단계는 다음과 같습니다. 이 책의 웹 사이트에서도 제공하는 데이터를 사용합니다. R로 데이터를 읽어 들여 처치, 성별, 체중 감량 등 각 요인에 대한 열이 있는지 확인합니다.

```
> ch16ds1 <- read.csv(file.choose())
> View(ch16ds1)
>
```

4개 집단(고강도 처치-여성, 저강도 처치-여성, 고강도 처치-남성, 저강도 처치-남성)에 대한 평균을 다시 확인해보겠습니다. [표 16-3]과 같은 값이 보여야 합니다. 이를 위해 psych 패키지에 포함된 `describeBy()` 함수를 사용합니다.

```
> library(psych)
> describeBy(ch16ds1$Loss, group = list(ch16ds1$Treatment,
ch16ds1$Gender))
Descriptive statistics by group
: High Impact
: Female
  vars  n mean    sd median trimmed  mad min max range skew kurtosis   se
X1   1 10 79.4 11.89   84.5   79.88 8.15  65  90    25-0.23       -2 3.76
----------------------------------------------------------------------
: Low Impact
: Female
  vars  n mean    sd median trimmed  mad min max range skew kurtosis   se
X1   1 10   64 11.23   60.5   62.38 9.64  54  87    33 0.81     -0.8 3.55
---------------------------------------------------------------------
: High Impact
: Male
  vars  n mean    sd median trimmed  mad min max range skew kurtosis   se
X1   1 10 73.7  6.67     76    75.5    0  55  78    23-2.15     3.21 2.11
----------------------------------------------------------------------
: Low Impact
: Male
  vars  n mean    sd median trimmed  mad min max range skew kurtosis   se
X1   1 10 78.8 11.04     76   79.25 1.48  56  98    42-0.25    -0.17  .49
>
```

출력 결과를 보면 각 집단에 10명씩 있으며, 평균은 우리 예상대로입니다.

5. aov ( ) 함수를 사용하여 출처표와 F를 계산합니다.

먼저, R에게 비교 방식을 변경하도록 지시하려고 합니다. 집단을 수학적으로 비교하는 방법은 여러 가지가 있습니다. 여기서는 Helmert 대비(Helmert contrast)을 사용하겠습니다. 한 번 설정하면 단일 R 세션에서 실행하는 모든 분산분석에 대해 적용됩니다.

```
> options(contrasts = c("contr.helmert", "contr.poly"))
> options("contrasts")
$`contrasts`
[1] "contr.helmert" "contr.poly"
>
```

범주형 변수에 대해 Helmert 대비("contr. helmert")를, 순서형 변수에 대해 다항식 대비("contr.poly")를 지정한 후, ANOVA를 실행합니다.

```
> m1 <- aov(Loss ~ Treatment + Gender + Treatment*Gender, data = ch16ds1)
>
```

이 함수가 익숙하지 않나요? 다른 요인을 추가했을 뿐입니다. 이제 하나씩 살펴봅시다.

- m1 : 결과를 저장하는 R 객체 이름
- <- : 결과를 m1 객체에 할당하는 문자
- aov : 분산분석을 실행하는 함수
- Loss : 종속변수
- ~ : 설명되거나 같음을 의미
- Treatment + Gender + Treatment * Gender : 독립변수(처치, 성별, 처치와 성별의 상호작용)을 aov( ) 함수에 지정
- data = ch16ds1 : 데이터로 사용할 객체를 지정

6. Anova ( ) 함수를 사용하여 Type III 오류를 불러옵니다.

```
> Anova(m1, type = "III")
Anova Table (Type III tests)
Response: Loss
                  Sum Sq Df   F value    Pr(>F)
(Intercept)       218892  1 2017.3864  < 2.2e-16 ***
Treatment            265  1    2.4444  0.126693
Gender               207  1    1.9080  0.175698
Treatment:Gender    1051  1    9.6829  0.003631 **
Residuals           3906 36
---
Signif. codes: 0 '***' 0.001 '**' 0.01 '*' 0.05 '.' 0.1 ' ' 1
>
```

15장에서 살펴본 출처표와 비슷합니다. Treatment:Gender는 상호작용 효과이며 일반적으로 연구 논문에서 Treatment × Gender로 표시됩니다. 잔차 행은 집단 내 분산입니다. R이 제공하지 않는 것은 평균제곱 값을 나타내는 열입니다. 평

균제곱 열은 Sum Sq / Df를 이용하면 쉽게 계산할 수 있습니다

처치와 성별의 상호작용 결과를 살펴보겠습니다. $F_{(1,36)} = 1,051$, $p = 0.004$를 기준으로, 표본에서 성별과 처리의 상호작용이 있음을 알 수 있습니다. 그런데 출력된 결과를 신뢰할 수 있나요?

7. 등분산 가정을 확인합니다.

F를 기반으로 결과를 신뢰할 수 있는지를 판단하기 위해서, 집단 간 분산이 같다는 가정(등분산 가정)을 확인해야 합니다. 귀무가설은 모든 집단 평균이 같다는 것이며, 우리는 이 귀무가설을 기각하지 않기를 바랍니다. 유의수준으로 0.05를 사용합니다.

```
> leveneTest(Loss ~ Treatment*Gender, data = ch16ds1)
Levene's Test for Homogeneity of Variance (center = median)
      Df F value Pr(>F)
group  3  2.0855 0.1193
36
>
```

확률이 0.05보다 큰 결과인 $F_{(3,36)} = 2.09$, $p = 0.12$를 기준으로, 귀무가설을 기각할 수 없습니다. 등분산 가정을 충족했기 때문에 앞의 계산 결과($F_{(1,36)} = 1,051$, $p = 0.004$)를 신뢰할 수 있습니다.

8. 4개의 집단 전체에 대한 상호작용을 그림으로 나타냅니다.

첫 번째 상호작용 그림에서 가능한 많은 기본 옵션을 사용하려고 합니다. 따라서 x축에 사용할 변수(x.factor), y축에 사용할 변수(response), 선으로 표현될 변수 (trace.factor)를 어떤 유형의 숫자를 그릴 것인지와 함께 함수에 알려주면 됩니다. 기본값으로, interaction.plot은 각 집단의 평균을 그림으로 보여줍니다.

```
> interaction.plot(x.factor = ch16ds1$Treatment,
+                  trace.factor = ch16ds1$Gender,
+                  response = ch16ds1$Loss)
>
```

이 R 구문에 따라 [그림 16-4]와 같은 그림이 나타납니다.

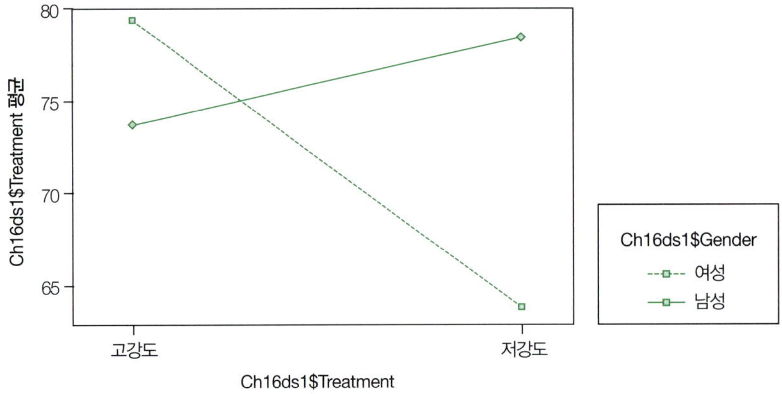

그림 16-4 남성과 여성에 대한 처치 전반을 나타낸 가장 간단한 평균 도표

좀 더 노력하면 더 보기 좋은 그림을 만들 수 있습니다. R 구문은 다음과 같습니다.

```
> interaction.plot(x.factor = ch16ds1$Treatment,
+                  trace.factor = ch16ds1$Gender,
+                  response = ch16ds1$Loss,
+                  fixed = TRUE,
+                  leg.bty = "b",
+                  xlab = "Treatment",
+                  ylab = "Weight Loss",
+                  trace.label = "Gender",
+                  ylim = c(60, 85))
>
```

각 추가 옵션에 대한 설명은 다음과 같습니다. 이 같은 옵션 설정에 따라 [그림 16-3]과 같은 그림이 만들어집니다.

- `fixed = TRUE` : 성별 요인를 알파벳 순서로 정렬합니다. 첫 번째 그림을 보면 저강도 처치에서 남성이 가장 높은 값을 갖기 때문에 가장 먼저 나열되었습니다.
- `leg.bty = "b"` : 범례 주위에 상자를 추가합니다.
- `xlab = "Treatment"` : x축 레이블을 추가합니다.
- `ylab = "Weight Loss"` : y축 레이블을 추가합니다.
- `trace.label = "Gender"` : 범례의 레이블을 추가합니다.
- `ylim = c (60, 85))` : y축 범위를 60~85로 지정합니다. 이 예에서는 가장 작은 평균값인 64와 가장 큰 평균값 79.4의 위와 아래에 여분의 공간을 추가했습니다.

이제 우리는 상호작용이 어떻게 일어나고 있는지 보여주는 그림을 갖게 되었습니다!

9. 마지막으로, TukeyHSD() 함수를 사용하여 그룹을 비교합니다.

두 가지 요인과 상호작용이 있는 요인분석이므로 TukeyHSD 출력 결과가 훨씬 더 많아졌습니다.

```
> TukeyHSD(m1)
Tukey multiple comparisons of means
95% family-wise confidence level
Fit: aov(formula = Loss ~ Treatment + Gender + Treatment * Gender,
data = ch16ds1)
$`Treatment`
                          diff       lwr      upr     p adj
Low Impact-High Impact   -5.15 -11.83049 1.530493 0.1266935
$Gender
             diff       lwr       upr     p adj
Male-Female  4.55 -2.130493  11.23049 0.1756979
$`Treatment:Gender`
                                      diff        lwr      upr     p adj
Low Impact:Female-High Impact:Female -15.4 -27.94609 -2.85391 0.0110583
High Impact:Male-High Impact:Female   -5.7 -18.24609  6.84609 0.6162344
Low Impact:Male-High Impact:Female    -0.6 -13.14609 11.94609 0.9992219
High Impact:Male-Low Impact:Female     9.7  -2.84609 22.24609 0.1782508
Low Impact:Male-Low Impact:Female     14.8   2.25391 27.34609 0.0154282
Low Impact:Male-High Impact:Male       5.1  -7.44609 17.64609 0.6949307
>
```

이 함수는 먼저 주효과에 대한 집단별 비교를 수행하지만, 우리는 기각할 수 있는 가설인 상호작용에 관심이 있습니다. 4개 집단으로 6번의 비교를 수행합니다. 차이가 양수이면 나열된 첫 번째 집단의 평균이 더 큽니다. 차이가 음수이면 두 번째 집단의 평균이 더 큽니다. p adj 값을 보면, 저강도 처치와 고강도 처치를 받은 여성의 평균 체중 감량의 차이는 -15.4(95% CI [-27.95, -2.85])이며, 평균이 같을 확률은 0.01입니다. 따라서 여성의 경우 운동 유형이 중요합니다. 끝에서 두 번째 행을 보면 유일하게 확률이 0.05보다 작습니다. 이 경우, 저강도 처치를 받은 남성과 여성의 평균 체중 감량의 차이는 14.8입니다(95% CI [2.25, 27.35], p=0.02).

요인 분산분석의 효과 크기 계산하기

요인 분산분석의 효과 크기를 계산하려면 다른 공식을 사용해야 하지만 접근 방식은 같습니다. 즉, 관측된 차이의 크기를 판단하는 것입니다.

요인 분산분석에서 통계량은 오메가제곱(ω^2)이며, 공식은 다음과 같습니다.

$$\omega^2 = \frac{SS_{\text{집단 간}} - (df_{\text{집단 간}})(MS_{\text{집단 내}})}{MS_{\text{집단 내}} + SS_{\text{총합}}}$$

여기서,

- ω^2은 효과 크기의 값입니다.
- $SS_{\text{집단 간}}$은 요인 간 제곱의 합입니다.
- $df_{\text{집단 간}}$은 총 자유도입니다.
- $MS_{\text{집단 내}}$는 처치 내 평균 제곱합($SS_{\text{집단 간}} / df_{\text{집단 간}}$)입니다.
- $SS_{\text{총합}}$은 총 제곱합($SS_{\text{집단 간}} + SS_{\text{집단 내}}$)입니다.

이 공식을 보고 놀라지 마세요. 용어는 15장에서 본 것들이며, 최종 ω^2 값의 해석은 앞에서 설명한 다른 효과 크기에 대한 해석과 같습니다. 명확하지 않은 것은 SS를 얻는 방법입니다.

[표 16-1]의 예에서 성별이라는 요인의 효과 크기에 대한 공식은 다음과 같습니다.

$$\omega^2 = \frac{2{,}000 - (1)(4.35)}{4.35 + (2{,}000 + 69.6)} = 0.96$$

성별의 효과 크기는 0.96입니다. 지침에 따르면 큰 효과 크기입니다.

실생활의 통계학

여러분은 자폐 스펙트럼 장애autism spectrum disorders, ASD 및 주의력 결핍 과다 장애 attention deficit hyperactivity disorder, ADHD와 같은 특정 장애가 빈번하게 증가하고 있다는 뉴스를 보았을 것입니다. 이러한 추세는 진단 기준의 변경에 따른 것일 수도 있고, 실제로 이러한 장애가 더 많이 발생했을 수도 있습니다. 어떤 경우든, 그러한 진단을 검토하는 첫 단계로서 특정 행동과 결과가 정확하게 측정될 필요가 있습니다. 지금 소개할 연구의 주요 내용이 이와 관련 있습니다.

연구자들은 3세, 4세, 5세의 어린이 70명으로 구성된 표본 집단에서 행동 억제에 대한 다섯 가지 성과 기반 척도의 신뢰성, 타당성, 생태학적 타당성을 조사했습니다. 성별과 연령 집단(두 요인)을 독립변수로 하는 2 × 3 요인 분산분석을 실시하여 성별, 연령의 주효과에 대해서는 유의한 결과를 얻었고, 상호작용 효과에 대해서는 유의하지 않은 결과를 얻었습니다. 측정값 중 일부는 교사 평가와 상관관계가 있었지만 다른 측정값들은 그렇지 않았기 때문에, 연구자들은 행동 억제에 대한 측정값 중 일부는 유용할 수 있지만 다른 측정값들에 대해서는 추가 연구가 필요하다고 결론을 내렸습니다.

더 자세한 내용이 궁금하다면, 아래의 자료를 온라인으로 검색하거나 도서관에서 찾아보세요.

Floyd, R. G., & Kirby, E. A. (2001). 미취학 아동을 대상으로 한 행동 억제 조치의 정신측정학적 특성: 주의력 결핍 과다 장애 위험이 있는 아동 평가에 대한 시사점(Psychometric properties of measures of behavioral inhibition with preschool-age children: Implications for assessment of children at risk for ADHD). Journal of Attention Disorders, 5, 79-91.

이 장의 요약

평균값 사이의 차이에 대한 통계검정 수업을 마쳤습니다. 앞으로는 상관관계의 유의성이나 두 변수 간 관계의 유의성을 살펴볼 것입니다.

연습할 시간입니다!

1. 여러분이 단순 ANOVA가 아닌 요인 ANOVA를 사용하여 두 개 또는 그 이상인 집단의 평균 차이의 유의성을 검정해야 할 때는 언제입니까?

2. 요인분석에 적합한 2 × 3 실험 설계에 대한 계획을 작성하세요. 독립변수와 종속변수가 무엇인지 구분하세요.

3. R과 16장 데이터 세트2(ch16ds2.csv)를 사용하여 분석을 완료하고, 통증 완화를 위한 통증 수준 및 치료 유형에 대한 결과를 해석하세요. [연습문제 2]와 같은 2 × 3 실험입니다. 힌트 : Helmert 대비로 설정하는 것을 잊지 마세요!

4. 16장 데이터 세트3(ch16ds3.csv)을 사용하여, 스트레스 수준과 성별이 카페인 소비에 미치는 영향(하루에 마시는 커피 잔 수로 측정)에 대한 다음 질문에 답하세요.

   (a) 스트레스가 많은 집단, 스트레스가 적은 집단, 스트레스가 없는 집단의 카페인 소비 수준에 차이가 있습니까?

   (b) 스트레스와 관계없이 남성과 여성 사이에 차이가 있습니까?

   (c) 상호작용이 있습니까?

5. 보너스 문제입니다. 16장 데이터 세트4(ch16ds4.csv)를 보면, 기술 시험(1~10의 범위로 측정, 10이 가장 우수)에서 여성이 남성보다 더 뛰어납니까? 만약 그렇다면, 어떤 조건에서 그럴까요?

17

관계 및 상관계수의 유의성 검정

☺☺☺

이 장에서 배울 내용

- ☑ 상관계수의 유의성 검정하기
- ☑ 상관계수 해석하기
- ☑ 유의성(significance)과 유의미함(meaningfulness)의 차이 알기(다시!)
- ☑ R을 사용하여 상관 데이터 분석하기 & 분석 결과 이해하기

상관계수의 유의성 검정을 소개합니다

대니얼 쉐크Daniel Shek는 결혼 생활의 질과 부모-자녀 간 관계의 질 사이의 연관성 대한 연구 논문에서 적어도 두 가지 가능성이 있음을 알려줍니다. 한 가지 가능성은 질 낮은 결혼 생활이 부모-자녀 간의 관계를 향상시킬 수 있다는 것입니다. 이는 결혼 생활에 만족하지 못하는 부모의 경우 감정적인 만족을 위해 자녀와의 관계 향상에 더 많은 노력을 기울일 수 있기 때문입니다. 그러나 파급효과 가설spillover hypothesis에 따르면, 질 낮은 결혼 생활은 자녀 양육을 어렵게 함으로써 부모 자녀 간의 관계도 악화시킬 수 있습니다.

쉐크는 2년 동안 378쌍의 중국인 부부를 대상으로 결혼 생활의 질과 부모 자녀 간의 관계를 조사했습니다. 그는 부부의 결혼 생활이 행복할수록 부모와 자녀 간의 관계도 더욱 친밀해지는 경향이 있음을 발견했습니다. 이것은 현 시점의 횡단 측정concurrent measures과 시간 경과에 따른 종단 측정longitudinal measures에서 모두 발견되었습니다. 그는 또한 부모와 자녀 간 관계의 친밀성 정도가 어머니와 아버지 모두에게

동일하게 나타난다는 것을 발견했습니다.

이 연구는 변수 간의 관련성 여부를 판단하는 데 필요한 정보를 상관계수를 활용하여 어떻게 얻을 수 있는지 분명하게 보여주는 예입니다. 쉐크는 시간 1과 시간 2에서 어머니와 아버지의 관계 전반에 나타나는 매우 다양한 상관관계들을 계산했지만 그 목적은 모두 동일했습니다. 변수 간에 유의한 상관관계가 있는지를 확인하는 것이었습니다. 이것은 변수 간의 인과관계causal relationship와는 무관하며, 단지 변수들이 서로 연관되어 있다는 것만 뜻한다는 사실을 기억하세요.[1]

핵심 원리 알아보기

[그림 17-1]의 순서도에서 강조 표시된 일련의 단계를 따라가면, 적절한 검정통계로 상관계수에 대한 t-검정에 도달합니다.

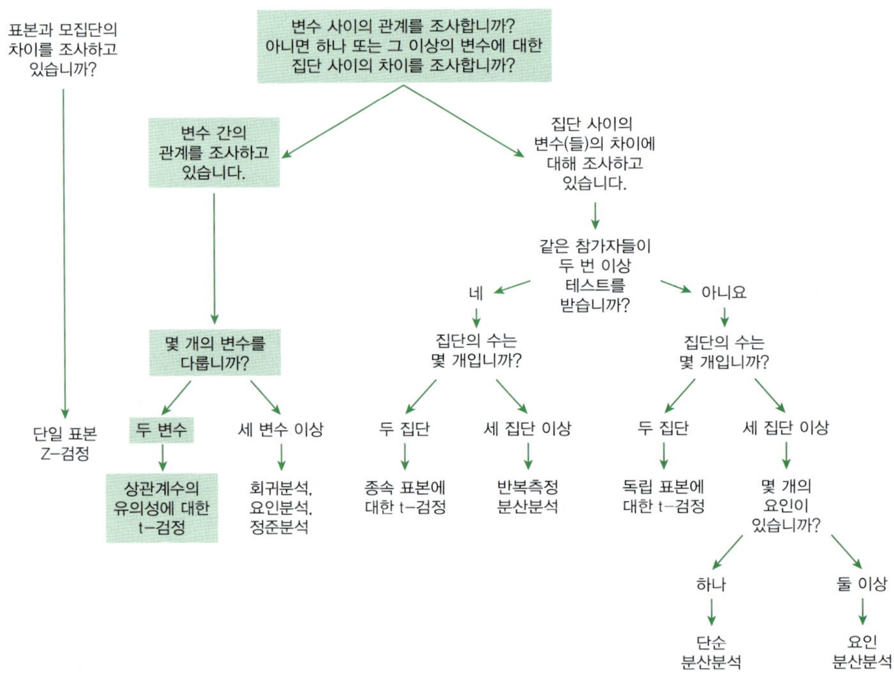

그림 17-1 상관계수에 대한 t-검정이 적절한 검정 통계인지 판단하기

1 Shek, D. T. L. (1998). 결혼 생활의 질과 부모-자녀 관계 사이의 연관성: 중국 문화를 대상으로 한 종단 연구(Linkage between marital quality and parent-child relationship: A longitudinal study in the Chinese culture). Journal of Family Issues, 19, 687-704.

1. 집단 간의 차이가 아닌, 변수 간의 관계를 조사합니다.

2. 두 개의 변수만 다룹니다.

3. 적절한 검정통계는 상관계수에 대한 t-검정입니다.

검정통계량 계산하기

여러분이 기뻐할 소식이 있습니다. 상관계수는 그 자체로 검정통계의 역할을 합니다. 검정통계를 따로 계산할 필요가 없기 때문에 훨씬 쉽게 분석을 수행할 수 있으며, 실제로 유의성을 확인하는 작업은 매우 쉽습니다.

결혼 생활의 질과 부모-자녀 관계의 질을 조사하는 다음 데이터를 예로 사용하겠습니다. 이 가상 점수의 범위는 0~100이며, 점수가 클수록 행복한 결혼 생활과 좋은 부모임을 의미합니다.

결혼 생활의 질	부모-자녀 관계의 질	결혼 생활의 질	부모-자녀 관계의 질
76	43	59	38
81	33	87	21
78	23	77	27
76	34	79	43
76	31	58	46
78	51	68	41
76	56	76	41
78	43	77	48
98	44	98	56
88	45	98	56
76	32	99	55
66	33	98	45
44	28	87	68
67	39	67	54
65	31	78	33

7장에서 배운 식 (7.1)을 사용하여 피어슨 상관계수를 계산할 수 있습니다. 계산하면 $r=0.437$임을 알게 될 것입니다. 이제 유의성에 대한 가치를 검정하고 그 가치가 의미하는 바를 결정하는 과정을 살펴봅시다.

$$r_{xy}=\frac{n\sum XY-\sum X\sum Y}{\sqrt{[n\sum X^2-(\sum X)^2][n\sum Y^2-(\sum Y)^2]}} \tag{7.1}$$

상관관계의 기본 내용을 빠르게 복습하고 싶다면 7장을 다시 살펴보세요.

다음은 잘 알고 있는 t-검정통계의 계산 과정입니다.

1. 귀무가설과 연구가설을 진술합니다.

귀무가설은 결혼 생활의 질과 부모-자녀 간 관계의 질 사이에 아무런 관련이 없다고 말합니다. 연구가설은 두 변수 사이에 관계가 있다고 가정하기 때문에 양측 비방향성 연구가설이며, 여기서 가설을 검정하는 목적을 고려할 때 방향은 중요하지 않습니다. 상관관계는 양수(직접) 또는 음수(간접)일 수 있으며 상관계수의 가장 중요한 특성은 부호(양수 또는 음수)가 아닌 절댓값, 즉 크기입니다.

귀무가설은 식 (17.1)과 같습니다.

$$H_0: \rho_{xy}=0 \tag{17.1}$$

그리스 문자 ρ(rho, 로)는 상관계수의 모집단 예측치를 나타냅니다.

연구가설은 두 값 사이에 관계가 있고 그 관계의 값이 0이 아님을 나타냅니다. 연구가설은 식 (17.2)와 같습니다.

$$H_1: r_{xy}\neq 0 \tag{17.2}$$

2. 귀무가설과 관련된 위험 수준(유의수준 또는 제1종 오류 수준)을 설정합니다.

위험 수준 또는 유의수준 또는 제1종 오류 수준은 0.05입니다. 이 값은 연구자가 결정합니다.

3. & 4. 적절한 검정통계를 선택합니다.

[그림 17-1]의 순서도를 사용하여 적절한 검정 기법이 상관계수에 대한 t-검정이라는 결론을 얻었습니다. 이 예에서는 표본의 r 값($r_{xy} = 0.437$)이 연구 목적에 부합하는 검정통계이기 때문에 추가로 검정통계를 계산할 필요가 없습니다.

5. 특정 통계에 대한 적절한 임계값 표를 사용하여 귀무가설을 기각하는 데 필요한 값을 결정합니다.

[부록 B]의 [표 B.4]는 상관계수의 임계값을 보여줍니다.

가장 먼저 할 일은 자유도(df)를 결정하는 것입니다. 이 자유도는 표본 크기와 비슷합니다. 이 특정 검정 통계의 경우 자유도는 n - 2 또는 30 - 2 = 28입니다. 여기서 n은 상관계수를 계산하는 데 사용된 데이터 쌍의 개수와 같습니다. 28은 이 검정통계에 대한 자유도이며 다른 통계에도 해당되는 것은 아닙니다.

계산된 자유도(28)와 감수하려는 위험 수준(0.05), 양측검정(연구가설에 방향이 없음)을 사용하여 임계값 0.381(df=25를 활용, 이 값이 자유도 30보다 보수적이기 때문)을 계산했습니다. 따라서, 0.05 수준에서 자유도가 28인 양측검정에 대해 귀무가설을 기각하는 데 필요한 값은 0.381입니다.

6. 검정통계량(획득된 값)과 임계값을 비교합니다.

획득된 값은 0.437이고 두 변수가 관련이 없다는 귀무가설을 기각하는 데 필요한 임계값은 0.381입니다

7. & 8. 결정의 순간입니다!

획득된 값(검정통계량)이 임계값(표에서 얻은 값)보다 극단적인 경우 귀무가설을 채택할 수 없습니다. 획득된 값이 임계값보다 크지 않으면 귀무가설이 가장 매력적인 설명이므로 귀무가설을 기각할 수 없습니다.

이 예에서는 획득된 값(0.437)이 임계값(0.381)보다 큽니다. 이 값은 우리가 두 변수(부모-자식 관계의 질과 결혼 생활의 질) 간의 관계는 우연이 아닌 다른 요인으로 인한 것이라고 결론 내릴 만큼 충분히 극단적입니다. 따라서 모집단의 상관관계가 0이라고 명시한 귀무가설을 기각합니다.

단측검정? 양측검정? 평균의 차이 측면에서 단측검정과 양측검정의 차이점이 무엇인지 구분하는 것은 꽤 쉽습니다. 또한 상관계수의 양측검정(0과의 차이가 검정된 부분)을 이해하는 것도 어렵지 않을 것입니다. 단측검정은 어떨까요? 이건 정말 쉽습니다. 관계가 있다는 연구가설의 방향성 검정은 그 관계를 직접적(긍정적) 또는 간접적(부정적)인 것으로 가정합니다. 따라서 두 변수 사이에 양의 상관관계가 있다고 생각하면 단측검정입니다. 마찬가지로 두 변수 사이에 음의 상관관계가 있다고 가정하면 이 역시 단측검정입니다. 양측검정은 관계의 방향을 예측하지 못할 때만 해당됩니다. 이해되죠?

좋습니다, 우린 조금 빠른 지름길로 왔습니다. 사실 여러분은 상관계수의 유의성에 대한 t 값(평균값 차이 검정과 마찬가지로)을 직접 계산할 수 있습니다. 이 공식은 지금까지 다룬 내용보다 어렵지는 않지만, 여기에서 다루지는 않습니다. 요점은 일부 명석한 통계학자들이 [부록 B]의 [표 B.4]와 같이 각기 다른 위험 수준(0.01, 0.05)에서 단측검정과 양측검정에 대해 서로 다른 표본 크기 및 자유도에 대한 r 값을 계산해놓았다는 것입니다. 여러분이 연구 논문을 읽다가 t 값을 이용한 상관관계 검정을 발견한다면, 이젠 그 이유를 알 수 있습니다.

그렇다면 $r_{(28)} = 0.437$, $p < 0.05$는 어떻게 해석해야 할까요?

- r은 사용된 검정통계를 나타냅니다.
- 28은 자유도입니다.
- 0.437은 7장에서 배운 공식을 활용하여 획득된 값입니다.
- $p < 0.05$는 두 변수 사이의 관계가 우연으로 발생했을 확률이 5% 미만임을 나타냅니다. 귀무가설이 연구가설보다 더 타당한 설명이라고 판단하는 기준으로 0.05를 정했기 때문에, 우리가 내릴 결론은 두 변수 사이에 유의한 관계가 존재한다는 것입니다. 이것은 결혼 생활의 질이 높아질수록 부모-자녀 관계의 질도 높아진다는 것을 의미합니다. 마찬가지로 결혼 생활의 질이 낮다면 부모-자녀 관계의 질도 낮습니다.

(다시) 원인과 연관성

여러분은 이미 충분히 들었다고 생각할 것입니다. 그러나 이 내용은 정말 더 이상 강조할 수 없을 정도로 중요합니다. 그래서 다시 한 번 강조합니다. 위의 예와 같이 두 변수가 서로 연관되어 있다는 사실이 한 변수가 다른 변수의 원인이라는 의미는 아닙니다. 다시 말해서, 최고 수준의 훌륭한 결혼 생활이 질 높은 부모-자녀 관계를 보장하지는 못합니다. 이 두 변수는 좋은 배우자와 좋은 부모가 될 수 있는 사람의 특성(인내심, 이해심, 희생의 의지)을 반영하기 때문에 상관관계가 있습니다. 그러나 자녀와 끔찍한 관계를 맺고 있는 사람이라도 충분히 누군가의 좋은 배우자가 될 수 있습니다.

7장에서 다룬 범죄와 아이스크림의 예를 기억하나요? 같은 원리가 여기에도 적용됩니다. 요인들이 관련되어 있고, 서로 공통점을 공유한다는 사실이 요인 간 인과관계의 존재 여부에 영향을 미치지 않습니다.

상관계수는 다양한 목적으로 사용되며, 여러분은 검정의 신뢰성을 평가하기 위해 상관계수를 사용한 연구 논문을 읽었을 수 있습니다. 그러나 여러분은 이미 8장을 읽어서 내용을 충분히 이해했기 때문에 이 모든 것을 이미 알고 있습니다! 8장에서 검사-재검사(두 시점에서 점수의 상관관계), 동형 검사(다른 형태를 지닌 동일한 검사의 점수 간 상관관계), 내적 일관성(항목 간 상관관계)과 같은 신뢰도 계수에 관해 이야기한 것을 기억할 것입니다. 상관계수는 추후 20장에서 논의할 고급 통계 기법에 사용되는 표준 단위입니다.

(다시, 또 다시) 유의성 vs 의미 있음

7장에서는 상관계수의 유의성을 이해하기 위해 결정계수 사용의 중요성을 논의했습니다. 상관계수를 제곱하여, 다른 변수에 의해 설명되는 하나의 변수 내 분산 양을 구할 수 있다는 것을 기억할 것입니다. 8장에서도 통계적 유의성과 의미 있음의 일반적인 문제를 검토했으며, 11장에서는 효과 크기effect size와 관련하여 이 내용들을 다시 살펴보았습니다.

여기서 이 주제에 대해 한 번 더 이야기해야 합니다. 상관계수가 통계적으로 유의하다는 것이 설명되는 분산의 양이 유의미하다는 것을 의미하지는 않습니다. 예를 들어, 앞의 예에서 0.437의 단순 피어슨 상관계수에 대한 결정계수coefficient of determination[2]는 0.190이며, 이는 분산의 19%가 다른 변수에 의해 설명되고, 무려 변동량의 81%는 설명되지 않음을 나타냅니다. 설명이 필요한 부분이 더 많이 남아 있어요. 그렇죠?

2 상관계수의 제곱을 의미합니다.

그래서 결혼 생활의 질과 부모–자녀 관계의 질 사이에 긍정적인 관계가 있으며, 두 요인이 '함께' 변화하는 경향이 있는데도 불구하고, 0.437이라는 상대적으로 약한 상관관계는 이 요인들 간의 관계에 다른 많은 요인이 영향을 미치고 있으며 이러한 사실도 중요할 수 있다는 점을 나타냅니다. 따라서 이런 유명한 속담을 통계에 적용할 수 있습니다. "보는 것과 실제는 다르다."

R을 사용하여 (다시) 상관계수 계산하기

여기서는 두 질적 측정값이 들어 있는 17장 데이터 세트1(ch17ds1.csv)을 사용합니다.[3] 결혼 생활의 질Quality of Marriage[4]과 부모–자녀 관계의 친밀함quality of parent–child[5]입니다. 7장에서는 R의 `cor()` 함수를 사용하여 상관관계를 계산하였습니다. 다시 계산해봅시다.

```
> cor(ch17ds1$Qual.Marriage, ch17ds1$Qual.PC)
[1] -0.09996305
>
```

상관관계를 계산하는 동안, 데이터의 산점도를 살펴보겠습니다.

```
> plot(ch17ds1$Qual.Marriage, ch17ds1$Qual.PC,
+ xlab = "Marriage Quality", ylab = "Parent-Child
Interaction Quality",
+ main = "Scatterplot")
>
```

[그림 17–2]에 나타난 데이터 점들의 패턴(여기서는 명확하게 보이지 않음)은 결혼 생활의 질과 부모–자녀 간 친밀함 사이의 관계를 나타냅니다.

3 이 주제에 대한 R 튜토리얼 비디오를 보려면 edge.sagepub.com/salkindshaw를 방문하세요.

4 부부가 함께 보낸 시간으로 측정하였으며, 1은 10보다 낮은 결혼 생활의 질을 의미합니다.

5 부모와 자녀 사이의 애정의 강도로, 높은 점수가 더 높은 애정을 의미합니다.

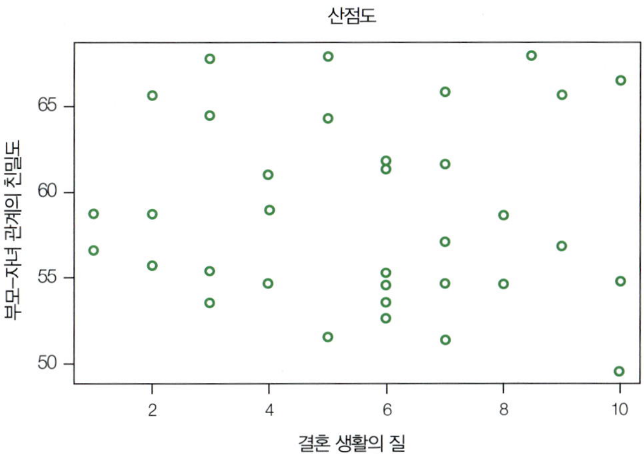

그림 17-2 결혼 생활의 질과 부모-자녀의 친밀함에 대한 산포도

우리는 R에 `Qual.Marriage`와 `Qual.PC`의 상관관계를 요청했습니다. R은 r = −0.10의 상관관계를 보고했습니다. 또한 산점도에서 데이터 점이 널리 분포한 것을 보았습니다. 그렇다면, 가설 검정 결과는 어떨까요?

통계적 유의성을 얻고 공식적으로 상관관계를 검정하려면 `cor.test()` 함수를 사용해야 합니다. 이 함수의 입력 방식은 `cor()` 함수와 동일하며, `cor()`를 `cor.test()`로 바꾸기만 하면 됩니다.

```
> cor.test(ch17ds1$Qual.Marriage, ch17ds1$Qual.PC)
Pearson's product-moment correlation

data: ch17ds1$Qual.Marriage and ch17ds1$Qual.PC
t = -0.58581, df = 34, p-value = 0.5619
alternative hypothesis: true correlation is not equal to
0
95 percent confidence interval:
-0.4148737 0.2363342
sample estimates:
cor
-0.09996305
>
```

출력 결과에서 첫 번째 행은 피어슨 적률상관분석을 실행했음을 알려줍니다. 이것은 7장에서 배운 것과 같은 검정입니다. 다음 행은 상관분석 계산에 사용된 두 변수가 `ch17ds1$Qual .Marriage`와 `ch17ds1$Qual.PC`임을 알려줍니다. `cor.test()` 함수는 자유도와 정확한 p 값을 사용하여 t 통계량을 반환합니다. 이 검정 결과는 $t_{34}=-0.59$, $p=0.56$입니다. 다음으로 대립가설이 보고되는 이유를 알려줍니다. 여러분은 R 구문에 단측검정을 추가로 요청할 수 있습니다. 양의 상관관계(상관계수가 0보다 큼)라고 생각되면 다음과 같이 구문을 변경하세요.

```
> cor.test(ch17ds1$Qual.Marriage, ch17ds1$Qual.PC, alternative = "greater")
>
```

상관관계에 대한 연구가설은 95% 신뢰구간 밖에 있습니다. 이 경우, 95% 신뢰구간은 95%CI=[−0.41, 0.24]입니다. 상관관계는 −0.09996305입니다. 소수점 이하 두 자리로 줄여서 $r_{34}=-0.10$, $p=0.56$으로 보고합니다.

실생활의 통계학

소셜 미디어에 대한 관심을 바탕으로 연구자들이 미국 밖에서 공부하는 대학생들의 사회적 웰빙을 어떻게 평가하는지 (소셜 미디어를 통해) 살펴보는 것은 흥미롭습니다.

연구자들은 236명의 이란 대학생들을 대상으로 5가지 성격 영역과 사회적 웰빙 사이의 관계(둘 사이의 상관관계)를 조사했습니다. 상관관계는 성격 요인과 사회적 웰빙 수준 사이의 관계를 보여주었습니다. 예를 들어, 신경증neuroticism은 사회적 수용성, 사회 공헌, 사회적 일관성과 음(−)의 관계를 지녔습니다. 성실성conscientiousness은 사회 공헌과 양(+)의 관계가 있었습니다. 개방성openness은 사회 공헌 및 사회적 일관성과 관련이 있었고, 친화성agreeableness은 사회적 수용성 및 사회 공헌과 관련이 있었습니다. 남학생은 여학생보다 사회적 웰빙 측면에서 통계적으로 유의하게 높은 점수를 받았습니다. 연구자들은 국가 간의 문화적 차이와 성격 특성 및 사회적 웰빙 사이의 일반적인 관계에 비추어 이러한 연구 결과를 논의합니다. 재미있는 연구입니다!

더 자세한 내용이 궁금하다면, 아래의 자료를 온라인으로 검색하거나 도서관에서 찾아보세요.

Joshanloo, M., Rastegar, P., & Bakhshi, A. (2012). 이란 대학생들의 사회적 웰빙을 가늠하는 척도로서의 주요 다섯 가지 성격 영역(The Big Five personality domains as predictors of social well-being in Iranian university students). Journal of Social and Personal Relationships, 29, 639-660.

이 장의 요약

상관관계는 관계의 방향을 나타내고 두 가지 결과에 어떤 공통점이 있는지를 이해하는 데 도움이 되는 강력한 도구입니다. 상관관계는 연관성에 관해서만 이야기하고 인과관계에 관해 말하지 않는다는 것을 기억하세요.

연습할 시간입니다!

1. 다음 정보를 바탕으로 [부록 B]의 [표 B.4]를 사용하여 상관관계가 유의한지 여부를 판단하고, 그 결과를 어떻게 해석할 것인지 설명하세요.

(a) 여성 20명의 속도와 힘의 상관관계는 0.567입니다. 단측검정을 사용하여 0.01 수준에서 이러한 결과를 검정하세요.

(b) 80명의 어린이가 수학 시험에서 맞은 점수와 문제 풀이 시간 사이의 상관관계는 −0.45입니다. 유의수준 0.05에서 이 상관관계가 유의한지 검정하세요. 단측검정 또는 양측검정 중 하나를 선택하고 그렇게 선택을 한 이유를 설명하세요.

(c) 청소년 50명의 친구 수와 평균 성적(GPA)의 상관관계는 0.37입니다. 이 결과가 0.05 유의수준의 양측검정에서 유의합니까?

2. 17장 데이터 세트 2(ch17ds2.csv)을 사용하여 아래 질문에 답하세요. 직접 계산하여 분석하거나 R을 사용하세요.

(a) 동기부여와 평균 학점(GPA) 사이의 상관관계를 계산합니다.

(b) 양측검정을 사용하여 0.05 수준에서 상관계수의 유의성을 검정합니다.

(c) 동기부여 정도가 강할수록 더 많이 공부할까요, 그렇지 않을까요? 여러분의 판단은 어떠하며, 그렇게 판단한 이유는 무엇입니까?

3. 17장 데이터 세트3(ch17ds3.csv)을 사용하여 다음 질문에 답하세요. 직접 계산하여 분석하거나 R을 사용하세요.

(a) 소득과 교육 수준의 상관관계를 계산합니다.

(b) 상관계수의 유의성을 검정합니다.

(c) "낮은 교육 수준은 낮은 소득의 원인이 된다."라는 결론을 지지하기 위해 어떤 주장을 할 수 있습니까?

4. 17장 데이터 세트4(ch17ds4.csv)를 사용하여 다음 질문에 답하세요. 상관계수를 손으로 계산하세요.

(a) 0.05 유의수준에서 학습 시간과 학년 사이의 상관계수의 중요성을 양측검정합니다.

(b) 이 상관관계를 해석하세요. 공부하는 시간과 시험에서 받은 성적 사이의 관계에 대해 어떤 결론을 내릴 수 있습니까?

(c) 두 변수 간에 얼마나 많은 분산이 공유됩니까?

(d) 여러분은 결과를 어떻게 해석합니까?

5. 50명의 학부생을 대상으로 커피 소비와 스트레스 수준의 관계를 조사한 연구가 완료되었습니다. 상관계수는 0.373이고 유의수준 0.01에서 수행된 양측검정이었습니다. 첫째, 상관관계가 유의합니까? 둘째, 다음 진술의 문제점은 무엇입니까? "이 연구에서 수집한 데이터를 엄격하게 분석한 결과, 커피를 적게 마시면 스트레스가 줄어든다는 결론에 이르렀습니다."

6. 다음 데이터를 사용하여 질문에 답하세요. 손으로 계산하세요.

연령(개월)	아는 단어 수
12	6
15	8
9	4
7	5
18	14
24	20
15	7
16	6
21	18
15	17

(a) 연령과 아는 단어 수의 상관관계를 계산합니다.

(b) 0.05 유의수준에서 상관관계의 유의성을 검정합니다.

(c) 7장에서 상관계수에 대해 배운 내용을 기억하고, 이 상관관계를 해석하세요.

7. 두 요인이 상호 연관되어 있다는 이유만으로 하나가 다른 하나의 원인이 될 수는 없다는 일반적인 개념에 관해 논의해보세요. 사례를 제시하세요(단, 아이스크림과 범죄 사례는 제외!).

8. 17장 데이터 세트5(ch17ds5.csv)에는 다음의 네 가지 변수가 있습니다.

Age (나이, 년으로 측정)
Shoe_Size (신발 크기, 1–작음, 2–중간, 3–큼)
Intelligence (지능, 표준화 테스트로 측정)
Level_of_Education (교육 수준, 년으로 측정)

어떤 변수들끼리 유의한 상관관계가 있습니까? 더 중요한 상관관계는 무엇입니까? 어떤 상관관계가 의미가 있습니까?

18

미래를 예측하는 선형 회귀 사용하기

이 장에서 배울 내용

- ☑ 예측의 작동 원리 & 사회과학 및 행동과학 분야에서 예측을 활용하는 방법
- ☑ 한 변수로 다른 변수를 예측할 때 선형 회귀가 작동하는 방법과 이유 이해하기
- ☑ 예측의 정확성 판단하기
- ☑ 다중 회귀분석의 작동 방식과 다중 회귀분석이 유용한 이유 이해하기

선형 회귀를 소개합니다

여러분은 뉴스를 통해 비만이 일상생활에 어떤 영향을 미치는지에 대해 자주 보았을 것입니다. 스웨덴의 한 연구진은 이동성 장애와 비만이 직무 긴장도를 얼마나 잘 예측했는지, 직장에서의 사회적 지지가 이 관계에 영향을 줄 수 있는지에 관심이 있었습니다. 35,000명 이상이 이 연구에 참여하였고, 직무 긴장도의 평균 점수의 차이는 이 장에서 논의할 주제인 선형 회귀를 사용하여 예측되었습니다. 결과는 이동성 장애 수준이 직업 긴장도를 예측하고 직장에서의 사회적 지지가 직무 긴장도, 이동성 장애, 비만 간의 연관성을 크게 변화시킨 것으로 나타났습니다.

주목할 만한 소식이 있습니다. 여러분은 (7장에서처럼 상관계수를 계산하여) 두 변수가 서로 연관되는 정도를 계산할 수 있을 뿐만 아니라, 이러한 상관관계를 사용하여 한 변수의 값으로부터 다른 변수의 값을 예측할 수도 있습니다. 이는 상관관계가

사용될 수 있는 방법 중 매우 특별한 경우에 해당하며 사회과학 및 행동과학 연구자들은 매우 강력한 도구로 활용하고 있습니다.[1]

예측이란 대체 무엇일까요?

기본 개념은 이전에 수집된 데이터 집합(예 : 변수 X와 변수 Y에 대한 데이터)을 활용하고 이러한 변수가 서로 상관되는 정도를 계산한 다음, 해당 상관관계와 변수 X에 대한 지식을 사용하여 Y를 예측하는 것입니다. 어렵게 들리나요? 어렵지 않습니다. 예로 살펴보면 더욱 쉽게 느껴질 것입니다.

예를 들어보겠습니다. 연구자가 주립 대학교 1학년 학생 400명을 대상으로 최종 고등학교 평균 점수(GPA)와 대학교 1년차 평균 학점(GPA)에 대한 데이터를 수집합니다. 이 연구자는 두 변수 사이의 상관관계를 계산합니다. 그런 다음 (이 장의 뒷부분에서 배우게 될) 기법을 사용하여 다른 고등학교 학생 400명으로 구성된 새로운 표본의 평균 점수 데이터를 가져와서(기존 학생 데이터의 GPA와 대학교 1학년 GPA 간의 관계를 알고 있음) 이들의 대학교 1학년 때의 평균 학점을 예측했습니다. 꽤 멋지지 않습니까?

다른 예가 있습니다. 교사들은 유급의 효과를 파악하고자 합니다. 즉, 1학년으로 올라가지 못하고 유치원에 계속 남아 있는 아동은 결국 초등학교 1학년 때 더 좋은 성적을 낼 수 있을까요? 다시 한번 말하지만, 만약 교사들이 유치원을 1년 더 다닌 학생들의 유치원 성적과 초등학교 1학년 성적 사이의 상관관계를 알고 있다면, 교사는 이 상관관계를 새로운 집단의 학생들에게 적용하여 이들의 유치원 성적을 바탕으로 초등학교 1학년 성적을 예측할 수 있습니다.

어떻게 가능할까요? 간단합니다. 과거 사건(예 : 두 변수 간의 기존 관계)에 대해 수집된 데이터를 바탕으로, 주어진 하나의 변수에 대한 지식을 미래 사건에 적용합니다. 생각보다 쉬운 작업입니다.

1 Norrback, M., De Munter, J., Tynelius, P., Ahlstrom, G., & Rasmussen, F. (2016). 이동성 장애, 체중 상태 및 직무 긴장도의 연관성: 횡단면 연구(The association of mobility disability, weight status and job strain: A cross–sectional study. Scandinavian Journal of Public Health), 44, 311-319.

상관계수의 절댓값이 (직접적(양수)이든 간접적(음수)이든 상관없이) 크면 클수록 두 변수 간의 상관관계를 기반으로 한 다른 변수에 대한 예측이 더욱 정확해집니다. 두 변수가 공유하는 공통 요소가 더 많을수록, 첫 번째 변수에 대한 지식을 통해 두 번째 변수에 대해 더 많은 것을 알 수 있기 때문입니다. 또한 상관관계가 완벽하다면 (+1.0 또는 -1.0), 예측도 완벽해집니다. 따라서 $r_{xy} = -1.0$ 또는 +1.0이고 여러분이 X 값을 알고 있다면 Y의 정확한 값도 알 수 있습니다. 마찬가지로 $r_{xy} = -1.0$ 또는 +1.0이고 Y 값을 알고 있다면, X의 정확한 값도 알 수 있습니다. 어느 방향이든 예측이 가능합니다.

이 장에서 우리가 할 일은 선형 회귀를 사용하여 점수 X로부터 점수 Y를 예측하는 과정을 밟아가는 것입니다. 먼저 예측의 기초가 되는 일반적인 논리를 설명한 다음, 몇 가지 간단한 선을 그리는 기술을 검토합니다. 마지막으로 구체적인 예를 사용하여 예측 과정에 대해 논의할 것입니다.

왜 X로부터 Y를 예측하고, 반대로 하지 않을까요? 지금까지 그렇게 해왔기 때문입니다. 변수를 식별하는 일관된 방법을 사용하는 것은 좋은 방법입니다. Y 변수가 종속변수 또는 예측변수가 되고 X 변수가 독립변수로서 Y 값을 예측하는 데 사용되는 변수가 되었습니다. Y 값이 예측될 때, 예측된 Y 값은 Y'(Y prime으로 읽음) 또는 $\hat{Y}$(Y-hat으로 읽음)으로 표시합니다.

예측의 논리

구체적인 계산 과정과 상관관계를 활용하여 예측하는 방법을 살펴보기 전에 예측이 가능한 이유 및 원리에 대한 가설을 세워봅시다. 그런 다음 고등학교 평균 점수에서 대학교 평균 학점을 예측하는 예시를 계속해서 분석할 것입니다.

예측은 현재 결과로부터 미래 결과를 계산하는 활동입니다. 하나의 변수를 다른 변수로부터 예측하려면 먼저 두 변수 간의 상관관계를 계산해야 합니다. [표 18-1]에는 이 예에서 사용할 데이터가 나와 있습니다.

표 18-1 고등학교 최종 성적과 대학교 1학년 평균 학점 데이터

고등학교 평균 점수	대학교 1학년 평균 학점
3.50	3.30
2.50	2.20
4.00	3.50
3.80	2.70
2.80	3.50
1.90	2.00
3.20	3.10
3.70	3.40
2.70	1.90
3.30	3.70

[그림 18-1]은 계산이 진행 중인 두 변수의 산점도(7장 참조)를 보여줍니다.

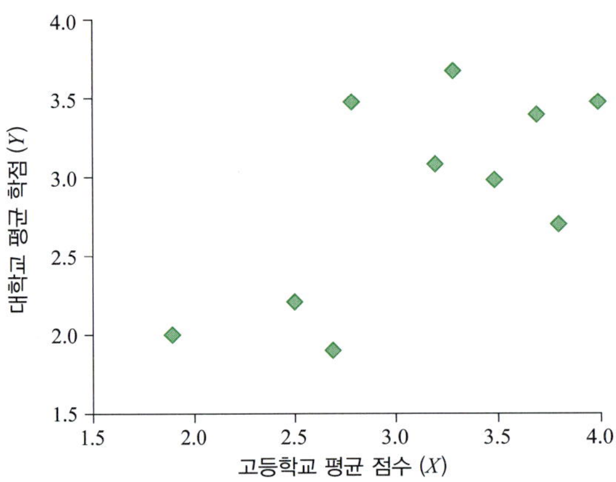

그림 18-1 고등학교 최종 성적과 대학교 평균 학점의 산점도

고등학교 평균 점수를 바탕으로 대학교 평균 학점을 예측하려면 **회귀 방정식**regression equation을 만들고, 그것을 이용하여 **회귀선**regression line을 그려야 합니다. 회귀선은 X 변수(고등학교 평균 평점)에 의해 예측되는 Y 변수(대학 평점)에 대한 가장 훌륭한 추측을 반영합니다. 이 선을 그리는 방법을 조금 뒤에 배우게 됩니다([그림 18-2]).

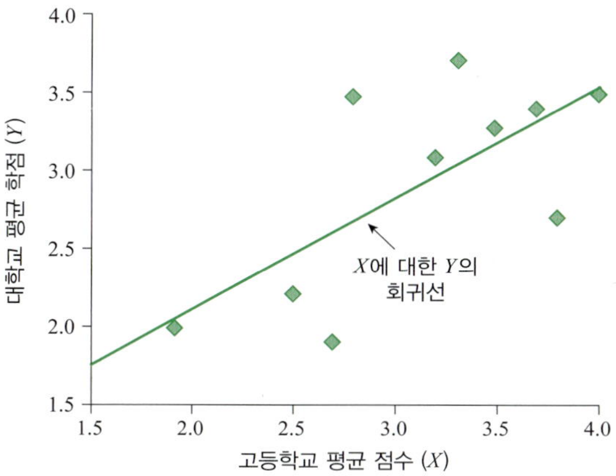

그림 18-2 고등학교 최종 성적(X)과 대학교 평균 학점(Y)의 회귀선

[그림 18-2]의 회귀선이 뜻하는 것은 무엇일까요?

첫째, 변수 X에 대해 변수 Y를 회귀한 것입니다. 즉 변수 Y(대학 평점)는 변수 X(고등학교 평점)에 의해서 예측됩니다. 이 회귀 직선은 **최적선**line of best fit이라고도 합니다. 이 선은 각 개별 예측점과 회귀선 사이의 거리를 최소화하기 때문에 이 데이터들에 가장 가까운 선이 됩니다. 가령 이 모든 점들을 취하여 이를 한 번에 연결할 수 있는 최적의 선을 찾아보면, [그림 18-2]에서 볼 수 있는 선이 나타납니다.

둘째, 회귀선은 이 예에서 각 학생의 고등학교 평균 점수에 대한 정보를 바탕으로, 추정 가능한 대학교 평균 학점에 대한 최선의 예측을 나타냅니다. 예를 들어, 고등학교 평균 점수가 3.0인 경우 대학교 평균 학점은 (눈으로 어림짐작할 때) 약 2.8이어야 합니다. 이러한 추정 과정을 확인하려면 [그림 18-3]을 보세요. x축에 예측값(3.0)을 찍은 다음, x축에서 회귀선까지 수직선을 그리고 y축으로 수평선을 그려 y축과 만나는 값이 무엇인지 추정했습니다.

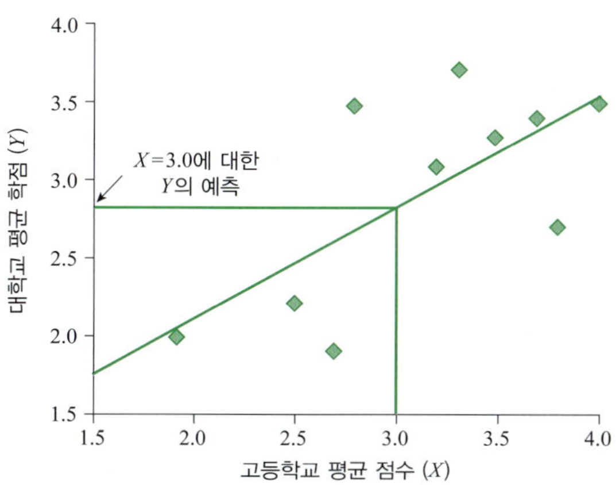

그림 18-3 주어진 고등학교 최종 성적으로 대학교 평균 학점(Y) 예측하기

셋째, 각 개별 데이터 요소와 회귀선 사이의 거리는 **예측오차**error in prediction입니다. 이 오차는 두 변수 간의 상관관계를 직접 반영합니다. 예를 들어, [그림 18-4]에 표시된 점 (3.3, 3.7)을 보면 이 점 (X, Y)가 회귀선보다 위에 있다는 것을 알 수 있습니다. 이 점과 회귀선 사이의 거리는 예측오차입니다. 예측이 완벽하다면 모든 예측점들이 어디로 떨어질까요? 바로 회귀선 또는 예측선 위에 놓여야 합니다.

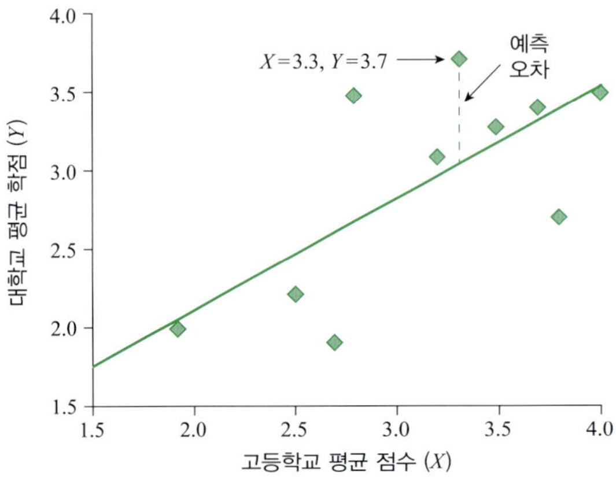

그림 18-4 예측이 완벽한 경우는 거의 없습니다 - 예측오차 추정

넷째, 상관관계가 완벽하다면 모든 점들이 45°로 정렬되고, 회귀선이 (앞서 말한 것처럼) 모든 점을 통과합니다.

주어진 회귀선을 바탕으로 미래의 모든 점수를 예측할 수 있습니다. 이것이 이 장에서 우리가 학습할 내용입니다. 직접 선을 그리고 몇 가지 예측을 해봅시다.

(데이터에 맞는) 지상 최고의 선 그리기

예측에 대한 가장 간단한 정의는 한 점숫값(X)으로부터 다른 하나의 변숫값(Y)이 결정된다고 보는 것입니다. 이때 점숫값 X는 **예측변수**predicator variable 또는 독립변수independent variable라고 부르고, 변숫값 Y는 **기준**criterion 또는 종속변수dependent variable라고 부릅니다.

X가 Y를 정확히 예측할 수 있는 정도를 알아보는 방법은 회귀선을 그려보는 것입니다. 이 선은 이미 수집된 데이터를 바탕으로 작성됩니다. 또한 이로부터 도출된 방정식은 예측변수인 X에 대한 새로운 값을 활용하여 점수를 예측하는 데 사용됩니다.

식 (18.1)은 회귀선에 대한 일반적인 공식입니다. 고등학교나 대학교 수학 수업에서 사용한 식과 비슷해서 익숙할 것입니다. 이 식은 직선의 방정식입니다.

$$\hat{Y} = bX + a \tag{18.1}$$

여기서

- $\hat{Y}$은 주어진 X값을 바탕으로 한 Y의 예측치입니다.
- b는 선의 기울기 또는 방향입니다.
- X는 예측변수로 사용되는 점수입니다.
- a는 선이 y축과 교차하는 점입니다.

앞에 나온 [표 18-1]의 데이터를 사용해 몇 가지 계산을 더 추가해봅시다.

	X	Y	X^2	Y^2	XY
	3.5	3.3	12.25	10.89	11.55
	2.5	2.2	6.25	4.84	5.5
	4.0	3.5	16.00	12.25	14.00
	3.8	2.7	14.44	7.29	10.26
	2.8	3.5	7.84	12.25	9.80
	1.9	2.0	3.61	4.00	3.80
	3.2	3.1	10.24	9.61	9.92
	3.7	3.4	13.69	11.56	12.58
	2.7	1.9	7.29	3.61	5.13
	3.3	3.7	10.89	13.69	12.21
합계	31.4	29.3	102.5	89.99	94.75

맨 아래에 있는 합계가 의미하는 것은 다음과 같습니다.

- $\sum X$: 모든 X값의 합은 31.4입니다.
- $\sum Y$: 모든 Y값의 합은 29.3입니다.
- $\sum X^2$: 각 X값의 제곱의 합은 102.50입니다.
- $\sum Y^2$: 각 Y값의 제곱의 합은 89.99입니다.
- $\sum XY$: X와 Y의 곱의 합은 94.75입니다.

식 (18.2)는 회귀선의 기울기를 계산하는 데 사용됩니다(직선의 방정식에서 b에 해당).

$$b = \frac{\sum XY - \left(\frac{\sum X \sum Y}{n}\right)}{\sum X^2 - \left(\frac{(\sum X)^2}{n}\right)} \tag{18.2}$$

이 식을 활용하여 예에서 선의 기울기인 b를 계산하면 식 (18.3)과 같습니다.

$$b = \frac{94.75 - \left(\frac{31.4 \times 29.3}{10}\right)}{102.5 - \left(\frac{31.4^2}{10}\right)} \tag{18.3}$$

$$b = \frac{2.794}{3.904} = 0.704$$

식 (18.4)는 회귀선이 y축과 교차하는 점을 계산하는 데 사용됩니다(직선의 방정식에서 a에 해당).

$$a = \frac{\sum Y - b \sum X}{n} \tag{18.4}$$

식 (18.5)에서 주어진 데이터에 대한 계산값을 볼 수 있습니다.

$$a = \frac{29.3 - (0.704 \times 31.4)}{10} \tag{18.5}$$

$$a = \frac{7.19}{10} = 0.719$$

이제 앞으로 돌아가서 계산된 b값과 a값을 직선의 방정식($\hat{Y} = bX + a$)에 대입하면, 식 (18.6)과 같은 최종 회귀선이 나타납니다.

$$\hat{Y} = 0.704X + 0.719 \tag{18.6}$$

왜 Y가 아닌 $\hat{Y}$이라고 표시했을까요? Y를 예측하기 위해 X를 사용한다는 것을 기억하세요. $\hat{Y}$ (Y-hat으로 읽음)은 Y의 실제 값이 아니라 예측된 값을 의미합니다.

이제 우리는 온전한 방정식을 얻었습니다. 이 식을 이용해 무엇을 할 수 있을까요? 물론, Y를 예측하는 거죠.

수식의 숫자를 이해하는 것으로 시작하겠습니다. 식 (18.1)의 용어 설명을 통해 0.719가 추세선이 y축과 만나는 지점임을 알 수 있습니다. 이 예에서, 고등학교 평균 성적(GPA)이 0인 경우, 예상되는 대학교 평점(GPA)은 0.719입니다. 고등학생의 평균 성적이 0이라면 대학교에 입학하는 경우가 드물겠지만, 아무튼 대학교 학점은 예측할 수 있습니다. 다른 숫자를 넣어보죠. 고등학교 평균 성적이 단위 1만큼 증가할 때마다 대학교 평균 학점은 0.704만큼 증가합니다.

예를 들어, 최근 고등학교 졸업자의 평점이 2.8(즉, X=2.8)이라고 가정해봅시다. X값 2.8을 방정식에 대입하면 다음과 같습니다.

$$\hat{Y} = 0.704(2.8) + 0.719 = 2.69$$

따라서 2.69는 주어진 X값이 2.8일 때 예측된 Y값(또는 $\hat{Y}$)입니다. 이제 어떤 X값이 주어지든 쉽고 빠르게 Y의 예측값을 계산할 수 있습니다.

우리는 이 수식과 주어진 값을 이용하여 예측값을 계산할 수 있습니다. 이것이 우리가 방금 다룬 이야기의 핵심입니다. 그런데 회귀선을 그려서 점수(예측하려는 항목)가 예측의 근거가 된 데이터와 얼마나 일치하는지도 나타낼 수 있습니다. [그림 18-2]를 다시 살펴보세요. 이 그래프는 고등학교-대학교 평점 데이터의 산점도이며 **추세선**trend line이라고도 하는 회귀선이 그려져 있습니다. 이 선은 어떻게 그렸을까요? 쉽습니다. 7장에서 배운 것과 같은 차트 작성 기법을 사용하여 산점도를 작성했고, 여기에 추세선을 추가하였습니다. R을 이용해서 추세선을 추가하는 방법은 조금 후에 다루도록 하겠습니다.

추세가 양positive이고[2] 상관관계가 0.6835(명백한 양의 관계)임을 알 수 있습니다. 그리고 점들이 직접적으로 회귀선 위에 위치하지는 않지만 꽤 가까이에 있다는 것을 알 수 있습니다. 이는 비교적 적은 양의 오류가 있음을 나타냅니다.

2 회귀선이 양의 기울기를 갖는다는 것을 의미합니다.

회귀선에 대해 방금 배운 것과 식 (18.1)의 계수를 생성하는 데 사용된 데이터와 관련하여 주의할 점이 있습니다. 이 예에서 고등학교 또는 대학교의 평균 성적의 만점은 4.0입니다. 대학교에 지원하는 학생의 고등학교 평균 성적의 범위가 0~4가 아닌 0~5이면 어떻게 됩니까? 이 학생의 대학교 평균 성적을 예측하기 위해 동일한 공식을 사용할 수 있을까요? 불행히도 이 경우에는 학생의 평균 성적을 0~4의 척도로 다시 계산한 후에 수식에 대입해야 합니다.

또 다른 주의 사항이 있습니다. 새로운 고등학생 지원자의 대학교 평균 학점을 예측할 때, 이 지원자가 회귀선을 구하는 데 사용했던 학생들과 같은 모집단에서 왔는지 여부입니다. 이 새로운 학생이 다니는 학교의 성적 분포가 더 넓어서 모집단과 질적인 차이가 있다면 어떨까요? 만약 그렇다면, 더 많은 데이터를 수집하고, 더 큰 평균 성적 범위를 가진 고등학교 학생들을 위한 새로운 회귀 공식을 계산해야 할 수도 있습니다.

예측을 얼마나 잘 했나요?

어떤 값에서 다른 값을 도출할 때 이러한 작업을 잘 수행했는지 어떻게 측정할 수 있나요? 우리는 두 변수 사이의 상관관계의 절댓값이 클수록 예측력이 더 높다는 것을 알고 있습니다. 이론적으로는 훌륭한 내용입니다. 그러나 실제 분석에서는 회귀선의 공식을 처음 계산할 때 예측값($\hat{Y}$)과 실제값(Y)의 차이를 분석해볼 수 있습니다.

예를 들어, 회귀선의 수식이 $\hat{Y} = 0.704X + 0.719$인 경우 X값이 2.8일 때 예상되는 Y값($\hat{Y}$)은 0.704(2.8)+0.7169, 즉 2.69입니다. 그런데 [표 18-1]을 보면 X값 2.8에 해당하는 실제 Y값은 3.5입니다. 실제값 3.5와 예측값 2.69의 차이인 0.81을 예측오차라고 합니다.

우리가 사용할 수 있는 또 다른 오류 척도는 결정계수(7장 참조)입니다. 결정계수는 변수 간의 관계에서 감소된 오류 비율을 뜻합니다. 예를 들어, 두 변수 간의 상관관계가 0.4이고 결정계수가 16% 또는 0.4^2인 경우, 처음에 두 변수 간의 관계가 0 또는 100% 오류에서 시작한다고 가정할 때(예측값이 전혀 없음), 줄어든 오류의 양은 16%입니다.

이러한 모든 차이값들을 고려하면 각 데이터 점이 예측된 데이터 점과 얼마나 다른지를 나타내는 평균치, 즉 **표준 추정 오차**standard error of estimate를 측정할 수 있습니다.

그것은 모든 오차 점수의 표준편차와 같습니다. 이 값은 추정치가 얼마나 부정확한가를 알려줍니다. 여러분의 예상대로 두 값의 상관관계가 높을수록 (그리고 예측이 정확할수록) 이 오차는 낮아집니다. 사실 두 변수 간의 상관관계가 완벽하면(+1 또는 −1이면), 표준 추정 오차는 0입니다. 왜 그럴까요? 예측이 완벽할 때 모든 실제 데이터 점들은 회귀선에 위치하므로 X에서 Y를 추정하는 데 오차가 없기 때문입니다.

예측된 종속변수 또는 $\hat{Y}$이 반드시 키, 시험 점수, 문제 해결 능력과 같은 연속 변수일 필요는 없습니다. 인정함–인정하지 않음, 수준 A–수준 B, 사회 계급 1–사회 계급 2와 같은 범주형 변수가 될 수도 있습니다. 하지만 이것은 다른 유형의 회귀입니다. 20장에서 간략하게 소개하는 로지스틱 회귀를 제외한 다른 유형의 회귀들은 이 책의 범위를 벗어납니다. 따라서 이 장에서 배운 내용을 어떻게 적용할지에 대해 생각하고 있다면, 정규분포 형태를 띤 연속형 데이터에 집중하세요.

R을 사용하여 회귀선 구하기

R을 사용하여 X에서 $\hat{Y}$을 예측하는 회귀선을 계산해봅시다.[3] 사용할 데이터 세트는 18장 데이터 세트1(ch18ds1.csv)입니다. 훈련량(시간)을 사용해서 축구 경기에서 발생할 수 있는 부상의 심각한 정도를 예측하려고 합니다.

이 데이터 세트에는 세 가지 변수가 있습니다.

변수	정의
훈련(예측자)	주당 근력 운동 시간
트레이너(예측자)	트레이너와 함께 운동했는지 여부(1 또는 0)
부상(결과)	1~10의 척도로 측정된 부상 정도

이 장에서 논의한 회귀선을 계산하는 단계는 다음과 같습니다. 직접 따라해 보세요.

1. 18장 데이터 세트1(ch18ds1.csv)의 파일을 읽고 `View()` 함수로 데이터를 확인합니다.

3 이 주제에 대한 R 튜토리얼 비디오를 보려면 edge.sagepub.com/salkindshaw를 방문하세요.

```
> ch18ds1 <- read.csv(file.choose())
> View(ch18ds1)
>
```

3개의 열과 30개의 행이 있는 데이터 세트가 보여야 합니다. 이 예에서는 세 가지 변수 중 두 가지를 사용합니다. 2개의 열은 Training(독립변수)과 Injuries(종속변수)입니다.

2. lm() 함수를 사용하여 선형 회귀 모형을 실행합니다.

```
> lm(Injuries ~ Training, data = ch18ds1)
Call:
lm(formula = Injuries ~ Training, data = ch18ds1)
Coefficients:
(Intercept) Training
6.8473 -0.1251
>
```

실행 결과를 보면, 절편값은 6.8473이고 기울기는 -0.1251입니다. 그러나 구문을 조금 바꾸면 더 많은 것을 알 수 있습니다. 다음과 같이 바꾸어보세요.

```
> sr <- lm(Injuries ~ Training, data = ch18ds1)
>
```

훨씬 더 많은 결과를 보여주는 함수인 sr()[4]을 사용하여 요약을 살펴봅시다.

```
> summary(sr)
Call:
lm(formula = Injuries ~ Training, data = ch18ds1)
Residuals:
     Min        1Q   Median     3Q     Max
-3.8467 -1.5954 -0.3456 1.6226 4.4046
Coefficients:
```

4 예측자가 하나인 단순 회귀를 뜻하는 simple regression의 약자입니다.

```
              Estimate   Std.  Error  t  value   Pr(>|t|)
(Intercept)    6.84728        1.00425     6.818  2.09e-07    ***
Training      -0.12507        0.04586    -2.727    0.0109      *
---
Signif. codes: 0 '***' 0.001 '**' 0.01 '*' 0.05 '.' 0.1 ' ' 1
Residual standard error: 2.182 on 28 degrees of freedom
Multiple R-squared: 0.2099, Adjusted R-squared: 0.1816
F-statistic: 7.436 on 1 and 28 DF, p-value: 0.01091
>
```

R은 여러 행을 반환했습니다. 하나씩 살펴보겠습니다.

(a) 처음 두 행은 검정할 변수와 사용된 데이터 객체를 알려줍니다. 이 예에서는 Training에 의해 예측 또는 설명된('~'로 표시) Injuries를 검정하고 있습니다. 데이터 객체는 ch18ds1입니다.

(b) 훈련으로 예측된 부상에 대한 F 통계량을 알려주는 마지막 행으로 바로 가겠습니다. 이 모형의 경우, $F_{(1,28)}=7.44$, $p=0.01$ (15장과 16장에서 배운 것과 같은 F)입니다. 다른 장에서 $p=0.05$를 사용하여 가설을 검정했던 것처럼 여기서도 같은 p 임계값을 사용합니다. 여기서 F 통계량은 p=0.01091로 임계값인 0.05보다 더 작습니다. 따라서 훈련이 부상을 예측하지 않는다면, 결과가 예측보다 더 극단적입니다. 이제 출력 결과의 나머지 부분을 살펴보겠습니다.

(c) 3~5행은 잔차에 대해 알려줍니다. 잔차란 우리가 앞에서 설명한 예측오차의 다른 표현입니다. 부상에 대한 측정치와 부상에 대한 예측치의 차이를 의미합니다. 예측오차의 최솟값, 최댓값, 사분위수 값이 보입니다.

(d) 계수는 8행과 9행에 나와 있습니다. 이 계수들을 식 (18.1)에 입력합니다.

$$\hat{Y} = bX + a = -0.12507X + 6.84728$$

a는 추세선이 y축을 교차하는 곳이고 b는 선의 기울기임을 기억하세요. 따라서 위 식에서 추세선은 6.84728에서 y축과 교차하고, 기울기는 -0.12507임을 알 수 있습니다. 기울기의 경우 훈련 시간이 단위 1만큼 증가할 때마다 부상 정도가

0.12507만큼 감소합니다. 계수 자체는 통계적으로 유의한 것으로 나타났습니다. 통계검정은 계수가 0이라고 주장하는 귀무가설에 대한 것으로, 계수가 0인지 아닌지를 알려줍니다. 절편에 대한 t 통계량은 우리의 관심 대상이 아니므로 이 부분은 넘어갑니다. 우리가 정말 알고 싶은 것은 계수 b입니다. 부상의 경우 $t_{28} = -2.73$, $p = 0.01$입니다. 다시 말하지만, $p = 0.05$를 사용할 때, 만약 훈련이 부상 정도를 예측하지 않는다면 $p = 0.01$인 t 통계량이 예상보다 더 극단적이므로, 우리는 귀무가설을 기각할 수 있습니다.

(e) 일단 '잔차표준오차(Residual standard error)' 부분은 건너뛰고 맨 아래에서 두 번째 행을 봅시다. 다중 R-제곱(R^2) 값은 또 다른 효과 크기입니다! $R^2 = 0.2099$는 부상 정도에서 분산의 21%가 훈련 시간에 의해 설명됨을 의미합니다. 조정된 R^2(adjusted R^2)값은 훈련으로 부상의 편차가 얼마나 설명되는지를 보다 보수적으로 추정한 것입니다. 이 경우 조정된 R^2은 0.18이며 부상 정도에서 분산의 18%가 훈련 시간으로 설명된다는 뜻입니다.

3. 산점도를 그립니다. 7장에서 했던 것처럼 `plot()` 함수를 사용합니다.

```
> plot(Injuries ~ Training, data = ch18ds1)
>
```

`lm()` 함수에서 사용한 것과 같은 구문을 사용했습니다. R을 제대로 사용했다면 [그림 18-5]와 같은 그림이 출력됩니다.

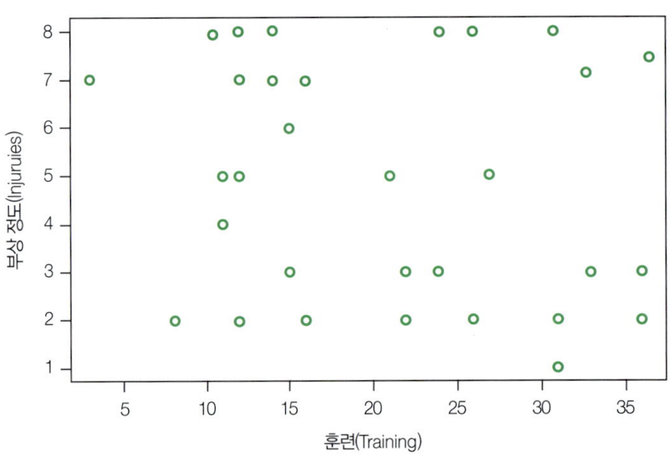

그림 18-5 R을 사용하여 생성된 산점도

4. 그림에 회귀선을 추가합니다. 선을 그리려면 `abline()` 함수와 우리가 사용한 모형인 `sr` 객체를 사용합니다.

```
> abline(sr)
>
```

[그림 18-6]의 산점도에 회귀선이 그려져 있습니다. 선은 왼쪽 즉, y축 값 6.84728에서 시작합니다.

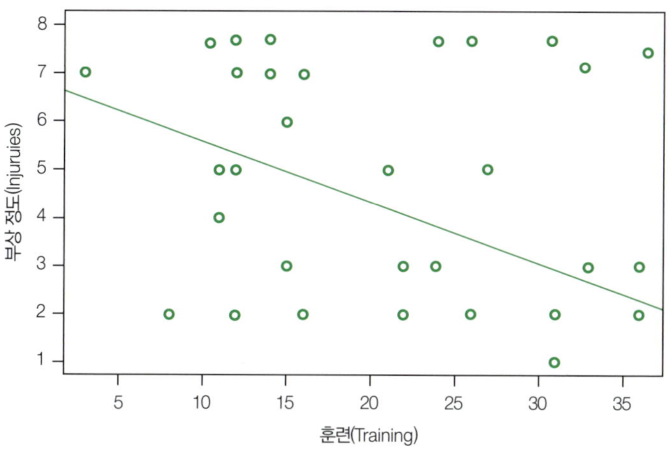

그림 18-6 회귀선이 있는 R 산점도

R 출력 이해하기

R 출력은 다음 몇 가지 사실을 알려줍니다.

1. 회귀선 공식은 이며, [그림 18-6]에서 도출된 공식입니다. 이 방정식은 (부상을 예측할 선수가 표본과 동일한 모집단으로부터 왔으며, 훈련 시간은 3에서 36 사이에 있는 경우) 근력 운동 시간을 고려하여 부상 수준을 예측하는 데 사용할 수 있습니다.

2. [그림 18-6]에서 볼 수 있듯이 회귀선은 훈련 시간과 부상 정도 간 음의 상관관계를 반영하여 음의 기울기를 나타냅니다. 따라서 이 데이터를 보면 훈련 시간이

많을수록 심각한 부상이 덜 발생하는 것으로 판단됩니다. 두 변수 사이의 상관관계를 계산하여 이를 확인할 수 있습니다.

3. 예측이 통계적으로 유의하다는 것을 알 수 있습니다. 즉 X에서 Y를 예측하는 것은, Y를 예측하는 X에 예측값이 전혀 없는 경우인 0과 달리, 상수(훈련)와 예측된 변수(부상) 양쪽 다 상당히 유의하다는 유의성 검정 같은 두 변수의 유의한 관계를 기반으로 합니다.

그렇다면 예측을 얼마나 잘했나요? 부상(예측된 변수)에 대한 '잔차표준오차(Residual standard error)'로 표시된 표준 추정 오차가 2.182입니다. 이는 (평균에서 1 표준편차만큼 제거된 값인) 95%의 확률로 예측값이 모든 부상 정도의 평균(4.33) ± 2.182 사이에 존재함을 뜻합니다. 따라서 상관계수를 기반으로 예측을 합리적으로 잘했지만 아주 훌륭한 건 아닙니다.

예측변수가 많을수록 예측이 더 정확할까요? 아마도...

지금까지 이 장에서 살펴본 모든 예는 하나의 결과 측정 및 하나의 예측변수에 대한 것이었습니다. 이것을 단순 회귀라고 하며 회귀를 배우는 출발점이 됩니다. 특정 결과를 예측하기 위해 둘 이상의 예측(독립)변수가 사용되는 더 일반적인 회귀 사례도 있습니다. 변수 하나로 어느 정도 결과를 예측할 수 있다면 변수를 두 개 사용한 경우 더 나은 예측을 할 수 있지 않을까요? 아마도 그렇겠지만, 주의할 점이 있습니다.

근력 운동 시간으로 부상 정도를 예측하는 앞의 예를 사용하여, 트레이너와 함께 운동했는지를 회귀 모형에 추가하면 더 나은 예측을 할 수 있을까요?

그러려면 아래 수식 대신,

$$\hat{Y} = bX + a$$

다음 수식을 사용해야 합니다.

$$\hat{Y} = b_1X_1 + b_2X_2 + a$$

여기서

- $\hat{Y}$은 주어진 X값을 기반으로 한 Y의 예측값입니다.
- X_1은 첫 번째 예측변수로 사용되는 점수입니다.
- X_2는 두 번째 예측변수로 사용되는 점수입니다.
- b_1은 예측변수 X_1에 대한 회귀 가중치입니다.
- b_2는 예측변수 X_2에 대한 회귀 가중치입니다.
- a는 절편입니다.

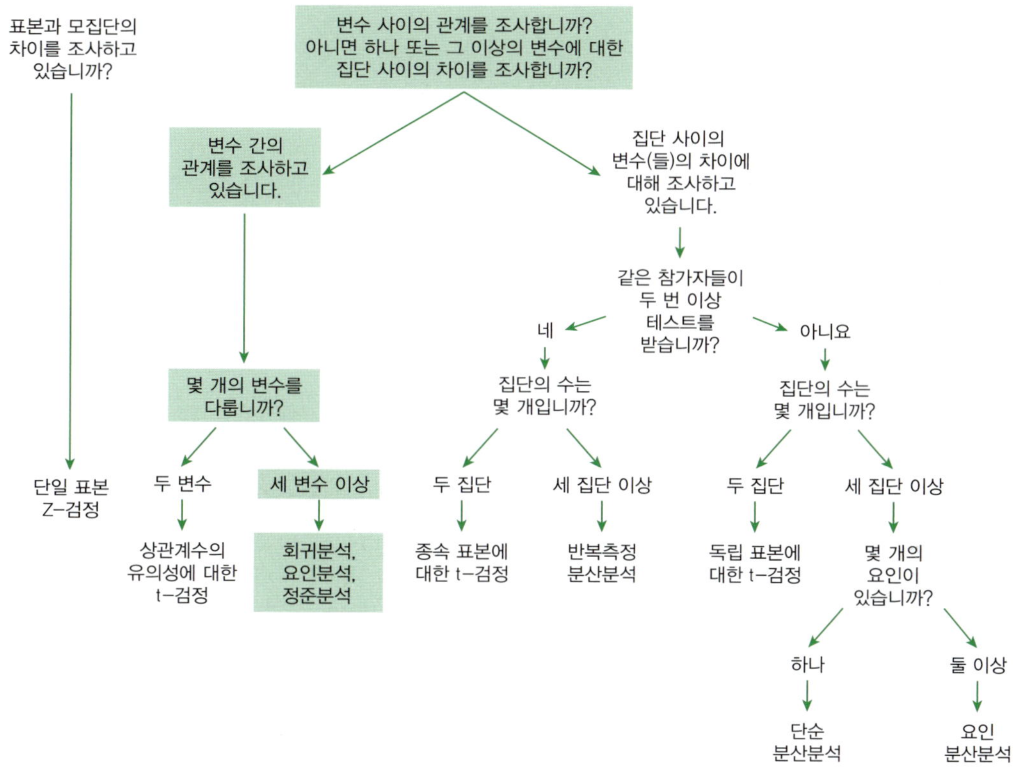

그림 18-7 회귀분석이 올바른 검정통계인지 결정

짐작했겠지만, 이 모형을 **다중 회귀** multiple regression 라고 합니다. 어쨌든 이론적으로, 여러분은 1개의 독립변수가 아닌 2개(물론 더 많은 변수도 가능합니다)의 독립변수로부터 결과를 예측합니다. 이 시점에서, 11~17장에서 보았던 [그림 18-7]의 순서도로 돌아갑니다.

순서도 맨 위쪽부터 시작해봅시다. 우리는 변수 사이의 관계를 조사하고 있습니다. 왼쪽으로 내려가면 처리할 변수의 수를 묻습니다. 이 예에서는 3개 이상의 변수가 있습니다. 답은 회귀분석, 요인분석, 정준분석입니다. 세 가지 방법 모두 순서도에 따라 유효하며 이 장에서는 회귀분석에 중점을 두고 있습니다. 하지만 두 번째 변수를 추가해야 하는지에 대해 조금 더 이야기해봅시다.

추가하는 모든 변수는 종속변수를 이해하는 데 고유한 기여를 해야 합니다. 그렇지 않으면 왜 사용하겠습니까? 고유한 기여를 해야 한다는 것은 무엇을 의미할까요? 추가 변수는 첫 번째 예측변수가 설명하지 못한 종속변수의 차이를 설명해야 합니다. 즉, 두 예측변수를 사용하여 예측하는 것이 두 변수 중 하나만 사용하여 예측하는 것보다 Y를 더 잘 예측해야 합니다. 그리고 추가된 예측변수는 첫 번째 예측변수와 너무 큰 상관관계를 가지면 안 됩니다(< 0.60).

이 예에서 실험 참가자가 트레이너와 함께 운동했는지 여부가 종속변수에 고유한 기여를 해야 합니다. 2개의 예측변수로 회귀분석을 실행하려면 다음의 R 구문을 살펴보세요.

```
> mr <- lm(Injuries ~ Training + Trainer, data = ch18ds1)
> summary(mr)
Call:
lm(formula = Injuries ~ Training + Trainer, data = ch18ds1)
Residuals:
    Min      1Q  Median      3Q     Max
-4.0112 -1.6840 -0.2335 1.6444 4.5724
Coefficients:
             Estimate  Std. Error  t value   Pr(>|t|)
(Intercept)  7.00759     1.08759     6.443   6.64e-07 ***
Training     0.12454     0.04657    -2.674    0.0126   *
Trainer     -0.34188     0.80887    -0.423    0.6759
---
Signif. codes: 0 '***' 0.001 '**' 0.01 '*' 0.05 '.' 0.1 ' ' 1
Residual standard error: 2.214 on 27 degrees of freedom
Multiple R-squared: 0.215, Adjusted R-squared: 0.1569
F-statistic: 3.698 on 2 and 27 DF, p-value: 0.03805
>
```

훈련 시간이 부상 정도와 여전히 통계적으로 유의한 관련이 있는지 확인할 수 있습니다. 훈련 시간이 1시간 증가할 때마다 부상 정도가 0.12 감소합니다. 트레이너와 훈련했는지 여부를 예측변수로 추가한 것이 모형에 유용하지 않은 것으로 보입니다. Trainer에 대한 계수가 −0.34이고 표준오차의 크기는 그보다 두 배 이상(0.80887) 큽니다. 또한 트레이너에 대해서는 낮은 t 통계량(−0.42)과 높은 p 값(0.68)이 나왔습니다. 트레이너와 훈련했는지 여부는 부상 정도를 통계적으로 유의하게 예측하지 않았기 때문에 R^2은 크게 변하지 않았습니다. 훈련변수 하나만 사용한 단순 회귀분석에서 $R^2=0.2099$입니다. 두 예측변수를 사용한 현재 모형의 $R^2=0.215$로, 그 차이는 0.0051밖에 되지 않습니다.

한 가지 더 중요한 단계를 살펴보겠습니다. 우리는 트레이너와 훈련했는지 여부를 모형의 예측변수로 포함해야 하는지를 검정하고자 합니다. 이 검정은 훈련 시간만 포함한 단순 회귀분석과 훈련 및 트레이너를 포함한 다중 회귀분석을 비교합니다. 유의수준을 0.05로 설정하고 있습니다. F 검정의 p 값이 0.05 이상이면, '두 모형이 다르지 않다'는 귀무가설을 기각하지 못하고 단순 회귀를 유지합니다. F 검정의 p 값이 0.05보다 작다면, '두 모형이 다르지 않다.'라는 귀무가설을 기각하고, 다중 회귀를 사용합니다.

R에는 이러한 검정에 적합한 `anova()` 함수가 있습니다. 함수에 필요한 유일한 입력값은 단순 회귀와 다중 회귀의 결과를 저장한 객체입니다. 이 함수는 F 통계량을 반환합니다.

```
> anova(sr, mr)
Analysis of Variance Table
Model 1: Injuries ~ Training
Model 2: Injuries ~ Training + Trainer
Res.Df    RSS  Df  Sum of Sq      F Pr(>F)
1  28 133.27
2  27 132.40 1     0.87598   0.1786 0.6759
>
```

결과를 보면, 귀무가설을 기각할 수 없습니다. $F_{(1,28)}=0.18$, $p=0.68$입니다. 따라서 하나의 예측변수(훈련 시간)만 사용하는 단순 회귀(모형1) 모형을 유지합니다.

예측변수를 여러 개 사용할 때 고려할 중요한 규칙들

둘 이상의 예측변수를 사용하려는 경우 다음 두 가지 사항을 염두에 두세요.

1. 결과를 예측하기 위해 독립변수를 선택할 때, 종속변수(Y)와 관련 있는 예측변수(X)를 선택하세요. 이를 통해 두 변수는 공통점을 갖게 됩니다(두 변수가 서로 관련이 있어야 한다는 점을 반드시 기억하세요).

2. 둘 이상의 독립변수(예 : X_1과 X_2)를 선택할 때, 서로 독립적이거나 상관관계가 없는 변수를 선택하되 결과변수, 즉 종속변수(Y)와 관련이 있는 변수를 선택하세요.

여러분이 예측변수를 추가할 때에는 종속변수와 관련이 있고 다른 독립변수(예측변수)와 관련이 없는 변수만 선택해야 합니다. 이를 통해 각 변수는 종속변수 또는 예측되는 변수predicted variable를 예측하는 데, 최대한 고유한 기여를 할 수 있게 됩니다.

예측변수가 너무 많다는 것은 예측변수가 몇 개나 된다는 의미할까요? 변수 1개로 결과를 예측할 때보다 2개로 예측할 때 더 정확하게 예측할 수 있다면, 왜 3개, 4개, 5개의 예측변수를 사용하지 않을까요?

실제로는 변수를 추가할 때마다 비용이 발생합니다. 우선, 추가 데이터를 수집하기 데 시간이 더 들어갑니다. 이는 비용이 더 발생한다는 것을 의미합니다. 연구 예산은 한정되어 있는데 말이죠. 이론적으로는 예측하고자 하는 값을 구하는 데 도움이 되는 변수의 개수에 대한 고정된 한계치가 있습니다. 이때도 예측변수(독립변수)가 서로 독립적이거나 관련이 없는 경우가 가장 바람직하다는 사실을 기억하세요.

문제는 변수가 3~4개가 되면 관련이 없는 변수가 거의 없다는 것입니다. 너무 많은 변수를 포함하여 더 높은 비용과 예측력을 낭비하는 것보다 정확하고 보수적인 태도를 유지하는 것이 더 좋습니다.

실생활의 통계학

아이들이 자신의 행동에 대해 어떻게 느끼고 있는지는 대개 그들이 그 일을 얼마나 잘하는가와 밀접한 관련이 있습니다. 여기서 소개하는 연구의 목적은 작문을 하며 느끼는 감정의 결과를 분석하는 것입니다. 이 연구 모형에서는 동기부여와 정서가 글쓰기 과정에서 중요한 역할을 합니다.

실험에 참여한 4학년과 5학년 학생들은 각각 중립적인 정서, 긍정적인 정서, 부정적인 정서가 담긴 자전적인 이야기를 쓰라는 지시를 받았습니다. 연구 결과에 따르면, 정서적 내용은 맞춤법 오류의 발생 빈도에는 영향을 미치지 않았지만, 학생들이 사용한 단어의 수에는 영향을 미쳤습니다.

단순 회귀분석(이 장에서 설명하고 학습한 내용) 결과, 중립적인 정서 조건에서만 작업 기억 용량과 철자 오류 수 사이의 상관관계 및 예측값이 나타났습니다. 연구자들은 감정이 작문 과정에 들어가는 인지적 부하 및 작업 기억 용량에 미치는 영향에 대한 모형을 기반으로 예비 가설을 세웠기 때문에, 본 연구는 이러한 부분에 초점 맞춰 진행했습니다.

더 자세한 내용이 궁금하다면, 아래의 자료를 온라인으로 검색하거나 도서관에서 찾아보세요.

Fartoukh, M., Chanquoy, L., & Piolat, A. (2012). 감정이 아동의 작문 과정에 미치는 영향(Effects of emotion on writing processes in children). Written Communication, 29, 391-411.

이 장의 요약

예측은 단순 상관관계의 특수한 경우이며, 복잡한 관계를 분석하기 위한 매우 강력한 도구입니다. 이 장은 다른 장보다 조금 어려울 수도 있지만, 여기서 배운 내용을 주요 연구 보고서나 과학 기사에 적용할 수 있다면, 매우 유용할 것입니다. 지금까지는 여러 장에 걸쳐 추론에 대한 내용을 공부했습니다. 이제 다음 장부터는 표본 크기가 매우 작거나, 표본이 정규분포의 가정을 위반했을 때 사용하는 통계 기법에 대해 배울 것입니다.

연습할 시간입니다!

1. 선형 회귀는 분산분석과 어떻게 다른지 설명하세요.

2. 18장 데이터 세트2(ch18ds2.csv)에는 정해진 시간 동안 시험에 응한 참가자 집단의 데이터가 들어 있습니다. 데이터는 참가자가 각 항목을 푸는 데 사용한 평균 시간(Time)과 각 항목의 정답을 찾기 위해 추측한 횟수입니다(Correct).

(a) 추측 횟수를 바탕으로 응답 시간을 예측하기 위한 회귀 방정식은 무엇입니까?

(b) 추측 횟수가 8일 경우 예측된 응답 시간은 얼마입니까?

(c) 각 추측 횟수 점수에 대해 예측된 응답 시간과 실제 응답 시간의 차이는 얼마입니까?

3. 75세 노인 중 얼마나 많은 사람이 알츠하이머에 걸릴지 예측하고자 합니다. 예측변수로서 교육 수준과 1~10으로 등급을 매긴 일반 신체건강지수를 사용합니다. 그러나 다른 예측변수도 사용해볼 용의가 있습니다. 다음 질문에 답하세요.

(a) 다른 예측변수를 선택할 때 어떤 기준을 고려해야 합니까? 그 이유는 무엇인가요?

(b) 알츠하이머의 발병과 관련이 있다고 생각되는 다른 예측 요인 두 가지를 말해보세요.

(c) 네 가지 예측변수(교육 수준, 일반적인 신체건강지수, 새로 찾은 두 가지 요인)를 사용하여 회귀 방정식 모형을 그려보세요.

4. 도서관에 가서 관심 분야의 연구 중 선형 회귀분석이 사용된 논문 세 편을 찾아보세요. 연구에 2개 이상의 예측변수가 포함된 경우도 괜찮습니다. 다음 질문에 답하세요.

(a) 연구에 사용된 독립변수는 무엇입니까? 종속변수는 무엇입니까?

(b) 만약 2개 이상의 독립변수가 있다면, 연구자는 이 변수들의 독립성과 관련하여 어떤 주장을 하고 있습니까?

(c) 세 연구 중 종속변수가 독립변수에 의해 예측될 수 있음을 밝히는 데 가장 설득력이 부족한 논문은 무엇입니까? 그렇게 생각한 이유는 무엇인가요?

5. 이 장에서 배운 내용을 적용하여 슈퍼볼(Super Bowl) 우승팀을 예측할 수 있는 기회입니다! 코치는 1년 동안 승리한 경기의 평균으로 슈퍼볼 성적(승패 여부)을 예측할 수 있는지 궁금했습니다. 변수 X는 지난 10번의 시즌 동안 승리한 평균 경기 수입니다. 변수 Y는 지난 10년 동안 팀이 슈퍼볼에서 우승했는지 여부입니다. 데이터는 다음과 같습니다.

팀	지난 10년간 승리한 경기의 평균 수	지난 10년간 슈퍼볼 우승 여부 (1은 승리, 0은 패배를 의미)
사반나 삭스	12	1
피츠버그 워리어스	11	0
윌리암스타운 워리어스	15	0
베닝턴 브루저스	12	1
아틀란타 엔젤스	13	1
트레톤 테러스	16	0
버지니아 바이퍼스	15	1
찰스톤 크루너스	9	0
해리스버그 히튼스	8	0
이튼 에너자이저스	12	1

(a) 특정 팀이 슈퍼볼 경기에서 우승한 경험이 있는지에 대한 예측변수로서 평균 승리 횟수가 유용한지 여부를 어떻게 평가합니까?

(b) 범주형 변수(예 : 1 또는 0)를 종속변수로 사용할 때 얻을 수 있는 이점은 무엇입니까?

(c) 종속변수를 예측하기 위해 사용할 수 있는 다른 변수는 무엇입니까? 그 변수를 선택한 이유는 무엇입니까?

6. 17장 [연습문제 5]에서 다룬, 커피 소비와 스트레스 간의 상관계수에 대한 계산을 확인하세요. 커피 소비로 집단 구성원에 대해 예측할 수 있는지 여부를 알고 싶다면 다음 질문에 답하세요.

(a) 예측변수(독립변수)는 무엇입니까?

(b) 기준변수(종속변수)는 무엇입니까?

(c) R^2이 무엇인지 알 수 있습니까?

7. 여러 예측변수를 시험해볼 시간입니다. 훌륭한 요리사가 될지 예측하기 위해 수집한 아래 데이터를 살펴보세요. 수년간의 요리 경험, 교육 수준, 다양한 직책(소스 요리사, 파스타 스테이션 등)과 같은 변수가 모두 위대한 요리사 시험에서 순위(점수)에 영향을 미치는 것으로 판단됩니다.

요리 경력 (년)	교육 수준 (년)	직책 (개)	요리사 시험 점수
5	1	5	88
6	2	4	78
12	3	9	56
21	3	8	88
7	2	5	97
9	1	8	90
13	2	8	79
16	2	9	85
21	2	9	60
11	1	4	89
15	2	7	88
15	3	7	76
1	3	3	78
17	2	6	98
26	2	8	91
11	2	6	88
18	3	7	90
31	3	12	98
27	2	16	88

지금쯤 여러분은 이와 같은 데이터로 방정식을 만드는 데 익숙해졌을 것입니다. 그렇다면 질문으로 들어갑니다.

(a) 요리사 시험 점수를 가장 잘 예측하는 것은 어느 것입니까?

(b) 12년의 경력이 있고 5개의 직책을 맡은 교육 수준이 2인 사람의 요리사 시험에 대한 기대 점수는 몇 점입니까?

8. 18장 데이터 세트3(ch18ds3.csv)을 살펴보세요. 여기서 주택판매수(Number_ Homes_ Sold)는 사업기간(Years_In_Business) 및 교육수준(Level_Of_Education)으로 예측됩니다. 교육 수준이 주택 판매 수에 대한 전반적인 예측(사업 및 교육 수준을 모두 사용)에 기여도가 낮은 이유는 무엇입니까? 가장 좋은 예측변수는 무엇이며 이것을 어떻게 알 수 있습니까? (힌트 : 일종의 속임수 질문입니다. 계속해서 데이터를 분석하기 전에, 파일의 데이터에서 한 변수가 다른 변수와 상관되는 데 중요한 특성을 찾으세요.)

9. 예측변수와 예측된 변수의 어느 조합에 대해서든, 변수 간 관계의 본질은 어떻게 해야 합니까?

PART 06

더 많은 통계!
더 많은 도구!
더 많은 재미!

댄이 친구에게 자기가 수집한 데이터를 자랑하는군요.

와!!! 이제 여러분은 이 책으로 진행하는 수업을 거의 마쳤습니다. 이제 몇 가지 새로운 아이디어만 남았습니다. PART 04에서는 다양한 목적으로 사용하는 여러 통계 기법에 대한 개요를 소개합니다.

19장에서는 추론통계의 이면인 비모수 통계 기법(특히 카이제곱 통계)을 소개합니다. 비모수 통계는 데이터 분포가 정규 분포가 아니거나 지금까지 배운 통계 기법이 기반으로 하는 중요한 가정을 위반할 때 사용하는 흥미롭고 유용한 통계 기법입니다.

20장에서는 요인분석과 구조 모형 방정식과 같은 고급 통계 방법을 살펴봅니다. 여러분은 연구 과정에서 이런 통계 방법에 대해 들어보았을 것입니다. 이들 통계 방법에 대한 심층적인 내용은 입문 통계 과정의 수준을 벗어나므로 이 장에서는 각 방법에 대해 간략하게 이야기하고 관련 예를 제공합니다. 여기서는 고급 기법 중 일부 기법에서 수행할 수 있는 작업과 작동 방식을 살펴봅니다.

자, 총 6개의 PART로 구성된 이 책의 마지막 단계입니다. 여러분은 입문 통계 전문가로서 완벽한 준비를 갖추게 됩니다.

19

카이제곱 검정과 기타 비모수 검정

이 장에서 배울 내용

- ☑ 비모수 통계의 개념과 사용법 이해하기
- ☑ 적합도 검정을 위해 카이제곱 검정을 사용하여 데이터 분석하기
- ☑ 독립성 검정을 위해 카이제곱 검정을 사용하여 데이터 분석하기
- ☑ 비모수 통계를 언제, 어떻게 사용하는지 알기

비모수 통계를 소개합니다

지금까지 살펴본 거의 모든 통계검정 기법들은 데이터 세트에 일정한 특징이 있다고 가정합니다. 예를 들어, 평균(평균이 독립적이든 종속적이든 간에) 간 t-검정의 기본 가정은 각 집단의 분산이 동일하거나 유사하다는 것입니다. 그리고 이 가정을 검정할 수 있습니다. 또 상당수 **모수 통계**parametric statistics에서는 표본이 모집단을 대표하기에 충분히 크다고 가정합니다. 통계학자들은 이 가정을 충족하려면 약 30개 정도의 표본 크기가 필요하다는 것을 알아냈습니다. 지금까지 살펴본 많은 통계검정은 이러한 가정 중 하나를 위반하더라도 여전히 유효할 만큼 충분히 강력하고 타당합니다.

하지만 이런 가정이 위배된다면 어떻게 해야 할까요? 원래 의도한 연구 질문은 여전히 묻고 답을 구할 만한 가치가 있습니다. 이때 **비모수 통계**nonparametric statistics를 사용합니다. 이 검정은 동일한 '규칙'을 따르지 않지만,[1] 마찬가지로 중요합니다. 비모

1 지금까지 살펴본 모수 검정과 동일한 가정을 필요로 하지 않음을 의미합니다.

수 검정은 다른 학년의 학생 수, 사회보장 혜택을 받는 사람들의 비율과 같이 빈도로 나타나는 데이터를 분석하는 데 사용됩니다. 그리고, 이러한 변수는 명목수준이나 범주수준에서 측정됩니다.[2]

예를 들어, 가장 최근 선거에서 학교 바우처school voucher에 찬성 투표한 사람들의 특성은 우연 때문인지, 아니면 하나 이상의 변수에 의해 실제로 선호하는 패턴이 있었는지 알고 싶다면 **카이제곱**chi-square이라는 비모수 통계 기법을 사용합니다.

이 장에서는 가장 일반적으로 사용되는 비모수 검정 중 하나인 카이제곱에 대해 설명하고, 그 외 다른 방법들에 대해서도 간략하게 설명합니다. 따라서 여러분은 현재 사용되고 있는 기타 비모수 검정 기법에도 익숙해질 수 있을 것입니다.

단일 표본 카이제곱 적합도 검정을 소개합니다

카이제곱은 흥미로운 비모수 검정으로서 빈도 분포에서 관찰한 것이 우연히 발생할 것으로 예상되는지 여부를 판단할 수 있습니다. 단일 표본 카이제곱 검정one-sample chi-square test은 적합도 검정goodness-of-fit test이라고도 하며 곧 보게 될 예와 같이 하나의 차원만 포함됩니다. 이원 카이제곱 검정two-sample chi-square은 두 개의 차원·변수·요인을 포함하며 일반적으로 독립성 검정test of independence이라고 부릅니다. 예를 들면, 학교 바우처school voucher에 대한 선호도가 정당 소속 및 성별과 무관한지를 검정하는 데 사용할 수 있습니다.

이 두 가지 유형의 카이제곱 절차를 살펴보겠습니다.

먼저, 적합도 검정에 대한 예를 살펴보겠습니다. 다음 표는 캘리포니아 소노마 카운티에서 수집된 1990년 인구통계 조사 데이터에서 무작위로 추출한 표본 데이터입니다. 보다시피, 이 표는 교육 수준에 대한 정보를 정리한 것입니다(단 한 가지 요소).

교육 수준			
대학 교육 경험 없음	대학 교육 일부 경험	대학 학위 소지	합계
25	42	17	**84**

2 4장에서 설명한 측정의 명목척도에 대해 참고하세요.

여기서 관심을 갖는 질문은 응답자 수가 모든 교육 수준에서 균등하게 분포되어 있는지 여부입니다. 이 질문에 답하기 위해 카이제곱(χ^2) 값을 계산하고 유의성을 검정했습니다. 이 예에서 카이제곱 값은 11.643이며 0.05 수준을 초과하여 유의합니다. 결론은 이 표본에서 다양한 교육 수준에 따른 응답자 수가 균등하게 분포되어 있지 않다는 것입니다. 다시 말해, 값들이 우연에 의해 분포된 것이 아닙니다.

단일 표본 카이제곱 검정의 원리는 임의의 발생 빈도가 우연에 의한 것인지를 쉽게 판단할 수 있다는 것입니다. 총 발생 수를 계급 수 또는 범주 수로 나눔으로써 이 작업을 수행할 수 있습니다. 앞의 인구통계 데이터 표본의 결과에서 관찰된 총 발생 횟수는 84회였습니다. 모든 빈도수의 합계를 총 범주 수(84 ÷ 3 = 28)로 나눈 값 28이 총 응답 수가 우연에 의해 세 교육 수준으로 분배되었다고 예상할 수 있는 값입니다.

이제, 우연에 의해 발생할 것으로 예상한 분포와 실제 분포의 차이를 확인합니다. 두 분포 간에 아무런 차이가 없다면, 카이제곱 값은 0이 됩니다.

왜 카이제곱 검정을 '적합도goodness of fit' 검정이라고 부를까요? 이 이름은 하나의 데이터 세트가 기존 데이터 세트와 얼마나 잘good 맞는지fit를 나타냅니다. 데이터 세트는 물론 여러분이 관찰한 값입니다. '적합' 부분은 관찰된 데이터 세트와 일치할 수 있는 예상되는 값으로 구성된 다른 데이터 세트가 있음을 암시합니다. 그리고 앞에서 본 예와 같이 예상되는 값을 균등하게 정할 필요는 없습니다. 여러분은 다른 도시나 지역의 비슷한 상황에서 관찰된 데이터를 비교하고 싶을 수도 있습니다. 이 표준은 χ^2 값을 구하는 과정에서 계산되는 기대 빈도입니다. 만약 관찰된 데이터가 적합하면, χ^2 값이 우연에 의해 예상되는 값에 매우 가깝고, 크게 다르지 않습니다. 만약 관찰된 데이터가 적합하지 않으면, 관찰된 값과 우연에 의해 예상되는 값이 다릅니다.

자, 이제 카이제곱 값을 어떻게 계산하는지 자세히 살펴봅시다.

카이제곱 검정통계량 계산하기

카이제곱 검정은 관찰된 결과와 우연히 발생할 것으로 예상하는 결과를 비교합니다. 단일 표본 카이제곱 검정을 위한 카이제곱 값에 대한 수식은 식 (19.1)과 같습니다.

$$\chi^2 = \sum \frac{(O-E)^2}{E} \qquad (19.1)$$

여기서

- χ^2은 카이제곱 값입니다.
- $\sum$는 합계 기호입니다.
- O는 관측된 빈도수입니다.
- E는 예상되는 빈도수입니다.

다음은 카이제곱 값을 계산하는 데 사용할 데이터입니다.

학교 바우처 선호도			
찬성	잘 모르겠음	반대	**합계**
23	17	50	**90**

다음은 이미 친숙한 8단계 검정통계 과정입니다.

1. 귀무가설 및 연구가설을 진술합니다.

식 (19.2)에 표시된 귀무가설은 각 범주의 발생 빈도 또는 비율에 차이가 없음을 나타냅니다.

$$H_0 : O = E \qquad (19.2)$$

귀무가설에서 O는 한 범주에서 관찰된Observed 빈도수를 나타내고 E는 한 범주에서 예상되는Expected 빈도수를 나타냅니다. 이 귀무가설은 관측 빈도수와 기대 빈도수가 동일하다고 주장합니다. 여기서는 세 개의 범주만 사용하고 있지만 각 범주가 상호 배타적이기만 하다면 상황에 따라 범주의 수를 늘릴 수 있습니다. 즉, 하나의 관측값이 둘 이상의 범주에 속할 수는 없습니다. 예를 들어, 남성과 여성의 범주에 모두 속할 수는 없습니다. 또 학교 바우처 계획에 찬성하면서 동시에 반대할 수 없습니다.

식 (19.3)에 나타난 연구가설은 하나 이상의 범주에서 발생 빈도에 차이가 있음을 나타냅니다.

$$H_1 : O \neq E \tag{19.3}$$

2. 귀무가설과 관련된 위험 수준(유의수준 또는 1종 오류)을 설정합니다.

유의수준은 0.05로 설정되었습니다. 어떻게 0.01 또는 0.001이 아닌 0.05로 결정했나요? 이전 장에서 강조했듯이, 이 값은 전적으로 연구자의 재량으로 결정합니다.

3. 적절한 검정통계를 선택합니다.

상호배타적인 범주(예 : 찬성/잘 모르겠음/반대) 간의 빈도 또는 비율 검정하기 위해서는 카이제곱을 사용해야 합니다. 12~18장에서 사용한 순서도에는 비모수 통계에 대한 절차가 없어 여기서는 이 순서도를 사용할 수 없습니다.

4. 검정통계량(획득된 값)을 계산합니다.

앞에 나온 투표 데이터 예로 돌아가서 카이제곱 값을 계산하기 위해 표를 만들어 봅시다.

범주	O (관측 빈도수)	E (기대 빈도수)	D (차이)	$(O-E)^2$	$(O-E)^2/E$
찬성	23	30	7	49	1.63
잘 모르겠음	17	30	13	169	5.63
반대	50	30	20	400	13.33
합계	90	90			20.59

위의 표를 도출하는 과정은 다음과 같습니다.

① 찬성, 잘 모르겠음, 반대의 세 범주를 입력합니다. 이 범주들은 상호배타적임을 기억하세요. 모든 데이터는 한 번에 하나의 범주에만 속할 수 있습니다.

② 수집된 데이터를 반영하는 관측 빈도수(O)를 입력합니다.

③ 기대 빈도수(E), 즉 총 관측 빈도수(90)를 범주 수(3)로 나눈 값, 90/3 = 30을 입력하세요.

④ 각 셀에서 관측 빈도수에서 기대 빈도수를 뺀 값(D)을 계산합니다. 이 값은 다음 단계에서 제곱하기 때문에, 기대 빈도수에서 관측 빈도수를 빼도 상관없습니다.

⑤ 관측 빈도수에서 기대 빈도수를 뺀 값(D)을 제곱합니다. 이 값은 $(O-E)^2$ 열에 있습니다. 이것은 D^2으로 표현할 수도 있습니다.

⑥ 관측 빈도수와 기대 빈도수의 차이의 제곱을 기대 빈도수로 나눕니다. $(O-E)^2/E$열에서 이 값을 확인할 수 있습니다.

⑦ 이 마지막 열의 모든 값을 합하면 20.59라는 총 카이제곱 값이 나옵니다.

5. 특정 통계에 대한 적절한 임계값 표를 사용하여 귀무가설을 기각하는 데 필요한 값을 결정합니다.

카이제곱 검정을 위한 임계값을 구하기 위해 [부록 B]의 [표 B.5]를 펼칩니다.

먼저 할 일은 자유도(df)를 결정하는 것입니다. 자유도는 데이터가 분포된 범주의 수와 유사합니다. 이 예제에서 사용된 검정통계의 경우 자유도는 $r-1$(r은 행(row)을 의미), 즉, $3-1=2$입니다.

자유도(2)와 연구자가 감수할 수 있는 위험 수준(0.05로 정했음), 카이제곱 표를 사용하여 임계값 5.99를 찾을 수 있습니다. 따라서 자유도가 2이고, 유의수준 0.05에서 귀무가설을 기각하는 데 필요한 카이제곱 값은 5.99입니다.

6. 검정통계량(획득된 값)과 임계값을 비교합니다.

획득된 값은 20.6이고 범주 1, 범주 2, 범주 3의 발생 빈도가 동일하다는 귀무가설을 기각하는 데 필요한 임계값은 5.99입니다.

7. & 8. 결정할 시간입니다.

획득된 값이 임계값보다 더 극단적인 경우 귀무가설을 기각할 수 있습니다. 획득된 값이 임계값을 초과하지 않으면, 귀무가설이 가장 매력적인 설명입니다. 이 예의 경우, 획득된 값(20.6)이 임계값(5.99)을 초과합니다. 즉, 획득된 값은 각 범주에 대한 응답자의 분포가 동일하지 않다고 말할 수 있을 정도로 극단적입니다. 실제로, 유권자들의 학교 바우처 선호(찬성, 잘 모르겠음, 반대)의 빈도수 간에 차이가 있습니다.

그렇다면 $\chi^2_{(2)}=20.6$, $p<0.05$를 어떻게 해석해야 할까요?

- χ^2은 검정통계량을 나타냅니다.
- 2는 자유도입니다.
- 20.6은 식 (19.1)을 사용하여 구한 값입니다.

- $p < 0.05$는 귀무가설에 대한 검정에서 투표 빈도가 우연으로 모든 범주에 균등하게 분배될 확률이 5% 미만임을 나타냅니다. 연구가설이 귀무가설보다 더 매력적인 설명이라고 판단할 기준으로 0.05를 설정했기 때문에, 두 점수 집합 간에 유의한 차이가 우연 때문에 발생할 확률은 5% 미만입니다.

독립성 카이제곱 검정을 소개합니다

지금까지 적합도goodness-of-fit에 대한 카이제곱 검정에 관해 이야기했습니다. 이제 조금 더 발전된 유형인 독립성 카이제곱 검정[3]을 살펴보겠습니다.

이 검정을 사용하면 거의 항상 명목 측정 수준에서 서로 다른 두 차원이 서로 관련 있는지 여부를 확인합니다. 예를 들어, 남성과 여성, 투표 참여와 불참의 2 × 2(2행 2열) 표로 구성된 다음 데이터를 살펴봅시다.

		투표 참여 여부	
		투표 참여	투표 불참
성별	남성	50	20
	여성	40	10

(1) 두 가지 차원(성별과 투표 참여 여부)이 있으며, (2) 이 경우 독립성 카이제곱 검정은 성별과 투표 참여 여부가 서로 독립적인지를 확인하는 것임을 기억하세요.

1차원 카이제곱과 마찬가지로, 관측값과 기댓값이 서로 비슷할수록 차원이 서로 독립적일 가능성이 높아집니다. 관측값과 기댓값이 덜 비슷할수록 두 차원이 서로 독립적일 가능성이 적습니다.

검정통계량 계산은 적합도 검정에서 사용한 계산 방식과 같습니다(놀랍지 않나요?). 기댓값을 계산한 다음 이를 관측값과 함께 사용하여 카이제곱 값을 계산한 후 유의성을 검정합니다. 그러나 1차원 검정과 달리 독립성 검정에 대한 기댓값은 다른 방식으로 계산됩니다. 다음 계산 과정에서 살펴보겠습니다.

3 연관성에 대한 카이제곱 검정이라고도 합니다.

독립성 카이제곱 검정통계량 계산하기

앞에 나온 성별-투표 데이터를 참고하여 독립성 검정을 수행하는 단계는 다음과 같습니다. 적합도 검정에서 쓴 단계와 공식을 사용했습니다. 요약하면 다음과 같습니다.

	남성	여성	행 합계
투표 참여	37	32	69
투표 불참	20	31	51
열 합계	57	63	총합:120

수식은 같지만 기댓값이 다르게 계산되는 점을 주의하세요. 특히, 임의의 셀에 대한 기댓값은 행 합계에 열 합계를 곱한 값을 모든 관측치의 총합(120)으로 곱한 값입니다.

예를 들어, 투표에 참여한 남성의 기댓값은 다음과 같습니다.

$$\text{기댓값} = \frac{\sum \text{행} \times \sum \text{열}}{\sum \text{모든 값}} = \frac{69 \times 57}{120} \qquad (19.4)$$

1. 남성 투표 참여자, 남성 투표 불참자, 여성 투표 참여자, 여성 투표 불참자의 범주를 입력합니다. 이 모든 범주는 상호배타적입니다. 모든 데이터는 한 번에 하나의 범주에만 속합니다.
2. 수집된 데이터를 반영하는 관측 빈도수(O)를 입력합니다.
3. 기대 빈도수(E)를 입력합니다. 행 합계와 열 합계를 곱한 수를 총 관측치 수로 나눈 값입니다.
4. 각 셀에 대해, 관측 빈도수(O)에서 기대 빈도수(E)를 빼거나($O-E$), 반대로 기대 빈도수(E)에서 관측 빈도수(O)를 뺍니다($E-O$). 다음 단계에서 이 차이값(D)을 제곱하므로 빼는 순서는 중요하지 않습니다.
5. 관측 빈도수(O)와 기대 빈도수(E)의 차이값(D)을 제곱합니다.
6. 관측 빈도수(O)와 기대 빈도수(E)의 차이값(D)의 제곱을 기대 빈도수로 나눕니다. 다음 표의 $(O-E)^2/E$로 표시된 항목에서 이 값을 볼 수 있습니다.

7. [단계 6]에서 나온 값들을 더하면 총 카이제곱 값은 2.441입니다. 다음은 관측값 (O), 기댓값(E), 이 둘의 차이를 제곱한 값$(O-E)^2$에 대한 요약 표입니다.

관측 빈도수(O)			
	남성	여성	합계
투표 참여	37	32	69
투표 불참	20	31	51
합계	57	63	120

기대 빈도수(E)			
	남성	여성	
투표 참여	32.78	36.23	
투표 불참	24.23	26.78	

(O-E)2/E			
	남성	여성	
투표 참여	0.54	0.49	
투표 불참	0.74	0.67	

계산된 카이제곱 값은 $0.54+0.49+0.74+0.67=2.44$입니다.

카이제곱 검정에 대한 임계값 목록은 [부록 B]의 [표 B.5]를 참고하세요. 먼저 해야할 일은 데이터가 구성된 범주의 수와 비슷한 자유도(df)를 결정하는 것입니다. 독립성 카이제곱 검정의 경우 자유도는 $(r-1)(c-1)$입니다. 여기서 r은 행(row)의 개수이며, c는 열column의 개수입니다. 따라서 $(r-1)(c-1)$은 $(2-1)(2-1)$ 또는 1과 같습니다.

자유도(1)와 연구자가 감수할 수 있는 위험 수준(0.05로 정했음), 카이제곱 표를 사용하여 임계값 3.84를 찾을 수 있습니다. 따라서 자유도 1과 유의수준 0.05에서 귀무가설을 기각하는 데 필요한 임계값은 3.84입니다.

획득한 값은 2.44이고, 성별과 투표 참여 여부가 독립적이라는 귀무가설을 기각하는 데 필요한 임계값은 3.84입니다.

8. 이제 결정할 시간입니다. 획득한 값이 임계값보다 더 극단적인 경우 귀무가설을 기각할 수 있습니다. 획득한 값이 임계값을 초과하지 않으면 귀무가설이 가장 매

력적인 설명이며, 귀무가설을 기각하지 못합니다. 이 경우 획득한 값이 임계값을 초과하지 않습니다. 실제로 성별과 투표 참여 여부는 독립적입니다.

만약, 우리가 수집한 데이터의 빈도수가 모든 범주에 균등하게 분배되지 않으리라고 예상되면 어떻게 해야 할까요? 문제없습니다! 지난 몇 년 동안의 투표 행동과 같은 상황에 대해 알고 있는 것을 활용하여 예상값을 변경할 수 있습니다. 카이제곱 검정은 관측 및 기대 빈도수에 관한 것임을 기억하세요. 적합도 카이제곱 검정통계량을 계산하든, 독립성 카이제곱 검정통계량을 계산하든, 모든 범주에서 비율이 항상 같을 것으로 예상할 필요는 없습니다.

R을 사용하여 카이제곱 검정 수행하기

적합도 카이제곱 검정과 R

R을 사용하여 단일 표본 카이제곱 검정을 수행하는 방법은 다음과 같습니다.[4] 앞에서 다룬 학교 바우처 선호도 조사 데이터가 담긴 19장 데이터 세트1(ch19ds1.csv)을 사용합니다.

1. 데이터 세트를 읽고 ch19ds1 객체로 저장한 후, `View()` 함수를 사용하여 확인합니다.

```
> ch19ds1 <- read.csv(file.choose())
> View(ch19ds1)
>
```

2. 관측 카운트 테이블을 만듭니다. 적합도 데이터를 만들기 위해 테이블 `gfdata`를 호출합니다. 테이블이 생성되면 `gfdata`와 대조하여 내용이 맞는지 다시 한 번 확인합니다.

4 이 주제에 대한 R 튜토리얼 비디오를 보려면 edge.sagepub.com/salkindshaw를 방문하세요.

```
> gfdata <- table(ch19ds1$Voucher)
> gfdata
Against For Maybe
     50  23     17
>
```

3. chisq.test() 함수를 사용하여 적합도를 검정합니다.

```
> chisq.test(gfdata, p = c(1/3, 1/3, 1/3))
Chi-squared test for given probabilities
data: gfdata
X-squared = 20.6, df = 2, p-value = 3.363e-05
>
```

함수를 계산하기 위해, 우리는 R에서 gfdata로 생성하고 저장한 테이블을 불러왔습니다. 그런 다음, 예상 비율이 반대(Against), 찬성(For), 모름(Maybe)에 대해 각각 1/3임을 입력했습니다. R은 적합도 $\chi^2 = 20.6$, $p < 0.001$을 반환했습니다. 정확한 유의수준은 너무 작아(0.001 미만) R은 3.363e−05(3.363×10^{-5} 또는 0.00003363)로 표시합니다. 매우 가능성이 낮은 결과입니다! 따라서 이 세 범주의 빈도가 같지 않을 가능성이 높습니다.

독립성 카이제곱 검정과 R

다음은 R을 사용하여 2차원 독립성 카이제곱 검정을 수행하는 방법입니다. 앞에서 다룬 성별-투표 예시와 비슷한 19장 데이터 세트2(ch19ds2.csv)를 사용합니다. 이 데이터 세트에는 성별sex과 투표vote라는 두 가지 변수가 있습니다. 또한 성별에는 남성과 여성, 투표에는 예(Yes)와 아니요(No)라는 두 가지 값이 각각 있습니다.

1. 데이터 세트를 읽고 데이터 객체 ch19ds2를 확인합니다.

```
> ch19ds2 <- read.csv(file.choose())
> View(ch19ds2)
>
```

2. table() 함수를 이용해 두 범주 데이터를 테이블로 만들고 toidata 객체에 저장합니다. 객체를 호출하여 내용을 확인합니다.

```
> toidata <- table(ch19ds2$Sex, ch19ds2$Vote)
> toidata
              No  Yes
      Female  31   32
      Male    20   37
>
```

3. 적합도 검정에 사용한 chisq.test() 함수를 실행합니다. 식 (19.1)에서 얻은 결과와 일치시키기 위해 correct = FALSE 옵션을 하나 더 추가합니다. 기대 빈도수 중 하나가 5 미만이면 correct = TRUE 옵션을 사용합니다. 가장 작은 기대 빈도수는 두 번째 행의 첫 번째 열에서 24.225(식 (19.4) 참조)이므로 아무것도 수정할 필요가 없습니다.

```
> chisq.test(toidata, p = c(1/4, 1/4, 1/4, 1/4), correct = FALSE)
        Pearson's Chi-squared test
data: toidata
X-squared = 2.441, df = 1, p-value = 0.1182
>
```

R 출력 이해하기

독립성 카이제곱 검정에 대한 R 출력 내용은 다음과 같습니다.

1. 남성–예 (37), 남성–아니요 (20), 여성–예 (32), 여성–아니요 (31)와 같이 다양한 범주의 빈도가 나열됩니다.
2. Pearson 카이제곱 값 2.441과 자유도(1)는 카이제곱 검정 항목에 나타납니다. 결과에서는 이 장의 앞 부분에서 수동으로 계산한 값과 동일한 값을 보여줍니다.
3. 정확한 유의수준은 0.1182이므로 결과는 0.05 수준에서는 유의미하지 않습니다. 다시 말해서, 성별과 투표 참여는 서로 독립적입니다.

이 결과를 어떻게 해석하면 될까요? 투표 참여는 성별의 함수가 아니며, 성별도 투표 참여와 관련이 없다는 것입니다.

chisq.test의 좋은 점 하나는 표를 작성하지 않고, R에 예상 비율을 알려줄 수 있다는 점입니다. 이 마지막 예에서는 chisq.test() 함수에 두 변수를 입력하고 다시 correct 인수 값을 FALSE로 설정하여 정확히 같은 결과를 도출합니다.

```
> chisq.test(ch19ds2$Sex, ch19ds2$Vote, correct = FALSE)
        Pearson's Chi-squared test
data: ch19ds2$Sex and ch19ds2$Vote
X-squared = 2.441, df = 1, p-value = 0.1182
>
```

웹 사이트 http://www.quantpsy.org/chisq/chisq.htm에서 밴더빌트 대학 Vanderbilt University의 크리스토퍼 프리처Kristopher J. Preacher 박사가 제공하는 카이제곱값 생성기로 두 유형의 카이제곱 검정을 해보세요. 먼저 손으로 계산하여 카이제곱값이 생성되는 방법을 실제로 이해하고 나서, 이 도구를 R과 함께 사용하여 더 편하게 통계를 즐기세요!

여러분이 알아야 할 기타 비모수 검정

여러분이 제안한 연구 질문에 답하기 위해 비모수 검정이 필요하지 않을 수도 있습니다. 하지만 표본의 크기가 매우 작을 때(또는 30개 미만이거나)도 있고 모수 통계 검정 방법[5]이 전제로 삼는 중요한 가정(데이터의 정규분포) 중 일부를 위반하는 데이터를 다룰 경우도 있습니다.

사실, 비모수 통계를 사용하는 주된 이유는 여러분이 평가하려는 변수의 측정 수준 때문입니다. 범주로 구분되고 각 범주(예 : 공화당과 민주당)에 속하거나, 서열이 있고 순위가 매겨진(1위, 2위, 3위) 대부분의 데이터는 [표 19-1]에 나와 있는 종류의 비모수 검정으로 분석해야 합니다. 이런 경우에는 비모수 분석을 시도해 보세요. [표 19-1]은 기타 비모수 검정 기법과 관련하여 기억해두어야 할 정보를 보여줍니

5 이 책에서 다룬 z-검정, t-검정, 분산분석, 상관분석 등 대부분의 통계 검정 방법은 모수 통계 검정이며, 특정한 가정 하에서만 그 검정 결과를 신뢰할 수 있습니다.

다. 검정 명칭, 사용 목적, 각각의 활용 사례를 보여주는 연구 질문 예시 등이 포함됩니다. 이 표에는 사용 가능한 여러 검정 중 일부만 나와 있음을 명심하세요.

표 19-1 범주화되었거나 서열이 있는 데이터를 분석하기 위한 비모수 검정

검정 명칭	사용 목적	연구 질문 예시
범주로 구분된 데이터 분석이 목적인 경우		
맥네마 검정 (McNemar test for significance of changes)	이전 및 이후의 변화를 분석	특정 이슈에 대한 투표에서 부동층 유권자에게 전화하는 것은 얼마나 효과적입니까?
피셔의 정확도 검정 (Fisher's exact test)	2 × 2 표에서 정확한 결과 확률을 계산	동전 여섯 개를 던져서 모두 앞면이 나올 정확한 확률은 얼마입니까?
카이제곱 단일 표본 검정 (Chi-square one-sample test)	각 범주의 발생 횟수가 우연에 의한 것인지를 확인	최근 판매 중인 A, B, C 브랜드 제품이 각각 같은 판매량을 기록했습니까?
서열화된 데이터 분석이 목적인 경우		
콜모로고프-스미르노프 검정 (Kolmogorov-Smirnov test)	표본의 점수를 특정 모집단에서 얻은 것인지 확인	특정 어린이들이 내린 판단이 모든 초등학교 학생들을 얼마나 대표합니까?
부호 검정, 중앙값 검정 (The sign test, or median test)	쌍으로 된 두 표본의 중앙값 비교	후보자 A에 투표한 사람들의 소득 중앙값은 후보자 B에 투표한 사람들의 소득 중앙값보다 높습니까?
맨-휘트니 U 검정 (Mann-Whitney U test)	두 개의 독립 표본을 비교	학습의 전이(정답을 맞힌 문항 수로 측정됨)가 B 집단보다 A 집단에서 더 빠르게 발생했습니까?
윌콕슨 부호순위 검정 (Wilcoxon rank test)	두 집단 간 차이의 방향뿐 아니라 크기도 비교	아이들의 언어 능력 개발을 위해 유치원에 다니는 것이 다니지 않는 것보다 두 배 효과적입니까?
크루스칼-왈리스 검정 (Kruskal-Wallis oneway analysis of variance)	두 개 이상의 독립 표본 간 전반적인 차이를 비교	네 개 지역 사무소의 감독관 직위는 서로 얼마나 다릅니까?
프리드만 검정 (Friedman two-way analysis of variance)	두 가지 이상의 차원에서 두 개 이상의 독립 표본 간 전반적인 차이를 비교	감독관의 순위는 지역 사무소와 성별에 따라 어떻게 다릅니까?
스피어만 순위상관계수 (Spearman rank correlation coefficient)	순위 간의 상관관계를 계산	고등학교 3학년 때의 학급 내 등수와 대학교 1학년 때의 과 내 등수 간의 상관관계는 무엇입니까?

실생활의 통계학

뇌졸중이 있는 사람은 스스로 옷을 입는 능력을 상실할 수 있으며, 일상생활에서 더 의존적이고 통제력이 없다는 느낌을 받게 됩니다. 그러나 만약 작업치료사의 도움으로 이러한 능력을 회복할 수 있다면 어떨까요? 조앤나 플레처-스미스Joanna Fletcher-Smith, 매리온 워커Marion Walker, 에이브릴 드러몬드Avril Drummond는 뇌졸중을 겪어 인지 장애가 있는 70명에 대해 옷 입기 능력을 평가하는 연구를 설계했습니다. 참가자

는 두 가지 범주의 변수, 즉 한 손이나 양손을 사용해 옷 입기와 도움을 받거나 받지 않고 옷 입기 능력에 대해 평가를 받았습니다. 옷 입기 능력은 성공(1)과 실패(0)로 측정되었습니다. 작업치료사가 6주 동안 도와준 후에 같은 환자를 대상으로 다시 평가하였고, 2 × 2 표에 데이터를 입력한 후, 6주의 시간 경과에 따른 개선이 있는지 확인하기 위해 독립성 카이제곱 검정을 수행했습니다. 연구자들은 양손을 사용할 수 있는 사람들이 한 손만 사용한 사람들보다 훨씬 더 능력이 향상되었으며 한 손을 사용하는 사람들도 향상될 수도 있음을 발견했습니다.

더 자세한 내용이 궁금하다면, 아래의 자료를 온라인으로 검색하거나 도서관에서 찾아보세요.

Fletcher-Smith, J., Walker, M. F., & Drummond, A. (2012). 인지 장애 뇌졸중 환자의 손 사용이 옷 입기에 미치는 영향(The influence of hand use on dressing outcome in cognitively impaired stroke survivors). British Journal of Occupational Therapy, 75(1), 2-9.

이 장의 요약

카이제곱은 정규분포의 기본 가정을 위반하거나 너무 작은 데이터를 기반으로 한 질문에 답하는 데 도움이 되는 여러 유형의 비모수 통계 기법 중 하나입니다. 따라서 이러한 비모수 검정은 매우 가치 있는 도구가 됩니다. 이 장에서는 제한된 내용만 다루었지만, 여러분이 앞으로 접하게 될 연구나 여러분 자신의 연구에 카이제곱 검정을 사용할지 판단하는 데 도움이 될 것입니다.

연습할 시간입니다!

1. 언제 획득된 카이제곱 값이 0이 됩니까? 이런 일이 발생할 수 있는 예를 들어보세요.

2. 다음 데이터를 사용하여 최근 선거에서 같은 수의 민주당원, 공화당원, 무소속 유권자가 투표했는지 여부에 대한 질문을 검정합니다. 유의수준 0.05에서 가설을 검정하세요.

소속 정당		
공화당	민주당	무소속
800	700	900

3. 다음 데이터를 사용하여 같은 수의 남학생(1)과 여학생(2)이 0.01 유의수준에서 축구 활동에 참여하는지 여부를 질문하세요. 데이터는 19장 데이터 세트3(ch19ds3.csv)에 있습니다. R이나 다른 통계프로그램을 사용하여 카이제곱 값의 정확한 확률을 계산하세요. 여러분이 내린 결론은 무엇입니까?

성별	
남자 = 1	여자 = 2
45	55

4. 학교 입학 담당자는 학년별 학생 수 분포의 변화를 관찰했는데 새로운 분포가 예상했던 대로인지 확실하지 않았습니다. 0.05 수준에서 적합도에 대해 다음 데이터를 검정하세요.

학년	1	2	3	4	5	6
학생 수	309	432	346	432	369	329

5. 사탕 회사의 마케팅 직원 중 절반은 모든 막대사탕의 맛이 거의 같다고 주장합니다. 나머지 절반은 동의하지 않습니다. 누가 옳을까요? 19장 데이터 세트4(ch19ds4.csv)를 이용해 분석하세요.

막대사탕	100명 중 선호 수
땅콩 맛	9
베이컨 맛	27
사과 맛	16
솜사탕 맛	17
초콜릿 맛	31

6. 다음은 땅콩 맛 초코바와 기본 맛 초코바에 대한 선호도와 운동 수준을 조사한 설문조사 결과입니다. 이 변수들은 관련이 있습니까? 손으로 계산하거나 R을 사용하여 계산하세요.

초코바 맛	운동 수준		
	높음	중간	낮음
기본 맛	160	400	175
땅콩 맛	150	500	250

7. 19장 데이터 세트5(ch19ds5.csv)에는 나이(청년, 중년, 노인)와 근력 수준(약함, 보통, 강함)의 두 가지 변수 항목이 있습니다. 이 두 요소가 서로 독립적입니까?

나이	근력 수준		
	약함	보통	강함
청년	12	18	22
중년	20	22	20
노인	9	10	5

20

알아두어야 할 다른 (중요한) 통계 도구

이 장에서 배울 내용

- ☑ 고급 통계 기법의 소개하기
- ☑ 고급 통계 기법 사용 방법과 사용 조건

지금까지 통계학 전체에서 단지 일부분만 다뤘습니다. 이 책에서 모두 다룰 수 없기 때문이기도 하지만, 더 중요한 것은 통계 공부를 시작할 때, 단순하고 명확한 내용을 다루는 것이 중요하기 때문입니다.

그러나 이는 여러분이 연구 논문을 읽거나 수업 중 토론에 참여하는 과정에서 이외의 중요한 통계 분석 기법들을 활용할 일이 없을 것이라는 뜻은 아닙니다. 실제로 통계를 좋아하고 더 많은 통계 과목을 수강하게 된다면 이 장에서 소개하는 통계 기법 중 하나 이상을 확실히 만나게 될 것입니다. 여러분에게 동기를 부여하기 위해, 이전 장에서 다루지 않은 10가지 통계 기법과 사용 목적, 이러한 기법들을 사용하여 연구 질문에 대한 답을 찾은 사례들을 소개합니다. 이 장에서 처음으로 소개하는 R 패키지를 비롯해 이 책에서 소개한 모든 R 패키지에 대해, 패키지를 개발한 사람의 이름과 해당 문서의 이름을 [부록 A]에서 찾아 참조하기 바랍니다.

다변량 분산분석(MANOVA)

다양한 분산분석(ANOVA)이 있으며 각 기법은 '세 개 이상인 집단의 평균을 비교'하기 위한 특정 상황에 맞게 설계되었다는 것을 여러분은 이미 잘 알고 있습니다. 이 중 하나인 **다변량 분산분석**Multivariate ANOVA, MANOVA은 연구 설계에 두 개 이상의 종속변수가 있을 때 사용됩니다. 따라서 연구자는 하나의 결과만 분석하는 것이 아니라 둘 이상의 결과 또는 종속변수를 사용합니다. 종속변수 또는 결과변수가 서로 관련되어 있으면 독립변수의 효과를 명확히 판단하기가 어렵습니다. 그럴 때 MANOVA를 사용합니다.

예를 들어, 휴스턴 대학의 어랭저 터너Erlanger Turner와 산타 클라라 대학Santa Clara University의 자스민 라마스Jasmín Llamas는 라틴계 대학생의 치료 공포, 민족 정체성, 영성에 대한 정신 건강 서비스와 성별의 영향을 조사했습니다. 그들이 사용한 MANOVA 분석은 2 × 2(정신 건강 서비스 사용 : 예/아니요, 성별 : 남성/여성) MANOVA였습니다. 분석의 다변량 부분은 세 가지 다른 종속변수, 즉 심리 치료 조사에 대한 생각, 민족 정체성 척도, 영적 의미 척도입니다. 다변량 분산분석 기법을 사용하면 각 종속변수에 대한 독립변수(서비스 사용과 성별)의 영향을 한 번에 모두 추정할 수 있습니다.[1]

R에서 MANOVA 수행하기

R에서 MANOVA를 실행하는 (최소한!) 몇 가지 방법이 있습니다. R을 시작할 때 액세스할 수 있는 통계 패키지에서 `manova()` 함수를 확인하세요. 도움말 텍스트를 확인한 다음 R에 내장된 데이터 세트로 예를 실행하세요.

```
> ?manova
> example(manova)
>
```

이 예에서는 먼저 비순차 집단의 경우 Helmert에 대한 대비로 설정합니다. 이어서 예의 두 번째 결과를 작성한 다음, npk 데이터 세트를 기반으로 MANOVA를 실행합니다.

1 Turner, E. A., & Llamas, J. D. (2017). 라틴계 대학생의 치료 공포, 민족 정체성, 영성이 정신과 치료에 미치는 영향 (The role of therapy fears, ethnic identity, and spirituality on access to mental health treatment among Latino college students). College Counseling Services, 14, 524-530.

반복측정 분산분석

14장에서 종속 표본 t-검정에 대해서 공부할 때 반복측정에 대해 처음 이야기했습니다. 그런데 또 다른 종류의 분산분석과 반복측정이 있습니다. **반복측정 분산분석** Repeated Measure ANOVA은 세 집단 이상의 평균 차이를 검정하는 분산분석과 매우 유사합니다(15장 참조). 반복측정 ANOVA에서 참가자가 한 가지 요인에 대해 두 번 이상 검사를 받습니다. 이것이 '반복'이라고 불리는 이유입니다. 동일한 요소에 대해 여러 시점에 걸쳐 같은 절차를 반복합니다.

한 예로, 브렌다 룬디 Brenda Lundy, 티파니 필드 Tiffany Field, 캐미 맥브라이드 Cami McBride, 토리 필드 Tory Field, 샤이 라지 Shay Largie는 고등학교 3학년 학생들을 대상으로 가장 친한 친구들의 동성 및 이성 간 상호작용을 조사했습니다. 연구자들의 주요 분석 중 하나는 성별(남성/여성), 우정(동성/이성), 학년(2학년/3학년)의 세 가지 요인으로 된 ANOVA였습니다. 2학년과 3학년 때, 같은 참가자들을 대상으로 반복측정했기 때문에 반복된 측정변수는 학년이었습니다.[2]

R에서 반복측정 분산분석 수행하기

R에서 반복측정 분산분석을 실행하는 한 가지 방법은 lme4 패키지에서 `lmer()` 함수를 사용하는 것입니다. 이 예에서 시간 변수는 반응 시간이 10일 동안 측정된 날짜입니다.

```
> install.packages("lme4")
> library(lme4)
> fm1 <- lmer(Reaction ~ Days + (Days | Subject), sleepstudy)
> summary(fm1)
>
```

1행에서는 패키지를 처음 설치합니다. 2행에서는 R에게 `lme4()` 함수를 사용하겠다고 알려줍니다. 3행에서는 모형을 실행하고 결과를 `fm1`이라는 객체에 저장합니다. 4행에 사용된 `summary()` 함수는 결과를 요약하여 보여줍니다. `lme4` 패키지를 작성하고

2 Lundy, B., Field, T., McBride, C., Field, T., & Largie, S. (1998). 고등학교 2학년과 3학년에서 동성 및 이성을 대상으로 한 친밀한 친구 간의 상호작용(Same-sex and opposite-sex best friend interactions among high school juniors and seniors). Adolescence, 33, 279-289.

작업을 위한 예를 수집한 더그 베이츠Doug Bates와 동료 연구자들에게 고마움을 전합니다.[3]

공분산분석(ANCOVA)

이제 ANOVA의 마지막 버전입니다. **공분산분석**Analysis of Covariance, ANCOVA은 기본적으로 집단 간의 초기 차이initial difference를 균등하게 할 수 있다는 점이 특히 흥미롭습니다. 여러분이 달리기 속도 증진 프로그램을 후원하고 있으며, 두 집단의 운동선수들이 100미터를 얼마나 빨리 달릴 수 있는지 비교한다고 가정해봅시다. 체력은 종종 속도와 관련 있기 때문에 체력 차이로 인한 속도 차이가 발생하지 않도록 약간 수정할 필요가 있습니다. 여러분은 초기 체력의 영향을 제거한 상태에서 훈련 프로그램의 효과를 분석하고 싶습니다. 훈련 프로그램을 시작하기 전에 참가자의 체력을 측정한 다음 ANCOVA를 사용하여 초기 체력 수준을 기준으로 최종 달리기 속도를 조정합니다.

맥길 대학교의 미카엘라 하이니Michaela Hynie, 존 라이던John Lydon, 알리 타라대시Ali Taradash는 혼전 성관계와 피임 도구 사용의 수용 가능성에 대해 친밀감과 헌신이 미치는 영향에 대한 조사에서 ANCOVA를 사용했습니다. 연구자들은 성관계에 대한 사회적 수용도를 종속변수(집단 간 차이를 찾는 대상)로, 특정 시나리오에 대한 등급을 공분산으로 사용하였습니다. ANCOVA에서 등급을 사용하여 사회적 수용도의 차이를 교정하고, 종속변수의 차이를 통제했습니다.[4]

R에서 ANCOVA 수행하기

ANCOVA의 경우, 15장과 16장에서 배운 함수를 사용할 수 있습니다. 17장의 첫 번째 데이터 세트(ch17ds1.csv)에 가족이 일주일 동안 아이에게 책을 읽어준 시간을 기록한 변수가 있다고 가정합니다. 집에서 미취학 아동의 독서 시간을 관리한다면, 미취학 아동의 언어 향상에 필요한 최적의 시간을 알 수 있을 것입니다. 우리에게는 데이터가 없지만, 만약 데이터가 있다면 R 구문은 다음과 같습니다.

3 Bates, D., Maechler, M., Bolker, B., & Walker, S. (2015). lem4를 활용한 선형 혼합효과 모형 적합화(Fitting linear mixed-effects models using lme4). Journal of Statistical Software, 67(1), 1-48.

4 Hynie, M., Lydon, J. E., & Taradash, A. (1997). 헌신, 친밀도, 여성의 혼전 성관계에 대한 인식 및 피임 가능 여부(Commitment, intimacy, and women's perceptions of premarital sex and contraceptive readiness). Psychology of Women Quarterly, 21, 447-464.

```
> m1 <- aov(Language.Score ~ Group + Hours.Reading, data= ch15ds1)
>
```

다중 회귀

18장에서 한 변수의 값을 사용하여 다른 변수의 값을 예측하는 방법으로, 사회과학과 행동과학 연구자들이 사용하는 분석 방법을 배웠습니다. 예를 들어, 부모의 독서 행위(예 : 집에 책을 두는 것)는 자녀가 얼마나 많이, 잘 읽는지와 관련이 있습니다. 또한 단일 예측변수를 사용하는 것보다 예측변수를 두 개 이상 사용하는 것에 관해 이야기했습니다. 이 책에서 이야기하지 않은 것은 회귀를 사용하여 우리가 다룬 많은 통계 분석(t-검정, 분산분석, 요인 분산분석, 상관분석)을 계산할 수 있다는 것입니다. 여러 가지 측면에서 **다중 회귀**는 가장 유연한 통계 도구 중 하나입니다. 가장 일반적으로 사용되는 방식은 여러 예측변수가 포함된 일반 형태의 회귀분석입니다.

학급 규모, 교사 주도 수업 비율, 교수 전략, 행동 관리 전략 같은 변수가 학생의 학업 참여에 어떤 영향을 미치는지 살펴보는 것이 흥미로울 것 같습니다. 아담 루카Adam Lekwa, 린다 레디Linda Reddy, 엘리사 쉐르노프Elisa Shernoff는 회귀분석을 사용하여 교실 및 수업 스타일이 학생의 학업 참여에 어떤 영향을 미치는지 조사했습니다. 모든 예측변수를 연구 모형에 사용하였고, 행동 관리를 제외한 모든 예측변수가 학업 참여에 대해 통계적으로 유의하다는 것을 밝혔습니다.[5]

R에서 다중 회귀 수행하기

다중 회귀분석의 경우, 18장에서 배운 `lm()` 함수를 사용할 수 있습니다. 18장 데이터 세트1(ch18ds1.csv)의 데이터 이외에 유산소 운동cardio, 팀 스포츠 참여 여부(team, 예/아니요), 트레이너와 함께하는 운동(trainer)의 세 변수가 더 있다고 가정합니다. 그러면 모형은 다음과 같습니다.

5 Lekwa, A. J., Reddy, L. A., & Shernoff, E. S. (2019). 교수 행태와 학생의 수업 참여: 타당도 연구(Measuring teacher practices and student academic engagement: A convergent validity study). School Psychology Quarterly, 34(1), 109-118.

```
> m1 <- lm(Injuries ~ Training + Cardio + Team + Trainer, data = ch18ds1)
>
```

다단계 모형

불행하게도 이 통계 방법은 다단계 모형, 계층적 선형모형, 랜덤효과모형, 고정효과 모형, 혼합효과모형, 교차 분류, 다중 멤버십 모형, 성장 곡선 모형 등 여러 이름으로 불립니다. 이 용어들 중 하나가 표시되면 일반적으로 다단계 모형에 관해 이야기하는 것입니다. 그런데 다단계 모형이란 뭘까요? '다multi'는 하나 이상을 의미하고 '단계level'는 1 이상을 갖고 있다는 것을 의미합니다.

예를 들어, 한 학교에 있는 학급 하나가 아니라 한 도시에 있는 모든 학생을 연구한다고 가정해보세요. 그러면 학생들은 학급에 속하고, 학급은 학교에 속하며, 학교는 학군에 속합니다. 이 경우 4단계 모형이 됩니다. 우리는 같은 학급, 학교, 학군의 학생들은 다른 학급, 학교, 학군에 속한 학생들과 비교할 때 학습 면에서 더 비슷한 모습을 취할 것으로 기대하기 때문에, 학생들이 어떻게 소속되었는지를 명시적으로 구분하고자 합니다. 모든 다른 학급, 학교, 학군에 학생들이 있고 한 학급에 속한 학생들은 독립적이지 않은 것으로 간주되기 때문에, 이런 중첩 구조를 무시하면 주요 가정을 위반하게 됩니다.

다단계 모델링은 학교의 괴롭힘 현상을 살펴볼 수 있는 완벽한 방법입니다. 이 연구에서는 114개 학교의 4~12학년 25,896명의 학생을 조사하였습니다. 연구자들은 학생의 인구 통계량을 통제한 후, 더 높은 인지적 참여와 더 나은 행동 및 정서적 참여에 대한 가장 강력한 예측자는 긍정적인 학교 분위기였음을 밝혀냈습니다.[6]

R에서 다단계 모형 수행하기

R에서 다단계 모형을 수행하는 방법에는 여러 가지가 있습니다. 가장 쉬운 방법은 반복측정 분산분석(`lme4` 패키지의 `lmer()` 함수)에서 살펴본 방법입니다(Bates et al., 2015). 이 예에는 연구 참가자를 중첩해서 관측한 데이터가 들어 있습니다. 이

6 ang, C., Sharkey, J. D., Reed, L. A., Chen, C., & Dowdy, E. (2018). 초중고교에서 학교 폭력 피해와 수업 참여: 학교 환경의 조절효과(Bullying victimization and student engagement in elementary, middle, and high schools: Moderating role of school climate). School Psychology Quarterly, 33, 54-64.

예에서는 케이크(cake)라고 이름 붙인 데이터 세트를 사용했습니다. 이 데이터 세트는 세 가지 레시피와 여섯 개의 다른 온도로 구운 초콜릿 케이크를 비교하는 석사 논문을 작성하기 위해 수집한 데이터 세트에 기반합니다.[7]

```
> library(lme4)
> fm1 <- lmer(Reaction ~ recipe * temperature
+ (1 | recipe:replicate),
+ data = cake, REML = FALSE)
> summary(fm1)
>
```

메타 분석

하나의 연구 주제에 대하여 관련 연구 논문을 20개 이상 읽어본 적이 있나요? 각각의 연구 결과는 나머지 연구들에서 나온 결과와 다를 가능성이 매우 높습니다. 그럼 어느 쪽에 주의를 기울여야 할까요? 메타 분석을 하는 경우라면 "모든 논문에 주의를 기울여라!"가 정답입니다. **메타 분석**을 통해 연구자는 여러 연구에서 패턴과 추세를 조사하기 위해 데이터, 특히 우리가 계속 이야기해온 효과 크기를 결합합니다. 오늘날 수집되는 데이터 양을 고려하면, 메타 분석은 상반되는 정보를 정리하고 정책 의사결정을 안내하는 데 도움이 되는 강력한 도구입니다.

예를 들어, 이 방법은 성별 차이를 연구할 때 유용합니다. 연구 결과에서 많은 차이점을 나타내는 연구들이 존재하며, 메타 분석과 같은 도구가 상반된 연구 결과의 의미를 이해하는 데 도움이 될 수 있습니다. 직무 성과와 관련하여 성별 차이에 대한 다양한 견해가 있습니다. 필립 로스Philip Roth 크리스틴 퍼비스Kristen Purvis, 필립 봅코Philip Bobko는 일반적으로 직무 수행을 포함한 다양한 상황에서 남성이 여성보다 더 높게 평가된다고 제안했습니다. 직무 수행에서 성별 간 차이점의 특성을 명확히 밝히기 위해 연구자들은 현장 연구에서 측정된 직무 수행에 대한 메타 분석을 수행했습니다. 연구 결과 직무 수행 등급은 여성이 더 높고, 승진 가능성은 남성이 더 높은 것으로 나타났습니다. 이것은 꽤 흥미로운 발견이며, 메타 분석 기술이 여러 연구에서 발표된 결과를 정확하게 보는 방법을 보여주는 좋은 예가 됩니다.[8]

R에서 메타 분석 수행하기

메타 분석은 이 책에서 배운 것과 같은 다양한 통계검정을 사용합니다. 따라서 그 방법은 어렵지 않으며 4장, 7장, 18장을 살펴보면 통계적으로 필요한 내용을 대부분 찾을 수 있습니다. 가장 어려운 부분은 실제로 메타 분석에 포함하려는 모든 연구에서 효과 크기 정보를 찾는 것과 메타 분석 과정을 설명해주는 좋은 책이나 강의를 찾는 것입니다.

로지스틱 회귀

성공 또는 실패 확률은 종종 연구자들이 흥미를 갖는 변수입니다. **로지스틱 회귀**는 어떤 변수 집합이 성공을 예측하는지 알고 싶을 때 특히 유용한 기술입니다.

예를 들어, 로지스틱스 회귀는 치료에 성공한 환자와 실패한 환자를 구별하는 변수가 무엇인지에 관한 질문에 대답할 수 있습니다. 이를 통해 측정값과 개인적 특성이 어떻게 한 집단을 다른 집단과 구별할 수 있는지를 알 수 있습니다.

텍사스 대학교의 연구원들은 전자담배 사용에 대한 광고 노출이 전자담배 사용 및 전자담배 흡연에 대한 민감성을 얼마나 예측하는지 연구했습니다. 광고 노출의 경우 소매 광고, 인터넷 광고, TV 및 영화 광고, 잡지와 같은 인쇄 광고를 살펴보았습니다. 청소년이 네 가지 유형의 광고에 모두 노출된 경우 전자담배를 사용할 확률은 그렇지 않았을 때보다 1.81배, 현재 흡연하는 사람이 계속 전자담배를 사용할 확률은 그렇지 않은 경우에 비해 2.22배 높다는 것을 알아냈습니다.[9]

7 Cook, F. E. (1938). 초콜릿 케이크, 최적 온도(Chocolate cake, I. Optimum baking temperature), Unpublished master's thesis, Iowa State College, Ames.

8 Roth, P. L., Purvis, K. L., & Bobko, P. (2012). 필드 연구에서 직무 성과 측정을 위한 성별 차이에 대한 메타 분석(A meta-analysis of gender group differences for measures of job performance in field studies). Journal of Management, 38, 719-739.

9 Mantey, D. S., Cooper, M. R., Clendennen, S. L., Pasch, K. E., & Perry, C. L. (2016). 전자담배 광고 노출과 미국 청소년의 전자 담배 사용의 관련성 연구(E-cigarette marketing exposure is associated with e-cigarette use among US youth). Journal of Adolescent Health, 58, 686-690.

R에서 로지스틱 회귀분석 수행하기

로지스틱 회귀분석은 일반화된 선형 모형을 뜻하는 glm() 함수를 사용하여 쉽게 추정할 수 있습니다. 로지스틱 회귀분석은 연속형 정규 종속변수에 적합한 일반 최소제곱법을 사용하지 않고 최대우도 추정법을 사용합니다. 세부 사항에 대해서는 걱정하지 마세요. 관련된 예는 UCLA에서 운영하는 다음 웹 사이트를 살펴보겠습니다.

https://stats.idre.ucla.edu/r/dae/logit-regression/

이 예는 대학원 시험 점수(GRE), 평균 학점(GPA), 등수를 사용하여, 대학원 입학 여부(합격/불합격)를 예측합니다. family 옵션은 종속변수가 이항(2개의 범주)임을 glm에 알려줍니다.

```
> m1 <- glm(admit ~ gre + gpa + rank, data = mydata, family = "binomial")
>
```

요인분석

요인분석factor analysis은 다양한 항목이 서로 얼마나 관련이 있는가에 기반한 기법입니다. 서로 관련된 변수들은 클러스터 또는 요인을 형성합니다. 각 요인은 여러 변수를 나타내며, 요인은 특정 연구에서 결과를 나타낼 때 개별 변수보다 더 효율적인 것으로 입증되었습니다. 이 기술을 사용하는 목적은 서로 연관된 변수들을 좀 더 일반적인 이름, 즉 요인으로 표현하는 것입니다. 요인이라는 변수 집단에 이름을 할당하는 것은 어리석은 선택이 아닙니다. 이 이름은 변수들의 내용과 그 변수들이 어떻게 관련되어 있는지에 대한 연구자의 생각을 반영합니다.

요인분석에는 탐색적 요인분석과 확인적 요인분석의 두 가지 유형이 있습니다. 데이터에 몇 가지 요인이 표시되는지 확인하기 위해 완전히 새로운 설문 문항으로 검사하는 경우에는 탐색적 요인분석이 사용됩니다. 요인을 구성하는 설문 문항을 기존의 검증된 연구에서 가져온 경우에는 확인적 요인분석이 사용됩니다. 예를 들면, 레이첼 프리드Rachel Freed, 벤자민 엠멀트-애런슨Benjamin Emmert-Aronson, 케빈 알슐러Kevin Alschuler, 존 오티스John Otis는 만성 통증을 겪고 있는 재향군인을 대상으로 대처전략 질문지-수정판의 요인 구조를 조사했습니다. 이 연구자들은 이 설문지를 개발한 저자들이 확인한 재앙적 사고, 통증 감각의 무시, 주의분산, 거리두기, 자기 진술 대처, 기도나 바람 등 6개 요인으로 구성된 대처 전략 설문지의 구조가 재향군인에게도 유효함을 발견했습니다.[10]

R에서 요인분석 수행하기

앞에서 언급하지 않았지만 요인분석을 하기 위해 실제로 필요한 것은 표준화되지 않은 상관관계의 공분산입니다. R에 평균, 표준편차, 상관관계와 함께 일부 함수를 제공하면 함수는 해당 정보로부터 공분산을 생성합니다.

R에서 탐색적 요인분석을 수행하는 방법에는 여러 가지가 있습니다. psych 패키지의 `fa()` 함수를 사용하는 것이 좋습니다. `summary()` 함수는 결과를 두 개의 단락으로 보여주며, `print()` 함수는 요인분석 결과에 대한 세부 사항을 전부 표시합니다.

```
> library(psych)
> pa <- fa(Harman74.cor$cov,4,fm="pa", rotate="varimax")
> summary(pa)
> print(pa, sort = TRUE)
```

경로분석

상관관계를 분석하지만 동시에 요인 간의 관계에서 방향이나 인과관계를 함께 제시하는 또 다른 통계 기법이 있습니다. **경로분석**path analysis은 기본적으로 변수 간의 이론적인 관계에 대한 가정을 통해 관계의 방향을 조사한 다음 이러한 관계의 방향이 데이터에 의해 구체화되었는지 여부를 확인하는 검정 기법입니다.

티모시 텐시Timothy Tansey, 카나코 이와나가Kanako Iwanaga, 질 베지약Jill Bezyak, 니콜 디치맨Nicole Ditchman은 장애인의 업무 동기와 자기 결정에 대해 조사했습니다. 최종 연구모형에는 취업과 관련된 자율성, 역량, 관련성, 성과 기대치, 직업 재활 참여 요인을 포함하고 있습니다. 모든 변수가 연구원의 예상대로 관련 있는 것은 아니었지만,

10 Freed, R. D., Emmert-Aronson, B. O., Alschuler, K. N., & Otis, J. D. (2018). 통증이 있는 재향군인을 위해 수정된 대처 전략 설문지의 확인적 요인분석(Confirmatory factor analysis of the Coping Strategies Questionnaire-Revised for veterans with pain). Psychological Services. Advance online publication.

최종 모형은 자기 결정 업무 동기 모형에 대한 연구가설 일부를 지원했습니다. 멋지지 않나요?[11]

R에서 경로분석 수행하기

경로분석은 lavaan이라는 패키지로 추정할 수 있습니다. 인터넷에는 많은 예제가 있지만, 도움말 파일에는 없습니다. RStudio는 RPubs라는 웹 사이트를 지원합니다. RPubs에는 토마스 비한스키Thomas Bihansky의 'R을 이용한 경로분석 소개'라는 기사가 있습니다.[12] 경로분석만 실행하겠다면, 아이브스 로실Yves Rosseel이 만든 lavaan 패키지만 설치하면 `summary()` 함수를 통해 모두 실행할 수 있습니다. 전체 예제를 실행하려면 설치해야 패키지가 6개 더 있습니다. 좋은 소식은 이와 관련된 모든 R 코드가 제공된다는 점입니다!

구조 방정식 모델링(SEM)

구조 방정식 모델링 Structural Equation Modeling, SEM은 1960년대 초에 소개된 이래로 점차 인기가 높아지고 있는 비교적 새로운 기법입니다. 일부 연구자들은 이것이 회귀분석, 요인분석, 경로분석과 같은 기법들을 포괄적으로 지칭하는 용어라고 생각합니다. 반면 다른 연구자들은 SEM이 완전히 별개의 접근법을 따르므로 독자적인 기법이라 여기기도 합니다. 이 기법은 요인들 간의 관계에 기반을 두고 있습니다(앞서 설명한 세 가지 기법과 마찬가지입니다).

요인분석과 같은 다른 고급 기법들과 SEM 간의 주요 차이점은 SEM이 탐색적이기보다는 확증적이라는 점입니다. 즉, 연구자는 제안된 특정 연구 모형이 작동하는지(데이터가 해당 모형에 부합하는지) 확인하기 위해 SEM을 사용합니다. 탐색적 기법은 사전에 모형 구축을 적게 하면서(모형 구축을 전혀 하지 않는 것은 아닙니다) 특정 요인 관계를 발견하기 위해 개발된 기법입니다.

11 Tansey, T. N., Iwanaga, K., Bezyak, J., & Ditchman, N. (2017). 장애인에 대한 자기 결정 업무동기 통합 모형 검정: 경로분석(Testing an integrated self-determined work motivation model for people with disabilities: A path analysis). Rehabilitation Psychology, 62, 534-544.

12 Bihansky, T. (2017, August 22). R을 사용한 경로분석 소개(Introduction to path analysis in R). Retrieved from http://www.rpubs.com/tbihansk/302732

한 예로, 헤더 고담Heather Gotham, 케네스 셔Kenneth Sher, 필립 우드Phillip Wood는 청년의 알코올 섭취 관련 질병과 미성년 변수(성별, 알코올 중독의 가족력 여부, 유년기 스트레스 요인, 고등학생 시절 학급 등수, 종교 활동, 신경증, 외향성, 정신 질환), 청년기의 발달 과업(대학교 졸업, 정규직 채용, 결혼) 간의 관계에 대한 연구를 수행했습니다. 연구자들은 SEM 기법을 활용하여, 청년의 알코올 섭취 관련 질병에 대한 진단보다 미성년 변수들이 청년기의 발달 과업에 대해 더 정확한 예측변수로 작용한다는 사실을 알아냈습니다.[13]

R에서 구조 방정식 모델링 수행하기

기술적으로 요인분석과 경로분석은 모두 SEM의 한 예입니다. 여기서 다룰 예에서는 확인적 요인분석과 경로분석을 결합하였습니다. 경로분석과 다른 점은 회귀분석에서 관측된 변수 대신 요인을 사용한다는 점입니다(이 문단이 잘 이해가 안 되더라도 걱정하지는 마세요).

```
> install.packages("lavaan")
> library(lavaan)
> example(sem)
```

이 장의 요약

여기서 소개한 고급 기법들을 아마도 가까운 시일 내에는 사용할 일이 없겠지만, 이 기법들에 관해 적어도 기본적인 내용은 알아두어야 합니다. 분명 여러 연구 논문에서 이 기법들을 보게 될 것이고 다른 수업에서도 그 이름을 들을 수 있기 때문입니다. 지금까지 이 책의 모든 장에서 배우고 이해한 통계에 관한 내용에 고급 통계에 대한 기본 지식까지 더했다면, 여러분은 이제 입문 (및 일부 중급) 통계에 대한 상당량의 중요한 정보를 습득했다고 확신해도 됩니다.

13 Gotham, H. J., Sher, K. J., & Wood, P. K. (2003). 알코올 섭취와 청년기 발달 과제 수행(Alcohol involvement and developmental task completion during young adulthood). Journal of Studies on Alcohol, 64, 32-42.

부록 A

R과 RStudio에 대한 더 재미있는 것

이 책에서 자세하게 설명하지 않았지만, R로 할 수 있는 일은 많습니다. [부록 A]에서는 Mac에 R과 RStudio를 설치하는 데 필요한 기본 사항과 R로 할 수 있는 멋진 작업에 대한 추가 정보를 제공합니다. 이 부록을 출발선으로 활용하세요. 그런 다음 더 알고 싶다면 호기심을 따라 인터넷과 좋아하는 검색 엔진을 사용해 찾아보세요.

[부록 A]는 4개의 섹션으로 구성되었습니다.

- Mac에 R과 RStudio 설치하기
- 재미있는 R 함수들
- R에 대한 다른 멋진 내용들
- R에 대한 인용

MAC에 R과 RStudio 설치하기

2장에서 설명한 R과 RStudio 설치 내용과 마찬가지로, 여기서는 MAC에 먼저 R을 설치한 다음 RStudio를 설치하는 단계를 안내합니다. 여기에 제시된 기본 단계는 Windows에 설치하기 위해 2장에서 설명했던 단계를 따릅니다. 3장의 RStudio를 실습하기 전에, R과 RStudio에 대한 전체 개요를 얻을 수 있도록 2장을 공부할 때 이 부록을 함께 읽는 것을 권합니다.

R 설치하기

2장에서 Windows용 R을 설치할 때 사용한 [그림 A-1](https://cran.r-project.org/)과 동일한 웹 사이트로 이동하세요. 이번에는 (Mac) OS X용 R 다운로드 링크를 클릭합니다.

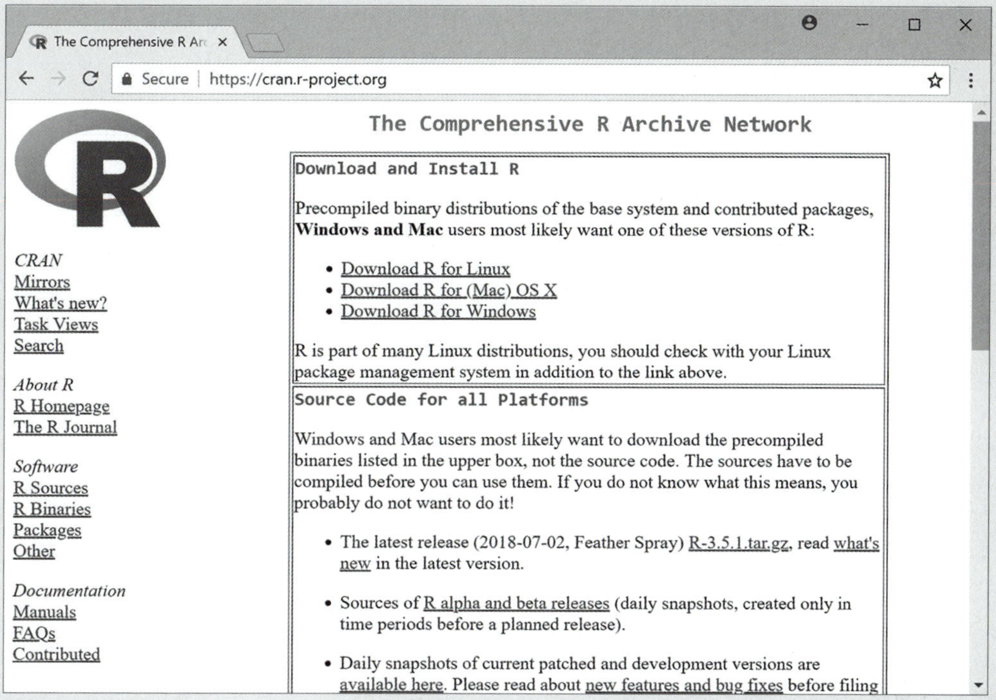

그림 A-1 R 기본 웹 사이트

Mac용 R 다운로드 링크를 클릭하면 [그림 A-2]에 보이는 웹 페이지로 이동합니다.

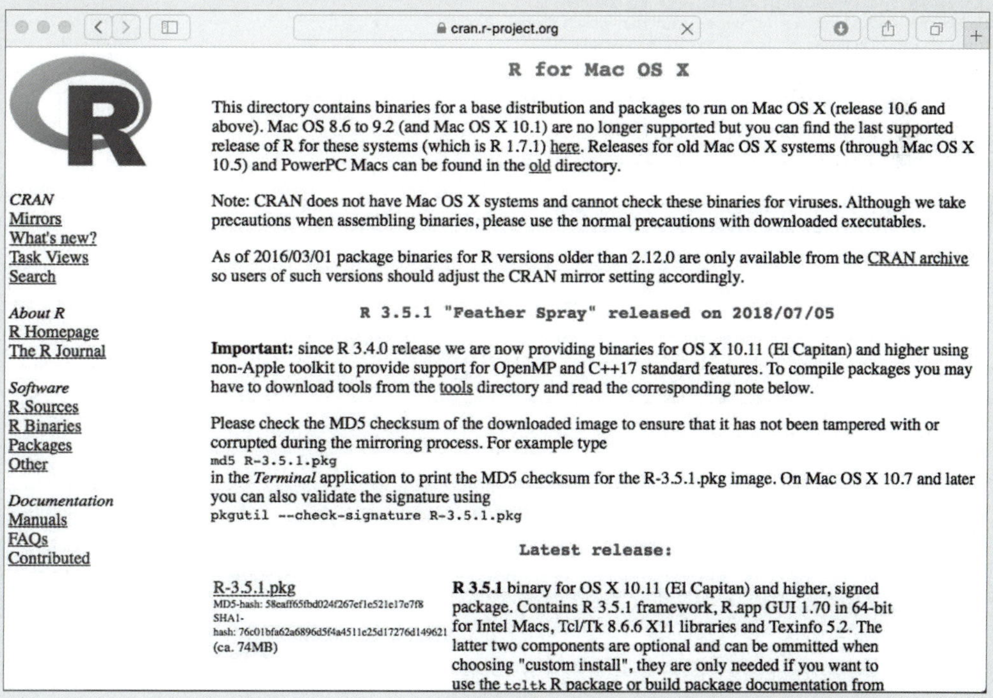

그림 A-2 Mac용 R이 있는 웹 페이지

우리는 최신 릴리스를 다운로드하려고 합니다. 이 책을 쓸 때 최신 릴리스는 R 버전 3.5.1이므로 R-3.5.1.pkg를 다운로드했습니다. .pkg 파일을 다운로드한 후 아래 단계를 수행하세요.

1. Downloads 폴더를 열고 방금 다운로드한 파일을 더블 클릭합니다.

2. 더블 클릭하여 설치 프로그램을 시작합니다.

3. 설치 프로그램에서 제공하는 R을 설치하기 위해, 설치가 완료될 때까지 기본 설정을 선택합니다.

4. 응용 프로그램 폴더를 엽니다.

5. 아래로 스크롤하여 R 아이콘을 찾은 다음 더블 클릭하여 응용 프로그램을 엽니다.

R이 실행되면 [그림 A-3]과 같은 응용 프로그램이 표시됩니다.

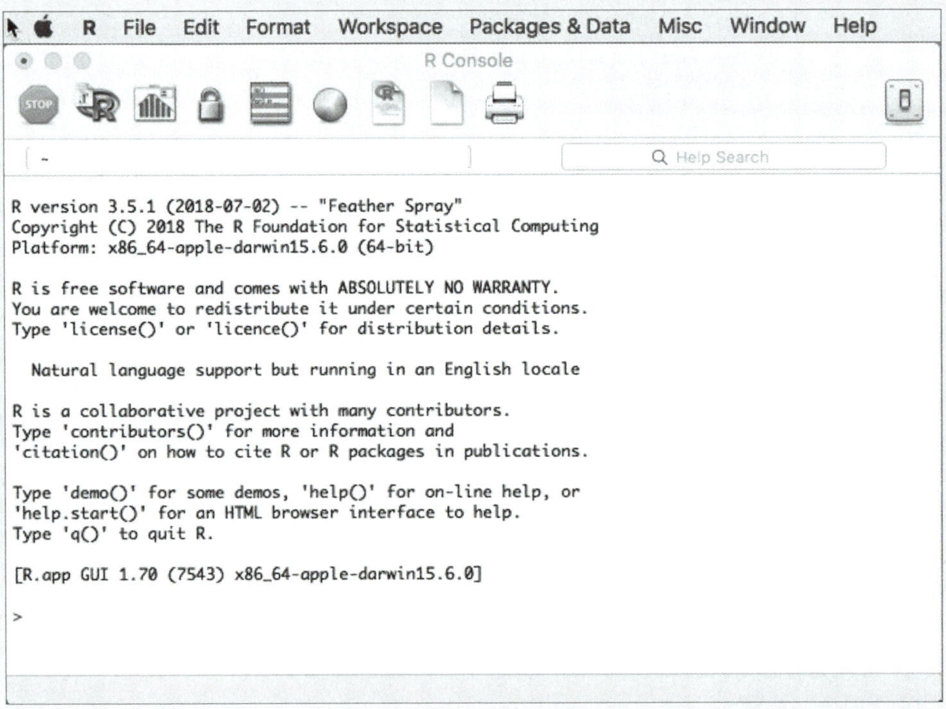

그림 A-3 Mac에서 실행한 R

이 창은 Windows 버전 R을 나타낸 [그림 2-3]과 매우 비슷합니다. 이제 R이 제대로 설치되었는지 테스트해 보겠습니다. 이를 위해 > 기호에 간단한 구문을 입력합니다.

```
> 2 + 3
```

다음 줄에 다음 내용이 나와야 합니다.

```
[1] 5
```

[1]은 출력의 첫 번째 라인을 의미하고, 5는 2+3을 더한 후 반환된 값을 나타냅니다.

XQuartz 설치하기

[그림 A-2]에 표시된 웹 페이지를 전부 읽었다면, R 패키지 중 하나인 tcltk를 사용하기 위해서는 XQuartz를 설치해야 한다고 설명한 섹션을 기억할 것입니다. 우리는 이 패키지를 직접 사용하지 않지만, 우리가 사용하려는 다른 패키지는 XQuartz 패키지를 먼저 설치해야 사용할 수 있습니다. XQuartz를 설치하려면 [그림 A-4](xquartz.org)에 있는 웹 페이지로 이동하여 X11을 다운로드하세요. XQuartz를 설치할 때는 기본 설치 옵션을 선택하세요.

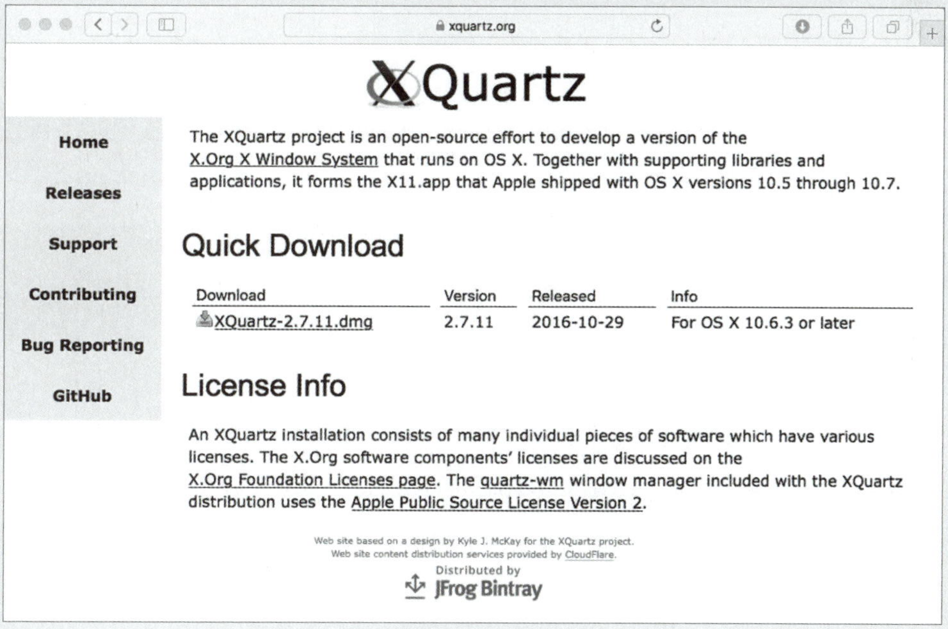

그림 A-4 Mac에서 그래픽 기능을 사용하는 데 필요한 XQuartz

RStudio 설치하기

이제 RStudio라는 소프트웨어가 하나 더 필요합니다. https://www.rstudio.com/products/rstudio/download/로 이동하세요. [그림 A-5]와 같은 웹 페이지가 나타납니다.

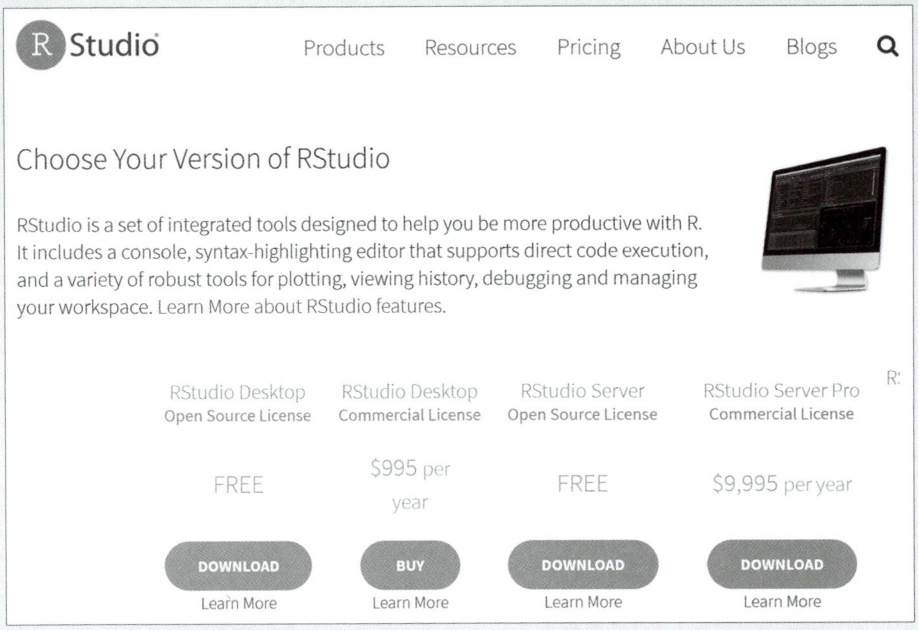

그림 A-5 RStudio 버전 선택을 위한 웹 페이지

오픈소스 라이선스가 있는 RStudio Desktop 페이지가 필요합니다. 다운로드 버튼을 클릭하면 [그림 A-6]과 같은 웹 페이지로 이동합니다. 두 번째 링크가 Mac 버전의 RStudio용입니다. 정확한 버전은 일치하지 않을 수 있지만 괜찮습니다.

Installers for Supported Platforms

Installers	Size	Date	MD5
RStudio 1.1.456 - Windows Vista/7/8/10	85.8 MB	2018-07-19	24ca3fe0dad8187aabd4bfbb9dc2b5ad
RStudio 1.1.456 - Mac OS X 10.6+ (64-bit)	74.5 MB	2018-07-19	4fc4f4f70845b142bf96dc1a5b1dc556
RStudio 1.1.456 - Ubuntu 12.04-15.10/Debian 8 (32-bit)	89.3 MB	2018-07-19	3493f9d5839e3a3d697f40b7bb1ce961
RStudio 1.1.456 - Ubuntu 12.04-15.10/Debian 8 (64-bit)	97.4 MB	2018-07-19	863ae806120358fa0146e4d14cd75be4
RStudio 1.1.456 - Ubuntu 16.04+/Debian 9+ (64-bit)	64.9 MB	2018-07-19	d96e63548c2add890bac633bdb883f32
RStudio 1.1.456 - Fedora 19+/RedHat 7+/openSUSE 13.1+ (32-bit)	88.1 MB	2018-07-19	1df56c7cd80e2634f8a9fdd11ca1fb2d
RStudio 1.1.456 - Fedora 19+/RedHat 7+/openSUSE 13.1+ (64-bit)	90.6 MB	2018-07-19	5e77094a88fdbddddb0d35708752462

그림 A-6 Mac OS X 버전에 맞는 RStudio 다운로드 링크

컴퓨터에 다운로드한 .dmg 파일을 더블 클릭하여 실행합니다. 응용 프로그램 폴더 및 RStudio 아이콘에 대한 링크가 나타납니다. RStudio 아이콘을 Applications(애플리케이션) 폴더로 끌어다 놓으

세요. 이제 Applications 폴더에서 RStudio 아이콘을 더블 클릭하여 RStudio를 시작하세요. 여러분 컴퓨터의 RStudio는 [그림 A-7]과 비슷하겠지만, 앞에서 설치한 R 버전과 일치해야 합니다.

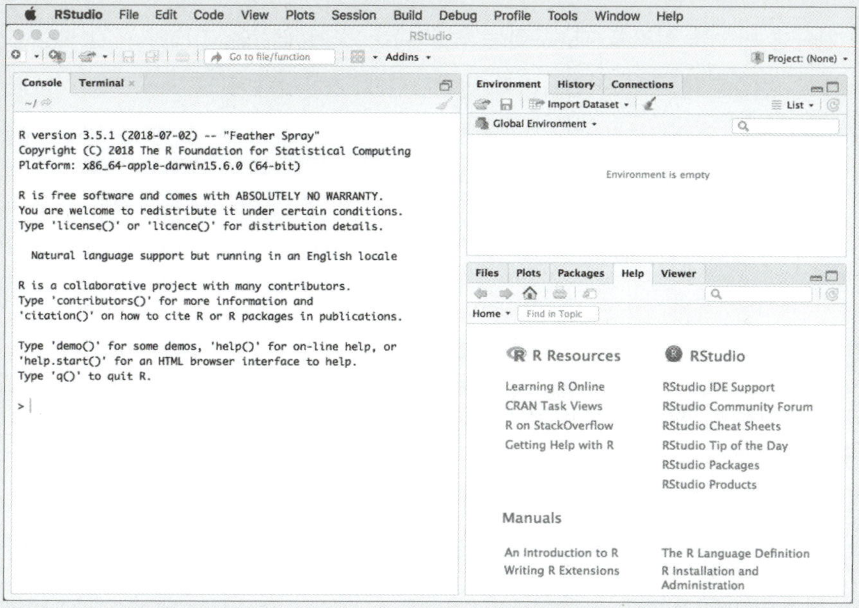

그림 A-7 Mac에서 실행 중인 RStudio

Mac에 R과 RStudio를 설치했습니다. 이제 여러분은 교수님이 내준 모든 예제와 과제를 진행할 수 있습니다. 행운을 빕니다!

재미있는 R 함수

이 책의 앞 장들에서 R의 기본 사항을 살펴보았습니다. 경우에 따라 다른 방식으로 패키지화된 함수들이 같은 결과를 계산하는 것을 보았습니다. R의 유연함 때문에 일반적으로 같은 작업을 수행하는 여러 가지 방법이 있습니다. 이 섹션에서는 재미있는 함수들을 보여줍니다.

ggplot2

ggplot2 패키지에는 데이터 시각화를 위한 훌륭한 함수들이 있습니다. 그중 하나가 `geom-violin()` 함수입니다. 상자 그림과 비슷하지만, 실제 분포 모양을 볼 수 있습니다. 경우에 따라 바이올린처럼 보이기도 합니다! 또한 플롯에 지터를 생성하는 멋진 기능이 있습니다. 이건 무엇을 의미할까요? 산점도를 그릴 때 수많은 점이 같은 위치에 있으면, 마치 하나의 점처럼 보입니다. `geom-jitter()` 함수를 사용하면 점을 그 위치에 직접 배치하지 않지만, 실제로 같은 위치에 몇 개의 점이 있는지 알 수 있습니다.

rockchalk

이 패키지는 회귀분석에 유용한 함수가 들어 있습니다. 4장에서 데이터를 보기 위해 사용했던 summary() 함수 대신, 이 패키지에는 summaryFactors() 함수와 summaryNumerics() 함수가 들어 있습니다. 범주형 변수와 연속형 변수를 살펴볼 때, 우리는 종종 다른 것에 관심을 가져야 하기 때문입니다. 아이스크림 맛과 같은 변수로 범주를 결합하려고 할 때 다크 초콜릿과 밀크 초콜릿을 하나의 초콜릿 범주로 결합하는 경우에는 combineLevels() 함수가 이 작업에 도움이 될 수 있습니다. 또한 plotPlane() 및 plotCurves()와 같은 멋진 그림 함수도 있습니다.

stringr

이 책 전체에서 R이 숫자와 숫자로 처리된 범주형 데이터를 사용하여 수행하는 수많은 작업을 보았습니다. 그러나 R은 텍스트로도 많은 작업을 할 수 있습니다. 이럴 때 사용자가 편하게 쓸 수 있는 패키지는 stringr입니다. 하나 이상의 문자열을 단일 문자열로 결합하고 싶나요? 그렇다면 str_c() 함수를 사용하세요. 알파벳 순서 또는 역순으로 문자열을 정렬하고 싶나요? 그러면 str_order() 함수를 사용하세요. 그리고 잠재적으로 가장 유용할 수 있는 str_sub() 함수입니다. 이 함수를 사용하여 한 문자열을 다른 문자열로 대체할 수 있습니다.

RXKCD

이 패키지는 무척 재미있습니다. 이 패키지는 만화를 불러옵니다. 사용자가 숫자를 줘도 되고 무작위로 선택하게 해도 됩니다. 숫자(195)를 선택하면, getXKCD(195)는 인터넷 IP 주소 맵을 반환합니다. 원하는 숫자를 넣어 getXKCD()를 사용해 보세요(참고 : 여러분의 컴퓨터가 인터넷에 연결되어 있어야 이 함수가 제대로 작동합니다).

덧붙여 …

패키지든 함수든, 사람들은 R에서 무엇이 가장 유용한지에 대한 저마다의 의견이 있습니다. R의 기본 내용에 익숙해지면 'R에서 유용한 함수(useful functions in r)'라는 키워드로 검색하여 그 내용을 확인해 보세요. 다른 사람들이 유용하다고 보는 함수를 여러분도 마음에 들어할 수 있습니다!

R에 대한 다른 멋진 내용

슬라이드 프레젠테이션 및 문서 작성

프레젠테이션용 슬라이드를 만드는 다른 방법을 찾고 있나요? R에서 만든 멋진 그래픽을 슬라이드에 넣고 싶나요? 마크업 언어를 사용하여, 논문용으로 고품질 PDF 파일을 작성하는 것에 대해 생각해본 적이 있나요? RStudio의 RMarkdown과 HTML 문서, Microsoft Word 문서 및 유인물(핸드아웃) 등을 사용하여 이런 작업들을 할 수 있습니다. 다음 웹 페이지를 확인해보세요.

http://rmarkdown.rstudio.com/gallery.html

자신만의 함수 만들기

때로는 같은 함수를 반복해서 복사하고, y축에서 동일한 변수로 일련의 산점도를 수행하려는 경우 x축의 변수와 같은 한 가지만 변경하는 때도 있습니다. 이럴 때 산점도에 대한 전체 구문을 복사하는 대신 함수를 만든 다음 새 x축 변수를 사용하여 함수를 호출할 수 있습니다. 이를 수행하는 방법과 관련하여 훌륭한 개요를 제공하는 웹 페이지를 소개합니다.

https://www.statmethods.net/management/userfunctions.html

자신만의 패키지 만들기

R이 충분히 흥미롭다면 여러분은 언젠가 자신만의 R 패키지를 만들 수도 있습니다. 필요할 때마다 유용한 함수를 작성하는 대신, 여러 함수를 모아 패키지화할 수 있습니다. 그러면 다른 사람들이 여러분이 만든 패키지를 설치하여 그 안에 담긴 함수를 사용하게 될 겁니다.

결국 R 패키지는 기본적으로 함수 모음으로, 해당 함수의 사용 방법에 대한 정보를 제공합니다. 이 단계까지 가기 전에 여러분은 R을 공부하는 데 더 많은 시간을 할애해야 할 것입니다. 그러나 기본 프로세스에 대해 궁금한 점이 있다면 다음 웹 페이지를 확인하세요.

https://hilaryparker.com/2014/04/29/-r-package-from-scratch/

R에 대한 인용

R은 무료이지만 수많은 사람이 사용하는 기능과 패키지를 만들고 유지·관리하는 데 많은 시간이 들어갑니다. 우리가 할 수 있는 최소한의 보답은 감사해야 할 사람들의 이름을 세상에 알리는 것입니다.

패키지	출처
BSDA	Kitchens, L. J. (2002). Basic statistics and data analysis. Boston, MA: Cengage Learning.
car	Fox, J., & Weisberg, S. (2011). An {R} companion to applied regression (2nd ed.). Thousand Oaks, CA: Sage. http://socserv.socsci.mcmaster .ca/jfox/Books/Companion
ggplot2	Wickham, H. (2016). ggplot2: Elegant graphics for data analysis. New York, NY: Springer–Verlag.
lavaan	Rosseel, Y. (2012). lavaan: An R package for structural equation modeling. Journal of Statistical Software, 48(2), 1-36. http://www .jstatsoft.org/v48/i02/
lem4	Bates, D., Maechler, M., Bolker, B., & Walker, S. (2015). Fitting linear mixed–effects models using lme4. Journal of Statistical Software, 67(1), 1-48. doi:10.18637/jss.v067.i01
ppcor	Kim, S. (2015). ppcor: Partial and semi–partial (part) correlation. R package version 1.1. https://CRAN.R–project.org/package=ppcor
psych	Revelle, W. (2018). psych: Procedures for personality and psychological research. Evanston, IL: Northwestern University. https://CRAN.Rproject.org/package=psych Version = 1.8.4
R base	R Core Team. (2018). R: A language and environment for statistical computing. Vienna, Austria: R Foundation for Statistical Computing. https://www.R–project.org/
rockchalk	Johnson, P. E. (2019). rockchalk: Regression estimation and presentation. R package version 1.8.140. https://CRAN.R–project.org/ package=rockchalk
RXKCD	Sonego, P., & Korpela, M. (2017). RXKCD: Get XKCD Comic from R. R package version 1.8–2. https://CRAN.R–project.org/package=RXKCD
stringr	Wickham, H. (2019). stringr: Simple, consistent wrappers for common string operations. R package version 1.4.0. https://CRAN.R–project .org/package=stringr

부록 B

분포표

B.1 정규곡선 아래 영역

이 테이블을 사용하는 방법 :

1. 원점수와 표본의 평균에 따라 z 점수를 계산합니다.

2. z 점수의 오른쪽에 있는 평균 곡선과 계산된 z 점수 사이의 영역인 정규곡선 아래의 전체 면적의 백분율을 확인합니다.

다음은 그 예입니다. 시험의 평균 점수는 78점이고 표준편차는 7점입니다. 원점수인 82점에 대한 곡선 아래의 면적은 얼마입니까? 82점의 원점수에 해당하는 z 점수는 0.71입니다. 다음 표를 사용하여 정규곡선 아래의 해당 면적이 50 + 26.11 또는 76.11임을 알 수 있습니다.

z 값	평균과 z 값 사이의 면적	z 값	평균과 z 값 사이의 면적	z 값	평균과 z 값 사이의 면적	z 값	평균과 z 값 사이의 면적	z 값	평균과 z 값 사이의 면적	z 값	평균과 Z 값 사이의 면적	z 값	평균과 z 값 사이의 면적	z 값	평균과 z 값 사이의 면적
0.00	0.00	0.50	19.15	1.00	34.13	1.50	43.32	2.00	47.72	2.50	49.38	3.00	49.87	3.50	49.98
0.01	0.40	0.51	19.50	1.01	34.38	1.51	43.45	2.01	47.78	2.51	49.40	3.01	49.87	3.51	49.98
0.02	0.50	0.52	19.85	1.02	34.61	1.52	43.57	2.02	47.83	2.52	49.41	3.02	49.87	3.52	49.98
0.03	1.20	0.53	20.19	1.03	34.85	1.53	43.70	2.03	47.88	2.53	49.43	3.03	49.88	3.53	49.98
0.04	1.60	0.54	20.54	1.04	35.08	1.54	43.82	2.04	47.93	2.54	49.45	3.04	49.88	3.54	49.98
0.05	1.99	0.55	20.88	1.05	35.31	1.55	43.94	2.05	47.98	2.55	49.46	3.05	49.89	3.55	49.98
0.06	2.39	0.56	21.23	1.06	35.54	1.56	44.06	2.06	48.03	2.56	49.48	3.06	49.89	3.56	49.98
0.07	2.79	0.57	21.57	1.07	35.77	1.57	44.18	2.07	48.08	2.57	49.49	3.07	49.89	3.57	49.98
0.08	3.19	0.58	21.90	1.08	35.99	1.58	44.29	2.08	48.12	2.58	49.51	3.08	49.90	3.58	49.98
0.09	3.59	0.59	22.24	1.09	36.21	1.59	44.41	2.09	48.17	2.59	49.52	3.09	49.90	3.59	49.98
0.10	3.98	0.60	22.57	1.10	36.43	1.60	44.52	2.10	48.21	2.60	49.53	3.10	49.90	3.60	49.98
0.11	4.38	0.61	22.91	1.11	36.65	1.61	44.63	2.11	48.26	2.61	49.55	3.11	49.91	3.61	49.98
0.12	4.78	0.62	23.24	1.12	36.86	1.62	44.74	2.12	48.30	2.62	49.56	3.12	49.91	3.62	49.98

z 값	평균과 z 값 사이의 면적	z 값	평균과 z 값 사이의 면적	z 값	평균과 z 값 사이의 면적	z 값	평균과 z 값 사이의 면적	z 값	평균과 z 값 사이의 면적	z 값	평균과 Z 값 사이의 면적	z 값	평균과 z 값 사이의 면적	z 값	평균과 z 값 사이의 면적
0.13	5.17	0.63	23.57	1.13	37.08	1.63	44.84	2.13	48.34	2.63	49.57	3.13	49.91	3.63	49.98
0.14	5.57	0.64	23.89	1.14	37.29	1.64	44.95	2.14	48.38	2.64	49.59	3.14	49.92	3.64	49.98
0.15	5.96	0.65	24.22	1.15	37.49	1.65	45.05	2.15	48.42	2.65	49.60	3.15	49.92	3.65	49.98
0.16	6.36	0.66	24.54	1.16	37.70	1.66	45.15	2.16	48.46	2.66	49.61	3.16	49.92	3.66	49.98
0.17	6.75	0.67	24.86	1.17	37.90	1.67	45.25	2.17	48.50	2.67	49.62	3.17	49.92	3.67	49.98
0.18	7.14	0.68	25.18	1.18	38.10	1.68	45.35	2.18	48.54	2.68	49.63	3.18	49.93	3.68	49.98
0.19	7.53	0.69	25.49	1.19	38.30	1.69	45.45	2.19	48.57	2.69	49.64	3.19	49.93	3.69	49.98
0.20	7.93	0.70	25.80	1.20	38.49	1.70	45.54	2.20	48.61	2.70	49.65	3.20	49.93	3.70	49.99
0.21	8.32	0.71	26.11	1.21	38.69	1.71	45.64	2.21	48.64	2.71	49.66	3.21	49.93	3.71	49.99
0.22	8.71	0.72	26.42	1.22	38.88	1.72	45.73	2.22	48.68	2.72	49.67	3.22	49.94	3.72	49.99
0.23	9.10	0.73	26.73	1.23	39.07	1.73	45.82	2.23	48.71	2.73	49.68	3.23	49.94	3.73	49.99
0.24	9.48	0.74	27.04	1.24	39.25	1.74	45.91	2.24	48.75	2.74	49.69	3.24	49.94	3.74	49.99
0.25	9.99	0.75	27.34	1.25	39.44	1.75	45.99	2.25	48.78	2.75	49.70	3.25	49.94	3.75	49.99
0.26	10.26	0.76	27.64	1.26	39.62	1.76	46.08	2.26	48.81	2.76	49.71	3.26	49.94	3.76	49.99
0.27	10.64	0.77	27.94	1.27	39.80	1.77	46.16	2.27	48.84	2.77	49.72	3.27	49.94	3.77	49.99
0.28	11.03	0.78	28.23	1.28	39.97	1.78	46.25	2.28	48.87	2.78	49.73	3.28	49.94	3.78	49.99
0.29	11.41	0.79	28.52	1.29	40.15	1.79	46.33	2.29	48.90	2.79	49.74	3.29	49.94	3.79	49.99
0.30	11.79	0.80	28.81	1.30	40.32	1.80	46.41	2.30	48.93	2.80	49.74	3.30	49.95	3.80	49.99
0.31	12.17	0.81	29.10	1.31	40.49	1.81	46.49	2.31	48.96	2.81	49.75	3.31	49.95	3.81	49.99
0.32	12.55	0.82	29.39	1.32	40.66	1.82	46.56	2.32	48.98	2.82	49.76	3.32	49.95	3.82	49.99
0.33	12.93	0.83	29.67	1.33	40.82	1.83	46.64	2.33	49.01	2.83	49.77	3.33	49.95	3.83	49.99
0.34	13.31	0.84	29.95	1.34	40.99	1.84	46.71	2.34	49.04	2.84	49.77	3.34	49.95	3.84	49.99
0.35	13.68	0.85	30.23	1.35	41.15	1.85	46.78	2.35	49.06	2.85	49.78	3.35	49.96	3.85	49.99
0.36	14.06	0.86	30.51	1.36	41.31	1.86	46.86	2.36	49.09	2.86	49.79	3.36	49.96	3.86	49.99
0.37	14.43	0.87	30.78	1.37	41.47	1.87	46.93	2.37	49.11	2.87	49.79	3.37	49.96	3.87	49.99
0.38	14.80	0.88	31.06	1.38	41.62	1.88	46.99	2.38	49.13	2.88	49.80	3.38	49.96	3.88	49.99
0.39	15.17	0.89	31.33	1.39	41.77	1.89	47.06	2.39	49.16	2.89	49.81	3.39	49.96	3.89	49.99
0.40	15.54	0.90	31.59	1.40	41.92	1.90	47.13	2.40	49.18	2.90	49.81	3.40	49.97	3.90	49.99
0.41	15.91	0.91	31.86	1.41	42.07	1.91	47.19	2.41	49.20	2.91	49.82	3.41	49.97	3.91	49.99
0.42	16.28	0.92	32.12	1.42	42.22	1.92	47.26	2.42	49.22	2.92	49.82	3.42	49.97	3.92	49.99
0.43	16.64	0.93	32.38	1.43	42.36	1.93	47.32	2.43	49.25	2.93	49.83	3.43	49.97	3.93	49.99
0.44	17.00	0.94	32.64	1.44	42.51	1.94	47.38	2.44	49.27	2.94	49.84	3.44	49.97	3.94	49.99
0.45	17.36	0.95	32.89	1.45	42.65	1.95	47.44	2.45	49.29	2.95	49.84	3.45	49.98	3.95	49.99
0.46	17.72	0.96	33.15	1.46	42.79	1.96	47.50	2.46	49.31	2.96	49.85	3.46	49.98	3.96	49.99
0.47	18.08	0.97	33.40	1.47	42.92	1.97	47.56	2.47	49.32	2.97	49.85	3.47	49.98	3.97	49.99
0.48	18.44	0.98	33.65	1.48	43.06	1.98	47.61	2.48	49.34	2.98	49.86	3.48	49.98	3.98	49.99
0.49	18.79	0.99	33.89	1.49	43.19	1.99	47.67	2.49	49.36	2.99	49.86	3.49	49.98	3.99	49.99

B.2 귀무가설을 기각하기 위해 필요한 t 값

이 테이블을 사용하는 방법 :

1. *t* 값 검정통계량을 계산합니다.

2. 획득된 *t* 값을 이 표에 나열된 임계값과 비교합니다. 자유도를 정확하게 계산하고 적절한 유의수준을 선택했는지 확인합니다.

3. 획득된 값이 임계값 또는 표에서 찾은 값보다 큰 경우, 귀무가설(평균값이 동일함)은 관측된 차이에 대해 가장 매력적인 설명이 아닙니다.

4. 획득된 값이 임계값 또는 표에서 찾은 값보다 작은 경우, 귀무가설은 관측된 차이에 대해 가장 매력적인 설명입니다.

다음은 그 예입니다. 두 그룹 간의 차이를 테스트하기 위해 다음 표는 자유도 18과 유의수준 0.01에서 단측검정 검정의 임계값이 2.553임을 알려줍니다. 획득된 값은 1.64이며 귀무가설을 기각할 수 없음을 나타냅니다.

자유도	단측검정			자유도	양측검정		
	0.10	0.05	0.01		0.10	0.05	0.01
1	3.078	6.314	31.821	1	6.314	12.706	63.657
2	1.886	2.920	6.965	2	2.920	4.303	9.925
3	1.638	2.353	4.541	3	2.353	3.182	5.841
4	1.533	2.132	3.747	4	2.132	2.776	4.604
5	1.476	2.015	3.365	5	2.015	2.571	4.032
6	1.440	1.943	3.143	6	1.943	2.447	3.708
7	1.415	1.895	2.998	7	1.895	2.365	3.500
8	1.397	1.860	2.897	8	1.860	2.306	3.356
9	1.383	1.833	2.822	9	1.833	2.262	3.250
10	1.372	1.813	2.764	10	1.812	2.228	3.170
11	1.364	1.796	2.718	11	1.796	2.201	3.106
12	1.356	1.783	2.681	12	1.782	2.179	3.055
13	1.350	1.771	2.651	13	1.771	2.161	3.013
14	1.345	1.762	2.625	14	1.762	2.145	2.977
15	1.341	1.753	2.603	15	1.753	2.132	2.947

자유도	단측검정			자유도	양측검정		
	0.10	0.05	0.01		0.10	0.05	0.01
16	1.337	1.746	2.584	16	1.746	2.120	2.921
17	1.334	1.740	2.567	17	1.740	2.110	2.898
18	1.331	1.734	2.553	18	1.734	2.101	2.879
19	1.328	1.729	2.540	19	1.729	2.093	2.861
20	1.326	1.725	2.528	20	1.725	2.086	2.846
21	1.323	1.721	2.518	21	1.721	2.080	2.832
22	1.321	1.717	2.509	22	1.717	2.074	2.819
23	1.320	1.714	2.500	23	1.714	2.069	2.808
24	1.318	1.711	2.492	24	1.711	2.064	2.797
25	1.317	1.708	2.485	25	1.708	2.060	2.788
26	1.315	1.706	2.479	26	1.706	2.056	2.779
27	1.314	1.704	2.473	27	1.704	2.052	2.771
28	1.313	1.701	2.467	28	1.701	2.049	2.764
29	1.312	1.699	2.462	29	1.699	2.045	2.757
30	1.311	1.698	2.458	30	1.698	2.043	2.750
35	1.306	1.690	2.438	35	1.690	2.030	2.724
40	1.303	1.684	2.424	40	1.684	2.021	2.705
45	1.301	1.680	2.412	45	1.680	2.014	2.690
50	1.299	1.676	2.404	50	1.676	2.009	2.678
55	1.297	1.673	2.396	55	1.673	2.004	2.668
60	1.296	1.671	2.390	60	1.671	2.001	2.661
65	1.295	1.669	2.385	65	1.669	1.997	2.654
70	1.294	1.667	2.381	70	1.667	1.995	2.648
75	1.293	1.666	2.377	75	1.666	1.992	2.643
80	1.292	1.664	2.374	80	1.664	1.990	2.639
85	1.292	1.663	2.371	85	1.663	1.989	2.635
90	1.291	1.662	2.369	90	1.662	1.987	2.632
95	1.291	1.661	2.366	95	1.661	1.986	2.629
100	1.290	1.660	2.364	100	1.660	1.984	2.626
∞	1.282	1.645	2.327	∞	1.645	1.96	2.576

B.3 F-검정 또는 분산분석에 대한 임계값

이 테이블을 사용하는 방법 :

1. F 값을 계산합니다.
2. 분자의 자유도 수($k-1$)와 분모의 자유도 수($n-k$)를 결정합니다.
3. 분자의 자유도를 찾기 위해 표를 가로질러 읽고, 분모의 자유도를 찾기 위해 세로로 읽은 후, 유의 수준에 맞는 임계값을 찾습니다. 임계값은 열과 행의 교차점에 있습니다.
4. 획득된 값이 임계값 또는 표에서 찾은 값보다 크면 귀무가설(즉 평균값이 서로 동일함)은 관측된 차이에 대해 가장 매력적인 설명이 아닙니다.
5. 획득된 값이 임계값 또는 표에서 찾은 값보다 작으면, 귀무가설은 관측된 차이에 대해 가장 매력적인 설명입니다.

다음은 그 예입니다. 각각 20명의 참가자가 있는 4개 그룹의 평균 차이를 테스트하기 위해 다음 표는 0.05 수준에서 테스트 한 3 및 15 자유도의 임계값 3.29를 제공합니다. 획득된 값은 2.87이며 귀무가설을 기각할 수 없고 세 가지 수단 간에 전반적인 차이가 없음을 나타냅니다.

분모의 자유도	제1종 오류율	분자의 자유도					
		1	2	3	4	5	6
1	0.01	4052.00	4999.50	5403.00	5625.00	5764.00	5859.00
1	0.05	162.00	200.00	216.00	225.00	230.00	234.00
1	0.10	39.90	49.50	53.60	55.80	57.20	58.20
2	0.01	98.50	99.00	99.17	99.25	99.30	99.33
2	0.05	18.51	19.00	19.17	19.25	19.30	19.33
2	0.10	8.53	9.00	9.16	9.24	9.29	9.33
3	0.01	34.12	30.82	29.46	28.71	28.24	27.91
3	0.05	10.13	9.55	9.28	9.12	9.01	8.94
3	0.10	5.54	5.46	5.39	5.34	5.31	5.28
4	0.01	21.20	18.00	16.70	15.98	15.52	15.21
4	0.05	7.71	6.95	6.59	6.39	6.26	6.16
4	0.10	4.55	4.33	4.19	4.11	4.05	4.01
5	0.01	16.26	13.27	12.06	11.39	10.97	10.67
5	0.05	6.61	5.79	5.41	5.19	5.05	4.95
5	0.10	4.06	3.78	3.62	3.52	3.45	3.41

분모의 자유도	제1종 오류율	분자의 자유도					
		1	2	3	4	5	6
6	0.01	13.75	10.93	9.78	9.15	8.75	8.47
6	0.05	5.99	5.14	4.76	4.53	4.39	4.28
6	0.10	3.78	3.46	3.29	3.18	3.11	3.06
7	0.01	12.25	9.55	8.45	7.85	7.46	7.19
7	0.05	5.59	4.74	4.35	4.12	3.97	3.87
7	0.10	3.59	3.26	3.08	2.96	2.88	2.83
8	0.01	11.26	8.65	7.59	7.01	6.63	6.37
8	0.05	5.32	4.46	4.07	3.84	3.69	3.58
8	0.10	3.46	3.11	2.92	2.81	2.73	2.67
9	0.01	10.56	8.02	6.99	6.42	6.06	5.80
9	0.05	5.12	4.26	3.86	3.63	3.48	3.37
9	0.10	3.36	3.01	2.81	2.69	2.61	2.55
10	0.01	10.05	7.56	6.55	6.00	5.64	5.39
10	0.05	4.97	4.10	3.71	3.48	3.33	3.22
10	0.10	3.29	2.92	2.73	2.61	2.52	2.46
11	0.01	9.65	7.21	6.22	5.67	5.32	5.07
11	0.05	4.85	3.98	3.59	3.36	3.20	3.10
11	0.10	3.23	2.86	2.66	2.54	2.45	2.39
12	0.01	9.33	6.93	5.95	5.41	5.07	4.82
12	0.05	4.75	3.89	3.49	3.26	3.11	3.00
12	0.10	3.18	2.81	2.61	2.48	2.40	2.33
13	0.01	9.07	6.70	5.74	5.21	4.86	4.62
13	0.05	4.67	3.81	3.41	3.18	3.03	2.92
13	0.10	3.14	2.76	2.56	2.43	2.35	2.28
14	0.01	8.86	6.52	5.56	5.04	4.70	4.46
14	0.05	4.60	3.74	3.34	3.11	2.96	2.85
14	0.10	3.10	2.73	2.52	2.40	2.31	2.24
15	0.01	8.68	6.36	5.42	4.89	4.56	4.32
15	0.05	4.54	3.68	3.29	3.06	2.90	2.79
15	0.10	3.07	2.70	2.49	2.36	2.27	2.21
16	0.01	8.53	6.23	5.29	4.77	4.44	4.20
16	0.05	4.49	3.63	3.24	3.01	2.85	2.74
16	0.10	3.05	2.67	2.46	2.33	2.24	2.18

분모의 자유도	제1종 오류율	분자의 자유도					
		1	2	3	4	5	6
17	0.01	8.40	6.11	5.18	4.67	4.34	4.10
17	0.05	4.45	3.59	3.20	2.97	2.81	2.70
17	0.10	3.03	2.65	2.44	2.31	2.22	2.15
18	0.01	8.29	6.01	5.09	4.58	4.25	4.02
18	0.05	4.41	3.56	3.16	2.93	2.77	2.66
18	0.10	3.01	2.62	2.42	2.29	2.20	2.13
19	0.01	8.19	5.93	5.01	4.50	4.17	3.94
19	0.05	4.38	3.52	3.13	2.90	2.74	2.63
19	0.10	2.99	2.61	2.40	2.27	2.18	2.11
20	0.01	8.10	5.85	4.94	4.43	4.10	3.87
20	0.05	4.35	3.49	3.10	2.87	2.71	2.60
20	0.10	2.98	2.59	2.38	2.25	2.16	2.09
21	0.01	8.02	5.78	4.88	4.37	4.04	3.81
21	0.05	4.33	3.47	3.07	2.84	2.69	2.57
21	0.10	2.96	2.58	2.37	2.23	2.14	2.08
22	0.01	7.95	5.72	4.82	4.31	3.99	3.76
22	0.05	4.30	3.44	3.05	2.82	2.66	2.55
22	0.10	2.95	2.56	2.35	2.22	2.13	2.06
23	0.01	7.88	5.66	4.77	4.26	3.94	3.71
23	0.05	4.28	3.42	3.03	2.80	2.64	2.53
23	0.10	2.94	2.55	2.34	2.21	2.12	2.05
24	0.01	7.82	5.61	4.72	4.22	3.90	3.67
24	0.05	4.26	3.40	3.01	2.78	2.62	2.51
24	0.10	2.93	2.54	2.33	2.20	2.10	2.04
25	0.01	7.77	5.57	4.68	4.18	3.86	3.63
25	0.05	4.24	3.39	2.99	2.76	2.60	2.49
25	0.10	2.92	2.53	2.32	2.19	2.09	2.03
26	0.01	7.72	5.53	4.64	4.14	3.82	3.59
26	0.05	4.23	3.37	2.98	2.74	2.59	2.48
26	0.10	2.91	2.52	2.31	2.18	2.08	2.01
27	0.01	7.68	5.49	4.60	4.11	3.79	3.56
27	0.05	4.21	3.36	2.96	2.73	2.57	2.46
27	0.10	2.90	2.51	2.30	2.17	2.07	2.01

분모의 자유도	제1종 오류율	분자의 자유도					
		1	2	3	4	5	6
28	0.01	7.64	5.45	4.57	4.08	3.75	3.53
28	0.05	4.20	3.34	2.95	2.72	2.56	2.45
28	0.10	2.89	2.50	2.29	2.16	2.07	2.00
29	0.01	7.60	5.42	4.54	4.05	3.73	3.50
29	0.05	4.18	3.33	2.94	2.70	2.55	2.43
29	0.10	2.89	2.50	2.28	2.15	2.06	1.99
30	0.01	7.56	5.39	4.51	4.02	3.70	3.47
30	0.05	4.17	3.32	2.92	2.69	2.53	2.42
30	0.10	2.88	2.49	2.28	2.14	2.05	1.98
35	0.01	7.42	5.27	4.40	3.91	3.59	3.37
35	0.05	4.12	3.27	2.88	2.64	2.49	2.37
35	0.10	2.86	2.46	2.25	2.14	2.02	1.95
40	0.01	7.32	5.18	4.31	3.91	3.51	3.29
40	0.05	4.09	3.23	2.84	2.64	2.45	2.34
40	0.10	2.84	2.44	2.23	2.11	2.00	1.93
45	0.01	7.23	5.11	4.25	3.83	3.46	3.23
45	0.05	4.06	3.21	2.81	2.61	2.42	2.31
45	0.10	2.82	2.43	2.21	2.09	1.98	1.91
50	0.01	7.17	5.06	4.20	3.77	3.41	3.19
50	0.05	4.04	3.18	2.79	2.58	2.40	2.29
50	0.10	2.81	2.41	2.20	2.08	1.97	1.90
55	0.01	7.12	5.01	4.16	3.72	3.37	3.15
55	0.05	4.02	3.17	2.77	2.56	2.38	2.27
55	0.10	2.80	2.40	2.19	2.06	1.96	1.89
60	0.01	7.08	4.98	4.13	3.68	3.34	3.12
60	0.05	4.00	3.15	2.76	2.54	2.37	2.25
60	0.10	2.79	2.39	2.18	2.05	1.95	1.88
65	0.01	7.04	4.95	4.10	3.65	3.31	3.09
65	0.05	3.99	3.14	2.75	2.53	2.36	2.24
65	0.10	2.79	2.39	2.17	2.04	1.94	1.87
70	0.01	7.01	4.92	4.08	3.62	3.29	3.07
70	0.05	3.98	3.13	2.74	2.51	2.35	2.23
70	0.10	2.78	2.38	2.16	2.03	1.93	1.86

분모의 자유도	제1종 오류율	분자의 자유도					
		1	2	3	4	5	6
75	0.01	6.99	4.90	4.06	3.60	3.27	3.05
75	0.05	3.97	3.12	2.73	2.50	2.34	2.22
75	0.10	2.77	2.38	2.16	2.03	1.93	1.86
80	0.01	3.96	4.88	4.04	3.56	3.26	3.04
80	0.05	6.96	3.11	2.72	2.49	2.33	2.21
80	0.10	2.77	2.37	2.15	2.02	1.92	1.85
85	0.01	6.94	4.86	4.02	3.55	3.24	3.02
85	0.05	3.95	3.10	2.71	2.48	2.32	2.21
85	0.10	2.77	2.37	2.15	2.01	1.92	1.85
90	0.01	6.93	4.85	4.02	3.54	3.23	3.01
90	0.05	3.95	3.10	2.71	2.47	2.32	2.20
90	0.10	2.76	2.36	2.15	2.01	1.91	1.84
95	0.01	6.91	4.84	4.00	3.52	3.22	3.00
95	0.05	3.94	3.09	2.70	2.47	2.31	2.20
95	0.10	2.76	2.36	2.14	2.01	1.91	1.84
100	0.01	6.90	4.82	3.98	3.51	3.21	2.99
100	0.05	3.94	3.09	2.70	2.46	2.31	2.19
100	0.10	2.76	2.36	2.14	2.00	1.91	1.83
∞	0.01	6.64	4.61	3.78	3.32	3.02	2.80
∞	0.05	3.84	3.00	2.61	2.37	2.22	2.10
∞	0.10	2.71	2.30	2.08	1.95	1.85	1.78

B.4 귀무가설의 기각에 필요한 상관계수 값

이 테이블을 사용하는 방법 :

1. 상관계수의 값을 계산합니다.
2. 상관계수의 값을 이 표에 나열된 임계값과 비교합니다.
3. 획득된 값이 임계값 또는 표에서 찾은 값보다 큰 경우 귀무가설(상관계수가 0임)은 관측된 차이에 대해 가장 매력적인 설명이 아닙니다.
4. 획득된 값이 임계값 또는 표에서 찾은 값보다 작으면, 귀무가설은 관측된 차이에 대해 가장 매력적인 설명입니다.

다음은 그 예입니다. 상관계수 0.61의 유의성 검증을 위해 $n = 50$, $df = 50 - 2 = 48$(표에서 45를 사용하여 보수적인 계산을 합니다), 유의수준 0.05에서 양측검정을 통해 결정한 임계값은 0.2875입니다. 획득된 값이 임계값보다 크기 때문에 두 변수 사이에 관계가 있다는 연구가설이 채택됩니다.

df	단측검정		*df*	양측검정	
	0.05	0.01		0.05	0.01
1	0.9877	0.9995	1	0.9969	0.9999
2	0.9000	0.9800	2	0.9500	0.9900
3	0.8054	0.9343	3	0.8783	0.9587
4	0.7293	0.8822	4	0.8114	0.9172
5	0.6694	0.8320	5	0.7545	0.8745
6	0.6215	0.7887	6	0.7067	0.8343
7	0.5822	0.7498	7	0.6664	0.7977
8	0.5494	0.7155	8	0.6319	0.7646
9	0.5214	0.6851	9	0.6021	0.7348
10	0.4973	0.6581	10	0.5760	0.7079
11	0.4762	0.6339	11	0.5529	0.6835
12	0.4575	0.6120	12	0.5324	0.6614
13	0.4409	0.5923	13	0.5139	0.6411
14	0.4259	0.5742	14	0.4973	0.6226
15	0.4120	0.5577	15	0.4821	0.6055
16	0.4000	0.5425	16	0.4683	0.5897
17	0.3887	0.5285	17	0.4555	0.5751
18	0.3783	0.5155	18	0.4438	0.5614
19	0.3687	0.5034	19	0.4329	0.5487
20	0.3598	0.4921	20	0.4227	0.5368
25	0.3233	0.4451	25	0.3809	0.4869
30	0.2960	0.4093	30	0.3494	0.4487
35	0.2746	0.3810	35	0.3246	0.4182
40	0.2573	0.3578	40	0.3044	0.3932
45	0.2428	0.3384	45	0.2875	0.3721
50	0.2306	0.3218	50	0.2732	0.3541
60	0.2108	0.2948	60	0.2500	0.3248
70	0.1954	0.2737	70	0.2319	0.3017
80	0.1829	0.2565	80	0.2172	0.2830
90	0.1726	0.2422	90	0.2050	0.2673
100	0.1638	0.2301	100	0.1946	0.2540

B.5 카이제곱 검정의 임계값

이 테이블을 사용하는 방법 :

1. χ^2 값을 계산합니다.

2. 행(R−1)의 자유도와 열(C−1)의 자유도를 결정합니다. 여러분의 테이블이 1차원인 경우에는 열만 있습니다.

3. df열의 자유도를 찾은 다음, 유의수준에 해당하는 열 아래에서 임계값을 찾습니다.

4. 획득된 값이 임계값 또는 표에서 찾은 값보다 큰 경우 귀무가설(각 범주 내 발생 빈도가 같다)은 관측된 차이에 대해 가장 매력적인 설명이 아닙니다.

5. 획득된 값이 임계값 또는 표에서 찾은 값보다 작으면, 귀무가설은 관측된 차이에 대해 가장 매력적인 설명입니다.

다음은 그 예입니다. 6개 그룹의 독립성을 테스트하기 위해 다음 표를 보면, 유의수준 0.01에서 자유도 5의 임계값은 15.09입니다. 획득된 값은 11.64이며, 획득된 값이 임계값보다 작으므로 귀무가설을 기각할 수 없으며, 이는 6개 그룹 내의 발생 빈도가 서로 독립적이지 않음을 나타냅니다.

자유도	유의수준		
	0.10	**0.05**	**0.01**
1	2.71	3.84	6.64
2	4.00	5.99	9.21
3	6.25	7.82	11.34
4	7.78	9.49	13.28
5	9.24	11.07	15.09
6	10.64	12.59	16.81
7	12.02	14.07	18.48
8	13.36	15.51	20.09
9	14.68	16.92	21.67
10	16.99	18.31	23.21
11	17.28	19.68	24.72
12	18.65	21.03	26.22
13	19.81	22.36	27.69
14	21.06	23.68	29.14
15	22.31	25.00	30.58
16	23.54	26.30	32.00
17	24.77	27.60	33.41
18	25.99	28.87	34.80
19	27.20	30.14	36.19
20	28.41	31.41	37.57
21	29.62	32.67	38.93
22	30.81	33.92	40.29
23	32.01	35.17	41.64
24	33.20	36.42	42.98
25	34.38	37.65	44.81
26	35.56	38.88	45.64
27	36.74	40.11	46.96
28	37.92	41.34	48.28
29	39.09	42.56	49.59
30	40.26	43.77	50.89

부록 C

수학의 기본

여러분이 지금 이 부분을 읽고 있다면, 기본적인 수학 능력에 대한 약간의 도움이 필요하다는 뜻이겠죠. 특히 휴학을 하는 등 공부를 잠시 쉬었다가 학교에 다시 돌아왔다면 그러한 도움이 필요할 겁니다. 이 책을 공부하기 전에 수학의 기본에 대해 짧게 살펴보는 것도 좋습니다.

여러분은 이미 이 책의 예제와 연습문제를 푸는 데 필요한 수학 능력을 대부분 갖추고 있습니다. 예를 들어, 기본 연산인 더하기, 빼기, 곱하기, 나누기를 할 수 있습니다. 또한 계산기를 사용하여 숫자의 제곱근을 계산하는 방법도 알고 있을 것입니다. 하지만 방정식과 소괄호(이렇게 생겼어요 → ())나 대괄호(이렇게 생겼어요 → [ ]) 안에서 일어날 수 있는 다양한 연산을 다루려고 하면 헷갈리기 시작합니다.

그래서 우리는 이 헷갈리는 부분을 설명하는 데 대부분 시간을 쓰려고 합니다. 관련 예제를 통해, 복잡한 연산처럼 보이는 수식을 어떻게 처리해야 하는지 대해 더 잘 이해하도록 설명할 것입니다. 일단 복잡해 보이는 수식들이 개별 부분으로 분리되면, 수식을 푸는 것은 식은 죽 먹기입니다.

큰 규칙 - PPMDAS를 소개합니다

매우 낯설어 보이겠지만 이 약어는 여러분이 어떤 연산을 먼저 수행해야 하는지 쉽게 기억하 수 있게 도와줄 것입니다. PPMDAS는 표현식이나 방정식에서 연산이 수행되는 순서를 나타내는 약어입니다. PPMDAS는 다음과 같습니다.

P는 parentheses(소괄호)를 뜻합니다. ( ) 또는 [ ]를 가리키며 대개 표현식이나 수식에 사용됩니다.

P는 power(제곱) 또는 계수를 뜻합니다. 4의 2제곱 또는 4^2으로 표현됩니다.

M은 multiply(곱하기)를 뜻합니다. 6 × 3과 같은 곱셈입니다.

D는 division(나누기)을 뜻합니다. 6 ÷ 3 또는 6/3과 같은 나눗셈입니다.

A는 addition(더하기)을 뜻합니다. 2 + 3과 같은 덧셈입니다.

S는 subtraction(빼기)을 뜻합니다. 5 - 1과 같은 뺄셈입니다.

PPMDAS의 순서대로 연산을 수행합니다. 예를 들어, 괄호(소괄호() 또는 대괄호[]) 안의 작업을 먼저 수행합니다. 괄호 안의 숫자를 제곱한 다음, 나누고 곱하는 등의 작업을 수행합니다. 제곱할 필요가 없다면 P 단계를 건너뛰고, 더할 것이 없으면 A 단계를 건너뜁니다. 대괄호와 소괄호가 모두 있는 경우 가장 안쪽에 있는 괄호의 연산을 먼저 수행하세요.

예를 들어 다음 표현식을 살펴보세요.

$$(3+2)\times 2=?$$

PPMDAS의 머리글자를 사용하여, 다음 단계에 따라 수식을 계산합니다.

1. 소괄호나 대괄호 안에 있는 연산을 먼저 계산해야 합니다. 이 경우는 소괄호입니다. 그래서 3 + 2의 결과로 5를 얻습니다.

2. 다음으로 합계 5에 2를 곱하여 10을 얻습니다.

또 다른 예를 들어봅시다.

$$(4/2\times 5)+7=?$$

PPMDAS의 단계를 따라 수식을 계산합니다.

1. 먼저 4를 2로 나누어 2를 구하고, 2에 5를 곱하여 10을 얻습니다.

2. 마지막으로, 10에 7을 더하여 합계 17을 얻습니다.

조금 더 나아가, 지수가 있는 방정식을 풀어봅시다.

$$(10^2\times 3)/150=?$$

우리가 할 일은 다음과 같습니다.

1. (첫 번째 단계에서는 항상 그렇듯이) 대괄호 또는 소괄호 안을 살펴봅니다.

2. 10을 제곱하여 100을 구하고, 여기에 3을 곱하여 300을 구합니다.

3. 괄호 안의 모든 연산이 완료되었습니다. 이제 300을 150으로 나눕니다. 답은 2입니다.

하나 이상의 괄호 또는 괄호 세트가 있는 좀 더 복잡한 수식을 계산해봅시다. 기억해야 할 것은, 괄호 안에 괄호가 있을 때 항상 안쪽 괄호부터 먼저 연산해야 한다는 것입니다. 예를 들어봅시다.

$$[(15 \times 2) - (5 + 7)] / 6 = ?$$

1. 15 곱하기 2는 30입니다.
2. 5 더하기 7은 12입니다.
3. 30 빼기 12는 18입니다.
4. 18을 6으로 나눈 값은 3입니다.

작은 규칙

몇 가지 규칙이 더 있습니다. 이 책 전반에서 음수 및 양수가 사용되는 계산을 볼 수 있으며, 다양한 방식들로 결합했을 때, 이들이 어떻게 작동하는지 알 필요가 있습니다.

1. 음수와 양수를 곱한 값(또는 양수에 음수를 곱한 값)은 항상 음수입니다.

   $-3 \times 2 = -6$ 또는 $4 \times -5 = -20$

2. 음수에 다른 음수를 곱하면 양수가 됩니다.

   $-4 \times -3 = 12$ 또는 $-2.5 \times -3 = 7.5$

3. 음수를 양수로 나눈 값은 음수가 됩니다.

   $-10 / 2 = -5$ 또는 $25 / -5 = -5$

4. 음수를 음수로 나눈 값은 양수가 됩니다.

   $-10 / -5 = 2$

연습이 완벽한 계산을 만듭니다. 그래서 여기 10개의 연습문제를 준비했습니다. 해답은 바로 아래에 있습니다. 정답을 얻지 못한 경우, PPMDAS 순서를 검토하거나 스터디 그룹에서 누군가에게 검토를 요청하세요. 자, 다음 문제를 풀어보세요.

1. $75 + 10$

2. $104 - 50$

3. $50 - 104$

4. 42×-2

5. -50×-60

6. $25/5 - 6/3$

7. $6{,}392 - (-700)$

8. $(510-500) / -10$

9. $[(40^2-207) - (80^2 - 400)] / 35 \times 24$

10. $([(502 - 300) - 25] - [(242 - 100) - 50]) / 20 \times 30$

해답

1. 85	**2.** 54	**3.** −54	**4.** −84	**5.** 3,000
6. 3	**7.** 7,092	**8.** −1	**9.** −5.48	**10.** 0.141

좀 더 많은 도움과 연습이 필요한가요? 다음 웹 사이트를 살펴보세요.

www.webmath.com/index.html
www.math.com/homeworkhelp/BasicMath.html

수업를 시작하고 너무 긴장한 나머지 의미 있는 배움을 얻지 못하는 것보다 나쁜 일은 없습니다. 여러분보다 잘 준비되지 않았던 수천 명의 학생도 이 입문 통계 과정을 성공적으로 마쳤습니다. 여러분도 할 수 있습니다. 이 수업 내용에 어떻게 접근할 것인지에 대해 1장에서 10가지 팁을 소개했습니다. 이 팁들을 다시 읽어보세요. 행운을 빕니다!

통계 자료를 얻을 수 있는 최고의 웹 사이트 10곳

여러분은 당연히 인터넷을 사용할 겁니다. 새로운 무언가에 대해 알아보고 싶을 때 여러분은 아마도 제일 먼저 인터넷에 검색할 겁니다. 인터넷에는 요리법, 음악 공유 앱, 최신 농구 스코어와 마찬가지로, 연구 및 응용 프로그램에 익숙하지 않은 사람들을 위한 통계 관련 자료들이 많이 있습니다. 만약 학습 및 연구 활동에서 인터넷을 사용하고 있지 않다면 특별한 정보 제공원을 놓치고 있는 셈입니다.

인터넷에서 구할 수 있는 자료들이 학습이 부족하거나 동기가 결여된 부분을 보완해주진 못합니다. 하지만 인터넷에서 대학 생활의 전반적인 경험을 향상할 수 있는 수많은 정보를 찾을 수 있습니다. 인터넷에 재미있는 통계 자료들이 수없이 존재한다는 것은 말할 필요도 없죠!

이제 여러분은 입문 통계 전문가로 인증받았습니다. 통계에 대해 더 자세히 알고 싶다면 지금부터 소개하는 유용한 웹 사이트에 들어가보세요.

인터넷상의 웹 사이트 주소는 그 어느 때보다 안정적이지만 변경될 수도 있습니다. 오늘 방문한 URL(Uniform Resource Locator)을 내일은 접속하지 못할 수 있습니다. 만약 여러분이 방문하고자 하는 웹 사이트에 접속하지 못한다면, Google이나 다른 검색엔진을 사용하여 웹 사이트 이름으로 검색하세요. 새 URL이나 다른 웹 주소가 검색될 겁니다.

R 도움말은 어디에서 찾나요?!

짐작했겠지만, YouTube에서는 R에 관한 모든 유형의 질문에 대한 답변을 찾을 수 있습니다. 예를 들어, 'mac에 rstudio 설치'라고 검색하면 YouTube에서 관련 동영상 40개를 검색 결과로 보여줍니다. (https://www.youtube.com/results?search_query=mac+rstudio+설치)

실제 R에 대해 질문하려면 어떻게 해야 할까요? RStudio의 R FAQ 페이지(https://community.rstudio.com/faq)에서는 원하는 답변을 얻을 수 있도록 질문을 작성하는 방법에 대한 지침을 제공합니다. 또한 토론 포럼에 참여하는 방법에 대한 지침도 제공합니다. R FAQ 페이지는 친절한 정보 제공처가 될 수 있습니다.

캘리포니아 대학교(UCLA)의 디지털 연구 및 교육 연구소에서 운영하는 웹 사이트를 활용해도 됩니다. 이 사이트는 통계 소프트웨어별로 각 유형의 데이터 분석을 설명하는 개별 페이지로 구성되어 있습니다. 이 링크(https://stats.idre.ucla.edu/r/faq/)는 43개의 예제 목록이 있는 페이지로 연결됩니다.

통계학자와 역사적 사건

https://www.york.ac.uk/depts/maths/histstat/에 있는 통계의 역사(History of Statistics) 페이지에는 유명한 통계학자의 초상화와 참고 문헌 및 통계 분야에서 일어난 중요 사건들에 대한 내용이 담겨 있습니다. 베루누이Bernoulli, 겔톤Galton, 피셔Fisher, 스피어만Spearman과 같은 이름이 호기심을 자극하나요? 20세기 초, 두 평균 차이에 대한 첫 검정 방법을 개발한 이야기는 어떤가요? 이 사이트에서 이 분야에 공헌한 멋진 인물들과 그들의 멋진 생각들에 대해 읽기 전까지는 이런 주제가 조금 지루하다고 느낄 수 있습니다.

물론, 위키피디아(http://en.wikipedia.org/wiki/History_of_statistics)와 eMathZone(http://www.emathzone.com/tutorials/basic-statistics/history-of-statistics.html)도 통계의 역사를 소개하는 훌륭한 웹 사이트입니다.

여기 모든 정보가 다 있습니다

SurfStat Australia(http://surfstat.anu.edu.au/surfstat-home/)는 호주 뉴캐슬 대학교(University of Newcastle)에서 진행하는 기초 통계 과정의 온라인 콘텐츠이지만 1987년 아네트 돕슨Annette Dobson이 처음 노트를 작성한 이후로 안나 영Anne Young, 밥 기버드Bob Gibberd 및 다른 사람들이 수년 동안 업데이트를 계속하고 있습니다. 특히 SurfStat에는 완벽한 대화형 통계 교과서가 포함되어 있습니다. 이 교과서 외에도 연습문제, 인터넷상의 다른 통계 사이트 목록, Java 애플릿 모음(다양한 통계 절차를 사용할 수 있는 멋진 프로그램)이 실려 있습니다.

Hyperstat

18개의 강의로 구성된 이 온라인 자습서(http://davidmlane.com/hyperstat/index.html)는 중요한 기초 주제들을 독자의 눈높이에 맞춰 이해하기 쉽게 설명합니다. 이 사이트를 강력히 추천하는 이유는 하이퍼텍스트를 사용하여 하나의 용어가 다른 개념과 연결되는 용어집을 제공하기 때문입니다. 이 웹 페이지에서는 하이퍼링크된 주제(활성화된 밑줄 그어진 단어)를 볼 수 있습니다. 그중 하나를 클릭하세요! 여러분은 바로 그 주제로 넘어가게 됩니다(또는 넘어가는 중입니다).

데이터? 데이터를 원하나요?

누군가 가져가기를 기다리는 잘 익은 데이터가 곳곳에 존재합니다. 다음은 몇 가지 예입니다. 이 데이터로 무엇을 해야 할까요? 다운로드하여 작업에서 예제로 사용하거나 수행하고자 하는 분석의 예제로 사용하세요. 이 예들을 모델로도 사용할 수 있습니다.

- Statistical Reference Datasets (http://itl.nist.gov/div898/strd/)
- 미국 인구조사국 (http://factfinder.census.gov/faces/nav/jsf/pages/index.xhtml)에서 제공하는 엄청난 데이터
- The Data and Story Library (https://dasl.datadescription.com/). 데이터에 유용한 주석들도 달려 있습니다('stories' 링크를 찾아보세요).
- Growth Data Sets (www.bris.ac.uk/Depts/Economics/Growth/datasets.htm)에서 제공하는 다양한 경제 관련 데이터

연방 정부 사이트(위에서 언급한 인구조사국 및 기타 사이트들)를 통해 더 많은 데이터 세트를 찾을 수 있습니다. 여러분이 내는 세금은 이러한 자원을 지원하는 데도 사용됩니다. 이 사이트들을 활용하지 않을 이유가 없겠지요? 예를 들어, FedStats(https://nces.ed.gov/partners/ fedstat.asp)에서는 미국 정부 내 70개가 넘는 기관이 대중에게 유익한 통계 자료들을 제공합니다. 이 사이트는 통계 정책에 관한 연방 정부 기관 협의회(Federal Interagency Council on Statistical Policy)에서 관리하며 공공 기관에서 제공하는 모든 통계 및 정보에 쉽게 접근할 수 있도록 합니다. 여기에서 CIA가 제공하는 국가 프로필뿐만 아니라 공립학교 학생, 교직원 및 교수 데이터(미국 국립 교육 통계원 제공)와 미국 사망률 관련 자료(미국 국립 보건 통계 센터 제공)도 확인할 수 있습니다. 정말 많은 양의 데이터가 있군요! 미국 대부분의 주에 대한 데이터는 https://www.data.gov에서 제공하고 있습니다.

더 많은 자료

미시간 대학교의 연구 관련 안내 웹 사이트(https://guides.lib.umich.edu/?b=s)에는 은행, 책 출판, 노인, 알레르기가 있는 사람을 위한 꽃가루에 대한 정보를 포함하여 수백, 수천 개의 자료 링크가 있습니다. 여러분이 원하는 것을 찾아보거나 검색하세요. 무엇이 됐든 흥미로운 내용을 찾게 될 것입니다.

온라인 통계 강의 자료들

여러분은 이미 통계 전문가이므로 이웃이나 과 친구들을 도와줄 수 있습니다. 만약 그럴 의향이 있다면 미국 통계 협회(American Statistical Association)가 제공하는 통계 강의 웹 사이트(http://www.statisticsteacher.org/)를 참조하세요. 벤더빌트 대학교(https://cft.vanderbilt.edu/2013/06/new-teaching-guide-for-statistics-instructors/)에서 통계 교육에 대한 자세한 내용을 확인할 수도 있습니다.

물론, YouTube도 있습니다

통계 수업을 재미있게 진행하는 재능 있는 혼성 그룹인 Statz Rappers(www.youtube.com/watch?v=JS9GmU5hr5w)를 통해 통계 자료를 검색할 수 있습니다. 통계에 관심이 있는 사람들이 인터넷에서 잠깐 쉬어 가기에 적합한 쉼터입니다. 그러나 훨씬 더 깊이 있는 정보도 있습니다. 예를 들어 칸 아카데미(KhanAcademy.org)에서 제공하는 동영상 강의(www.youtube.com/watch?v=HvDqbzu0i0E)가 있습니다. 대수학에서 경제학, 투자론은 물론 통계에 이르기까지 수천 가지의 다양한 비디오 자습서가 포함되어 있습니다.

마지막으로...

하워드 S. 호프만Howard S. Hoffman 박사가 정리해놓은 통계 용어 정의들을 http://animated software.com/statglos/statglos.htm#index 에서 찾아보세요. 유익하고 매우 재미있습니다.

데이터 수집의 십계명

이제 여러분은 데이터를 분석하는 방법을 알게 되었으므로 데이터를 수집하는 방법을 살펴볼 차례입니다. 데이터 수집 절차는 학생, 학부모, 환자, 유권자 그룹을 대상으로 하는 한 장짜리 간단한 질문지로 시작할지라도 길고 엄격한 절차가 수반될 수 있습니다. 데이터 수집 절차는 여러분이 진행하는 연구 프로젝트에서 가장 많은 시간이 들어가는 과정이 될 수 있습니다. 그러나 많은 연구자들이 알고 있듯이, 좋은 연구 결과를 얻으려면 반드시 좋은 데이터를 수집해야 합니다.

여러분이 수집한 데이터를 연구에 사용할 수 있게 도와주는 '데이터 수집의 십계명'이 있습니다. 원래의 십계명과 달리, 이것들은 (언제든지 바뀔 수 있기에) 돌에 새겨져서는 안 되지만, 여러분이 이 계명들을 지킨다면, 많은 어려움을 피할 수 있습니다.

제1계명. 연구 질문에 관해 생각하기 시작할 때, 그 질문에 대답하기 위해 수집해야 할 데이터 유형에 대해서도 함께 생각해보세요. 인터뷰? 질문 문항? 종이와 연필? 컴퓨터? 관심 분야의 관련 저널을 읽고 다른 사람들이 과거에 어떻게 했는지 알아보세요. 그리고 그들이 했던 방식을 따라 하는 것을 고려해보세요. 다른 사람들을 따라 함으로써 얻을 수 있는 장점은 다른 사람이 이미 저지른 실수를 여러분이 반복하지 않아도 된다는 것입니다. 만약 다른 사람들에게 효과가 없다면 여러분에게도 마찬가지로 효과가 없을 겁니다.

제2계명. 수집할 데이터의 유형에 관해 생각할 때, 데이터를 어디에서 구할지 생각해보세요. 여러분이 인구통계 데이터(미국 인구 통계국 및 일부 온라인 사이트에서 제공)와 같이 이미 수집된 데이터에 접속하거나 도서관에 있는 과거 데이터를 얻으려 한다면 별 다른 문제 없이 손쉽게 데이터를 얻을 수 있을 것입니다. 그러나 신생아와 부모의 상호작용을 평가하려면 어떻게 해야 할까요? 노조 가입에 대한 교사의 태도나 50세 이상의 사람들이 늙었다고 생각하는 나이에 대해 조사하려면 어떻게 해야 하나요? 이 모든 질문에는 다른 사람들의 응답이 필요하며, 그러한 조건이 맞는 사람들을 찾는 것이 어려울 수 있습니다. 지금 시작하세요.

제3계명. 데이터 수집 양식을 명확하고 사용하기 쉽게 만드세요. 본 조사에 앞선 파일럿 조사에서 수집된 데이터 세트로 연습한 후, 데이터 수집을 위해 사용한 원래의 점수 기록표나 데이터 수집 양식을 디지털 형태로 쉽게 전환해서 사용할 수 있는지 확인하세요. 그런 다음 디지털 양식이 문제 없는지 확인하기 위해 동료들이 사용해보도록 하세요.

제4계명. 항상 데이터 파일의 사본을 만들어 별도의 장소에 보관하세요. 세상에는 데이터를 잃어버린 사람들과 그렇지 않은 사람들, 이 두 가지 유형의 사람들이 있다는 사실을 명심하세요. 데이터 수집 워크시트 사본을 별도의 장소에 보관해야 합니다. 데이터를 스프레드시트와 같은 컴퓨터 파일로 기록하는 경우 반드시 백업하세요! 여러분이 사용하는 물리적인 백업 방법 외에도 온라인 데이터 백업 서비스를 사용할 수 있습니다. 만약 USB 드라이브를 사용한다면 품질을 인정받은 제품을 구매해서 향후 여러분의 데이터 파일을 잃어버리지 않을 가능성을 높이시기 바랍니다.

제5계명. 여러분이 직접 교육시켰거나 여러분만큼 데이터 수집 과정을 제대로 이해하고 있다고 확신할 수 있는 사람이 아니라면 다른 사람에게 데이터 수집이나 관리를 맡기지 마세요. 여러분을 도와주는 사람이 있다는 건 장기간의 데이터 수집 기간 동안 지치지 않고 사기를 유지하는 데 도움이 됩니다. 그러나 여러분의 도우미에게 확실한 능력이 없다면, 여러분의 모든 노력과 계획이 한순간에 물거품이 될 수도 있습니다.

제6계명. 언제, 어디에서 데이터를 수집할 것인지 세부 일정을 계획하세요. 예를 들어, 여러분이 학교 세 곳을 방문해야 하고 각 학교에서 50명의 어린이들이 총 10분 동안 시험을 봐야 하는 경우, 이는 25시간 동안 시험을 봐야 한다는 것을 의미합니다. 그렇다고 해서 이 작업에 정확하게 25시간만 할당하지 마세요. 한 학교에서 다른 학교로 이동하는 데 걸리는 시간도 고려해야 합니다. 자기 순서인데 화장실에 간 아이가 있다면 어떡할까요? 그 아이가 교실로 돌아올 때까지 추가로 10분을 더 기다려야 합니다. 유명한 연예인이 학교에 특별 손님으로 등장한 날은 어떨까요? 이처럼 방해 요인은 무궁무진합니다. 예기치 않은 사건이 발생할 경우를 대비하여, 여러분 생각한 일정에 25~50% 더 많은 시간을 할당하세요.

제7계명. 가능한 빠른 시일 내에, 연구에 참여할 수 있는 집단을 확보하세요. 여러분은 이미 자신의 연구 분야에 대해 어느 정도의 지식을 갖추었기 때문에, 여러분이 원하는 모집단의 유형을 다뤄본 사람이나 표본 집단에 접근하도록 도와줄 수 있는 사람들을 알고 있을 것입니다. 여러분이 대학의 구성원인 경우, 수백 명의 다른 사람들이 여러분이 필요로 하는 것과 동일한 대상 표본을 두고 경쟁할 가능성이 있습니다. 경쟁하는 대신, 경쟁이 덜한 표본을 얻을 수 있는 보다 다양한 방법으로 (아마도 30분 거리 내에 있는) 다른 지역, 사회단체, 시민 단체 또는 병원을 이용해보는 건 어떨까요?

제8계명. 테스트 시간이나 인터뷰를 놓친 연구 참여자들에 대한 후속 조치를 취하세요. 그들에게 다시 연락하고 일정을 다시 잡으세요. 참여자를 계속 놓치면 표본 크기가 너무 작아질 가능성이 높습니다. 그리고 연구에 불참하는 사람들은 여러분의 연구 주제와 관련된 이유로 불참하는 것일 수도 있습니다. 이는 여러분의 최종 표본 대상들이 연구 초기의 표본 대상들과 질적으로 달라져 있음을 의미할 수 있습니다.

제9계명. 테스트 소책자, 면접 노트 등과 같은 원본 데이터는 절대로 폐기하지 마세요. 다른 연구자들이 동일한 데이터베이스를 사용하고 싶어 할 수도 있고, 더 자세한 정보를 찾기 위해 원래의 자료를 확인해야 할 수도 있습니다.

제10계명은? 앞선 9가지 계명들을 준수하세요. 농담 아닙니다!

부록 F

용어집

가설 (Hypothesis)

변수들 간의 관계를 예측하고, 연구 질문의 시작점인 일반적인 문제 진술 또는 질문을 반영하는 데 사용되는 if-then 서술문

간접 상관관계 (Indirect correlation)

변수의 값이 서로 반대 방향으로 움직이는 음(-)의 상관관계

객체 (Object)

R에서 생성되는 모든 것을 의미하는 R 용어

검사-재검사 신뢰도 (Test-retest reliability)

시간의 흐름에 따른 일관성을 검사하는 신뢰도의 한 유형

검정통계량 (Test statistic value)

획득된 값 참조

결정계수 (Coefficient of determination)

두 변수 사이의 관계에서 한 변수가 다른 분수에 대해 설명되는 분산의 양

계급 구간 (Class interval)

빈도 분포(frequency distribution) 작성에 사용된 점수 집합의 상한 및 하한 경계

관측 점수 (Observed score)

기록되거나 관측된 점수

구성 타당도 (Construct validity)

검정(test)이 기저를 이루는 구성(construct)을 얼마나 잘 반영하는지를 검사하는 타당도의 한 유형

귀무가설 (Null hypothesis)

변수, 숫자, 텍스트 또는 논리 값 집합 간의 동등성에 대한 설명. 연구가설 참조

급첨(急尖) (Leptokurtic)

최고점을 정의하는 정규곡선의 특성

기술통계 (Descriptive statistics)

데이터 세트로 불리는 데이터 모음의 특성을 구성하고 설명하는 값들

기준 (Criterion)

종속변수 참조

내용 타당도 (Content validity)

검정(test)이 측정하고자 하는 분야의 전체 항목들(items)을 대표하는 표본을 잘 뽑아냈는지를 검사하는 타당도의 한 유형

내적 일관성 신뢰도 (Internal consistency reliability)

평가 도구(항목들)의 단일 차원(일관성) 여부를 검사하는 신뢰도의 한 유형

누적도수분포곡선 (Ogive)

누적 빈도 분포의 시각적 표현

누적 빈도 분포 (Cumulative frequency distribution)

각 등급(class)에 대한 누적 빈도와 함께 등급 간격에 대한 빈도를 나타내는 빈도 분포

다중 회귀 (Multiple regression)

여러 변수를 사용하여 한 변수를 예측하는 통계 기법

단순 회귀 (Simple regression)

종속변수 Y를 예측하기 위해 하나의 예측변수를 사용하는 회귀분석

단일 표본 z-검정 (One-sample z test)

표본 평균을 모집단 평균과 비교할 때 사용하는 통계 검정

단측검정 (One-tailed test)

방향성 가설을 반영하는 방향성 검정

데이터 (Data)

시험 점수, 수학 수업 성적 또는 응답 시간과 같은 관측(observation) 또는 사건(event)의 기록

데이터 세트 (Data set)

데이터 요소들의 집합

데이터 요소 (Data point)

관측. 데이터 안에서 규명할 수 있는 요소

데이터 프레임 (Data frame)

행과 열로 배열된(단일 행 또는 단일 열로 구성될 수 있음) 정보 모음(벡터)으로, 다양한 유형의 변수 (텍스트 및 숫자 모두)를 포함할 수 있음

독립변수 (Independent variable)

연구자가 조작하는 처치변수 또는 회귀 방정식의 예측변수

독립성 검정 (Test of independence)

변수의 빈도 분포가 다른 변수와 독립적인지 여부를 조사하는 2차원 이상의 카이제곱 검정

동시 타당도 (Concurrent criterion validity)

검정 결과가 현재의 기준과 얼마나 잘 일치하는지 검사하는 타당도의 한 유형

동형 검사 신뢰도 (Parallel forms reliability)

동일한 테스트의 여러 형태에서 일관성을 검사하는 신뢰도의 한 유형

등간 측정 수준 (Interval level of measurement)

점이 척도를 따라 균등한 간격으로 배치된 것처럼, 변수 값을 서로 등거리에 있는 범주에 배치하는 측정 수준

리스트 (List)

다양한 유형의 객체를 포함할 수 있는 R 객체

매개변수 (Argument or Parameter)

함수를 실행하는 데 필요한 정보

명목 측정 수준 (Nominal level of measurement)

변수 값을 하나의 범주에만 배치할 수 있는 가장 총체적인 측정 수준

모수 통계 (Parametric statistics)

표본에서 각 집단의 분산이 유사하고 표본이 모집단을 나타낼 만큼 충분히 크다고 가정하는 모집단에 대한 추론에 사용되는 통계. 비모수 통계 참조

모집단 (Population)

모든 가능한 대상들(subjects) 또는 관심 사건들. 표본 참조

방향성 연구가설 (Directional research hypothesis)

한 방향으로 두 집단 간의 차이를 가정하는 연구가설. 비방향성 연구가설 참고

백분위수 (Percentile point)

한 점수가 나타나는 지점과 그 아래의 지점. 분포 또는 점수 집합에서 특정 점수와 같거나 낮은 사례의 백분율

범위 (Range)

가장 높은 점수에서 가장 낮은 점수를 뺀 값. 총 변동성의 총 측정치. 배타적 범위는 가장 높은 점수에서 가장 낮은 점수를 뺀 값이며, 포괄적 범위는 가장 높은 점수에서 가장 낮은 점수를 뺀 값에 1을 더한 값임

벡터 (Vector)

유형이 모두 동일한 데이터 모음

변동성 (Variability)

점수가 서로 다른 정도. 즉, 점수 집합의 분산 정도

부분 상관 (Partial correlation)

세 번째 변수(혼재변수, 중첩변수)의 영향을 제거하여 두 변수 간의 상관관계를 반영하는 계수

분산 (Variance)

표준편차의 제곱과 분포의 분산 또는 분산의 또 다른 측정

분산분석 (Analysis of variance)

두 개 이상의 평균 차이 여부를 검정함. 일원분산분석(또는 ANOVA)은 단 하나의 독립변수를 가지지만, 요인 설계 분산분석은 하나 이상의 독립변수의 평균 차이를 검정함. 일원분산분석은 두 개 이상의 그룹의 평균 차이를 조사

불편추정치 (Unbiased estimate)

모집단 매개변수에 대한 보수적인 추정치

비결정계수 (Coefficient of nondetermination)

소외계수 참조

비모수 통계 (Nonparametric statistic)

모수 통계에서 요구하는 동일한 가정이 필요하지 않은, 분포로부터 자유로운 통계

비방향성 연구가설 (Nondirectional research hypothesis)

집단 간의 차이를 가정하지만 어느 방향의 차이인지는 명시하지 않은 연구가설. 방향성 연구가설 참조

비율 측정 수준 (Ratio level of measurement)

척도에 절대영이 있음을 명시하는 측정의 수준

빈도 다각형 (Frequency polygon)

연속적인 선을 사용하여 계급 구간에 속하는 값의 수를 표시하는 빈도 분포의 그래픽 표현

빈도 분포 (Frequency distribution)

등급 간격 내에서 점수의 분포를 보여주는 방법

사후 (Post hoc)

사실 확인 후, 세 개 이상의 집단 간 실제 차이의 원인을 확인하기 위해 수행된 검정를 의미

산술평균 (Arithmetic mean)

데이터 집합의 모든 점수를 합산하고 점수의 수로 나누는 중심경향(central tendency)의 척도

산점도 또는 산포도 (Scatterplot or scattergram)

쌍을 이루는 데이터 요소들의 도표

상관계수 (Correlation coefficient)

두 변수 사이의 관계. 특히 다른 변수의 값이 변경될 때 한 변수의 값이 변경되는 방식을 반영하는 숫자 지수

상관행렬 (Correlation matrix)

상관계수들의 집합.

상호작용 효과 (Interaction effect)

한 요인의 결과가 다른 요인에 따라 차별적으로 나타나는 경우

서열 측정 수준 (Ordinal level of measurement)

변수의 값을 범주에 배치하고 해당 범주에 다른 범주에 대한 순서를 할당하는 측정 수준

선형 상관 (Lineal correlation)

직선으로 가장 잘 표현된 상관관계

소외계수 (Coefficient of alienation)

두 변수 사이의 관계에서 설명되지 않은 분산의 양

신뢰구간 (Confidence interval)

주어진 표본 값 또는 통계치를 바탕으로 계산할 수 있는 모집단 값 또는 매개변수의 범위에 대한 최상의 추정치

신뢰도 (Reliability)

시간이나 형태에 걸쳐 유지되는 검정의 일관성 정도

양의 상관관계 (Positive correlation)

직접 상관관계 참조

양측검정 (Two-tailed test)

차이의 방향이 중요하지 않은 무지향성 가설의 검정

연구가설 (Research hypothesis)

두 변수 간의 비동등성에 대한 서술. 귀무가설 참조

예측변수 (Predictor)

결과를 예측하는 변수

예측오차 (Error in prediction)

실제 점수(Y)와 예측된 점수(Y')의 차이

예측 타당도 (Predictive validity)

검정 결과가 미래에 발생할 기준과 얼마나 잘 일치하는지 검사하는 타당도의 한 유형

오류 점수 (Error score)

검사 점수의 일부로서 무작위이며 검사의 신뢰성을 떨어뜨림

왜곡 또는 왜도 (Skew or skewness)

특정 점수의 불균형 빈도를 정의하는 분포의 특성. 왼쪽보다 긴 오른쪽 꼬리는 분포의 최상위에 더 적은 사건들이 발생함을 의미이며 긍정적으로 왜곡된 분포임. 왼쪽보다 짧은 오른쪽 꼬리는 분포의 최상위 지점에 더 많은 사건이 발생함을 의미하며 이는 부정적으로 왜곡된 분포임

요인 분산분석 (Factorial analysis of variance)

둘 이상의 요인 또는 독립변수를 사용한 분산분석

요인 설계 (Factorial design)

하나 이상의 처치변수가 있는 연구 설계

유의수준 (Significance level)

연구자가 참인 귀무가설을 기각할 수 있는 위험

음의 상관관계 (Negative correlation)

간접 상관관계 참조

일원분산분석 (One-way analysis of variance)

분산분석 참조

임계값 (Critical value)

통계 검정을 통해 얻은 귀무가설의 기각(또는 채택하지 않음)에 필요한 값

자유도 (Degree of freedom)

실험 설계에서 개별 셀들의 표본 크기와 비슷한 값. 여러 통계 검정마다 값이 다름

적합도 검정 (Goodness-of-fit test)

빈도의 분포에서 관찰하는 것이 우연히 발생할 것으로 예상하는 것인지를 판단할 수 있는 카이제곱 검정

점근적 (Asymptotic)

곡선의 꼬리가 x축에 닿지 않는 정규곡선의 특성

정규곡선 (Normal curve)

종 모양 곡선을 참조

제1종 오류 (Type I error)

참인 귀무가설을 기각할 확률

제2종 오류 (Type II error)

거짓인 귀무가설을 채택할 확률

종 모양 곡선 (Bell-shaped curve)

평균, 중앙값, 최빈수에 대해 대칭이고 점근 꼬리를 갖는 점수들의 분포. 종종 정규곡선으로 불림.

종속변수 (Dependent variable)

회귀 방정식의 결과변수 또는 예측되는 변수

주효과 (Main effect)

분산분석에서 요인 또는 독립변수가 결과변수에 유의한 영향을 미치는 경우

준거 타당도 (Criterion validity)

현재(concurrent) 또는 미래(예측)에서 발생하는 몇 가지 기준(criterion)을 검정이 얼마나 잘 반영하는지를 검사하는 타당도의 한 유형

중심경향 측정값 (Measures of central tendency)

평균, 중앙값, 최빈값

중앙값 (Median)

분포 사례들의 50%가 그 아래에 있고, 50%가 그 위에 존재하는 지점

중점 또는 중간값 (Midpoint)

계급 구간의 중심점

직접 상관관계 (Direct correlation)

두 변수의 값이 같은 방향으로 변하는 양의 상관관계

진점수 (True score)

관찰할 수 있는 경우, 측정되는 실제 능력이나 행동을 반영하는 점수. 관측 점수 참조

첨도 (Kurtosis)

평평하거나 뾰족한 정도를 나타내는 분포의 특성

최빈값 (Mode)

분포에서 가장 자주 발생하는 점수

최적선(最適線) (Line of best fit)

실제 점수에 가장 잘 맞고 예측 오류를 최소화는 회귀선

추론통계 (Inferential statistics)

표본을 기반으로 한 결과로부터 모집단의 특성을 추론하는 데 사용하는 도구

추세선 (Trend line)

회귀선 참조

출처표 (Source table)

분산분석 요약표에 있는 분산의 출처를 나타내는 표

측정 척도 (Scales of measurement)

측정 결과를 분류하는 다양한 방법: 명목, 순서, 구간, 비율

타당도 (Validity)

측정하기로 한 것을 실제로 측정하는 검정의 특성

통계 (Statistics)

정보를 구성, 기술 및 해석하는 데 사용되는 일련의 도구 및 기법

통계적 유의성 (Statistical significance)

유의수준 참조

패키지 (Packages)

함수들을 모아놓은 R 객체

평가자 간 신뢰도 (Interrater reliability)

평가자 간의 일관성을 검사하는 신뢰도의 한 유형

평균 (Average)

일련의 점수들을 대표하는 가장 대표적인 점수

평균 (Mean)

관측치들을 합산한 결과를 관측 수로 나눠서 계산되는 평균의 한 유형

평균편차 (Mean deviation)

분포의 평균에서 떨어진 각 점수들의 차이의 평균으로, 평균에서 점수 편차의 절댓값을 점수의 갯수로 나눈 값의 합계로 계산

평성 (Platykurtic)

정규분포와 비교하여 상대적으로 평평한 정규곡선의 특성

표본 (Sample)

모집단의 하위 집합. 모집단 참조

표본 추출 오류 (Sampling error)

표본과 모집단 값의 차이

표준점수 (Standard score)

z 점수 참조

표준 추정 오차 (Standard error of estimate)

회귀선에 대한 변동성을 반영하는 예측 정확도의 측정. 예측 오류 참조

표준편차 (Standard deviation)

점수 집합의 평균 변동성 또는 평균으로부터의 평균편차

피어슨 적률상관계수 (Pearson productmoment correlation coefficient)

상관계수 참조

함수 (Function)

R에서 작업을 수행하는 데 사용되는 명령 모음

회귀 방정식 (Regression equation)

실제 점수에 가장 가까운 점과 선을 정의하는 수식

회귀선 (Regression line)

회귀 방정식의 값을 기반으로 그린 선

획득된 값 (Obtained value)

통계 검정을 적용한 결과값

효과 크기 (Effect size)

그룹 평균과 같은 두 통계치 간 차이의 크기(반드시 크기는 아님)

히스토그램 (Histogram)

높이가 다른 막대를 사용하여 각 클래스 간격에 속하는 값의 수를 표시하는 빈도 분포의 그래픽 표현

R

통계 계산을 위한 프로그래밍 언어

R 베이스 (R base)

R을 설치할 때 기본으로 설치되는 R 패키지

R스튜디오 (RStudio)

R 작업을 위한 통합 개발 환경

R 콘솔 (R console)

R 명령을 입력하고 함수의 출력 결과를 보는 데 사용하는 윈도우

Y' 또는 Y 프라임 (Y prime)

회귀 방정식에서 예측된 Y 값

$\hat{Y}$(Y-hat)

회귀 방정식에서 예측된 Y 값

z 점수 (z score)

원점수가 나오는 분포의 평균 및 표준편차에 맞게 조정된 원점수

부록 G

보상 : 브라우니 레시피

통계 입문서에서 브라우니 레시피라니, 이게 뭘까요? 좋은 질문입니다.

여러분은 진지하게 이 책을 공부하면서 (수업을 위해서든, 복습을 위해서든, 자신의 의식을 고양하기 위해서든) 열심히 노력했을 것입니다. 그리고 이 모든 노력 덕분에, 여러분은 보상을 받을 자격이 생겼습니다. 이 레시피는 저자가 여러 가지 다양한 레시피를 조합해서 만들었습니다. 이 레시피를 여러분과 공유하게 되어 기쁩니다. 자. 그 비법을 공개합니다!

브라우니를 팬에서 바로 꺼내어 식지 않았을 때 아이스크림과 같이 먹으면 매우 맛있습니다. 조금 시간이 지나면, 브라우니는 씹는 맛이 아주 좋아집니다. 냉장고에 넣었다가 꺼내 먹어도 맛있습니다. 브라우니를 얼렸다 먹으면, 입에서 녹이느라 브라우니 자체의 칼로리보다 더 많은 칼로리를 소비하게 됩니다. 결국, 칼로리의 순손실이 발생합니다. 그러니 원하는 만큼만 얼려서 먹어보길 바랍니다. ☺

- 버터 8큰술 (버터 1개)
- 무가당 초콜릿 4온스 (또는 그 이상)
- 소금 ½큰술
- 계란 2개
- 밀가루 1컵
- 설탕 2컵
- 바닐라 1큰술
- 마요네즈 2큰술
- 초콜릿 칩 6온스 (또는 그 이상)
- 호두 1컵(선택 사항)

만드는 방법:

1. 오븐을 160℃로 예열하세요.

2. 냄비에 초콜릿과 버터를 넣어 녹입니다.

3. 그릇에 밀가루와 소금을 넣어 섞고,

4. 녹인 초콜릿과 버터에 설탕, 바닐라, 호두, 마요네즈, 달걀을 넣고 잘 섞습니다.

5. 밀가루와 소금을 섞은 그릇에 4번 재료들을 넣어 잘 섞습니다.

6. 초콜릿 칩을 추가하세요.

7. 8"×8" 그리스식 베이킹 접시에 붓습니다.

8. 약 35~40분 동안 구워주세요.

조금 덧붙일 말이 있습니다.

- 마요네즈에 대해서 알고 있는 게 있습니다. 이상하게 들린다면, 마요네즈를 넣지 마세요. 하지만 마요네즈를 빼면 맛을 좀 포기해야 하니 그 점은 유념하세요.
- 좋은 초콜릿을 사용하세요. 지방 함량이 높을수록 좋습니다. 그리고 6온스의 무가당 초콜릿과 초콜릿 칩을 더 넣어도 됩니다.

찾아보기

ㅎ

영문